思想的・睿智的・獨見的

經典名著文庫

策劃　楊榮川

五南圖書出版公司 印行

經典名著文庫

學術評議者簡介（依姓氏筆畫排序）

經典名著文庫157

物種起源

查爾斯・達爾文 著
舒德干等 譯

經典永恆．名著常在

五十週年的獻禮．「經典名著文庫」出版緣起

總策劃 楊榮川

五南，五十年了。半個世紀，人生旅程的一大半，我們走過來了。不敢說有多大成就，至少沒有凋零。

五南忝為學術出版的一員，在大專教材、學術專著、知識讀本出版已逾壹萬參仟種之後，面對著當今圖書界媚俗的追逐、淺碟化的內容以及碎片化的資訊圖景當中，我們思索著：邁向百年的未來歷程裡，我們能為知識界、文化學術界做些什麼？在速食文化的生態下，有什麼值得讓人雋永品味的？

歷代經典．當今名著，經過時間的洗禮，千錘百鍊，流傳至今，光芒耀人；不僅使我們能領悟前人的智慧，同時也增深加廣我們思考的深度與視野。十九世紀唯意志論開創者叔本華，在其〈論閱讀和書籍〉文中指出：「對任何時代所謂的暢銷書要持謹慎

的態度。」他覺得讀書應該精挑細選，把時間用來閱讀那些「古今中外的偉大人物的著作」，閱讀那些「站在人類之巔的著作及享受不朽聲譽的人們的作品」。閱讀就要「讀原著」，是他的體悟。他甚至認爲，閱讀經典原著，勝過於親炙教誨。他說：

「一個人的著作是這個人的思想菁華。所以，儘管一個人具有偉大的思想能力，但閱讀這個人的著作總會比與這個人的交往獲得更多的內容。就最重要的方面而言，閱讀這些著作的確可以取代，甚至遠遠超過與這個人的近身交往。」

爲什麼？原因正在於這些著作正是他思想的完整呈現，是他所有的思考、研究和學習的結果；而與這個人的交往卻是片斷的、支離的、隨機的。何況，想與之交談，如今時空，只能徒呼負負，空留神往而已。

三十歲就當芝加哥大學校長、四十六歲榮任名譽校長的赫欽斯（Robert M. Hutchins, 1899-1977），是力倡人文教育的大師。「教育要教眞理」，是其名言，強調「經典就是人文教育最佳的方式」。他認爲：

「西方學術思想傳遞下來的永恆學識，即那些不因時代變遷而有所減損其價值的古代經典及現代名著，乃是眞正的文化菁華所在。」

這些經典在一定程度上代表西方文明發展的軌跡，故而他爲大學擬訂了從柏拉圖的《理想國》，以至愛因斯坦的《相對論》，構成著名的「大學百本經典名著課程」。成爲大學通識教育課程的典範。

歷代經典．當今名著，超越了時空，價值永恆。五南跟業界一樣，過去已偶有引進，但都未系統化的完整舖陳。我們決心投入巨資，有計劃的系統梳選，成立「經典名著文庫」，希望收入古今中外思想性的、充滿睿智與獨見的經典、名著，包括：

- 歷經千百年的時間洗禮，依然耀明的著作。遠溯二千三百年前，亞里斯多德的《尼各馬科倫理學》、柏拉圖的《理想國》，還有奧古斯丁的《懺悔錄》。
- 聲震寰宇、澤流遐裔的著作。西方哲學不用說，東方哲學中，我國的孔孟、老莊哲學，古印度毗耶娑（Vyāsa）的《薄伽梵歌》、日本鈴木大拙的《禪與心理分析》，都不缺漏。
- 成就一家之言，獨領風騷之名著。諸如伽森狄（Pierre Gassendi）與笛卡兒論戰的《對笛卡兒沉思錄的詰難》、達爾文（Darwin）的《物種起源》、米塞斯（Mises）的《人的行爲》，以至當今印度獲得諾貝爾經濟學獎阿馬蒂亞．

森（Amartya Sen）的《貧困與饑荒》，及法國當代的哲學家及漢學家余蓮（François Jullien）的《功效論》。

梳選的書目已超過七百種，初期計劃首爲三百種。先從思想性的經典開始，漸次及於專業性的論著。「江山代有才人出，各領風騷數百年」，這是一項理想性的、永續性的巨大出版工程。不在意讀者的眾寡，只考慮它的學術價值，力求完整展現先哲思想的軌跡。雖然不符合商業經營模式的考量，但只要能爲知識界開啓一片智慧之窗，營造一座百花綻放的世界文明公園，任君遨遊、取菁吸蜜、嘉惠學子，於願足矣！

最後，要感謝學界的支持與熱心參與。擔任「學術評議」的專家，義務的提供建言；各書「導讀」的撰寫者，不計代價地導引讀者進入堂奧；而著譯者日以繼夜，伏案疾書，更是辛苦，感謝你們。也期待熱心文化傳承的智者參與耕耘，共同經營這座「世界文明公園」。如能得到廣大讀者的共鳴與滋潤，那麼經典永恆，名著常在。就不是夢想了！

二〇一七年八月一日 於

五南圖書出版公司

導讀

「作爲一個科學工作者，我的成功取決於我複雜的心理素質。其中最重要的是：熱愛科學、善於思索、勤於觀察和蒐集資料、具有相當的發現能力和廣博的常識。這些看起來的確令人奇怪，憑藉這些極平常的能力，我居然在一些重要地方影響了科學家們的信仰。」

——達爾文

二十年前，當聽到編輯先生要我爲《物種起源》譯本寫一篇「導讀」時，心裡著實有些誠惶誠恐。儘管由於職業的緣故，我對進化理論的濃厚興趣由來已久，但總擔心自己對原作缺乏較好的理解，更無法做到對近百年來進化理論沿革的洞悉，難以勝任寫出一篇有益的導讀來。弄得不好，可能會適得其反，誤導他人。

一九六四年在北京大學求學時，學校爲我們古生物學專業設立的「達爾文主義」課程曾深深地吸引著我，熱烈的課堂討論讓我們爭論得面紅耳赤，但結果仍一知半解。「文化大革命」後的一九七八年，當我能夠回到大學繼續學習時，第一件事便是到圖書館借一部《物種起源》，接著在舊書店買到一本朱洗先生的《生物的進化》，將自己埋在陋室裡獨自咀嚼玩味，自得其樂；躲進小樓成一統，管它春夏與秋冬。近二十年來我們拿著國家各種研究基金，一頭扎進五．三億年前的澄江化石寶庫裡折騰，希望透過這個獨特的科學視窗能窺視並解釋出「寒武紀生命大爆發」的一些奧祕；這後者便正是達爾文當年創立以漸變論爲基調的進化論時碰到的一個重大難題；這自然迫使我較仔細地學習了一些近代和現代進化論的新知識。一九九八年春夏之季，我在英國劍橋大學訪問工作時，專門造訪了劍橋的達爾文學院和達爾文當年就讀的基督學院。在那裡的圖書館我也學習了一些達爾文傳記和現代進化論的書籍。此外，我專程趕到位於倫敦東南的肯特郡的達爾文故居博物館「黨豪思」（Down House），在達爾文伏案四十年的工作室裡，在他勤勉研究、觀察過的植物暖房實驗室裡，在他日復一日行走並思索的沙徑小路上，在眾多實物原景無言但醉人的感染下，身臨其境，聆聽達爾文，自然讓我對《物種起源》及其作者更添了一份感悟，多了一層理解。然而，我也有自知之明，我離完全理解這部曾改變整個人類世界觀的博大精深的偉大著作仍有很大距離。如果讀者們寬宏大量，覺得這篇「導讀」大體符合著者的原意，而未造成明顯「誤導」的話，那我就心滿意足了。

二〇〇一年陝西人民出版社的版本裡的「導讀」曾分成四個部分，分插在譯文的對應章節之前。二〇〇五年北京大學出版社的版本仍保留它們的基本格局，但已略加修改、增刪，並將它們合併在一起了。這樣，能增加一些閱讀時的連貫性。此外，導讀新增加了「達爾文生平及其科研活動簡介」、「達爾文學說問世以來生物進化論的發展概況及其展望」及英國皇家學會會員西蒙・康威莫里斯先生爲《物種起源》這部漢譯本所寫的「前言」等三個部分的內容。爲紀念原作首版發表一百五十週年，在二〇〇九年，我對全書的譯文和導讀進行了再次修訂。此外，還遵照編輯的要求在書末附上了我在《自然雜誌》上新近發表的一篇小文的修改版（其題目也改爲《進化論的十大猜想》），權當對進化論發展脈絡的概要補記。

《物種起源》各章導讀

一、引言和緒論導讀

跟許多重大科學發現和技術發明一樣，達爾文進化學說的誕生主要得助於三個方面：一是歷史思想財富的繼承和精鍊；二是大量直接和間接科學實踐的累積；三是科學靈感的點燃。關於歷史上進化思想財富的繼承，達爾文在他這部科學巨著和哲學宏論的開首，便以「引言」的形式簡述了三十四位先行者的工作。其實，進化思想源遠流長，涉及面廣，與達爾文學說的誕生關係密切。爲了幫助讀者對這一歷史背景有更多的了解，這裡再做些補充和簡介。

在緒論中，達爾文介紹了他一生中兩件後來導源出進化學說的最爲重大的科學實踐，一是一八三一年剛剛從劍橋大學基督學院（請注意：不是人們經常誤傳的「神學院」；其實劍橋大學沒有神學院）畢業後便以船長的高級陪侍和兼職博物學者的雙重身分投身歷時五年的小獵犬號艦的環球旅行。廣泛蒐集和深入觀察所得來的大量自然界中物種變化的事實，對年輕達爾文頭腦中的自然神學觀念產生了強烈撞擊。此後的三年間（一八三六年至一八三九年），他認眞思考了由這次環球考察所提出的種種問題，對神學信仰產生了懷疑。一八三七年七月至一八三八年二月他撰寫了兩篇物種演變的筆記，至此，他已認識到所有物種是由先前存在的其他物種逐漸演變的產物。導致達爾文學說誕生的另一長期實踐是他在農作物的人工培植和家養動物人工飼養上直接和間接的工作經驗。我們都知道，達爾文進化論的精髓之一是自然選擇理論。然而，自然選擇常常是一個極其緩慢的自然過程，很難有幸在短促的人生中直接觀察得到。於是，作者從與自然選擇異曲同工的人工選擇入手，先論證家養動植物的微小變異，爲了迎合人類本身的某種需要而不斷被「人爲選擇」和積累，從而產生了新品種以致新物種。正是達爾文這種廣博而精細的人工選擇和深入觀察，爲科學界接受他的自然選擇理論啟開了半扇大門。

達爾文進化論的誕生還得益於兩次科學靈感的激發，一次是加拉巴哥群島上的芬雀

（Finch），後來被人們稱爲達爾文雀，透過不斷變異而產生新物種的事實啟發了達爾文「物種可變」思想的形成；另一次則是馬爾薩斯的《人口論》使達爾文聯想到，生存競爭驅使物種不斷因適應環境而演變的主要動力應該是自然選擇作用。一八三六年年底結束小獵犬號航行回到英國之後，達爾文將他從太平洋加拉巴哥群島上帶回的雀類標本交給鳥類專家古爾德研究。經過反覆比較論證後，古爾德明確表示，其中有些原來被認爲屬於同一物種內的不同變種或亞種的標本，實際上應該代表著完全不同的物種。由此，達爾文敏銳地領悟到，物種是可變的，一個物種完全可以透過漸變或「間斷平衡」的方式演變成另一個新物種。一八三七年達爾文在他的物種演化筆記中首次勾勒出了言簡意賅的動物演化樹示意圖（branching tree）。

由物種可變或生物演化的觀念到眞正創立一個有說服力的進化理論，還必須解決生物演化的機制和驅動力問題。在達爾文之前，拉馬克等一批早期進化論者也曾試圖探索生物演化的機制，但均未成功。正在這時，是馬爾薩斯的《人口論》恰如捅破了一層窗戶紙，給達爾文帶來很大的靈感啟迪，催生了「生存競爭、優勝劣汰」的自然選擇理論的形成。他在回憶錄中寫道：「一八三八年十月……爲了消遣，我偶爾翻閱了馬爾薩斯的《人口論》。按當時對各種動植物生活方式的觀察，我已胸有成竹，完全能夠正確估價這種隨時隨地都在發生著的生存競爭的意義。於是，我頭腦裡便馬上形成了這樣一個想法：在這種生存競爭條件下，有利變異必然趨於保存，而不利變異應該趨於消亡，其結果必然導致新物種的形成。於是，我終於形成了一個能用來指導我工作的理論。」他所說的這個「理論」，就是他本人後來逐步完善的自然選擇理論。

在第一版原作中，並沒有「引言」。至第三版才增添了該「引言」部分。在這裡，達爾文介紹了近代進化思想的淵源。然而，對那時兩位偉大的進化論先驅者——法國的布豐和拉馬克介紹得過於簡略。當年達爾文爲什麼要這樣做？到底是他的疏忽，還是有意爲之，現在很難說得清楚。但無論如何，我們有必要在這裡做些客觀的補充。

布豐（Buffon）在進化思想史上占有特殊的地位，他是第一個從科學上討論物種變異的人，也是一個頗有爭議的人物。布豐早年信奉物種不變論。在他五十四歲時，產生進化思想，然而在六十歲以後，很可能由於其貴族階層固有的軟弱性，終又皈依物種不變論的陣營。由此看來，進化思想的發展歷程，與其說是學術思想之爭，不如說是一場曠日持久的政治思想鬥爭，在這裡，鬥爭的勇氣至關重要。回顧整個進化思想發展史，可以看出，歐洲進化的思想源自古希臘，歷經二千年的休眠，至十七世紀才再度發萌。這時，儘管有不少學者在探索、在討論、在挑戰，但終因宗教界的強力壓制，只能在地下蠢蠢欲動，難以破土而出、形成氣候。連林奈這樣的大智大慧者明知物種在變，也爲宗教勢力所屈服，最終仍是淪爲物種不變論的守護神。布豐對進化思想的主要貢獻，並不完全限於其本身的學術著作，而是他親手培養了拉馬克（J. Lamarck, 1744-1829）和小聖伊萊爾（Saint-Hilaire, 1772-1844）兩個直豎造反大旗的學生。尤其是前者，實爲進化論的第一奠基人。

拉馬克，出身戎伍，二十七歲時在巴黎銀行供職，業餘研究植物學，極其勤奮，七年後完成《全法植物志》，開始聞名於世；此後，兼攻無脊椎動物學。五十歲時，被聘爲巴黎博物院無脊椎動物學教授。一八〇九年出版《動物學哲學》，從而創立了以漸變論爲基調的生物進化論。

拉馬克的進化學說主要包括兩個方面：⑴一切物種，包括人類在內，都是由別的物種傳衍而來；生物變異和進化是連續、緩慢的過程。他觀察到，化石生物越是古老便越低級、越簡單，反之，則與現代生物越相似。⑵在演化機制上，他突出強調環境的作用：環境變化使生物發生適應性變化；而環境的多樣性便自然構成了生物多樣性的主要原因。在進化的動因上，即生物遺傳變異方面，他提出了兩條著名的法則。第一法則：凡是尚未達到最大發展限度的生物，其器官如使用得越多便越發達，反之，長期不用，則會削弱和衰退，直至消亡，簡稱爲用進廢退。第二法則：獲得性遺傳，即生物由於後天變化所獲得的性狀是可以遺傳的（該法則正確與否，文後的「附錄」還將討論）。拉馬克學說，雖然沒有形成嚴密完整的體系，但在十九世紀後期至二十世紀前期，卻贏得了眾多的信奉者。

〔評述：達爾文對進化論的貢獻主要體現在三方面：物種可變，自然選擇，「生命樹」猜想。前兩點已經被各種教材和評論文章反覆陳述，而最後一點卻常被人們所忽略。值得注意的是，達爾文在本書「引言」中不僅明確記述了三十餘人先於他提出了物種可變思想，而且還坦誠承認，至少有另外二人捷足先登提出了自然選擇思想。這就是說，儘管達爾文在物種可變和自然選擇思想論證上的貢獻無人能望其項背，但他卻不擁有這一偉大思想的首創權。但是，對於「生命樹」猜想，情況就不一樣了。我們都知道：「進化論是生物學中最大的統一理論。」那麼，它最核心的靈魂到底是什麼呢？著名進化論者張昀的看法一語中的：「現代進化概念的核心是『萬物同源』及分化、發展的思想。」（一九九八年，《生物進化》）顯然，從本書第四章的「性狀趨異」一節以後的文字及原書中的唯一插圖（正文第一一九頁）可以看出，達爾文是「生命樹」猜想的締造者。與此相反，拉馬克最令人遺憾的學術失誤莫過於他不愼落入了當時仍在流行的「簡單生命可以不斷自發地從無機物中產生出來」的唬弄圈套，從而武斷地推測，在過去任何地質時期也同樣會不斷「自發地」產生出新的簡單生命，此後它們沿著各自的路線分別向較爲複雜的生命步步漸變。其結果十分不妙：使他誤導出了與「萬物共祖」背離的所謂「平行演化」假說（請見本書正文第一三二頁以及鮑勒的《進化思想史》，一九八九年）。這是一代偉人的悲哀。」

二、第一章至第五章導讀：自然選擇和萬物共祖學說的建立

這一部分是全書的主體，在這裡作者成功地創立了他的進化理論的核心——自然選擇和萬物共祖學說。前兩章，作者透過詳細的觀察，分別列舉了大量的家養動植物與自然狀態下的動植物的變異現象。在自然界無時不有、無處不在的形形色色的生存競爭中，生物的各種微小變異無可避免地都要經受自然選擇作用的「篩選」：對生物適應有利的變異便得以保存和積累，不利的變異則終究要遭受淘汰。正是這種無可回避的自然選擇作用，構成了生物不斷由一個物種演變成另一物種的基本驅動力。

第一章，家養狀態下的變異。作者之所以在開首第一章就優先論證家養狀態下生物變異的普遍性，這是因爲變異是自然選擇的基本「原料」。假若沒有變異，那自然選擇將成爲無米之炊。但爲什麼作者不直接討論自然狀態下的變異，而要先研究家養狀態下的變異呢？正如達爾文本人指出的

那樣，家養狀態下的生活條件遠不如在自然狀態下的條件穩定均一，因而變異更大、更顯著、更易於觀察、更為人們所熟知。由顯見的家養狀態下的變異入手，然後再用類比的方法，逐步深入到較難於觀察到的自然界中的微小變異，應當是人們認識複雜事物本質屬性的常規邏輯。由顯而微，先易後難，這也正是達爾文論證方法的高明之處。這一章的主要內容包括：

1. 生物變異具有普遍性，幾乎沒有生物不發生變異。

2. 變異的原因：內因是生物的本性，外因是生活條件；內因比外因更為重要，它決定了變異的性質和方向。〔評述：達爾文的判斷是正確的，但當時的科學界尚未認識到，這個「內因」主要寓寄於基因（即DNA的片段）的形形色色的遺傳變化上〕。

3. 生活條件的變化，對引發變異極為重要，它能直接作用於生物體，也能間接地影響到生殖器官。

4. 變異的性質包括一定變異和不定變異。一定變異，或稱定向變異，是指在同樣生活條件下，幾乎所有個體都發生相似的變異。不定變異，或稱非定向變異，是指在相同的生活條件下的個體發生了各不相同的變異。這時生物的內在特性起決定作用。

5. 變異的一些規律：(1)用進廢退：器官構造凡經常使用的，則發達，凡不經常使用的，則退化（評述：這是沿用了拉馬克等人的觀點）。(2)相關變異：許多器官間彼此密切相關，其中一個器官發生變異，常可以引起相關的器官也隨之變異。

6. 生物皆具有穩定的遺傳性，於是才能保證雞生雞，狗生狗；生物的大多數變異可以遺傳下去。

7. 達爾文接受了拉馬克「獲得性遺傳」的理論，即生物後天獲得的性狀可以遺傳給後代。〔評述：過去的一個多世紀裡，這一點一直未能在後來的遺傳學實驗中得到驗證，因而常遭到傳統遺傳學的詬病。然而，最近表觀遺傳學（epigenetics）的新進展顯示，它有可能是自然選擇理論的一個補充，而不是與後者對立或互相排斥的一種假說。探索仍在進行中，似可拭目以待。〕

8. 有些性狀極易發生變異。透過人工選擇可使性狀分歧定向發展，從而形成許多形態上相差很遠的新品種。達爾文對近一百五十個家鴿品種的比較研究表明，它們皆起源於一個叫岩鴿的野生種。

9. 在家養動植物的各種變異中，人類總是刻意選擇、保留那些對人類有利而不一定對動植物本身有益的性狀變異，透過逐代積累，以培育出新品種。所以人工選擇具有創造性。

10. 人工選擇的基本方法有二：一是擇優，二是汰劣，或稱剪除「無賴漢」。

11. 人工選擇包括有意識選擇和無意識選擇。前者目的十分明確，計畫周全，能在較短時期內培育出新品種；而後者則無明確目標，只是一般性的擇優而育，因而需要漫長的過程才能產生新品種。

第二章，自然狀態下的變異。自然選擇是一個重大主題，不大容易一下子說得明白。而且自然選擇過程進展十分緩慢，一個人的有生之年，難於觀察到極明顯的變異現象，所以在論述家養狀態下的變異及人工選擇之後，達爾文並沒有一下子直接切入自然選擇這一主題，而是按照自然選擇的「原料」（變異）——自然選擇的「工具」（生存競爭）——自然選擇的必然結果（適者生存）的邏輯順序分步逐層推進的。這一章的主要內容包括：

1.舉出大量事實論證了自然狀態下變異的普遍性。

2.有些生物類型，到底應該定為物種，還是視作物種之下的變種，有時很難判定，因此，我們稱這些類型為可疑物種。這一事實表明，任何物種，都是經過變種階段逐漸演化而來的。變種實際上是初期物種。

3.常見的物種分布十分廣泛，其生活環境也更為多樣化，因而變異也更大。

4.同樣的道理，我們也可以觀察到另一事實，就是大屬內的物種比小屬內的物種變異更為頻繁。

第三章，生存競爭。生存競爭理論是自然選擇學說的關鍵。沒有生存競爭，便沒有自然選擇。達爾文的生存競爭學說受馬爾薩斯《人口論》的啟發，但又與後者有別。達爾文強調生存競爭並不一定都是血淋淋的，它只是廣義的、喻意的，包括生物與環境的依存關係，強調生命體系的維持，還強調成功地傳衍後代。

1.生存競爭的內容包括三方面：(1)生物與無機環境的鬥爭；(2)種間鬥爭；(3)種內鬥爭。（評述：在這裡，達爾文似乎過分強調了種內鬥爭的殘酷性，而在一定程度上忽視了種內的各種協作共存。實際上，任何物種為了自身的生存和繁衍利益，都必須學會協作共存。自然選擇讓它們懂得「大我」與「小我」的辯證關係。）

2.鬥爭的原因：高繁殖率與食物和生存空間有限性的矛盾。（評述：從學術思想的「優先律」規則上看，自然選擇理論似乎應該是達爾文和華萊士共同創立的，因為該假說是他們於一八五八年七月一日聯名在倫敦林奈學會共同發表的。然而，正如達爾文在《物種起源》的「引言」中所述，早在一八一三年威爾斯先生就提出了這一見解，儘管沒有充分論述。）

第四章，自然選擇即適者生存。這一章是達爾文進化論的核心和靈魂。在前兩章充分討論自然選擇的原料（變異）和自然選擇的工具（生存競爭）之後，本章著重論證在各種各樣生存競爭中表現出來的適者生存，即生活環境對有利變異的選擇作用及選擇的結果，這的確是水到渠成的事了。那麼，自然選擇的最終結果是什麼呢？是萬物共祖的生命樹的誕生，不斷發展更替的生命樹的繁衍。

1. 自然選擇理論的要點：⑴生物普遍具有變異性，其中許多變異是可以遺傳的。⑵生物廣泛存在著生殖過剩，與其食物和生存空間構成的尖銳矛盾，必然導致形形色色的生存競爭或生存競爭。在生存競爭中，絕大多數個體死亡而不留下後代，只有少數個體得以生存並傳衍後代。一般說來，在生存競爭中這些少數的成功者，就是那些具有有利變異的個體。⑶自然選擇，就是適者生存，它是保存有利變異、淘汰有害變異的自然過程。⑷性選擇也是一種廣義的自然選擇。與生存競爭中的「適者生存」相類似，性選擇使「適者遺傳」。不過，有時它也與狹義的自然選擇作用相對立，因為不少有利於性選擇的性狀並不利於生物的生存，如雄孔雀巨幅的漂亮尾羽。⑸自然選擇其實只是一種比喻，「自然」是指生物賴以生存的各種有機和無機環境條件，這裡不存在神的意識作用。⑹文中舉出了大量動植物經受自然選擇作用的例證，其中狼與鹿的生存競爭，相互選擇、共同進化的例子最為人所知：面對敏捷的鹿，「只有最敏捷、最狡猾的狼才能獲得最好的生存機會，因而被保存或被選擇下來」另一方面，弱小病殘的鹿最易成爲狼的佳餚，結果是最敏捷的鹿被保存和被選擇下來。

2.自然選擇與人工選擇的差異：⑴選擇的主動者不同，前者是「大自然」，後者則主要是人類的意願。⑵被選擇的性狀特徵不同，前者選擇並積累那些對生物本身有利的性狀，而後者選擇了只對人類有益的性狀特徵。

3.自然選擇的結果，包括兩個方面：一是生物對環境的適應性；二是形成新物種。

4.達爾文適應理論的要點：⑴生物對環境的適應極爲普遍，不僅見於形態構造，也見於生理機能、行爲和習性。⑵適應是自然選擇的結果；自然選擇不斷將有利變異保存和積累起來，必然造成生物對環境條件的進一步適應。達爾文不否認拉馬克的用進廢退和獲得性遺傳理論，但他認爲這個理論遠不足以解釋形形色色的適應性的起源。⑶適應不是絕對的而是相對的，其根本原因在於環境的不斷變化。⑷適應具有多向性，從而造成生物的廣泛多樣性。達爾文指出狼在生存競爭中可以分化出不同的變種，如在美國一些山地，有輕快敏捷型變種，也有體大腿短靠偷襲羊群爲生的變種。⑸達爾文用自然選擇論證適應起源的重大意義，在於它推翻了目的論。目的論認爲，生物的適應是上帝在創造生靈時預先安排好了的：上帝創造貓是爲了捕鼠，而創造鼠便是爲了被貓吃；生物之所以被創造得如此之美，目的是爲了供人類欣賞。顯然，這是無稽之談。因爲在人類出現之前，這些生物便早就存在於世了。

5.新物種的形成是自然選擇的創造性結果：⑴物種形成的先決條件是可遺傳的變異。⑵物種形成的基本動力是自然選擇，使那些可遺傳的變異不斷得以保存和積累，經過變種階段，最後形成獨立物種。換句話說，正如人工選擇透過性狀分歧可以形成新品種一樣，自然選擇也可以透過性狀分歧和眾多中間過渡類型的滅絕，形成新變種和新物種。(3)那些分布廣、個體數目多的常見物種，面臨著各種不同的無機和有機環境條件，由於自然選擇作用，最容易形成各不相同的適應特徵並使舊物種和中間過渡類型消亡，從而引發性狀分歧，因而最易產生「顯著變種」，即「初期物種」。(4)達爾文認爲物種形成是逐漸、緩慢的過程，因而達爾文學說又被稱爲「漸變論」。其實，他的成種理論還隱含著「間斷平衡」思想，這一點常被人們所忽視。（評述：儘管達爾文在物種形成過程中也提到或暗示出隔離的作用，但並未予以強調。實際上，現代群體遺傳理論認爲，物種形成除了可遺傳的變異和自然選擇兩個基本因素之外，還必須有隔離作用。物種的形成是種內連續性的間斷。如無「隔離」，種內將繼續共用一個基因庫，結果將無法實現「間斷」，即無法形成新物種。隔離作用包括地理隔離、生態隔離、季節隔離以及各種遺傳性隔離等。此外，還需指出，古生物學和現代遺傳學都證實，物種形成有兩種基本形式，即除了漸變成種之外，還存在著許多快速突變成種的現象。）

6. 本章包含了原書唯一的一幅插圖（第一一九頁），它表達了作者的進化理論核心的核心，即萬物共祖思想或生命樹思想。這一思想仍是當代進化論的靈魂。生命樹思想的誕生是自然選擇作用的歷史必然：自然選擇能不斷引發物種的性狀趨異，能不斷形成新物種，同時也不斷地迫使一些不適應的物種滅絕。其歷史結果是，由共同祖先衍生出來的大量後裔們便構成了各種不同的譜系演化樹，並最終彙集成統一的地球生命樹。現代遺傳學支持了萬物共祖的生命樹猜想的正確性，因爲所有地球生命共用同一套遺傳密碼，並採用同一種方式傳衍。

第五章，變異的法則。遺傳學是生物進化論的重要基礎，但遺憾的是，達爾文時代尚未形成遺傳學，人們對遺傳和變異的機理幾乎一無所知。達爾文坦誠地承認：「關於變異的法則，我們幾乎毫無所知。」儘管如此，達爾文運用「比較的方法」，仍然透過仔細觀察總結出一些變異的法則，的確難能可貴。

1. 環境條件與非環境條件（註：暗指生物本性）皆可引起變異，而且後者（內因）比前者（外因）更爲重要。
2. 器官如果不斷使用，則可以得到增強；不使用則退化、減縮，即「用進廢退」。
3. 相關變異律：某些器官變異被自然選擇累積時，與此相關的器官也會隨之發生變異。
4. 由於重複構造、殘跡構造和低等級構造不受或較少受自然選擇的作用，所以更易於發生變異。
5. 種徵比屬徵形成得晚，穩定性較差，因而易於變異。

（評述：受當時科學發展水準所限，達爾文進化論的缺陷集中體現在遺傳學方面。但另一方面，即使未能了解遺傳學的內在機理，達爾文在論證變異的普遍性和可遺傳性之後，憑藉自己的科學悟性，同樣成功地建立了自然選擇學說。這算得上是一種天才的推理學說。後人將遺傳學與自然選擇學說綜合在一起，使之更爲完善，最終發展成爲較完善的「現代達爾文主義」或「綜合論」。值得注意的是，現代發育生物學、分子生物學和古生物學的新發現將使進化生物學獲得進一步發展而走向完善。）

三、第六章至第十章導讀：進化學說的各種難點及其化解

前述五章主要從正面論述並建立起了遺傳變異——生存競爭——自然選擇——物種起源和萬物共祖或生命樹學說。在第六章至第十章中作者設想站在反對者的立場上給進化學說提出了一系列質疑；然後再逐一作答或解釋，使之歸於化解。這正體現了作者的勇氣和學說本身不可戰勝的生命力。

第六章，進化學說的難點。本章一開首便系統地提出進化理論可能遇到的四個方面的主要難題。(1)既然物種是逐漸演變的，那爲何在世界上我們不能隨處都見到數不清的中間過渡演化類型呢？(2)像蝙蝠身上那些十分特別的器官構造和習性能從構造和習性上極不相同的動物那裡演化而來嗎？自然選擇果眞如此神奇，既能產生一些普通的器官構造，又能創造出像眼睛那樣一些奇妙的器官構造嗎？(3)生物的本能特性可以透過自然選擇產生出來並爲自然選擇所改變嗎？(4)自然選擇理論對種間雜交不育性和變種雜交可育性能做出合理的解釋嗎？對前兩大難題，本章將予以回答；而對後兩個難題以及其他一些質疑，作者將在後續章節中逐一予以討論。

1. 無論是在空間分布上，還是在時間延續分布上，中間過渡型物種極爲少見甚至缺乏，可以由下述事實進行說明：無論是自然界的藤壺，還是家養的綿羊，或是其他類型的生物，它們在廣大空間分布範圍上常表現出如下規律，即兩個不同變種各占據著較大的地理分布空間，在介於其

間的過渡型變種常常只占據較爲狹小的地帶，而且其數量也比這兩個主要變種要少得多。無疑，在生存競爭中，這些數量較少的中間類型極易被這兩個主要變種所排斥和取代而最終歸於消亡。於是這兩個變種便演化成兩個有顯著區別的新物種，而中間類型歸於消亡。由於同樣的原因，在時間序列上，中間過渡類型在數量上也總是居於劣勢，在生存競爭中極難逃脫滅亡的命運。物種演化的這種時空分布特徵，常使我們在化石紀錄中只能看到彼此區別顯著的不同物種，而極難見到其間逐漸演化的過渡類型。

2. 爲了論證一些生物由於生活習性的變化（如從陸生變成水生），其形態構造也必然發生相應的過渡，作者舉出水貂的例子：冬季牠在陸上捕鼠爲生，夏天則暢遊水中，以魚爲食，因而牠發育了特有的蹼。爲了證明蝙蝠原本由食蟲的四足動物演化而來，作者列出了一系列從扁平尾巴的松鼠到初具滑翔能力皮膜的飛狐猴等中間形態類型，應該是很有說服力的。

3. 對於極爲完善而複雜的器官，如動物的眼睛，是否能由自然選擇作用而形成，的確很難找到直接證據。不過作者也列舉了許多間接證據。一方面，在形態學中人們可以看到，脊椎動物的視覺器官的確從低等的無頭類文昌魚，到各種有頭類（魚和兩棲類、爬行類直至人類），是不斷複雜化的。在分節動物中，原始的類別僅有瞳孔狀構造，進而出現晶狀體，最後才分異成多種多樣的複雜構造。另一方面，在人類早期胚胎發育中，其眼球晶體也極爲簡單。所有這些，不能不使我們理性地相信，眼睛很可能是自然選擇長期作用的產物。

此外，作者還列舉了一些昆蟲呼吸器官的形成、硬骨魚類的鰾演化成後來陸生脊椎動物的肺並使鰓退化等事實，證明主要是自然選擇的力量造成了器官功能及構造的轉變或過渡。

當然，自然選擇學說似乎還存在一些很大的難點，如一些魚類如何產生了奇異的發電器官。而且，有些發電魚的親緣關係相去很遠，不可能透過譜系遺傳而形成。其實，這些發電器官不是同源器官，而只不過是同功器官。它們原本來自於不同譜系的祖先，只是由於遭受相似的自然選擇壓力而產生了相似的適應功能罷了。類似的現象在生物界屢見不鮮，如昆蟲的翅、鳥類的羽翼和蝙蝠的皮翼都是這樣。進而，作者列舉了一些異常適應的例子，如盔蘭屬唇瓣下的「水桶狀構造」的精巧，都是天工造物，都是生物長期變異、不斷選擇適應的結果。「各種高度發展的生物，都經歷了無數的變異，並且每一個變異了的構造都有被遺傳下去的趨向。」在此，他再次引用了一句古老格言，作爲他的漸變式進化理論的別稱：「自然界沒有飛躍。」（評述：「自然界沒有飛躍」的說法有一半是正確的，但顯然不能將它絕對化。自然界裡由於常規過程中突發而生的「飛來橫禍」並不少見，它們多導致各種演化進程中的「飛躍」現象。）

自然選擇的另一個難題是：既然自然選擇是透過生死存亡的鬥爭才使最適者生存下來，那麼，這些得以生存和發展的生物卻爲何保留了表面上看來不大重要的器官？其實，有些表面上不重要的器官，如長頸鹿和牛的尾巴，在驅趕蒼蠅，求得生存競爭中的主動權上舉足輕重。有些構造，如一些陸生動物的尾巴，現在對生物體已經不甚重要，但對其水生祖先卻極爲重要。

達爾文還在這裡成功地駁斥了「目的論」。這一唯心論認定大自然各種各樣美麗的東西，都是上帝特意創造出來專供人類欣賞的。假如果眞如此的話，遠在人類出現之前，許許多多極爲美麗的東西，如鸚鵡螺、矽藻殼、豔麗的花朵、華美的蝴蝶該做何解釋呢？其實，所有這些都不過是自然選擇和性選擇的結果。

第七章，對自然選擇學說的各種異議。這一章是在第六版即最後一版才加進去的，此時離第一版面世已過去了十三年。其間「萬物共祖」思想得到學界越來越多的認同。然而，對自然選擇學說卻有不少人提出了質疑。在質疑者隊伍中，既有公開反對進化論的，如瑞典植物學權威奈格利和英國動物學家米瓦特，也有支持進化論的德國古生物學家布隆等。顯然，此時此刻如果再不及時地對這些主要質疑給予恰當的回答和解釋，自然選擇學說將有可能失去其學說的資格。所以，事不宜遲，達爾文在這裡專闢一章討論和駁斥了反對自然選擇學說的各種主要異議和挑戰。

1.有人質疑，長壽顯然對所有生物都有益，但為何在同一譜系中，後代並不一定總比其前代更加長壽。對此作者引用了蘭克斯特先生的研究結果做答：長壽問題多與各物種的體制等級有關，也與新陳代謝和生殖過程中的能量耗損相關，而這些因素多由自然選擇決定。

2.有人提出，在過去三四千年間埃及的動植物皆無變化。達爾文認為，在過去數千年間，環境條件極為一致，所以生物發生的變異不能保存下來。而且，至少，這些三四千年前的動植物，不是憑空而來；它們應該是從其原始類型變異而來的。

3.有人認為，有些性狀對生物沒有什麼用處，因而不受自然選擇的影響。達爾文列舉了許多事例證明，首先，有些性狀之所以被認為無用，是因為人們對它認識不足所致，其實它們十分重要；其次，相關變異法則和自發變異也會導致某些性狀的變異。

4.對於有人主張生物具有朝著不斷完善自身並向進步方向發展的內在趨向，達爾文則不以爲然，因爲生物構造既有進化，也有退化。但另一方面，透過自然選擇的連續作用，器官會愈益專業化和功能分化，從而使生物朝進步性方向發展。

5.另一種異議是自然選擇學說無法說明有用的器官構造在形成初期的變化原理。作者用長頸鹿何以獲得長頸進行了合理的推論。比目魚的情況也是這樣，在其某一側的眼睛向另一側轉移的初期，總伴隨著兩眼努力向上看的習性，這對個體和物種無疑都有益，而不是有害。

6.作爲漸變論者，達爾文排斥任何由突然變化而形成新物種的可能。〔評述：值得指出的是，現代揭示出來的演化事實表明，在我們這個多次遭受重大災變的星球上（我們的衛星拍攝到的月球表面大大小小的隕石坑清楚地顯示，地球曾無數次慘遭轟擊）。無疑，其上的生物界的演化也隨之極其複雜多樣：其漸變、突變甚至躍變長期並存、相互轉化。不少實驗觀察還顯示，某些環境變化可導致一些特殊基因突變而形成新物種。〕

第八章，本能。動物的本能，是一種先天性的精神能力。要論證它是自然選擇的結果，顯然，要比證實自然選擇導致了生物形態構造逐步變化而形成新物種更困難得多。在這裡，作者採用了與本書前五章相似的論證手法。首先，作者觀察到在家養狀態下的動物本能遠不如自然狀態的本能那樣穩定，更易發生變異；嚴重的還會完全喪失其原有本能，並獲得新的本能。連續不斷的雜交和人工選擇便能使這些變異連續發生並不斷積累而加強。各種狗（如嚮導獵犬、牧羊犬和獵犬）和翻飛鴿特殊本能的產生便是很好的例證。接著，達爾文闡明了本能在自然狀態下也會發生輕微的變異。

至此，最合理的推論就應該是：由於本能對動物體至關重要，那麼在生活條件變化時，自然選擇作用一定會保留那些在本能上微小的有利變異，並將它逐步積累起來。在這裡，我們看到自然選擇作用於身體構造的原理和方式，完全適用於它對本能的作用。

達爾文花了相當篇幅，詳細描述了幾種動物的特殊本能，如小杜鵑能將其義兄弟們逐出巢外，有些螞蟻會養奴隸，而姬蜂科幼蟲能寄生在青蟲體內。所有這些本能的逐步形成，在「遺傳——變異——最強者生存、最弱者死亡」的自然選擇法則下無疑都會得到最合理的解釋。

有人舉出所謂非雌非雄的中性昆蟲和不育昆蟲來反對本能的起源是由於自然選擇的結果。達爾文的回答是，這與一些家養狀態下不育的動植物屬於同一道理。既然去勢公牛從不繁殖，重瓣不育的花從不結實，但它們都可以由人工選擇方法獲得，那麼毫不奇怪，自然選擇也就能造就對社會性昆蟲群體有益的不育昆蟲了。

第九章，雜種性質。本章討論不同物種或變種雜交後能否生育、所形成的雜種後代能否生育以及這兩種不育性的起因。作者從大量事例中發現：

1. 不同物種首次雜交後不育性的程度因物種而異，有完全不育的，也有完全能育的，更有大量介於其間的各種等級。其雜種的不育性也呈現類似的情況。

2. 過去，作者跟其他許多人一樣，誤認爲首次雜交不育和雜種的不育性是自然選擇的結果。但他現在認爲，這些不育性與自然選擇無關。首次雜交不育可能有多種原因，其中最主要的原因是胚胎的早期死亡。而雜種不育的主要原因僅在於雌雄生殖質上的差異。

3.同一物種內不同變種雜交的能育性及其後代（混種）的能育性的程度各不相同，甚至也有完全不育的。即是說，物種雜交與變種雜交在能育性方面只有量的差別，而無本質上的差別。當變種的能育性減小到一定程度甚至出現不育性時，人們常習慣稱其爲不同物種。也就是說，物種與變種之間並沒有截然界限。由此，人們很容易明白：「物種原本是由變種而來的。」

第十章，地質紀錄的不完整。在本章和下一章裡，達爾文試圖從地質歷史紀錄的保存特點及地史時期古生物的保存紀錄的不完整性來論證其學說的兩個基本要點：⑴地史時期的所有生物都是不斷演變的，而且是由最初一個或少數幾個共同祖先隨時間推移而逐步演化出來的；⑵生物演化的驅動機制是生物的變異性和自然選擇。我們知道，達爾文時代的地史學比起現代地史學有很大的差距；現代地史學的最大進步就在於，二十世紀初放射性同位素測年技術應用於地史學研究之後，人們不僅有了更精確的地史事件的相對年齡，而且還可以獲得關於地球各演化階段十分精確的絕對年齡值了。跟現代地史測年值相比，書中所提到當時猜測的地史發展年齡誤差太大。爲幫助讀者正確領會地球發展史，下面補充介紹最新有關的地質年齡資料。

我們所在的宇宙快速形成於約一百三十五億年前的一次大爆炸事件，過了約八十五億年後才出現了第二代恆星太陽，再過了約五億年，才形成了我們居住的行星地球。此後幾千萬年至三億年間，地球的表面溫度下降至一百攝氏度以下，透過冷凝降水形成了原始海洋；這期間，地球很可能多次遭受巨大隕石的撞擊，而使全球海洋全部蒸乾（科學家計算指出，一個約五百公里直徑的隕石撞擊，足可以使地球海洋全部蒸乾）。這種過程也許在地球早期重複過多次。現保存下來的地球最早的沉積岩年齡約為四十億年；最早顯示生命存在的有機物為三十八．五億年；已在澳大利亞和非洲發現最古老的生命（古細菌等）為三十五億年。地球上具有細胞核的眞核細胞生物約出現於二十一億年前，而確證為多細胞動物的歷史則較短，不超過六億年。在距今約五．四億年前的早寒武世前後，發生了整個生命史上最為壯觀的動物創新事件，即在約占地球生命史百分之一的時間裡（從距今五．六億年至五．二五億年前），分三幕爆發式地產生了地球上絕大多數動物門類，俗稱「寒武紀生物大爆發」，簡稱「寒武大爆發」（Shu，二〇〇八；舒德干等，二〇〇九）。從此以後，地球上的動物化石紀錄變得「顯而易見」了。於是，地史學上便以這一時刻為界碑，將地球發展歷史劃分為兩大階段。這後一段常見動物化石的時代稱為「顯生宙」或「顯動宙」，而將五．四億年以前化石極少的漫長歷史合稱為「隱生宙」。顯生宙又可由老到新劃分為古生代（距今五．四億至二．五一億年前）、中生代（二．五一億至〇．六五億年前）和新生代（〇．六五億年前至今）。中生代即書中的「第二紀」；而新生代又包括第三紀（距今〇．六五億年至〇．〇二億年前）和第四紀（〇．〇二億年前至今）。古生代從老到新包括六個紀：寒武紀、奧陶紀、志留紀、泥盆紀、石炭紀和二疊紀，不過在達爾文時代尚未建立奧陶紀；中生代包括三疊紀、侏羅紀和白堊紀。《物種起源》中提到的「物種群在已知最低化石層中的突然出現」，實際上就是指「寒武紀生物大爆發」。

達爾文在這一章所列出的難題主要是，為什麼在地史時期任一段地層中都缺乏中間變種，尤其是為什麼在最低化石層（即寒武紀的下部地層）會有大批動物種群突然出現。對此，達爾文的答案是「地質紀錄不完全」，因而古生物紀錄就更不完全了。他的推理是，在這極不完整的化石紀錄中，我們當然無法見到眾多連續的「中間變種」，見到的只能是斷斷續續保存下來的彼此區別顯著的不同物種了。作者在本章結尾處援引當時最著名的地質學家萊爾關於地質紀錄是一本極其殘缺不全的歷史書的比喻來支持自己的觀點，也是十分高明的。此後，許多人開始接受漸變論思想。〔評述：達爾文在《物種起源》第一版中曾預測，寒武紀之前一定存在著某些簡單的演化過渡型生物。至第六版時，一些古生物學新發現令達爾文更堅信自己的推測。自二十世紀四十年代以來，古生物學的系列性發現證實，達爾文的這一猜想基本上是正確的。但是，近四十年來古生物學揭示出來的事實也表明，生物演化歷史中既有漸變，更有突變，而且突變更爲醒目（引發突變的原因既可源自生物界內部宏觀演化（macro-evolution）的「新陳代謝」，也可引發自生態環境的急劇變化和各種大型災變事件）。災變在生物演化過程中也顯得更爲重要。災變對舊有類群的確是災難，甚至是滅頂之災；但對於新生類群而言，應該是機會，而且常常是千載難逢的發展機遇、改朝換代的機遇。實際上，災變往往是動物界整體進步的一個催化劑。〕

四、第十一章至第十五章導讀：生物的時空演替證據及親緣關係對進化理論的支撐

生命運動是世界上最爲複雜的一類運動，有歷史的（即時間的）、有空間的、有形態變化的，也有胚胎發育的。作爲一個成功的綜合理論，進化理論必須能夠對上述各種各樣的運動現象提供合理的解釋；否則，這種理論的正確性便值得懷疑。在這一大單元，達爾文用他的以自然選擇和萬物

共祖爲核心的進化理論對生物界在地史演變、地理變遷、形態分異、胚胎發育中的各種現象進行了令人信服的解釋，從而，使這一理論獲得了進一步的支撐。

第十一章，論生物在地質歷史上的演替。在達爾文時代，古生物學揭示出來的一些事實足以能證實「所有物種都曾經歷過某些變化」。而且，「新種是陸續慢慢地出現的」；萊爾對巴黎盆地第三紀生物演化的研究結果也清楚地證明了這一點。地史時期生物演化事實還告訴我們，各物種變化的速率互不相同，有快有慢。此外，地史中的物種一旦滅亡，便不再重新出現，這就是有名的「生物演化的不可逆性」。達爾文指出，所有這些現象，與自然選擇學說完全一致：⑴生物的變異過程總是緩慢的，所以新種出現也是緩慢的、逐步的；⑵由於各個物種的變異互不相關，各不相同，它們被自然選擇所積累的情況也自然各不相同，有多有少，有快有慢，其結果導致各物種演進的速率互不相同；⑶在演化過程中，新種替代舊種，舊種便歸於滅亡。由於新種和舊種分別從其祖先那裡遺傳了不同的性狀，因而兩者不可能完全相同；而且，不同的生物會按不同的方式發生變異，並遭受不同的選擇和積累作用。於是，我們便能很容易理解，既然舊種已經滅亡，那麼舊種的祖先也不會存在。我們要想在新的條件下，再完全重複從舊種的祖先裡產生出新種的過程，當然是不可能的。因而，「舊物種一旦消亡將不可再現」。達爾文進一步指出，物種群，即屬、科等單元在出現和消亡上也與物種演替遵循相同的演化規律。

在達爾文時代，物種的滅絕常常蒙上了神祕的色彩。其實，按自然選擇學說，在生存競爭中，尤其是近緣種和近緣屬間的鬥爭最爲劇烈，因而舊種和舊屬遭到滅絕是順理成章的事。對於大群物種，其全部滅絕的過程常常比它們開始出現的過程要來得緩慢，那是由於在遭受滅絕時，總有一些物種能夠成功地逃避劇烈的競爭，找到自己存續下去的「避風港」，因而延緩了全群的滅絕。對於古生代末三葉蟲和中生代（第二紀）末菊石類群的大規模突然滅絕，達爾文解釋說，在這兩代末期，其時間間隔可能都較長，因而其生物類群滅絕過程仍然是緩慢的。〔評述：達爾文堅持用漸變論解釋古生代末和中生代末的大型滅絕與現代古生物學研究的結果不相符合。近三十年來的古生物學資料顯示，眾多古生物門類在古生代末和中生代末的確是在較爲短促的地質年代裡快速滅絕的。絕大多數現代古生物學家認爲，達爾文的自然選擇學說能夠很好地解釋「常規滅絕」或「背景滅絕」，但對於古生代末和中生代末這樣「集群滅絕」的原因，不宜單用漸變論解釋，它很可能與地上或天外的突然事件或災變事件（如特大規模的火山事件或大型隕石撞擊地球等）有關。〕

生物類型在全世界幾乎同時發生變化和更替，譬如十分近似的生物類群分別在「新世界」（即美洲）和「舊世界」（即歐洲）「平行演化」是很常見的現象。如果用自然選擇學說來解釋，這必然順理成章：由於優勢類型最容易在空間分布上取得成功，從而最終在不同的海域和大陸上形成所謂的「平行演化」現象。

進化論認爲，生物是不斷透過由新種替代舊種的方式而逐步演替的。這便很自然地解釋了爲什麼在年代上連續的地層裡產出的化石是密切相關的事實，而且，其時代居中的化石，其性狀特徵也居中。同時，我們也很容易理解，爲什麼古代滅絕種類常能在形態構造上將現代某些極不相同的後代連續起來。因爲，按我們以前在第四章講過的基於萬物共祖思想的生物譜系發展或性狀分歧的圖譜，越是古老的類型，越是與現代不同類群的祖先相接近，因而便容易在性狀特徵上居中。

在說明地史紀錄中新物種的出現常表現出「突然性」，而缺少中間過渡類型的現象時，達爾文再次強調了造成這種現象的兩個基本原因：一是地質紀錄極不完全，二是生物在不斷地發生地理遷移。

第十二章、第十三章，生物的地理分布。這兩章力圖用自然選擇學說來解釋生物在地理分布上的各種疑難而有趣的現象，這與華萊士不謀而合。這兩章的論證告訴人們，這種能夠解釋眾多自然現象和難題的假說應該是靠得住的理論。

以自然選擇和萬物共祖思想爲核心的生物進化論認爲，不同種生物皆起源於少數共同祖先；因而在地理上，應起源於某一產地中心。這就是說，物種一方面在時間展布上保持連續性，這爲地史化石紀錄所證實；另一方面，物種在地理分布上也是連續的。儘管人們在生物地理分布上也可見到一些不連續現象，但這完全可以用生物的遷徙理論、各種偶然的傳播方式以及物種在中間地帶容易遭受滅絕來進行合理的解釋。

在分析生物地理分布現象和規律時，我們必須記住，在萬物共祖框架下的生物親緣關係是至關重要的決定因素。因此，根據各種特殊的遷徙方式、隔離障礙方式，人們便可以理解形形色色的生物地理分布格局。譬如，兩棲類和陸棲哺乳類，由於無法跨越海洋，因而在海島上就自然見不到牠們的蹤跡。另一方面，即使在一些極爲孤立的小島上，卻也能見到蝙蝠這樣的飛行哺乳動物；原因很簡單，牠們可以直接從大陸飛到海島上，並占據那些地理分布區。在一些群島上，各島物種儘管互不相同，但卻彼此密切相關。我們也不難理解，爲什麼在兩個地區內，只要它們有密切相似的物種，那麼無論這兩個地區相隔多遠，總可以找到一些共有物種。達爾文還成功解釋了一些冰河期造成的奇特生物地理分布現象：特大冰期可以影響到赤道地區，並使南、北半球的生物混交；但當氣候轉暖時，冰河退去，寒帶生物也隨之從平原地帶消失，但此後卻在世界各地的高山頂上殘存下來一些相似的寒帶生物類型。

淡水生物分布很廣，而且變化莫測，這常與它們多種多樣的傳播方式相關。

總之，作者列舉並論證了各種各樣的生物地理分布都受著自然選擇法則的制約。即是說，散布在各種不同區域但彼此相關的生物群落，它們原本是產生於同一產地的同一祖先；後來經過各種形式的遷徙、傳播並在新領地不斷變異才逐步演變而來。

第十四章，生物間的親緣關係：形態學、胚胎學和退化或殘跡器官。在達爾文時代，在生物分類學、形態學、胚胎發育學以及成體上常見的殘跡器官方面存在著各種各樣的難題。對這些難題，唯心主義神創論和目的論曾試圖給以解釋，但多牽強附會，無法自圓其說。然而，在達爾文看來，所有這些難題在他的進化學說面前，都將迎刃而解；譜系遺傳、變異和選擇學說無愧是解開眾多疑難的金鑰匙。

1.分類學。那時的博物學家在進行生物分類時，都在力求透過各種生物之間的表面相似性，追求反映生物內在聯繫的「自然體系」；然而另一方面，他們卻認爲這種「自然體系」不過是「造物主」精心設計的產物。達爾文在這裡舉出眾多實例證明了，博物學家所追尋的「自然體系」

實際上就是建立在生物由於不斷變異而逐步演化的生物進化論基礎之上的。博物學家都承認能顯示不同物種間親緣關係的性狀特徵都是從其共同祖先那裡遺傳下來的。也就是說，儘管他們口頭上說生物分類的「自然體系」是造物主的安排，但他們所進行的「眞實分類方法和分類體系卻都是建立在生物自身血統演化基礎上的」。換句話說，「博物學家實際上都在根據生物的血統進行分類」，「生物的共同演化譜系才是博物學家們無意識追求的潛在紐帶」。於是，同源構造，即雖形態不同但譜系來源相同的構造，在分類中最爲重要。如鳥類的翅膀與其他陸生脊椎動物的前肢，儘管形態相差很遠，但起源相同，因而在自然分類中至關重要。與此相對應，達爾文提出了同功構造的概念，即外表相似但其內部構造和起源不同的構造，由於它不能指示生物之間的親緣關係，因而在自然分類上毫無價値，如鳥類的翅膀和昆蟲的翅。達爾文還舉了個很有趣的例子，說「自然」有時也會給博物學家開開玩笑，使他們在實際分類工作中犯錯誤。例如，在南美洲大群居住的透翅蝶中，常常會混雜一些翅膀形態和顏色、斑紋極爲相似的異脈粉蝶。這種唯妙唯肖的模擬，常使目光銳利的分類學家受騙上當。這種生物模擬現象如果用自然選擇學說來解釋，則很容易理解。原來，鳥類和其他食蟲動物由於某種原因不吃透翅蝶；於是，只有那些在外形和顏色上類似透翅蝶的異脈粉蝶才容易逃避毀滅的命運。結果，「與透翅蝶類似程度較小的異脈粉蝶，便一代又一代被消滅了；而只有那些類似程度大的，才能保存下來並繁衍牠們的後代」。顯然，這是自然選擇作用的又一個極好例證。

2. 形態學。同屬一綱的生物，其軀體構造模式是相同的；或者說，同綱內不同物種的各對應構造和器官是同源的；這是形態學的靈魂。昆蟲的口器是一個很典型的例子。形態各異的昆蟲口器都屬於同源構造。無論是天蛾的長螺旋形喙，或是蜜蜂折合形的喙，還是甲蟲巨大的顎，儘管它們形態上極不相似，但都是由一個上唇、一對大顎、兩對小顎變異而來。這種現象，用「目的論」是無法解釋的，但用對連續變異進行自然選擇的理論來解釋，則並不困難。

3. 胚胎發育學。在胚胎發育過程中，常可見到下述兩種基本情況。即：⑴同一個體的不同部位在胚胎的早期階段完全相似，但到發育爲成體時，則變得很不相同；⑵同一綱內很不相似的各個物種，在胚胎時彼此相似，但發育到後來，會變得各不相同。然而，也存在一些例外情況，如在同一綱內有些物種的胚胎或幼蟲很不相似；又如有些個體的幼體與成體的形態差別不大，或沒有明顯的變態過程。這些現象都可以用自然選擇和適應理論來說明。顯然，這是由於這些幼體所面臨的特殊環境迫使它不得不提早獨立生活或自謀食物所致。這就是說，同一綱內不同生物在胚胎構造上的共性反映了它們起源相同，有共同的血緣關係。然而，胚胎發育中的不同，並不能證明它們沒有共同的血緣，因爲其中某一群生物在某一胚胎發育階段很可能受到了抑制。

4. 殘跡器官。博物學家在進行自然分類時，十分重視殘跡器官，因爲它常能指示某種同源構造。殘跡器官形成的主要機理，很可能是由於不使用的原因。但是，有些不大發育的生物器官到底是處於其演化的初始狀態，還是後期的退縮階段，一時還很難判斷。如企鵝的翅膀就是這樣。企鵝不用飛行，可能導致翅膀縮小；但另一方面，其翅可做鰭用，也可視爲其演化的初始狀態。顯然，面對形形色色的殘跡器官，生物特創論是無法解釋清楚的；但是，用本書提出的原理，即「不使用便退化」原理、生長的經濟節省原理，則能得到合理的解釋。

總之，這一章所討論的各種事實進一步證明了，世界上無數的物種、屬、科、目、綱，都不是上帝分別創造出來的，而是從其共同祖先逐步傳衍下來的。在這一漫長的演化過程中，各種生物都經歷了各種各樣的變異。

第十五章，複述和結論。這一章對全書進行了概述和總結。如果讀者已經仔細閱讀過前十四章並有了較爲深刻的理解的話，本章便可略去不讀。然而，假如讀者沒有充足的時間卒讀全書，而只是對前十四章進行了走馬看花式的初步瀏覽，那麼，不妨再花不多的時間對本章極其精鍊的概述，字字句句的審讀，一定能收到事半功倍的良效。作爲總結全文的章節，本章主要包括四部分。前兩部分是前十四章的簡述，不過其論述順序與正文恰好相反。在這裡，作者首先逐一討論了反對或懷疑自然選擇學說的各種論點，然後再正面討論能支持或論證自然選擇學說的各種事實和論點。這些事實，有一般性、概括性的，也有具體的、特徵性的，這裡不擬贅述。然而後兩部分則是正文的引申和歸納，值得特別提一提。

第一，博物學家爲何長期固守物種不變的思想？達爾文認爲主要是由於宗教傳統勢力的影響。他們長期在上帝「創造計畫」的說教籠罩之下，形成了只信上帝而不願面對事實的頑固偏見。作者在這裡寄希望於那些沒有宗教偏見的青年：只要能面對事實，便能最終接受自然選擇學說，就能看到物種可變的眞實世界。

第二，既然物種變異的學說是眞實的，那麼，我們到底可以用它來解釋哪些難題和現象呢？它對未來博物學會產生什麼影響呢？

1. 同一綱內的各種生物是透過一系列連續分叉的譜系線彼此聯繫在一起的；它們能夠指導人們按「群下有群」的格式進行自然分類。
2. 地史時期化石的發現，能將現生各目之間形態學上的空隙不斷彌合起來。
3. 所有動物最遠古的祖先最多只有四五種，植物亦然。而且，從形態學的同源構造、殘跡構造和胚胎學證據可以看出，每一界的所有物種很可能都起源於同一祖先。
4. 從漸變論觀點看，物種和變種沒有本質的區別；現在的物種就是過去的變種，而變種則可以視作初級物種。
5. 過去在博物學中，親緣關係、生物軀體構造模式的一致性、形態學、適應性狀和殘跡器官等說法只不過是一些隱喻。但是，在進化學說被廣爲接受之後，它們將不再只是隱喻，而將具有明確的涵義並成爲正式的科學術語。博物學研究也將更爲生動有趣。
6. 在博物學中將會因此而開拓一些新的研究領域，如探索變異的原因和機制、器官的用進廢退、外因的作用效應等。而人工選擇也會開始實施眞正的物種或品種的「創造計畫」。
7. 對現代生物地理分布規律的探尋，將爲我們研究古生物地理提供可貴的借鑑。
8. 由於古生物隨時間而演進，將使我們有可能測定地層的相對年代順序。
9. 物種是透過逐級變異而形成的；同樣地，人類智力的獲得也必然是逐級遞變的結果。於是，人類的起源及其演化歷史將會由此得以說明。

10. 物種起源是一個緩慢的漸進過程，這是物種形成的唯一方式。「自然界不存在飛躍」「地球上從未發生過使全世界變得荒蕪的大災變」。

〔評述：前面九點無疑都是正確的或基本上是正確的；它們已爲眾多事實所驗證。然而，最後一點，很可能是片面的，至少是不完全的。近幾十年來的研究成果表明，事物發展過程，包括物種形成過程，既有漸變，也有突變，自然界裡的確存在著飛躍。現代關於地質事件和生物演化事件的研究也告訴我們，我們的地球曾經歷過多次使世界面貌發生劇烈變化的大災變。從全書的總體文字來看，達爾文似乎是純粹的絕對的漸變論者；但仔細審讀，會發現其實不然。他曾在第十章、十一章、十五章三次這樣描述地史時期物種變化的規律：物種的變化，如以年代爲單位計算，是長久的；然而與物種維持不變的年代相比，卻顯得很短暫。這種觀點，與現代的「間斷平衡」演化論十分相似。「間斷平衡論」認爲：物種是在較短的地質年代快速演變而成的；一旦成種之後，便在較長時期內保持不變。顯然，達爾文當時已經認識到地史時期的生物演化是以快速突變與慢速漸變交替的方式進行的。那麼，達爾文爲什麼在他的論著中偏偏只強調漸變呢？我想，這也許與當時的時代背景有關，與達爾文的論戰策略有關。達爾文深深懂得，物種不變論的根基是頑固的神創論。而神創論堅持物種特創和物種不變的護身法寶便是突變論和災變論。許多著名學者（如赫赫有名的古生物學開山鼻祖居維葉等）之所以墮入神創論的泥潭不能自拔，也與他們受困於災變論過深有關。在神創論或特創論看來，物種是被上帝一個一個單獨創造出來的；一旦物種被突然創造出來，便不再改變。而當地球上的大災難（如大洪水）毀滅了大群舊物種時，上帝便立即再快速創造出一批新物種。這種理念，在達爾文時代之前一直占主導地位。顯然要想攻破具有傳統勢力的特創論，在當時，達爾文也許只能堅持「自然界不存在飛躍」的漸變論，而完全摒棄任何形式的快速突變的思想，以不留給特創論任何可乘之機。這是達爾文的無奈之舉，也應該是他之所以成功的高明之處。

在進化論廣爲認同的今天，我們客觀地觀察、評價生命演化歷程，便會發現，在漸變的大背景裡，的確還充滿了無數大大小小的突變和災變。它們聯手創建了地球神奇的生命樹。當然，這是純自然演化的過程，與上帝無關。）

達爾文生平及其科研活動簡介

一八〇九年二月十二日在人類社會歷史上是一個極不尋常的日子。這一天，在大西洋兩岸分別誕生了一位偉大的政治家和科學思想家：在西岸的美國，被歷史學家公認的美國歷史上最偉大的總統林肯呱呱墜地。他在消滅種族歧視，從而在人類深層次的自我解放運動中的影響至少會延續一千年。到那時，不僅黑人仍記得這位正直的律師，其他各色人種也會對他心存敬意。在東岸，查爾斯·達爾文在英國舒茲伯利裡悄悄臨盆；可以預見，他的學說在推進科學進步和人類的精神解放事業上放射的光芒一萬年也不會熄滅，甚至將與人類文明同壽。我們的千百代子孫後代仍然會在他們的中小學課本中讀到達爾文這個溫馨爽口的名字，並沿著他的思想一直走下去。

然而，達爾文並非牛頓、愛因斯坦那樣的天才。他自認為從小便活潑好動，頗為頑皮。起初與小他一歲的妹妹凱薩琳同校學習，成績卻遠不如她。但他有一種不同於於其他兄弟姐妹的天性，便是對自然歷史的強烈求知欲，在蒐集貝殼、印鑑、郵票、礦物標本等方面興趣尤濃。他從不滿足於一般的採集，而喜歡對自己觀察到的各種現象進行思索，尋求現象背後的機理。一次走在沿舊城牆從家到小學的路上，由於陷於對一件事情的沉思，不愼跌下城牆，幸虧城牆只有七八英尺高，才未造成嚴重後果。

對於舊式學校一些古板的教學，少年達爾文毫無興趣，因為這種學校除了古代語言之外，只教一些古代歷史和地理。在別人眼中，他只是一個十分平庸的孩子。甚至有一次，父親批評小達爾文，說了一句令他十分難堪的話：「你對正經事從不專心，只知道打獵、玩狗、逮老鼠，這樣下去，你將來不僅要丟自己的臉，也要丟全家的臉。」達爾文在自己的回憶錄中寫道：在學校生活階段，對他後來影響最大的是他廣泛而濃烈的興趣。凡自己感興趣的東西，能如痴如醉；對一些複雜的問題和事物，他總有窮根究柢的強烈願望。他對於小時候從私人歐氏幾何教師那裡學到的嚴密邏輯推理和他姑父給他講解的晴雨錶上的游標原理，始終記憶猶新。達爾文小時候讀到一本《世界奇觀》的書，便萌發了周遊世界的慾望。大學畢業後，達爾文作為博物學家參加為期五年的小獵犬號環球航行，終於實現了兒時的夢想。

一八二五年十月，達爾文只有十六歲，中學課程尚未結業，父親便將他送進蘇格蘭的愛丁堡大學學醫。由於課程的枯燥無味，加上無法忍受對外科手術的恐懼，他決心中斷學醫。無奈，父親便依從了他想成爲一名鄉村牧師的意願。於是，一八二八年新年伊始，達爾文便邁進了劍橋大學基督學院（Christ's College）的大門。儘管課程設置沒能引起他的興趣，但卻最終獲得了並不丟臉的成績。這期間，他仍然愛好狩獵、郊遊，鍾愛蒐集甲蟲標本，有時達到痴迷的程度。有一天，他剝開一片老樹皮，發現兩隻稀有甲蟲，欣喜至極，便用兩隻手各抓住一隻。接著，又發現第三隻新種類，他便不顧一切地將右手裡的一隻放在嘴裡。不料，牠分泌出令人難以忍受的辛辣汁液，使達爾文舌頭發燙，只得將牠吐掉了，而結果第三隻也逃掉了。

在劍橋求學期間，對他日後影響最大的是他與亨斯洛教授的友誼。指導教師亨斯洛主講植物學，同時還精通昆蟲學、化學、礦物學和地質學。本來達爾文對地質學並無興趣，但在亨斯洛的建議下，他在劍橋最後一年卻出人意料地選修了地質學，並隨當時劍橋的地質學大師賽奇威克（他還是「寒武紀」這個術語的命名者）到威爾斯進行了一次卓有成效的野外地質實習。實習剛結束，亨斯洛便推薦達爾文以船長的高級陪侍和兼職博物學者的身分隨小獵犬號環球航行（註：航行途中，由於原專職醫生和博物學者的退出，達爾文才開始名正言順地履行正式博物學者的職責），由此改變了達爾文一生的事業和命運。歷史就這樣給他開了個善意的玩笑。達爾文原本立志獻身上帝，做個虔誠的牧師，以撫慰芸芸衆生苦澀的靈魂。不曾想，一次歷時五年的環球航行，卻鑄就了一個無神論的先鋒鬥士，並由此從根本上改變了整個人類千百年來「上帝創造一切、主宰一切」的思想觀念，但這給上帝的萬千忠實信徒們帶來了新的煩惱。在這漫長的五年中，他不僅仔細觀察和研究了大量地質現象，解決了珊瑚島的成因問題，成爲當時一位著名的地質學家，而且更重要的是還蒐集到大量生物變異和古生物演變的事實。這些活生生的事實，二十多年後終於構成建造他的進化學說的基本磚石。科學探祕的濃厚興趣常常構成科學家從事研究的巨大動力。用達爾文自己的話說，此時他不遺餘力地工作，渴望在浩瀚的自然科學領域有所發現、有所貢獻。此時，他已萌發野心，渴望將來能成為一名偉大的科學家。

一八三六至一八三九年：從「成家」和「立業」這兩件人生基業上看，這幾年正是達爾文同時奠定人生幸福和事業輝煌的關鍵時期。這期間，他不僅建立了影響他一生的幸福家庭，而且還完成了世界觀的根本轉變，形成了鮮明的進化思想和自然選擇學說的思想框架。歷時五年的環球航行，儘管使他腦子裡充滿了新鮮生動的演化事實，但一時還難以從根本上改變他的自然神學世界觀。一八三七年和一八三八年先後發生了兩件事，在別人看來也許十分平常，但對於善於思索的「有心人」，則似「於無聲處聽驚雷」，給達爾文以強烈的震撼，促使他的學術思想發生了兩次根本性轉變，完成了兩次重大飛躍。一件事發生在一八三七年三月，鳥類學家古爾德指出，達爾文從加拉巴哥群島採回的眾多芬雀和嘲鶇標本中，不同島的標本差異很大，應該屬於不同的物種。這一看法對達爾文啟發很大，使他對物種固定不變論產生了懷疑，並開始著手蒐集「物種演變」的證據。到一八三七年七月，他便完成了第一本物種演變的筆記；七個月後，他又完成了第二本。至此，應該說他已基本上完成了由自然神學觀到進化論自然觀的轉變。第二件事發生在一八三八年十月，當達爾文讀到馬爾薩斯《人口論》時，激發他形成了「在激烈的生存競爭中有利變異必然有得以保留的趨勢，並最終形成新物種」的想法。於是，以生存競爭為核心的自然選擇學說的思想就此萌生。又經過四年的縝密思考，達爾文於一八四二年六月才用鉛筆將這一學說寫成三十五頁的概要，兩年後再將它擴充成二三〇頁的完整理論。

從一八四四年理論思想的基本完成到一八五九年《物種起源》的正式面世，花了十五年時間。這對於一位多產的世界頂尖級學者來說，似乎是難以理解的。其實，這裡可能有兩方面的原因。一是連續的疾病耗去不少歲月之外，五年環球航行留下大量工作亟待整理和發表，占去了絕大部分可用時間。第二個原因很可能是在「等待時機」。拉馬克挑戰神創論失敗的教訓，使他深深懂得，這個與「上帝創造世界」的教條背道而馳的重大主題，一方面需要更深入仔細的論證，需要收集更多進化事實來支撐，同時更需要適宜的思想輿論背景。不然，很容易被悲慘地扼殺在搖籃中。

一八三九至一八四二年：這期間留居倫敦，由於幾次連續的小疾和一次大病，奪去了他許多寶貴的時間。儘管這段時期，成果較少，但很值得稱頌的是，此時完成的關於珊瑚堡礁和環礁形成機理的學說至今仍廣爲學術界所接受。在倫敦這個科學思想活躍的大都市，達爾文結識了許多著名科學家和知名人士，對他科學思想的發展頗有助益，尤其是與當時最偉大的地質學家萊爾的頻繁交往，使他受益匪淺。

一八四二至一八五九年：達爾文由於健康狀況不佳，很希望能逃離倫敦的喧囂，一邊靜養病體，一邊潛心享受自己的科學探秘。於是，由他父親慷慨資助（也有他岳父兼舅父的幫助），在倫敦東南一個叫黨村的偏僻小村莊購買了一座舊莊園黨豪思（Down House）。自一八四二年舉家遷往黨豪思，他們一住便是整整四十年，直至達爾文仙逝。這期間，健康狀況緩解的機會不多，他一直受到劇烈顫抖和嘔吐的折磨（一般認爲，這是他環球航行時不慎感染疾病所致）。於是，多年來，他不得不盡力迴避參加宴會，甚至連邀請學術上的幾位摯友到家中小聚也越來越少。他在自傳中寫道：「我一生的主要樂趣和唯一職業便是科學工作。潛心研究常使我忘卻或趕走了日常的不適。」一八四六年，他在日記中感歎道：「現在我回國十年了，由於病痛，使我虛擲了多少光陰！」其實，就是在如此惡劣的健康條件下，他仍然堅持出版了三本地質學專著（《珊瑚礁的構造與分布》（一八四二年）、《火山群島的地質學研究》（一八四四年）、《南美洲地質學研究》（一八四六年））。（評述：當十多年後，達爾文成爲公認的生物進化論創業大師，人們卻逐漸淡忘了：達爾文原來還是一位傑出的地質學家！）

從一八四六年十月起，達爾文的學術興趣已經從地質學轉向了生物學。他連續花了八年時間研究了一類結構極爲複雜、形態十分特化的蔓足類甲殼動物，最後以兩冊巨著告終。在這項工作中，達爾文不僅描述研究了一些新類別，而且在其複雜構造中辨識出同源關係。無疑，這對於他後來在《物種起源》中討論自然分類原則頗有助益。

從一八五四年九月起，他才開始整理有關物種變化的筆記，繼續一八四四年那二三〇頁理論大綱的演繹工作。一八五六年年初，在萊爾的勸告下，著手詳細論證他的進化理論的著述。原計畫的篇幅比一八五九年的《物種起源》要長三四倍。然而，一件不尋常的巧合事件使他不得不放棄原有計畫。那是在一九五八年六月十八日，達爾文收到了僑居馬來群島的華萊士先生寄給他的一篇題爲「論變種與原型不斷歧化的趨勢」的論文。令人稱奇的是，這篇論文與達爾文學說思想幾乎完全一致。華萊士在給達爾文的信中表示：如果他認爲合適的話，希望能將文章轉呈萊爾閱讀。萊爾和胡克讀到這份稿件時，知道達爾文正在做同樣論題的工作，而且論證更爲廣泛而深入，於是建議達爾文將自己的論文摘要和他於一八五七年九月五日給阿·葛雷的一封信與華萊士的論文一併發表。起初，達爾文處於兩難之中：如果先發表華萊士的論文，自己花費二十多年心血得出的學術思想可能要被淹沒；如果將兩人的論文同時發表，又擔心華萊士先生產生誤解。結果，在萊爾和胡克等人的安排下，達爾文與華萊士兩人聯名的論文於一八五八年七月一日在倫敦的林奈學會公開宣讀發表，儘管這兩位作者都不在場。這是一個歷史性的聯合宣言，共同向神創論發起了新一輪的公開宣戰。然而，這種聯合著作並未引起人們應有的關注，當時唯一公開的評論是來自都柏林的霍頓的文章。他的結論是：兩人文章中所有新奇的東西全是胡說八道，而所有眞實的東西不過是老生常談。這使達爾文認識到，任何一種新思想，如果不用相當的篇幅進行闡述和論證，是很難引起人們注意的。於是，他在萊爾和胡克的鼓勵支持下，立即著手《物種起源》全書的寫作。從一八五八年九月起，花了近一年時間，對一八五六年那份規模宏大的原稿進行摘錄和整理。成書之後，這篇被作者稱爲「摘要」（abstract）的著作，其篇幅比原來縮減了許多。此書的發行極爲成功，一八五九年十一月二十四日第一版印一千二百五十冊，在發行的當日便銷售一空。一八六〇年年初的第二版三千冊，也很快銷完。對這種成功，按達爾文本人的分析，有兩方面的原因：一是在該書出版前，達爾文曾發表過兩篇摘要，思想輿論上已經成熟；二是得益於該書篇幅較小。這後一點應歸功於華萊士論文的「催產」。不然的話，按原先設定比該書長三四倍的規模，恐怕能夠耐心卒讀的人寥寥無幾。(一八六一年的第三版增加了「引言」部分,印二千冊;一八六六年第四版印一千五百冊;一八六九年的第五版印二千冊;一八七二年的第六版(即達爾文本人親自修改的最後一版)增加了新的一章「對自然選擇學說的各種異議」,印三千冊;繼一八七一年他首次在《人類的由來及性選擇》中使用前人提出的「進化」或「演化」(evolution)一詞後,此版本中又多次使用了該詞彙。此後,人們便習慣於用「進化論」來代指達爾文學說〕。

一八六〇至一八八二年:獲得巨大成功之後,達爾文並未就此停歇,而是在與疾病頑強搏鬥的同時,努力實驗、勤於思考,筆耕不已。從一八六〇年一月一日起,達爾文便著手《動物和植物在家養下的變異》的寫作。這部巨著耗時很長,直到一八六八年年初才得以面世。當然,在這期間他還完成了其他一些較小但不無重要的著述,如一八六二年的《蘭科植物的受精》和在林奈學會發表的論攀緣植物的長篇論文,以及其他六篇關於植物二型性和三型性的論文。此後,又花了三年時間,即於一八七一年二月,出版了他另一重要論著《人類的由來及性選擇》。在《物種起源》獲得成功、許多科學家已大都接受物種進化的思想之後,達爾文覺得時機已經成熟,必須也完全可能具體論證人類的起源也遵從同一自然選擇規律,以攻破神創論的最後堡壘。至此,人類終於從神學中的超然地位開始被拉回到真實的自然體系。人類對自身自然地位的正確認知,無疑要付出沉重的代價:虛妄的自尊心受到殘酷的打擊——我們並不是什麼天之驕子,原本只是猿猴的後裔。(關於這一點,達爾文的鐵桿支持者赫胥黎的理解很值得借鑒:人類的高貴身分不會因為人猿共祖而貶低,因為他具有獨特的能創造可理解的複雜語言的天賦。僅憑這一點,我們便能將生存期間的各種經驗一代一代傳衍下去、不斷積累並組織發展起來；而其他動物則不能。於是，人類就好像站在山巔一樣，遠遠高出其卑微的同伴；由此逐漸改變了他粗野的本性，不斷發射出眞理和智慧的光芒。今天，我們知道，人類之所以從猿類脫胎而出，不僅因爲具有發達的語言，更在於其腦量超過後者至少三倍，這促使他能從尋常的生物演化轉入文化演化的快車道。從自然角度看，人類是動物界中普通一員，但從文化和能力上看，人類堪稱天之驕子。）當然，達爾文並不十分在意當時的社會倫理道德慷慨賜予他鋪天蓋地的謾罵和詆毀，他倒更樂於享受這篇論著爲他提供的另一個良好機會，使他得以詳細論述了另一個令他極感興趣的論題——性選擇（其實，他的祖父早年對這一論題就饒有興趣），這是對他自然選擇理論的重要補充。作爲《人類的由來及性選擇》重要補充的《人類和動物的表情》於一八七二年秋問世。達爾文在自傳中記述道：「從我長子於一八三九年十二月二十七日出生時，我便開始觀察和記錄他的各種表情的形成和發展。因爲我相信，即使在人生之初，最複雜而細緻的表情肯定都有一個逐步積累和自然的起源過程。」一八七五年，《論食蟲植物》出版，這離他開始觀察思考這一課題已有十六年之久。他覺得，研究結果發表的遷延，會有很大的益處，它可以使人們反覆審視、改進自己的認識。在這裡，他終於又多了一項重要發現：一棵植物在受到特殊刺激時，一定會分泌出一種類似動物消化液的含酸或酵素的液體將捕捉到的昆蟲「消化掉」。一八七六年秋，他的《植物界異花受精和自花受精》面世，這是對《蘭科植物的受精》的補充。此時，儘管他已感到「精力要枯竭了，我將準備溘然長逝」，但仍然在病殘的古稀之年筆耕不輟。一八七七年，出版了《同種植物的不同花型》。一八七九年，翻譯了克勞斯關於他祖父生平的小傳。一八八〇年，在他兒子弗朗克的協助下，出版了《植物的運動本領》，這是對《攀緣植物的運動和習性》一書的重要補充和理論延伸。一八八一年，他最後一本小冊子《可耕土壤的形成與蚯蚓的運動》脫稿付梓。這個課題看起來不甚重要，但令達爾文興味盎然。十五年前，他曾在地質學會上宣讀了這項工作的要點，並以此修正了過去的地質學思想。一八八二年四月十九日，科學史已牢牢記住了這個日子，這位曾以自己艱苦的科學實踐改變了人們千百年來舊世界觀的偉大學者與世長辭，享年七十三歲。他走了，身後留下巨大的思想和知識財富。

從他祖父起，至他這一代，家庭都殷實豐厚。達爾文在學術上能取得成功，用他自己的話來說，其中原因之一就是經濟狀況不錯，爲他潛心研究解除了後顧之憂。他八歲時，母親蘇珊娜不幸病故，父親將他們兄弟姐妹六人撫養成人。直到成家之後，達爾文還得到父親財力上的眾多支持。環球旅行歸來，他發覺倫敦日益擁擠和髒亂。情感孤獨之時，使他開始想到結婚。一天，按照學者做研究的方法，他在兩張紙上分別列出結婚和不結婚對事業、生活和情感的各項優點和缺點，認眞分析比較後的結論是同一詞彙的三重奏：結婚！結婚！結婚！達爾文從小就喜歡長他一歲的表姐艾瑪．威治伍德，他們眞可謂青梅竹馬。一八三九年一月二十九日，有情人終成眷屬。當年末，長子問世。夫婦倆一生共生育了六子四女，其中一子二女因病夭折，這也許使這位進化論大師痛切地體會到近親婚配的不良後果。艾瑪是一位虔誠的基督徒，一面默然承受著丈夫的無神論進化學說與自己信仰的衝突，一面盡賢妻良母的責任，實在難能可貴。後人曾這樣評述這一不尋常的姻緣：達爾文是一個偉大的學者，而艾瑪則不愧是偉大的護士。總體上說，達爾文的小家庭是很幸福的。除了夫妻和諧之外，在孩子們眼中，達爾文總是個十分溫和親善的父親。一八八二年，達爾文謝世後，家人遷往劍橋，艾瑪仍十分留戀他們夫婦共同生活過四十年的老家黨豪思。每年夏天她都要回來住一段時期，直到她一八九六年辭世。順便提一下，達爾文近親婚姻的後代中出現了一些男女健康成材上難以解釋的差異：四個女孩的健康狀況都很差，其中二個早年夭折，另一個有精神疾患；而在六個男孩中，除最小的夭折外，其餘皆身心健康，且人生多有建樹，其中三位還成爲皇家學會會員。

達爾文在學術思想創建上的偉大成功，引得許多人去探索他在智慧和思維上的奧祕。達爾文在自傳中坦誠地做過剖析。他說，其實他並不很聰明和敏捷。在這一點，他比不上赫胥黎。他甚至還覺得自己是一個蹩腳的評論家。每讀一篇論文或一本書籍，起初總是興趣盎然，但只有在閱讀並仔細思考之後，才能察出它的缺陷。他自覺純粹抽象思維能力也十分有限，所以在數學上不可能有所造就。他記憶範圍很廣，但常不準確，需要以勤補拙。在某些方面，記憶力甚至很差，例如要將某一日期或一行詩句記上幾天，對他來說是十分困難的。但是，另一方面，他對自己的觀察能力和推理能力卻十分自信。他說：「我覺得自己對稍縱即逝事物的觀察力要比常人強些。」同時，當別人評論他「是一個優秀的觀察者，但缺乏推理能力」時，他大不以爲然。達爾文的爭辯是很有道理的：「我覺得這種說法不符合事實，因爲《物種起源》從頭到尾都在推理論證。而它能使那麼多人信服，沒有一些推理能力的人是斷然寫不出來的。」其實，他優秀的科學品質遠不止於此。他之所以能在長期的疾病折磨之下勤奮工作，取得一個又一個輝煌成果，正如他自己所指出的那樣，關鍵在於「我對自然科學始終不渝的愛好」。僅此一點，對今天我國科技圈子裡大大小小的學者們，應該都有啟發。

在達爾文辭世前一年，他給自己五年前的自傳寫了一個補記。其最後一段總結性文字意味深長，對於今天希望在科學上有所造就的年輕一代應該有著特殊的啟迪：「作爲一個科學工作者，我的成功取決於我複雜的心理素質。其中最重要的是：熱愛科學，善於思索，勤於觀察和蒐集資料、具有相當的發現能力和廣博的常識。這些看起來的確令人奇怪，憑藉這些極平常的能力，我居然在一些重要地方影響了科學家們的信仰。」這告訴我們，科學並不是什麼高不可攀的東西。對我們大多數具有「平常能力」的人來說，只要眞正熱愛科學，「熱愛得猶如熱戀中的情人一般」，並能勇於實踐，勤於觀察稍縱即逝的細節和思考現象背後的玄機，是很有希望在科學上做出不平凡貢獻的。

達爾文學說問世以來生物進化論的發展概況及其展望

一、當代生物進化論的三大理論來源及其發展

一般認爲，儘管當代生物進化論學派林立，但追本溯源，它們分別來自三個不同而又相互關聯的基本學說：拉馬克學說、孟德爾遺傳理論以及達爾文的萬物共祖和自然選擇學說。這裡，我們不妨順沿這三個分支方向的發展、沿革及其相互關係，做一簡單介紹。

㈠新拉馬克主義

拉馬克是第一個從科學角度提出進化論的學者，在生物進化論上本應占有重要地位，但是，由於比達爾文早半個多世紀的他生不逢時，一方面面臨著神創論的巨大壓力，另一方面還由於他當時列舉的進化事實不足，「獲得性遺傳」假說又長期得不到科學實驗的證實。更要命的是，他和其他進化論者還遭到同時代動物學和古生物學超級大權威居維葉的惡意攻擊，使他的學說始終未能形成氣候。此後不久幾乎被人們淡忘。直到達爾文學說成功之後，人們才重新記起他難能可貴的先驅功勳。即使命運如此之不如意，但由於他畢竟是奠基進化論的第一勇士，也由於其學說中仍包含一些諸如「用進廢退」原理及環境對生物演化的積極意義的正確主張，使他的學說在其故鄉法國找到了避風港並得以延續和發展，並逐步形成所謂的「新拉馬克主義」。新拉馬克主義者主要包括兩大群學者，一是法國的大多數進化論者，二是蘇聯的米丘林—李森科學派，當然後者已經完全被學界所不齒。我國著名生物學家朱洗、童第周曾是留法學生，也擁持這一學派的觀點。這一學派組成人員較為複雜，他們闡述進化理論的角度和強調的側面彼此也很不相同，但他們在下述幾個方面的看法卻大體一致。①在生物演化的動力機制上，儘管他們也承認自然選擇的作用，但認為用進廢退和獲得性遺傳在生物演進中的意義更大些。②生物演化有內因和外因，內因是生物體本身固有的遺傳和變異特性；外因是生物生活的環境條件。兩者相比，新拉馬克主義者更強調環境的作用。③生物的身體結構與其生理功能是協調一致的，但在因果關係上，即到底是身體結構特徵決定了其生理功能，還是生理功能決定了結構特徵的爭論中，新拉馬克主義者贊成後者。最典型的例子是他們關於長頸鹿的脖子形成的解釋：由於它要實現取食高處樹葉的功能，因而該意念決定了其長脖的構造特徵。在現代科學成就的基礎上，新拉馬克主義進一步發展了傳統拉馬克主義的「環境引起變異、生理功能先於形態構造」的思想。現代進化論主流學派認為，新拉馬克主義同樣保留了其前任的理論缺陷，即對生物變異缺乏深入的分析、不能區別基因型和表現型，以為表現型的變化可以遺傳下去（即生物後天獲得性的遺傳），其真實性仍有待證實。（但值得注意的是，此事尚未蓋棺論定。隨著發展潛力極大的分子發育生物學的不斷深入，也許可為其部分實證。）

(二) 孟德爾遺傳理論

孟德爾（G. J. Mendel, 1822-1884）是奧地利學者，與達爾文為同時代人。出人意料之外的是，儘管他終身掛著神職，但卻扎扎實實地進行著創造性的實驗科學研究。他奠定了遺傳學的基礎，為進化論的發展做出了劃時代的貢獻。

孟德爾出身貧寒，但從小勤奮好學，聰明過人。雖常忍饑挨餓，終堅持到中學畢業，而且全部課程皆為優秀。一八四三年，由於生活所迫，他進入布爾諾奧古斯丁修道院當了一名見習修道士。幸好該修道院兼有學術研究的任務，而且院內的主教、神父和大多數修道士都是大學教授或科技工作者。由於他刻苦好學，自學成才，終於一八四九年被主教納普派任當大學預科的代理教員，講授物理學和博物學。一八五一年，孟德爾進入奧地利最高學府維也納大學深造，主修物理學，兼學數學、化學、動物學、植物學、古生物學等課程。結束學習後仍回到修道院任代課教師。從一八五六年起，他便開始了最終導出他「顆粒遺傳」或稱「遺傳因數」這一偉大科學發現的豌豆雜交實驗。他雖身爲神父，但在對待科學和宗教的關係上卻「涇渭分明」。他對科學實驗態度嚴謹、一絲不苟，始終堅持實事求是的科學態度，按照生物本來的面貌去認識生物。這大概也是他成功的主要祕訣。遺憾的是，儘管他的顆粒遺傳理論與達爾文一八五九年的《物種起源》幾乎同時完成，但前者在當時卻鮮爲人知。一八六八年他被任命爲修道院院長後，從事科學研究的機會大爲減少。在達爾文謝世後不到兩年，一八八四年一月六日孟德爾也與世長辭。當時數以千計的人們爲他們這位可親可敬的院長送行，然而卻沒有人能理解這位偉大學者曾爲遺傳學和進化論做出的傑出貢獻。不過，在逝世前幾個月，孟德爾本人曾十分自信地說：「我深信全世界承認這項工作成果的日子已爲期不遠了。」

實際上，這個日子來得稍爲遲緩了些。直至一九〇〇年，他的遺傳學成果才被科學界「重新發現」，並被概括爲「孟德爾定律」。這個定律包括兩條。一是「分離定律」：具有不同性狀的純質親本進行雜交時，其中一個性狀爲「顯性」，另一個性狀爲「隱性」。所以在子一代中所有個體都只表現出顯性性狀。例如當葉子邊緣有缺刻的植株與無缺刻的植株雜交時，如果葉子有缺刻爲顯性，那麼子一代所有個體葉子皆爲有缺刻的。但在子二代中，便會發生性狀分離現象，即產生有缺刻的葉子和無缺刻的葉子兩種類型，而且其比率爲3:1。二是「自由組合定律」，又稱爲「獨立分配定律」：兩對（或兩對以上）不同性狀分離後，又會隨機組合，在子二代中出現獨立分配現象。例如黃色圓形豌豆與綠色皺皮豌豆雜交後，在子二代個體中，黃圓、黃皺、綠圓、綠皺的比例爲

9:3:3:1。

在達爾文時代，人們對遺傳的本質幾乎一無所知。人們所觀察到的子代，常表現出父母雙親的中間性狀。於是「融合遺傳」假說應運而生。這種遺傳現象恰如將兩種不同色彩混合在一起便產生了中間顏色一樣簡單。這種表面上似乎眞實的理論統治學術界達近半個世紀之久。其實，它極不可靠。假如融合遺傳果眞存在的話，那麼，物種內一個能相互交配的群體之間的個體差別便會越來越小，最終趨於同質，這樣變異便沒有了，其結果是自然選擇便成了無米之炊，無法發揮任何作用。而且，由於同質化作用，即使能偶爾產生變異，它們也會隨之消失。孟德爾顆粒遺傳的問世，證明了所謂融合遺傳毫無意義。近一個世紀來的科學發展告訴人們，孟德爾理論已經成爲探索生命演化內在動力的基本出發點。

有一點值得一提，達爾文附和「融合遺傳」假說，而與遺傳學眞諦失之交臂，實乃人生事業的天大憾事。假如達爾文有較好的數學基礎，他也許能認眞學習、分析領悟到孟德爾實驗結果的內涵。要是果眞如此，那進化論的發展歷程就大不一樣了。由此我們可以再次悟到，數學作爲一門科學探索工具是何等的重要。誠如恩格斯所言，任何一門學科只有在成功地運用數學之後，才能到達其完善的程度。現代生物學、分子生物學、進化生物學的發展更證實了這一點。

㈢達爾文學說的發展

1.新達爾文主義

達爾文主義的主要缺陷在於缺乏遺傳學基礎。於是，孟德爾遺傳理論的創立，理所當然地爲傳統達爾文主義向新達爾文主義發展提供了良好契機。這個學派的主要貢獻在於，它不僅提出了遺傳基因（gene）的概念，而且最終還用實驗方法證實了，作爲遺傳密碼，基因實實在在地存在於染色體上。新達爾文主義的發展，從十九世紀中葉到二十世紀上半葉，經歷了一段漫長的歷史。比孟德爾稍晚些，自然選擇學說的熱烈擁護者，德國胚胎學家魏斯曼便提出「種質學說」，認爲生物主管遺傳的種質與主管營養的體質是完全分離的，並且不受後者的影響，因而堅決反對「環境影響遺傳」的假說。他做了個十分著名的實驗以反對拉馬克主義的獲得性遺傳假說：他曾在二十二個連續世代中切斷小鼠的尾巴，直到第二十三代鼠尾仍不見變短。這個實驗現在看起來較爲粗糙，但在歷史上卻影響頗大。一九〇一年德弗里斯提出「突變論」，認爲非連續變異的突變可以形成新種；成種過程無需達爾文式的許多連續微小變異的積累。不久丹麥學者約翰森又提出「純系說」，首次提出基因型和表現型的概念，並將孟德爾的遺傳因數稱爲「基因」，並一直沿用至今。他認爲生物的變異可以區分爲兩類：一是可遺傳的變異，叫基因型，另一類不可遺傳，叫表現型。新達爾文主義至二十世紀二十年代摩爾根《基因論》的問世，已處於成熟階段。一九三三年摩爾根由於這一著名理論而榮膺諾貝爾獎。

透過精密的實驗，《基因論》將原本抽象的基因或遺傳因數的概念落實在具體可見的染色體上，並指出基因在染色體上呈直線排列，從而確立了不同基因與生物體的各種性狀間的對應關係，這爲日後分子生物學的發展奠定了堅實基礎。同時，《基因論》使生物變異探祕成爲可能。例如，雜交之所以能引起變異，其內在原因就在於雜交引起了基因重組。

總之，新達爾文主義將孟德爾遺傳理論發展到了一個深入探索物種變異奧祕的新階段。此外，摩爾根提出了「連鎖遺傳定律」，這是對孟德爾第二定律的重要補充和發展。它新就新在將遺傳基因具體化了，並指出物種的形成途徑不僅有達爾文漸變式，更有大量的突變式。這既是對傳統達爾文主義的挑戰，更是爲後者做出了理論上的重要補充和修正。當然，新達爾文主義也存在一些侷限性，因爲它研究生物演化主要限於個體水準，而進化實際上是一種在群體範疇內發生的過程。此外，這一學派中相當多的學者忽視了自然選擇作用在進化中的地位，因而它難以正確解釋進化的過程。我們下面將要看到，新達爾文主義的上述侷限性，正是現代綜合進化論要解決的主要論題。

2. 現代達爾文主義（或稱現代綜合進化論）

這是現代進化理論中影響最大的一個學派，實際上它是達爾文自然選擇理論與新達爾文主義遺傳理論和群體遺傳學的有機綜合。

前面提到，孟德爾顆粒遺傳理論的問世，是對融合遺傳假說的根本否定，爲自然選擇的原料——變異提供了堅實的理論支撐。這原本應該順理成章地導致學界對達爾文自然選擇學說的接受和進一步支持，然而結果卻出人意料，竟然陰差陽錯，偏偏造成了兩者在很大程度上的背離，甚至使許多人形成這樣一種印象：孟德爾遺傳學的誕生，便宣告了達爾文學說的死刑。其實，這完全是一種誤解和誤導，那是學科分離造成的惡果。的確，歷史常喜歡給人們開玩笑，甚至惡作劇：本該進到這個房間的，卻鬼使神差被送進另一個房間去了；那就是人們常說的二十世紀早期出現的達爾文主義的「日蝕」年代。

一九三六年至一九四七年間產生的現代綜合進化論，與其說是產生於新的知識和新的發現，還不如說產生於新的概念和學術觀點。由於進化是涉及生物的全方位協同變化的過程，其中有地理的，也有歷史的，有表現型的，更有基因型的，有個體現象，更有群體的綜合機理。因而進化論研究應儘量避免學科間的分離和對立，力求各學科的有機統一和內在融合。由於物種演化是種內的群體行爲，而同一物種基因庫內基因的自由交流告訴我們，必須以群體爲單位來研究物種的演化。過去無論是拉馬克學說、達爾文學說還是新達爾文主義，都是從個體變異入手探討物種演化，那實際上很難準確揭示出變異的眞實過程及其進化效應。因而，現代綜合論使遺傳學、系統分類學和古生物學攜手聯合，貢獻出了一種「現代達爾文主義」，它使達爾文的自然選擇理論與遺傳學的事實協調一致起來。對這個當代進化論主流學派做出重要貢獻的有：一九〇八年英國數學家哈迪和德國醫生溫伯格首次分別證明的「哈代．溫伯格定理」，從而創立了群體遺傳學理論；後來又經英國學者費希爾、霍爾丹及美國學者賴特充分發展。費希爾在《自然選擇的遺傳理論》和霍爾丹在《進化的原因》中都充分闡述了自然選擇下基因頻率變化的數學理論，而且都證明了，即使是輕微的選擇差異，也都會產生出進化性變化。

無疑，當時最有影響的著作要數俄裔美國學者杜布贊斯基的《遺傳學與物種起源》（一九三七年），在這裡，群體遺傳學的基本原理與遺傳變異的大量資料和物種差異的遺傳，得到了巧妙的綜合。此後，許多從系統分類學、古生物學、地理變異等方面討論生物進化的重要著作都沿用了杜布贊斯基闡發的遺傳學原理。這些著作主要有：邁爾的《系統分類學與物種起源》（一九四二年），該書詳細論述了地理變異的性質及物種的形成；辛普生的《進化的節奏與模式》（一九四四年）及《進化的主要特徵》（一九五三年），論證了古生物學資料也完全適用於新達爾文主義；當年曾力挺達爾文的T.赫胥黎的孫子J.赫胥黎的《進化：現代的綜合》（一九四二年），則是一部最爲全面的綜合遺傳學和系統分類學的著作；斯特賓斯的《植物中的變異和進化》（一九〇五年），綜合了植物遺傳學和系統分類，指出新達爾文主義的遺傳學原理不僅可以說明物種的起源，而且也同樣能夠解釋高階元單位（如屬、科、目、綱等）的起源。

現代綜合論的要點集中在兩個方面。一是主張共用一個基因庫的群體（或稱居群或種群）是生物進化的基本單位，因而進化機制研究應屬於群體遺傳學的範圍。所以綜合理論在進化論研究方法上明顯有別於所有以個體爲演變單位的進化學說，其中數理統計方法的應用十分重要。二是主張物種形成和生物進化的機制應包括基因突變、自然選擇和隔離三個方面。突變是進化的原料，必不可少，它透過自然選擇保留並積累那些適應性變異，再透過空間性的地理隔離或遺傳性的生殖隔離，阻止各群體間的基因交流，最終形成了新物種。

二、傳統進化理論面臨的挑戰和發展機遇

從達爾文《物種起源》進化理論到「新達爾文主義」，再到「現代綜合論」，這三個階段的進化理論儘管在其研究對象、內容、方法和理論體系上各不相同，但它們皆偏重於「理論論證」和「哲學思辨」，而且都以「漸變論」爲基調。自二十世紀六十年代末以來，進化論從「理論論證」開始向可檢驗的「實證科學」轉型，並逐步發展成爲內容寬泛的進化生物學。進化論的這次研究轉型，我們稱之爲達爾文進化論的第三次大修正、大發展。這次大修正的浩繁工程剛剛離開起點不遠，它試圖透過揭示生命的分子層次的微觀演化軌跡和眞實的化石紀錄來間接和直接地重建地球生命演進的客觀歷史（即生命樹的形成和歷史演化、發展）及其規律，以對傳統理論進行檢測、修正和補充。這應該是達爾文當年最爲期盼的，或者說是進化生物學「功德圓滿」的終極大事。此時舞臺上的主角自然就變成分子生物學、古生物學和發育生物學了。爲此，歐洲和美國科學體已經在二十一世紀初開始投入巨額資金，分別啟動了重建「Tree of Life」（生命樹）的浩大工程。

一般說來，任何一種完善的理論都應該能夠解釋和回答該領域裡全部或主要自然現象和難題。綜合進化理論綜合了百年來進化理論發展的主要理論思想成果，其普適性能夠較好地解釋大部分已知有關生物進化的現象。但是，跟所有其他學科一樣，進化生命科學中一些舊問題解決了，新的難題便應運而生，其中有些問題很難在現成的綜合理論中得到圓滿答案。也正是這些嚴峻的挑戰，爲綜合理論的修正、補充和發展提供了新的機遇。

這些挑戰和機遇主要來自三方面：新興分子生物學和發育生物學的快速發展，以及古生物學的

復甦。

自一九五三年沃森和克里克關於DNA結構劃時代的科學發現以來，分子生物學發展迅速。它對遺傳的分子奧祕的不斷揭示，使人們對突變和遺傳性質有了更深的理解。這些新知識一方面豐富了綜合理論，另一方面也向後者提出尖銳的挑戰。首先發難的是日本群體遺傳學家木村資生。一九六八年他提出了「中性突變漂變假說」，簡稱爲「中性學說」。次年，美國學者金和朱克斯著文贊成這一學說，並直書爲「非達爾文主義進化」，因爲他們認爲在分子層面的進化上，達爾文主義主張的自然選擇基本上不起作用。這一學說的要點包括下述幾點：①突變大多數是「中性」的，它不影響核酸和蛋白質的功能，因而對生物個體既無害也無益。②「中性突變」可以透過隨機的遺傳漂變在群體中固定下來；於是，在分子層面的進化上自然選擇無法起作用。如此固定下來的遺傳漂變的逐步積累，再透過種群分化和隔離，便產生了新物種。③進化的速率是由中性突變的速率決定的，即由核苷酸和氨基酸的置換率所決定。對所有生物來說，這些速率基本恆定。木村資生認爲，雖然表現型的進化速率有快有慢，但基因層面上的進化速率大體不變。儘管如此，木村資生還是承認，中性學說雖然否認自然選擇在分子層面進化上的作用，但在個體以上層面的進化中，自然選擇仍起決定作用。

中性論是否與自然選擇學說完全對立呢？中性論是否有可能統一到新的綜合進化理論中去呢？美國現代分子進化學家阿亞拉認爲，「自然選擇在分子層面上同樣發揮著實質性的作用」（一九七六，一九七七），其證據表現在分子進化的保守性、對「選擇中性的突變」的選擇以及選擇在生物大分子的適應進化中起作用（賀福初、吳祖澤，一九九三，一九九五）等。近年來，似乎出現越來越多的證據顯示自然選擇作用在分子進化水準上的有效性。比如，有些實驗觀察到，某些中性突變並不是絕對「中性的」，它們在不同的環境條件下，可以轉變爲「有利突變」或「不利突變」，從而受到大自然的青睞選擇或淘汰摒棄。目前，探索和討論仍在繼續，還遠未達到做結論的時候。

進化理論是一門關於重建並闡明生物進化歷程和規律的學科，它必須首先揭示出生物演進的眞實面貌。傳統進化論一直將生物演化描繪成一個漸進過程。然而，近三十多年來古生物學的發展告訴我們，生物演進中充滿了大大小小的突變事件。於是，「間斷平衡」演化理論在古生物學家中獲得了最大的認同（艾爾瑞奇和古爾德，一九七二年）。在這些突變事件中，最大的更替性事件分別發生在古生代與中生代之交以及中生代與新生代之交，這可能是地外事件（如隕星撞擊地球等）和多種地球事件（火山、冰川、乾旱等）聯合作用的結果。而最大的動物創新事件則發生在寒武紀與前寒武紀之交。過去，人們早就知道，在這不到地球生命史百分之一的一段時期裡，「突然」演化出了絕大多數無脊椎動物門類。近年來我國學者首次在寒武紀早期不僅發現了可靠的無脊椎動物與脊椎動物之間的重要過渡類型半索動物和原始脊索動物，甚至還出人意料地發現了眞正的脊椎動物（昆明魚、海口魚和鐘健魚），使這一生物門類「爆發」事件更爲宏偉壯觀（侯先光等，一九九九；陳均遠，二〇〇四；舒德干，二〇〇八）。面對「寒武大爆發」的突發性，達爾文當年深感困惑。而現代學術界認識到，這一「爆發」比原來設想的力度還要大。那麼，在綜合理論之外，是否還存在著大突變、大進化的特殊規律和機制，無疑是進化論者必須回答的一個重大課題。十分值得欣慰的是，儘管學界在探索扣動大爆發「扳機」的激發機制（即導致爆發的內因和外因）上仍眾說紛紜、莫衷一是（詳見Signor and Lipps, 1992；舒德干，二〇〇八），人們卻在另一原則問題上開始取得了共識：地史上這場規模最爲宏偉的動物爆發式創新事件，在本質上不同於中生代之初和新生代之初的以動物綱、目、科的新老更替爲基調的輻射事件；它應該是一次由量變到質變（突變）、從無到有的自然發生的「三幕式」的動物門級創新演化事件，其發生與發展過程與上帝「特創」無關。二百年來，對這項「自然科學十大難題之一」的奇特事件的認知曾經歷了相當曲折，但不斷接近眞理的歷程。

1. 一八〇九年拉馬克的《動物學哲學》爲科學進化論鋪設第一塊基石後不久，進化思想便在歐洲幽靈般地蔓延開來。此時，一直在英國思想學界占統治地位的宗教界和自然神學派慌了手腳。十九世紀三十年代，他們組織各路「精英」人馬撰寫了一套名爲「Bridgewater Treatise」的「水橋論文集」，蒐集整理甚至刻意編造、曲解各種自然現象，以附和聖經教條，頌揚上帝創世的英明和智慧。是時，牛津大學著名的地質古生物學教授W. Buckland在論文集中撰寫了一篇名爲《自然神學與地質學及礦物學》的論文；文中繪聲繪色地描述了寒武系底部大量動物化石如何瞬間被萬能上帝所創生的故事（註：當時尚無「寒武紀」概念）。「生命大爆發」概念的首次面世，實際上是神創論者獻給上帝的一份厚禮。

2. 面對這份「厚禮」難題，幾代自然科學工作者爲追求眞理、搞清事實眞相進行了艱苦卓絕的探索，提出了各種各樣的解釋寒武大爆發事件的科學假說或猜想。其中，關於大爆發本質內涵的假說，如下四個最具代表性，它們正一步步逼近眞理。

A.達爾文的「非爆發」假說（一八五九）。其推測的理由很簡單，就是前寒武紀「化石紀錄保存的極不完整性」。他預言，隨著未來研究的深入，在「大量化石突然出現」之前的地層中（註：即前寒武紀地層中），一定會發現它們的祖先遺跡。達爾文的預測後來被部分地證實了。面對神創論的「瞬間創生說」，他當時提出「非爆發」假說是十分明智的，這對進化論的初期成功創立更具有積極意義。但是，該基於「自然界不存在飛躍」信條的假說畢竟離生命演化的眞實歷史存在著較大的偏差。

B.美國著名古生物學家、國家科學院院士古爾德的「一幕式假說」（一九八九）。這是他的「間斷平衡論」的延伸和放大。該假說對傳統「純漸變論」而言的確是一個進步。由此，學界開始取得共識：寒武紀生命大爆發實質上是動物界（或稱後生動物）的一次快速的宏偉創新事件：「寒武紀一聲炮響，便奠定了現代動物類群的基本格局。」該假說影響相當廣泛，我國有些著名學者也持類似觀點；他們附和「大爆發事件瞬間性」的主張，認爲寒武紀大爆發導致幾乎所有動物門類「同時發生」，從而使牠們在演化跑道上「都站在同一起跑線上」。他們還甚至定量推測，寒武紀大爆發的全過程「只不過兩百萬年或更短的時間」（百萬年在地質編年史上確係彈指一揮間）。

C.英國皇家學會會員福泰（R. Fortey）等人的「二幕式」假說（一九九七）（英國皇家學會會員

S. Conway Morris、美國國家科學院院士 J. Valentine等許多學者也都持相近的觀點，雖不盡相同）。經半個多世紀的反覆探究，大多數古生物學家不僅認識到了前寒武紀晚期與寒武紀早期動物群（尤其是「文德動物群」）之間的演化連貫性（舒德干等，*Science*, 2006；舒德干與Conway Morris, 2006），更看到了兩者之間演化的顯著階段性。這是「二幕式」假說的基本依據。無疑，該假說比「一幕式」假說更接近歷史的眞實：「羅馬絕非一日建成」，動物界的整體爆發創新不是「百萬年級」的一次性「瞬間」事件，而應該是「千萬年級」的幕式演化事件。

D.「三幕式」新假說。與「一幕式」假說相較，「二幕式」假說顯然更符合實際的動物演化史和地球表觀發展史。然而，它仍存在一個嚴重的缺陷：儘管它恰當地標定了爆發的始點和前期進程，卻未能限定爆發的終點。於是，學術界便出現了形形色色的猜測：要令絕大多數動物門類完成形態學構建並成功面世，有些學者認爲，能勝任完成這一歷史使命的寒武紀大爆發很可能會延續至著名的中寒武世的伯吉斯頁岩，另有人甚至推測，該創新大爆發應結束於晚寒武世之末。那麼，這次大爆發的本質內涵和歷史進程到底有怎樣的廬山眞面目？破解難題的鑰匙又會藏匿何方仙洞？生物學和地史學現在已經逐步形成了共識：a.寒武大爆發幾乎形成了所有動物門類，或者說已經構建了整個動物界的基本框架；b.動物界主要包括三個亞界，而現代分子生物學、發育生物學和形態解剖學資訊皆已證實，這三個亞界（「基礎動物」或雙胚層動物亞界、原口動物亞界及後口動物亞界）是由簡單到複雜、由低等到高等先後分別經歷了三次重要創新事件而依此形成的（Nielsen, 2001；舒德干，二〇〇五，二〇〇八）；即是說，動物界或動物之樹的成型經歷了明顯的三個演化階段；c.由此不難得出結論，當包括我們人類在內的後口動物亞界完成構架之時，即是整個動物界成型之時，也就應該是寒武大爆發基本結束之日（此時，動物的「門類」創新已經基本結束，儘管後續演化中還會在各門類裡不斷出現新綱、新目的「尾聲」）。

一般認同，現代後口動物亞界共包含五大類群（或門類）（棘皮類、半索類、頭索類、尾索類和脊椎類）。過去學術界之所以無法在寒武紀內標定出大爆發的終點，關鍵在於未能在寒武紀任一時段發現這五大類群，尤其是其中最高等的脊椎動物（或有頭類）。十分幸運的是，大自然恩賜給科學界一份超級厚禮——澄江化石庫。經過二十年的艱苦探索，人們在這個寶庫不僅發現了所有五大類群的原始祖先，而且還發現了另一個已經滅絕了的後口動物類群——古蟲動物門。基於這些早期後口動物亞界中完整「5+1」類群的發現和論證（舒德干等，*Nature:* 1996a, 1996b, 1999a, 1999b, 2001a, 2001b, 2003, 2004；舒德干等，*Science*, 2003a, 2003b；陳均遠等，*Nature*: 1995, 1999；侯先光等，二〇〇二；張喜光等，二〇〇三；舒德干，二〇〇三，二〇〇五，二〇〇八），「三幕式」寒武大爆發假說（或「動物樹三幕式成型」理論）便水到渠成、應運而生（舒德干，二〇〇八；舒德干等，二〇〇九）。該假說的概要是：a.前寒武紀最末期約二千萬年間，出現了基礎動物亞界首次創生性爆發：除延續了極低等的無神經細胞、無組織結構、無消化道的海綿動物門的發展之外，它更構建了刺胞動物門、櫛水母動物門，而且還造就了多種多樣「文德動物」的繁茂；此外，該時段的後期也產出了原口動物亞界的少數先驅。b.在早寒武世最初的近二千萬年的所謂「小殼動物」期間，原口動物亞界基本構建成型，儘管節肢動物門多爲軟體，尚未「殼化」；此時，後口動物亞界的少數先驅分子已嶄露頭角。c.接下來的澄江動物群時期，動物界演化加速，在短短的數百萬年間快速實現了「口肛反轉」和鰓裂構造創新，以及Hox基因簇的多重化（常爲四重化）；不僅成功完成了由「原口」向「後口」（或次生口）的轉換，而且還實現了該譜系由無頭無腦向有頭有腦的巨大飛躍；由此，後口動物譜系的「5+1」類群全面問世，從而導致該亞界完成整體構建。至此，大爆發宣告基本終結。d.嚴格地說，澄江動物群之後的數千萬年間，包括加拿大著名的布伯吉斯頁岩在內，應該屬於「後爆發期」（postexplosion）或「尾聲」（epilogue）。儘管它維持甚至發展了動物的高分異度和高豐度，但已經基本上不產生新的動物門類了。

3. 值得一提的是，生物門類的滅絕一直被蒙上神靈發威的神祕色彩。寒武大爆發這一動物界偉大創新事件不可避免地也伴隨著一些門類（如古蟲動物門和葉足動物門）的滅絕，對此，神創論無法給出恰當的說明，然而，古生態學研究告訴我們，這種現象在生存競爭—自然選擇學說那裡卻很容易得到有說服力的解釋。顯然，正是這些形態學和生理功能上皆相對欠適應的門類被淘汰而滅絕，才爲狹路相逢的脊椎動物未來的大發展騰出了廣闊的生態空間；這是動物界高層次的正常新陳代謝。

回顧古生物學近二百年來的進展，我們欣喜地看到，動物界和植物界演化的許多謎團不斷被破解，各級各類大大小小的類群的演化譜系不斷被揭示；在這方面，脊椎動物學的進展尤其突出，諸如爲著構建由具鰾偶鰭類向具肺四足類的演化框架或探明由恐龍向眞鳥類過渡的實際路徑，古生物學家已經信心滿滿，因爲他們手頭精美的化石材料日臻豐富和完善。隨著多學科聯合作戰的深入開展，顯生宙幾個重大的滅絕—復甦—再輻射事件的神祕面紗正在被逐步揭開。然而，前寒武紀漫長歲月的眾多奧祕仍然深埋在黑暗之中；它們在等待科技的進步，在等待古生物工作者新的努力。

發育生物學的前身胚胎學曾爲達爾文當年構建進化論大廈立下過汗馬功勞。今天，由它與分子遺傳學聯姻形成的現代發育生物學有望爲當代進化論的發展提供進一步的重要支撐，其擔當學科就是近二十年來形成的發育進化生物學（Evo-Devo）。進而，它與古生物學的交融，可以透過化石生物、胚胎發育和基因調控等多方面研究成果的相互驗證，透過歷史與現代、宏觀與微觀的綜合分析，將能有效地破解生物器官構造的形成、生物類群的起源與進化、生物多樣性起源等一些重大難題。

例如，在發育生物學中人們利用追索同源調控基因的轉導信號，可以對某些複雜器官的起源產生全新的認識。眼睛是一種結構和功能都十分複雜的構造，早年曾被人用來刁難達爾文的自然選擇學說。達爾文雖然也舉出了一些眼睛的可能的中間過渡環節例子來勉強說明自然選擇的作用。然而，他卻無法闡釋幾種明顯不同類型眼睛之間的關係。無論是從結構特徵，還是發育過程上看，昆蟲、頭足動物和哺乳動物的眼睛都迴然不同：昆蟲是複眼，頭足動物的眼睛是由同一基板上兩個分離區域共同發生而成，而哺乳動物的眼睛則是源於與外胚層表面相連的間腦的一個膨脹區域。所以，傳統發育學家都認爲，它們儘管功能相同，但結構不同，應屬於趨同構造，無同源性可言。然而，近年的發育進化生物學研究結果顯示，這三種眼睛都是一種叫作Pax6的調控基因作用的結果。於是，人們對同源性便有了新的理解。

又例如，如果對一種稱作同源框基因簇（Hox gene cluster）的調控基因的各種變化與早期動物化石多樣性的關係進行深入的綜合研究，將很有希望幫助人們揭示出寒武紀大爆發創新眾多動物門類的奧祕。

分子發育遺傳學研究告訴人們，同源框（Hox）基因幾乎在所有動物的發育過程中都控制著身體各部分形成的位置（尤其是確定動物身體軸向器官的分布、分節、肢體形成等），因而在主要生物類群的產生與生物多樣性起源中扮演著類似總設計師、總導演或「萬能開關」的角色。同源框基因是一種同源異形基因（homeotic gene），在胚胎發育過程中能調控其他基因的時空表達，將空間特異性賦予身體前後軸上不同部位的細胞，進而影響細胞的分化，於是便保證了生物體在正常的位置發育出正常形態的軀幹、肢體、頭顱等器官構造。然而，如果它們發生突變，便會導致胚胎在錯位的地方異位表達，產生同源異形現象（homeosis），使動物某一體節或部位的器官變成別的體節或其他部位的器官。這些基因突變，在胚胎早期引起的變化很微小，但隨著組織、器官的分化成型，其影響會被「放大」，導致身體結構發生重大變化，形成「差之毫釐、謬以千里」的負面效應或「四兩撥千斤」的跳躍式演化效應。

調查發現，在除海綿之外的所有無脊椎動物中，各種同源框基因（最多爲十三個）按順序排列在同一染色體上，串聯成一條鏈條狀同源框基因簇。

如果這條同源框基因簇發生整體性多重複製的話（常爲四倍複製，並分別位於四個染色體上），那麼，無脊椎動物（低等脊索動物）就演變成了脊椎動物。

在後口動物亞界和原口動物亞界的各類動物中，其同源框基因簇有著相似的調控作用和表達方式。而且，儘管各主要門類在身體結構上彼此存在著顯著的差異，但其身體結構的基本格局卻受相似的基因系統控制。然而，當這些基因發生變異時，便會「魔術般」地產生形形色色的動物類群。後口動物亞界與原口動物亞界在同源框基因簇上的區別，主要表現在這十三個基因中最後部的三四個基因上。顯然，寒武紀大爆發、大分異的形成很可能與此密切相關。這些現象背後的機理都值得今後著力探索。長期以來，戈爾德施密特（R. B. Goldschmidt）提出的染色體改變等較大的突變有可能形成生物體嶄新的發育式樣和成體構造的猜想，一直受到以漸變論爲基調的綜合進化論學派的詬病。然而，近年來所觀察到的同源框基因簇發生形形色色的突變所引起的顯著宏觀進化效應向我們顯示，戈氏的「充滿希望的怪物」（hopeful monster）這一著名猜想並非完全想入非非。

綜合進化論較好地解決了生物個體和群體（居群）層次上的自然選擇機理。但是，生物演化是否存在著多層次的不同機制，譬如分子層面上的非選擇機制，物種層面上的某種特殊的「物種選擇」機制，將是進化論發展所面臨的更深更廣的論題。放開來說，如果地球早期生命眞是「天外來客」的話，如果將來科學眞能使人類與外星系可能存在的生命進行溝通的話，地球生物進化研究將獲得某些可供比較的體系，生物進化論無疑還會不斷修正、補充和發展。人類對生命眞諦及其演化的認識，可能才從起點出發不遠；尤其在其微觀層次和演化歷史領域，更是如此。展望未來，任重而道遠。當下，分子生物學和進化發育生物學方興未艾；古生物學重大突破性成果不斷湧現。它們進一步聯手，有望在重建地球生命樹及其早期演化歷史的探索上取得關鍵性突破，從而為進化論第三次大修正做出實質性貢獻。

舒德干
西北大學教授
中國科學院院士

中譯本前言

早在一八八二年去世之前，達爾文便被公認是那個世紀最偉大的一位科學家。在他二世紀華誕（二〇〇九年）臨近的今天，人們不僅更加認識到他的偉大，而且還形成了這樣的共識，他在生命科學上的研究方法及其成就的深遠意義仍遠未爲人們所全面認識。起初，他十分擔心，他那個由一系列學術思想構成的理論體系是否能贏得大眾廣泛的認同。然而，他心裡非常清楚，他的理論是符合眞理的，正如愛因斯坦堅信自己的廣義相對論一樣。而且，他還堅信，即使對這些原理的論證還不夠完善，但自然選擇的進化原理終將成爲生命科學中不朽的基本思想。

現在，他這本《物種起源》的重要性，已不言而喻了。實際上，他早年關於進化原理的這些論述，現在已被人們視爲顯而易見的眞理。這本巨著的影響是如此之巨大，使得有關他的那些故事，譬如那漫長的小獵犬號環球旅行，後來又從喧囂的倫敦隱居到鄉村的黨豪思（自一八四二年至達爾文一八八二年逝世，他全家在這裡居住了整整四十年。——譯者注），以及他纏綿不斷的疾病困擾，曾一而再、再而三地被人們所傳頌。已故的約翰．波爾比對此深有研究：達爾文很糟糕的身

西蒙．康威莫里斯
一九九八年十二月於劍橋大學

體狀況及其搖擺不定的宗教信仰，使他曾擔心他這些學術思想尚未完成便會有人捷足先登，對他自己是否能夠成功而安全地架起逾越宗教信仰和科學眞理間的鴻溝的橋梁也不無憂慮。的確，即使今天我們能夠「事後諸葛亮」，也很難完全說清有關達爾文的傳奇故事。一方面，我們需要學習《物種起源》中一些具有永恆價值的東西；另一方面，也很有必要去認識那些曾給達爾文帶來成功和鴻運的外部條件。假如沒有這些幸運的客觀條件，他也許最終會成爲一個不成功的醫生，或者一個平庸的牧師，或者只是在優雅的鄉村環境裡養病休閒；要不，就像他哥哥拉斯那樣，在都市裡過著漫無目的的生活。回顧他獨特的人生道路，對我們大家也許會有所教益。過去，我們在評價達爾文成功道路時，有一點沒有足夠地認識到，就是當他登上小獵犬號時，他把自己首先看作是一名地質學家。當他經歷了五年漫長的環球旅行安全回到英格蘭時，仍視自己爲一名地質學家。無疑，在他完成這次環球旅行，還未來得及開啟他第一本航行日記，導致他二十三年後《物種起源》問世的那些思想萌芽便已在腦子裡開始形成了。達爾文是偉大地質學家萊爾的熱烈崇拜者，即使後來兩人在關於進化理論及人類在進化中的地位等問題的認識上分歧很大，以致關係有些緊張，但他們仍是誠摯的朋友。正是萊爾向達爾文建議，在讀完他多卷本巨著《地質學原理》之後，應思考一下地質時期是否比過去想像的要漫長得多。於是，在這種漫長的時間框架下，自然作用過程如果不是週期性發生的話，便可以漸變的形式逐步發生。同時，只要我們仔細考察地球上的岩石和地貌景觀，便可以搞清它的發展歷史了。無疑，同樣的原理也完全可以適用於有機界的演化。達爾文時代的地質學跟現代的地質學一樣，常常只基於一些零碎，甚至一些不十分可靠的證據便可以大膽地提出各種各樣的假說。我們從達爾文的早期經歷，尤其是他的地質學思想可以看出，這種科學研究方法及思維方式對於他探索物種的起源顯然具有獨特的價值。

劍橋大學有兩個人在早年對激發達爾文的科學興趣曾起過特殊的作用，一個是約翰・亨斯洛，另一個是亞當・賽奇威克。前者是一位植物學家，對達爾文影響很大，曾給他許多有益的指導和鞭策。在起初達爾文尚無明確的研究方向時，他便敏銳地覺察出這位年輕人的內在潛力。賽奇威克是一位地質學家。正是他帶領達爾文進行了跨越威爾斯北部的野外地質旅行（一八三一年）。從這個複雜的地質結構體中，達爾文第一次學會了如何在通常外行看來是雜亂無章的地質體中理出頭緒和規律。賽奇威克直到晚年也沒有接受達爾文的進化理論，而在達爾文其他一些朋友中，無論是植物學家約・胡克，還是萊爾，在很大程度上都對他的革命性的進化論持有保留態度。然而，這些傑出的科學家卻對他都十分敬重。而且，達爾文還有許多熱烈而忠誠的崇拜者，其中最突出的代表要算是爭強好勝的湯瑪斯・赫胥黎。除了這些摯友之外，他還擁有一大批筆友，其中包括科學家、動物配種家，外國專家和植物學家，他們常常爲達爾文大量的諮詢難題提供詳盡的答案。在眾多有可能成爲達爾文學術論敵的人中，華萊士也曾獨立地發現了物種起源的基本理論。然而，他並不將自己視爲達爾文學術上的競爭者，而認爲兩人都同時發現了這一偉大的生命奧祕，而且他欣然承認，在其他方面，達爾文比他的認識要深刻得多。當然，不是所有的人都愛戴、尊重達爾文。他也有一些像理・歐文和喬・米瓦特這樣的宿敵。然而，達爾文從未因爲遭到各種學術上的非議而悲傷，更未屈服於任何人身攻擊和嘲笑。

誠然，達爾文是一位了不起的人物，儘管有些方面還令人費解。就是這樣一個人，當他走過珊瑚礁時，便能正確地解釋它的形成機理；也是他能花費艱巨細緻的勞動去揭示藤壺極其複雜的內部構造；他曾爲蘭花精美的構造拍案叫絕；他也曾著迷於家鴿形形色色變種的配育；他還對蚯蚓緩慢而持續不斷的活動效應進行過深入的研究；此外，他還曾試圖從整體上去探尋生命的眞諦和演進。然而，所有這些工作，其起點都可以追溯到《物種起源》。

目錄

引言

（本書第一版面世前關於「物種起源」思想的發展過程）

在物種起源問題上進行過較深入探討並引起廣泛關注的，應首推拉馬克。這位著名的博物學者在一八〇一年首次發表了他的基本觀點，隨後在一八〇九年的《動物學哲學》和一八一五年的《無脊椎動物學》中進行了進一步發揮。在這些著作中，他明確指出，包括人類在內的一切物種都是從其他物種演變而來的。

在正文之前，我想扼要談談有關「物種起源」思想的發展過程。一直到最近，絕大多數博物學者仍然相信物種是由造物主一個一個造出來的，而且這些物種一經造出，便不再變化。其他許多作者也支持這種觀點。但另一方面，也有爲數不多的博物學者認爲物種在變，現存的物種不過是過去物種的後代。古代學者①對這個問題只有些模糊認識，姑且不論；近代從科學角度討論物種的，布

① 亞里斯多德在其所著《聽診術》第二冊第八章第二頁說道：降雨並不是爲了使穀物生長，也不是爲了毀壞農民戶外脫了粒的穀物。接著他將同樣的觀點應用於生物體，他說（這些話是格里斯翻譯並首先告訴我的）：「於是，沒有什麼東西能阻止身體各部分發生自然界中的偶然巧合現象。例如，因爲需要便長出了牙齒，門齒銳利，適於切割，臼齒鈍平，適於咀嚼；但它們並不是爲了這些功能而形成的，這只不過是偶然的結果罷了。身體的其他部分也是這樣，它們的存在似乎要適應某種目的似的。於是，身體上所有構造，都好像是爲著某種目的而形成，再經過內在自

豐當爲第一人。然而，在不同時期他的觀點變動很大，而且他也沒有論及物種變異的原因和途徑，所以我就不打算在此詳細討論了。

在物種起源問題上進行過較深入探討並引起廣泛關注的，應首推拉馬克。這位著名的博物學者在一八○一年首次發表了他的基本觀點，隨後在一八○九年的《動物學哲學》和一八一五年的《無脊椎動物學》中進行了進一步發揮。在這些著作中，他明確指出，包括人類在內的一切物種都是從其他物種演變而來的。拉馬克的卓越貢獻就在於，他第一個喚起人們注意到有機界跟無機界一樣，萬物皆變，這是自然法則，而不是神靈干預的結果。拉馬克物種漸變的結論，主要是根據物種與變種間的極端相似性、有些物種之間存在著完善的過渡系列以及家養動植物的比較形態學得出的。至於變異的原因，他認爲有些與生活條件有關，有些與雜交有關，但最重要的還在於器官的使用與否，即生活習性的影響。在他看來，自然界一切生物對環境美妙絕倫的適應現象，都是器官使用程度的結果。例如長頸鹿的長脖子就是由於牠經常引頸取食樹葉的結果。然而，他也相信生物進步性發展的法則。既然生物都有進步性變化的趨勢，所以爲了解釋現在還存在著簡單生物，他便堅持認爲目前仍在不斷自發地產生著新的簡單生物。②

發力量適當地組合之後，便被保存下來了。如果不這樣組合而成，便會滅亡或已經滅亡。」從這裡，我們可以看到自然選擇原理的萌芽，然而亞里斯多德對這一原理認識粗淺，從他對牙齒形成的看法便可窺見一斑。

② 我所記得拉馬克學說首次發表的日期，是根據小聖伊萊爾一八五九年出版的《博物學通論》第二卷第二○五頁。

據聖伊萊爾的兒子爲他所做的傳記記載，早在一七九五年聖伊萊爾便開始推測，我們所說的物種是由過去同一物種繁衍而來的各種產物。但直到一八二八年他才正式發表他的觀點，即所有物種自形成以來並非一成不變。至於變異的原因，聖伊萊爾認爲生活環境是主要因素。然而他在做結論時極爲謹慎，而且認爲現存物種並未變異。正如其子補充的那樣：「假如將來一定要討論這個問題的話，那就留給未來去討論吧。」

一八一三年威爾斯博士在皇家學會宣讀了一篇論文，題目是《一個白人婦女的皮膚與黑人局部相似》。然而，這篇文章直到一八一八年他那著名的「關於複視和單視的兩篇論文」問世時才得以發表。在這篇文章裡，他已清楚地認識到自然選擇的原理，這是對這一學說的首次認識。但他的自然選擇只限於人類，而且只限於人類的某些性狀特徵。他在提到黑種人和黑白混種人都具有某些熱帶疾病免疫功能這一事實之後指出：首先，所有的動物都具有變異的趨向；其次，農學家利用選種

這是一部討論本題歷史的優秀論著，對布豐的觀點也有詳細的記載。奇怪的是，我的祖父伊·達爾文醫生早在一七九四年出版的《動物學》裡便已經闡發了與拉馬克極其相似的錯誤見解。據小聖伊萊爾，歌德也極力主張這一觀點，儘管他在一七九四年和一七九五年著作的導言中提出了這些主張，但這些書卻很晚才出版。又據梅定博士的《作爲博物學家的歌德》第三十四頁，歌德主張，今後博物學家要研究的問題是：牛是如何獲得牛角的，而不是如何使用牛角的。很有意思的是，在一七九四年至一七九五年間，德國的歌德、英國的達爾文和法國的聖伊萊爾皆對物種起源提出相同的看法。

的方法進行家畜的品種改良。接著他又補充指出：「跟家畜的人工選擇一樣，自然界也在緩慢地改造人類以形成幾個不同的人類變種，使他們適應各自的居住領地。起初散居在非洲中部的居民中，有少數可能產生了偶然的人類變種，其中有些有更強的抗病能力。結果，該種族便繁衍增多；而其他種族則減少，因爲他們既不能抵抗疾病，也不能與強壯的鄰族競爭。如前所述，這個強壯的種族當然是黑人。在這個黑膚種族中，變異繼續發展，便產生了更黑的種族。膚色越黑，便越能適應當地的氣候。結果，膚色最黑的類別，即使在當地不是唯一的類別，也是最繁盛的一支。」他還用同樣的觀點，討論了居住在寒冷地帶白種人的情況。我十分感謝羅萊斯先生，是他透過白萊斯先生喚起我注意到威爾斯以上論述的。

後來曾任曼徹斯特區教長的赫伯特牧師，在一八二二年出版的《園藝學會紀錄》第四卷，以及一八三七年發表的《石蒜科研究》一文中指出：「園藝實驗已經無可辯駁地證明了植物學上的物種，只不過是較高級而較穩定的變種而已。」他還將該觀點引申到動物界。他認爲每一屬內獨立的物種，都是在原有變異可塑性極大的情況下創造出來的。這些被創造出來的物種，主要是透過雜交和變異形成的。於是便一步步產生了我們今天所有的物種。

一八二六年，格蘭特教授在他的一篇著名的《淡水海綿》論文的結尾處，明確地表述了他的觀點。他認爲物種是由別的物種衍傳而來的，並且可因變異而改進。他的這一觀點，在他一八三四年發表的第五十五次演講錄中（刊於醫學週刊）被再次提及。

一八三一年，馬修先生在其《造船木材及植樹》一文中關於物種起源的觀點，與我和華萊士先生在《林奈學會雜誌》上發表的觀點（下詳），以及本書將進一步陳述的思想完全一致。遺憾的是，馬修先生的論述過於簡略，且又散見於一篇與該論題不大相關的著作的附記之中。因而，直到一八六〇年，經馬修本人在《園藝家時報》上重新提出之後，才引起人們的關注。馬修先生的觀點與我的觀點大同小異。他認爲地球上的生物曾經歷過數次滅絕和復甦；他還認爲，即使沒有「先前生物的模型和胚芽」，也能產生出新類型。在我看來，他的理論似乎特別重視生活條件的直接影響。但無論如何，他已看清了自然選擇的整體力量。

著名地質學家和博物學家馮·布赫在其《加那利群島自然地理志》這一優秀論著中明確指出，變種可以漸變爲恆定的物種，而且一旦成種之後，便不能再進行雜交了。

一八三六年，拉弗勒斯克在其《北美洲新植物志》一書第六頁上曾指出：「一切物種，可能都經歷過變種階段；而許多變種，很可能透過逐漸獲得固定特徵之後而演化成物種。」然而，他在第十八頁卻補上一句：「屬的原型和祖先例外。」

一八四三至一八四四年間，哈德曼教授從正反兩方面的觀點介紹了物種形成和變異的理論，他本人似乎傾向於物種變異的理論。該文發表於美國《波士頓博物學雜誌》（第四卷，第四六八頁）。

一八四四年，無著者名的《創造的遺跡》一書出版。在一八五三年第十次增訂版中有這樣一段話：「經過仔細考慮之後，我們認爲，生物界的各系列，從最簡單、最原始的生物到最高級、最近代的生物，都是按上帝的旨意，由兩種衝動力形成的。第一種衝動力賦予生物類型。它們在一定時期透過生殖的方式，經歷級級遞進，從最低等生物進化成最高等的雙子葉植物和脊椎動物。這類生物級次不多，而且在生物性狀上常有間斷，使我們較難決定它們之間的親緣關係。第二是與生命力有關的衝動。它在世代演變中受各種環境因素如食物供應、居所和氣候等的影響，並引起形態構造的變化，這便是『自然神學家』的所謂『適應』。」該書作者顯然相信生物體制的演化是突變的、跳躍式的，但他也相信生物受環境作用而發生的變化是逐漸進行的。他依據一般的理由，極力主張物種絕非不變。但是，很難搞清他所謂的兩種衝動力，如何在科學意義上解釋自然界眾多奇妙的適應現象。例如，我們很難運用他的理論去闡明啄木鳥是如何演變而適於牠特有的生活習性的。該書最初的幾版錯訛較多，極不科學嚴謹，但由於風格犀利而優美，所以廣為流傳。依我看，此書在英國有過很大的貢獻，它喚起人們對生物演變的注意，使人們拋棄成見，以接受類似的進化理論。

一八四六年，經驗豐富的地質學家德馬留斯·達洛在布魯塞爾皇家學會公報上發表了一篇短小精悍的論文。他認為，新物種由演變而生的理論應比分別創造出來的理論更為可靠。他這一看法早在一八三一年就曾經發表。

一八四九年，歐文教授在《附肢的性質》第八十六頁中寫道：「從生物體的各種變化來看，原型的概念，在我們這個地球上，遠在那些動物被證實存在之前就存在了。但靠什麼自然法則或次生原因使它發展成生物，尚不得而知。」一八五八年，他在不列顛科學協會演講中談到「創造力連續作用或生物按既定法則而形成的原理」（第五十一頁）。接著在第九十頁又在談到生物的地理分布之後說：「這些現象，使我們關於紐西蘭的無翼鳥和英格蘭的紅松雞是各自在這些島上被創造出來的以及牠們是專爲這些島而分別創造出來的信念，發生了動搖。此外，應牢記，動物學家所謂『創造』的意思是，『他不知道這是一個什麼樣的過程』。」他還進一步發揮說，當紅松雞這樣的例子「被動物學家舉出當作專門在這些島上並專門在這些島上被創造出來的證據時，主要是想表示出，他並不知道紅松雞如何會產在那裡，且只產在那裡。從動物學家這種表示無知的方式看，他是想表達這樣的信念，即鳥和島的起源，皆因一個偉大而初創的原因所致」。如果我們將他同一演講中前後言辭進行比較，可以看出，這位著名的哲學家在一八五八年並不知道無翼鳥和紅松雞在其各自故鄉產生的原因，或者說，他不知道這個過程是「什麼」，因而感到信念動搖了。

歐文教授的演講，發表於我下面即將提到的華萊士與我在林奈學會宣讀《物種起源》之後。當本書首次出版時，我和許多人都被歐文教授所謂「創造力連續作用」所迷惑，以爲他跟其他古生物學家一樣堅信物種不變。但是，按他在《脊椎動物解剖學》第三冊第七九六頁的文字，我似乎又覺得自己弄了個可笑的誤會。所以，我在本書最近一版，曾根據他在《脊椎動物解剖學》第一冊上有關「模式型」的一段話（第三十五頁）推測他的觀點，認爲歐文教授亦承認自然選擇作用與新種的形成關係密切。現在看來，我的這個推測是合理的。然而，按該書第三冊第七九八頁的文字，又覺得該推測不對。最後，我又援引了歐文教授與倫敦評論報記者的通訊。從這篇通訊中，我本人和該報記者都覺得歐文教授在表示，他已先於我發表了自然選擇學說。對他的這一申明，我既高興，又驚愕。然而，據我了解到他最近發表的某些章節（同書第三冊第七九八頁）時，我感到我的判斷大概又錯了。但有一點令我聊以自慰，就是別人也都跟我一樣，對歐文教授前後矛盾的說法感到難以理解和迷茫。當然，至於在自然選擇理論的發表問題上，歐文教授是否在我之前，那無關緊要。因爲在本章前面提到，遠在我們之前，已有馬修和威爾斯二人占先了。

一八五〇年，小聖伊萊爾在演講中很簡明扼要地闡述了他的觀點（演講摘要刊於一八五一年一月出版的《動物學評論雜誌》）：「在相同環境條件下，物種的特徵固定不變；但環境變了，則能引起變異。」他還說：「總之，對野生動物的觀察，已證明物種具有有限的變異性。而野生動物變成家養，或家養再度返回野生，則更進一步證明了這一點。這些經驗表明，如此發生的差異可以達到屬級特徵的水準。」在一八五九年的《自然史通論》（第二卷第四三〇頁），他對上述思想又做了進一步的闡發。

從最近發行的一本小冊子上知道，弗萊克博士早在一八五一年就在《都柏林醫學報》發表了他關於物種起源的觀點。他認爲，所有的生物類型，都是從最初一種原始生物傳衍下來的。然而，他所依據的理由和探索的方式，與我十分不同。現在他又發表了《從生物的親緣關係解釋物種起源》（一八六一年）。於是，我就沒有必要在此花費筆墨詳述他的觀點了。

一八五二年，斯賓塞先生在《領導者報》上撰文（此文一八五八年重刊於他的論文集中），對生物特創論和演化論進行了詳細的對比。基於家養生物性狀的比較、眾多物種胚胎發育過程中的變化、物種與變種間的難辨識性，以及物種演化的級進原理，他認爲物種都發生過變異，其變異的原因是由環境改變造成的。這位作者一八五五年還根據智力和才能是逐漸獲得的原理討論過心理學。

一八五三年，著名的植物學家勞丁先生，在一篇關於物種起源的卓越論文中（起初發表於《園藝論評》第一〇二頁，後重刊於《博物院新刊》第一卷一七一頁），明確表示，物種的形成與栽培植物變種的情形相似。他將後者歸於人工選擇的力量，然而卻沒有說明自然選擇有何作用。與赫伯特教長一樣，他認爲新生物種的可塑性較大。他十分強調所謂目的論：「一種無法描述的神祕力量，對一些人來說是命運，而對另一些人則是上帝的意志。這種力量對世界上的生物不斷起作用。爲了維繫整個系統的秩序和運轉，便決定了每個生物的形態、體積和壽命。就是這種力量將個體協調於整體之中，使其在整個有機界發揮自己應有的作用。這正是它得以存在的緣由。」③

一八五三年，著名地質學家凱塞林伯爵指出（《地質學會彙報》第二編第十卷第三五七頁），如果一種由瘴氣引起的新疾病能發生並傳播全球的話，那麼，在某一時期某一物種的胚芽便可能受到周圍環境中某種分子的化學作用，而產生新的物種。

同在一八五三年，沙夫豪生博士發表了一本優秀論著。他主張地球上的生物類型都是發展變化

---

③據布隆的《演化規律之研究》所引參考文獻，可以看出，著名的植物學家兼古生物學家翁格在一九五二年曾著文認爲物種是發展變化的。道爾頓和潘德爾合著的《樹懶化石》一文也持同一觀點（一八二一年）。歐根在《自然哲學》上也贊成此說。從戈特龍所著《物種論》的參考文獻看，聖芬森特、波達赫、波雷特和弗利斯等人也都主張物種是連續產生出來的。

我得補充一點，本章所列三十四位作者，都認爲物種是可變的，或者至少不承認物種是分別被創造出來的。這些人當中，有二十七位對博物學和地質學都有過專門的著述。

的。他推測，多數物種可在長時期保持不變，但少數物種則會發生變異。在他看來，因中間過渡類型的滅亡，而使物種間的區別變得日益顯著。現存的動植物並不是透過創新而與過去滅絕生物相分隔，而不過是古代生物連續繁衍下來的子孫後代。

法國著名植物學家勒谷克，在其一八五四年出版的《植物地理學》第一冊第二五〇頁中提到：「我們關於物種是固定不變還是不斷變異研究的結果，與聖伊萊爾和歌德這兩位名人的思想吻合。」但散見於他這部巨著中其他章節中的文字卻使人稍存疑慮。他對物種變化的觀點未做充分的闡發。

一八五五年，鮑威爾博士在《論世界的統一性》一文中，對「創造哲學」有很精闢的論述。其中最引人注目的一點，是認為新種的產生，是「有規則的，而非偶然現象」。這恰如赫謝爾爵士所說的，這是「一種自然的、而非神祕的過程」。

《林奈學會雜誌》第三卷，在一八五八年六月一日刊載了華萊士先生和我在該會同時宣讀的論文。正如本書緒論中指出的那樣，華萊士對自然選擇學說做了清晰的、有說服力的闡述。

一八五九年，在動物學界備受尊敬的馮．貝爾曾表明他的觀點（參閱瓦格納教授的《動物學的人類學研究》，一八六一年第五十一頁）。他認為，現在完全不同的生物類型，皆源出於一個祖型。他的結論主要基於生物地理分布的法則而得出。

一八五九年六月，赫胥黎教授在皇家學院做了一個題為《動物界中的持久型》的報告。就此，他說：「假若動植物中的種和不同類群是由於創造力的作用在不同時期安置在地球上的話，那麼就很難理解這些持久型的涵義了。只要我們沉下心來認眞想一想，就知道，這種假定既不合傳統，也不合天啟精神，更與一般自然推理法則相牴觸。相反，如果我們設想各時代的物種都是先前物種漸變的結果，並以此假說來看待持久型動物的話（物種漸變假說雖說尚未得到證明，而且還受到某些支持者的可悲損害，但它畢竟是生物學（physiology字面上爲生理學，但十九世紀時人們常以此替代生物學。——譯者注）所能支持的唯一假說），那麼這正好說明，生物在地質時期所發生的變異量，只是其整個系列變化中的一小部分。」

一八五九年十二月，胡克博士的《澳洲植物志導論》問世。在這部偉大著作的第一部分，他便承認物種的遺傳和變異是眞實存在的，而且還舉出許多事實，以支持這一學說。

一八五九年十一月二十四日，本書第一版問世；一八六〇年一月七日，第二版刊行。

緒論

關於物種起源問題，可以想像，一個博物學家對生物間的親緣關係，胚胎關係，其地理分布、地質演替關係等問題進行綜合考慮之後，不難得出這樣的結論：物種不是被分別創造出來的，而是跟變種一樣，由其他物種演化而來。

當我以博物學者的身分參加小獵犬號皇家軍艦遊歷世界時，在南美洲觀察到有關生物地理分布以及現代生物和古生物的地質關係的眾多事實，我深爲震撼。正如本書後面各章將要述及的那樣，這些事實對於解譯物種起源這一重大難題提供了重要證據——物種起源曾被一位大哲學家認爲是神祕而又神祕的難題。歸國之後，於一八三七年我便想，如果耐心蒐集和思考可能與這個難題有關的各種事實，也許會得到一些結果。經過五年工作，我潛心思索和推論，寫出一些簡要筆記。一八四四年我又將它擴充爲一篇綱要，以記載我當時的結論。從那時以來，我一直在探索這個問題，從未間斷。請讀者原諒我做如此瑣屑的陳述。其實，我只想說明，我今天所得出的結論，並非草率而成。

現在（一八五九年），我的工作已接近完成，但要全部完成，還需要許多年月。而我的健康狀況不佳，有人便勸我先發表一個摘要。還有一個特別的原因也促成本書的問世，那就是，正在研究馬來群島自然史的華萊士先生對物種起源研究所做的結論，幾乎與我完全一樣。一八五八年，他寄給我一份關於物種起源的論文，囑我轉交給萊爾爵士。萊爾爵士將這篇論文送給林奈學會，並刊登在該會雜誌的第三卷上。同時，萊爾爵士和胡克博士都了解我的工作；而且後者還讀過我一八四四年寫的綱要。承蒙他們盛意，認爲我應該將我原稿中的若干摘要，與華萊士先生的卓越論文同時發表。

我目前發表的這個摘要，肯定還不夠完善。在此，我無法爲我的論述都提供參考資料和依據，但我覺得自己的論述是正確的。雖然我一貫嚴謹審慎，只信賴可靠的證據，但錯漏之處，在所難免。對我得出的一般結論，只援引了少數事例進行說明；我想，在大多數情況下，這樣做就夠了。我比任何人都能深切地感到，有必要將支持我的結論的全部事實和參考資料詳盡地發表出來，我也希望能在將來一部著作中實現這一願望。因爲，我清楚地認識到，本書中所討論的任一點都必須用事實來支持，否則便會引出與我的學說完全相反的結論來。只有對每一問題正反兩方面的事實和證據都進行充分的敘述，權衡正誤，才能得出正確的結論。當然，由於篇幅所限，在這裡不可能這樣做。

許多博物學家都給我慷慨的幫助，其中有些人甚至從未謀面。十分抱歉，由於篇幅所限，不能在此一一致謝。但我必須借此機會對胡克博士表示深切的感謝。近十五年來，他以豐富的學識和卓越的判斷，盡一切可能給我幫助。

關於物種起源問題，可以想像，一個博物學家對生物間的親緣關係，胚胎關係，其地理分布、地質演替關係等問題進行綜合考慮之後，不難得出這樣的結論：物種不是被上帝分別創造出來的，而是跟變種一樣，由其他物種演化而來。儘管如此，這種結論即使有根有據，如若不能說明這世界上無數物種是如何發生變異才獲得令我們驚歎不已的構造及其適應特徵，也仍難令人滿意。博物學家常以食物及氣候等外部環境條件的變化作爲引起變異的唯一原因。從部分意義上看，這可能是對的，這一點以後還要討論到。但若以外部環境條件來解釋一切，那就不對了。比如說，只用環境條件變化來解釋啄木鳥的足、尾、嘴和舌等構造何以能巧妙地適應取食樹皮下的蟲子，恐怕難以奏效。又如槲寄生，它從樹木吸取養料，靠鳥類傳播種子。作爲雌雄異花植物，它還需昆蟲才能傳粉受精。假若我們僅靠外部環境或習性的影響，抑或植物本身的什麼傾向來解釋這種寄生植物的構造特徵以及它與其他生物間的關係，肯定於理不通。

因此，搞清生物變異及相互適應的具體途徑，是極其重要的。當我觀察研究這個問題的初期，覺得要解決這一難題，最有效的途徑便是從家養動物和栽培植物入手。結果的確沒讓我失望。雖然我常覺得由家養而引起變異的知識尚不完善，但總算爲我們處理各類複雜事件提供了最好、最可靠的線索。此類研究雖常爲博物學家們所忽視，但我敢擔保，其價值重大。

正因爲如此，我將本書第一章專門用來討論家養狀態下的變異。這樣，我們至少能看到大量的遺傳變異。同樣重要或更加重要的是，我們還能看到，人類透過不斷積累微小變異進行選種的力量何其巨大。接著，我們便將討論物種在自然狀態下的變異。然而在本書中我只能簡略地進行討論。因爲要想深入探討，必須長篇大論，附以大量事實。但無論如何，我們還是能討論什麼樣的環境條件對變異最爲有利。第三章要討論世界上一切生物的生存競爭，這一現象是生物按幾何級數增加的必然結果。這正是馬爾薩斯理論在動植物界的具體應用。由於每種生物繁殖的個體數，遠遠超出其可能生存的個體數，因而常常會引起生存競爭。於是，任何生物的變異，無論如何之微小，只要它在複雜多變的生活條件下對生物體有利，能使生物獲得更多的生存機會，因而便被自然選擇上了。由於強有力的遺傳原理，任何被選擇下來的變種，將會繁殖其新的變異了的類型。

自然選擇這一基本論題，將在第四章進行詳細的討論。在此，我們將會看到，自然選擇如何幾乎不可避免地導致改進較小的生物大量滅亡，並且導引出我所謂的性狀趨異。在第五章，我將討論複雜的、至今仍知之甚少的變異法則。此後接下來的五章，將對阻礙接受本學說的最顯著、最重要的難點一一進行探討：第一，轉變的困難，即簡單的生物或器官，如何透過變異而轉變成高度發展的生物或複雜的器官；第二，本能問題或動物的「智力」問題；第三，雜交問題，即種間雜交不育性和變種雜交可育性；第四，地質紀錄的不完備。第十一章要討論生物在時間上的地質演替關係。第十二和十三兩章，則討論生物在空間上的地理分布。第十四章論述生物的分類或相互間的親緣關係，包括成熟期及胚胎狀態。最後一章，我將對全書進行扼要的綜述，並附簡短的結語。

如果我們能正視我們對於周圍生物之間的相互關係知之甚少的事實，那我們便會毫不奇怪，人類對物種和變種起源的認識仍處於不甚明瞭的狀態。誰能清楚地解釋，爲什麼某一物種分布廣、數量多，而其近緣物種卻分布窄、數量極少呢？然而，這些關係又至關重要，因爲它們不僅決定著世界上一切生物現象的盛衰，而且我還以爲也決定著它們未來的成功和變異。至於對地史時期無數生物間的相互關係，我們所知便更少了。儘管許多問題仍模糊不清，而且在今後很長時間還會模糊不清。但經過深入研究和冷靜地判斷，可以肯定，我過去曾接受而現在許多博物學家仍在堅持的觀點——即每一物種都是分別創造出來的觀點，是錯誤的。我堅信，物種是可變的；那些所謂同屬的物種都是另一個通常已滅絕物種的直系後代，正如某一物種的變種都公認是該種的後代一樣。此外，我還認爲，自然選擇是物種演變最重要的，但並非是唯一的途徑。

第一章　家養狀態下的變異

變異的原因

仔細審看歷史悠久的栽培植物和家養動物，將同一變種或亞變種中的各個體進行比較，其中最引人注目的就是，家養生物間的個體差異，比起自然狀態下任何物種或變種間的個體差異都要大。形形色色的家養動、植物，經人類在極不相同的氣候等條件下進行培育而發生變異。由此，我們必然得出結論，這種巨大的變異，主要是由於家養的生活條件，遠不像其親種在自然狀態下那樣一致。奈特（Andrew Knight）認爲，家養生物的變異，與過多的食物有關，這可能也有道理。顯然，生物必須在新的生活條件作用下，經過數個世代，方能發生大量變異；而且，一旦生物體制發生了變異，往往會在後續若干世代不斷地變異下去。一種能變異的生物，經培育後又停止變異的情況，尚未見有報導。最古老的栽培植物，比如小麥，目前仍在變異產生新變種；最古老的家畜，目前也仍在迅速改進或變異。

經過長期研究，我覺得，生活條件透過兩種方式發揮作用：一是直接作用於生物體的整體機制或局部構造，二是間接影響到生殖系統。關於直接作用，正如魏斯曼（Wismann）教授最近強調指出，我以前在《動物和植物在家養下的變異》中也偶爾提到的，它應包括兩方面因素，即生物本身的性質和外部條件的性質。而且，生物本身的內因比條件外因更爲重要。因爲在我看來，一方面，不同的外部條件可產生相似的變異，另一方面，不同的變異可在相似的條件下發生。生活條件造成後代的變異，可以是一定變異，也可以是不定變異。所謂一定變異，是指在某種條件下，一切後代或近乎一切後代，能在若干世代按相同的方式發生變異。然而對這種一定變異，很難確定其變化的範圍，當然，下述細微變異例外：食物供應的多寡引起生物體大小的變異，食物的性質導致膚色的變異，氣候的變化引起皮毛厚薄的變異等等。我們在雞的羽毛上看到無數變異，每一變異必有其具體原因。如果用同一因素作用於眾多生物體，經歷若干世代，則可能產生相同的變異。產生樹瘤的昆蟲的微量毒汁一旦注入植物體內，便會產生複雜多變的樹瘤。這一事實表明，植物體液如果發生化學變化，便會產生何等奇異的變形。

與一定變異相比，不定變異更多的是由於條件改變了的結果。它對於家養品種的形成，可能更爲重要些。在無數微小特徵中我們看到了不定變異，這些微小特徵使同一物種內的不同個體得以區別。我們不能認爲這些不定變異是從父母或祖先那裡遺傳下來的，因爲即使是同胎或同一蒴果種子所產生的幼體中，也可能產生極其明顯的差異。在同一地方，用同一飼料餵養，但經過很長時期以後產生的數百萬個體中，也偶然會引起構造上的顯著變異，以致被認爲是畸形；但畸形與較輕變異之間，並無明顯界線。所有這一類的變異，出現在一起生活的眾多個體之間，無論是細微的，還是顯著的，都應該認爲是環境條件對個體引起的不定變化的效果。這正如寒冷天氣可以使人咳嗽、感冒、患風溼症或引起各種器官的炎症，其效應因各人體質而異。

至於條件改變所引起的間接作用，即對生殖系統所起的作用，我們可以推想，它能從兩方面引起變異。一方面是生殖系統對外界條件的變化極爲敏感；另一方面，正如凱洛依德（Kölreuter）

所指出的，在新的非自然狀態下的變異有時會跟異種雜交所引起的變異非常類似。許多事實表明，生殖系統對環境條件的改變極為敏感。馴養動物並不難，但要讓牠們在欄內交配、繁殖並非易事。有不少動物，即使在其原產地，並在近乎自然狀態下飼養，也無法生育。過去，人們將原因歸於生殖本能受到傷害，其實不對。許多栽培植物生長茂盛，但很少結籽，或根本不結籽。在少數場合，條件些許變化，比如在某一特殊階段，水分多一點或少一點，便會足以影響到它會不會結籽。關於這個奇妙的問題，我蒐集的許多事例已在別處發表，在此不再贅述。但這裡只想說明圈養動物生殖法則是何等的奇特。例如肉食獸類，即使從熱帶遷到英國圈養，除熊科動物例外，其餘皆能自由生育。與此相反，肉食鳥類，除極少數外，一般很難孵化出幼鳥。許多外來植物，其花粉同不能繁育的雜種一樣，毫無用處。所以，一方面我們看到家養動植物，雖然柔弱多病，但仍能在圈養狀態下自由生育；另一方面，幼年期從自然狀態下取來飼養的生物，雖然健壯長壽（我可以舉出許多例證），但其生殖系統受到未知因素的影響而失靈。於是，當看到生殖系統在圈養狀態下失去常規，且產出與其父母不大相似的後代時，我們也就不以為怪了。我還得補充一點，有些動物在極不自然的生活狀態下（如在籠箱裡飼養雪貂和兔），也能自由繁育，這說明其生殖器官未因此而受影響。所以，有些動、植物能夠經受得住家養或栽培，而且極少變異，其變異量並不比在自然狀態下大。

有些博物學家主張，一切變異都與有性生殖有關。這種看法顯然不對。我曾在另一著作中，將園藝學家稱之為「芽變植物（sporting plant）」列成了一張長長的表。這類植物能突然生出一個芽，它與同株其他的芽的特徵明顯不同。這種芽變異，可用嫁接、扦插，有時甚至還可用播種的方法使其繁殖。這種芽變現象，在自然狀態下極少發生，但在栽培狀態下則並不罕見。在條件相同的同一樹上，每年生出數千個芽，其中會突然冒出一個具有新性狀的芽。另一方面，在不同條件下的不同樹上，有時竟然能產生幾乎相同的變種來，比如從桃樹的芽上長出油桃（nectarine），在普通薔薇上的芽生出苔薔薇（moss rose）。因此，我們可以清楚地看出，在決定變異的特殊類型上，外因條件與生物本身內因相比，僅居次要地位。

習性和器官的使用與不使用的效應；相關變異；遺傳

習性的變化可以產生出遺傳效應，例如植物從一種氣候遷到另一氣候，其開花期便會發生變化。至於動物，身體各部構造和器官的經常使用或不使用，則效果更顯著。例如，我發現家鴨的翅骨與其整體骨骼的重量比，要比野鴨的小；而家鴨腿骨與其整體骨骼的重量比，卻比野鴨的大。無疑，這種變化應歸因於家鴨飛少而走多之故。「器官使用則發達」的另一個例子是：母牛和母山羊的乳房，在經常擠奶的地方總比不擠奶的地方更爲發育。我們的家畜，在有些地區其耳朵總是下垂的。有人認爲，動物耳朵下垂是因爲少受驚嚇而少用耳肌之故，此說不無道理。

支配變異的法則很多，可我們只能模模糊糊地看出有限的幾條。這些將在以後略加討論，這裡我只想談談相關變異。胚胎和幼體如果發生重要變異，很可能要引起成體的變異。在畸形生物身上，各不同構造之間的相關作用，是十分奇妙的，關於這一點，小聖伊萊爾（Isidore Geoffroy St.

Hilaire）的偉大著作中記載了許多事例。飼養者們都相信，四肢長的動物，其頭也長。還有些相關變異的例子，十分古怪。比如，毛白眼藍的貓，一般都耳聾，但據泰特（Tait）先生說，這種現象僅限於雄貓。色彩與體質特徵的關聯，在動植物中都有許多顯著的例子。據赫辛格報導，白毛的綿羊和豬吃了某些植物會受到傷害，然而深色的綿羊和豬則不會。韋曼教授（Prof. Wyman）最近寫信告訴我一個很好的例子。他問維吉尼亞的農民，爲何他們的豬都是黑色的。回答說，豬吃了絨血草（*Lachnanthes caroliniana*），骨頭就變成紅色，而且除了黑豬之外，豬蹄都脫落了。該地一個牧人又說：「我們在一胎豬仔中，只選留黑色的來飼養，因爲只有黑豬，才有好的生存機會。」此外，無毛的狗，其牙也不全；毛長而粗的動物，其角也長而多；腳上長毛的鴿子，其外趾間有皮；短喙鴿子足小，而長喙者足大。所以，人們如果針對某一性狀進行選種，那麼，這種神奇的相關變異法則，幾乎必然在無意中會帶來其他構造的改變。

各種未知或不甚了解的變異法則造成的效應，是形形色色、極其複雜的。仔細讀讀幾種關於古老栽培植物如風信子（hyacinth）、馬鈴薯，甚至大麗花的論文，是很值得的。看到各變種和亞變種之間在構造特徵和體質上的無數輕微差異，的確會使我們感到驚異。這些生物的整體構造似乎已變成可塑的了，而且正以輕微的程度偏離其親代的體制。

各種不遺傳的變異，對我們無關緊要。但是，能遺傳的構造變異，不論是微小的，還是在生理上有重要價值的，其頻率及多樣性，的確無可計數。盧卡斯（Prosper Lucas）的兩部巨著，對此已有詳盡的記述。對遺傳力之強大，飼養者們從不置疑。他們的基本信條是「物生其類」。只有空談理論的人們，才對這個原理表示懷疑。當構造偏差出現的頻率很高，而且在父代和子代都能見到這種偏差時，那我們只能說這是同一原因所致。但有些構造變異極爲罕見，且由於眾多環境條件的偶然結合，使這種變異既見於母體，也見於子體，那麼這種機緣的巧合也會迫使我們承認這是遺傳的結果。大家想必都聽說過，在同一家族中的若干成員都出現過白化症、皮刺或多毛症的事例。如果承認罕見而怪異的變化，確實是遺傳的，那麼常見的變異無疑也應當是可遺傳的了。於是，對這個問題的正確認識應該是：各種性狀的遺傳是通例，而不遺傳才是例外。

支配遺傳的法則，大多還不清楚。現在還沒有人能說清，爲什麼在同種的不同個體之間或異種之間的同一性狀，有時能夠遺傳，而有時又不能遺傳；爲什麼後代常常能重現其祖父母的特徵甚至其遠祖的特徵；爲什麼某一性狀由一種性別可以同時遺傳給雌、雄兩性後代，有時又只遺傳給單性後代，當然多數情況下是遺傳給同性別的後代，儘管偶爾也遺傳給異性後代。雄性家畜的性狀，僅傳給雄性，或大多傳給雄性，這是一個重要事實。還有一種更重要的規律，我以爲也是可信的，就是在生物體一生中某一特定時期出現的性狀，在後代中也在同一時期出現（雖然有時也會提早一些）。在眾多場合，這種性狀定期重現，極爲精確。例如牛角的遺傳特性，僅在臨近性成熟時才出現；又如蠶的各種性狀，也僅限於其幼蟲期或蛹期出現。遺傳性疾病及其他事實，使我相信，這種定期出現的規律適用的範圍更寬廣。遺傳性狀何以定期出現？雖然其機理尚不明了，但事實上確實存在著這種趨勢，即它在後代出現的時間，常與其父母或祖輩首次出現的時間相同。我認爲，這一規律對於解釋胚胎學中的法則是極其重要的。以上所述，僅指性狀「初次出現」這一點，並不涉及作用於胚珠或雄性生殖質的內在原因。比如，一隻短角母牛如果跟長角公牛交配，其後代的角會增長。這雖然出現較晚些，但顯然是雄性生殖因素在起作用。

上面講到返祖現象，現在我想提一下，博物學家們時常說，當我們家養變種返回野生狀態後，必定漸漸重現其祖先的性狀。因此有人據此認爲，我們不能用家養品種的研究，來推論自然狀態下物種的情況。我曾試圖探求這些人如此頻繁而大膽地做出這種判斷的理由，皆未成功。的確，要證明這種推斷的眞實性是極其困難的。而且，我可以很有把握地說，許多性狀最顯著的家養變種，將不能在野生狀態下生存下去。而且，我們並不知道許多家養生物的原種是什麼，因而無法判斷返祖現象是否能完全發生。爲了防止受雜交的影響，我們必須將試驗的變種單獨置於新地方。雖如此，家養變種有時確能重現其祖先的若干性狀。比如，將幾個甘藍（Brassica spp.）品種種在貧瘠土壤中，經過數代，可能會使它們在很大程度上恢復到野生原種狀態（不過，此時貧瘠土壤也會發揮一定的作用）。這種試驗，無論成功與否，於我們的觀點無關緊要，因爲試驗過程中，生活條件已經發生了變化。假如誰能證明，把家養變種置於同一條件下，且大量地養在一起，讓它們自由雜交，以使其相互混合，從而避免構造上的任何微小偏差，此時要是仍能顯示強大的返祖傾向——即失去它們的獲得性狀，那麼，我自當承認不能用家養變異來推論自然狀態下的物種變異。然而，有利於這一觀點的證據，連一點影子也未見到。如要斷言，我們不能將駕車馬和賽跑馬、長角牛和短角牛、雞以及各類蔬菜品種無數世代地繁殖下去，那將是違反一切經驗的。

家養變種的性狀；區別變種與物種的困難；家養變種起源於一個或多個物種

如果觀察家養動植物的遺傳變種或品種，並將其與親緣關係密切的物種進行比較時，我們便會發現，如上所述，各家養變種的性狀，沒有原種那麼一致：家養變種常具有畸形特徵。也就是說，它們彼此之間，它們與同屬的其他物種之間，雖然在一些方面差異很小，但是總在某些方面表現出極大的差異，尤其是將它們與自然狀態下的最近緣物種相比較時，更是如此。除了畸形特徵之外（以及變種雜交的完全可育性——這一點將來還會討論到），同種內各家養變種之間的區別，與自然狀態下同屬內各近緣種之間的區別，情形是相似的，只是前者表現的程度較小些罷了。我們應該承認這一點是千眞萬確的。因爲許多動植物的家養品種，據一些有能力的鑑定家說，是不同物種的後代，而另一些有能力的鑑定家說，這只是些變種。假如家養品種與物種之間區別明顯，那便不會反覆出現這樣的爭論和疑慮了。有人常說，家養變種間的差異，不會達到屬級程度。我看，這種說法並不正確。博物學家們關於生物的性狀，怎樣才算是達到屬級程度，各自見解不同，鑑定的標準也無非憑各自的經驗。待我們搞清楚自然環境中屬是如何起源時，我們就會明白，我們不應企求在家養品種中能找到較多屬級變異。

在試圖估算一些近緣家養品種器官構造發生變異的程度時，我們常陷入迷茫之中，不知道它們是源於同一物種，還是幾個不同的物種。若能眞搞清這一點，那將是很有意思的。比如，我們都知道，格雷伊獵犬（greyhound）、尋血獵犬（bloodhound）、㹴（terrier）、長耳獵犬（spaniel）和鬥牛犬（bull-dog）皆能純系繁育。假若能證明牠們源出一種，那就能使我們對自然界中許多近緣物種（如世界各地的眾多狐種）是不改變的看法，產生很大的懷疑。我不相信，上述幾種狗的差異都是在家養狀態下產生的，這一點下面將要談及。我以爲，其中有一小部分變異是由原來不同物種傳下來的。但是，另外一些特徵顯著的家養物種，卻有證據表明牠們源自同一物種。

人們常常認爲，人類總選擇那些變異性大且又能忍受各種氣候的動植物作爲家養生物。對此我不反對，這些性能確能增進我們家養生物的價值。然而，那些未開化的蠻人何以知道後代能發生變異、能忍受別的氣候呢？驢和鵝變異性小，馴鹿耐熱力差，普通駱駝耐寒力也差，難道這些性質能阻止牠們被家養嗎？我相信，假如現在從自然狀態下取來一些動植物，在數目、產地及分類綱目上都與現代家養生物相當，並假定也在家養狀態下繁殖同樣多的世代，那麼，牠們將平均發生與現存家養生物的親種所曾經歷過那樣大的變異量。

多數從古便開始家養的動植物，到底是由一種還是多種野生動植物傳衍下來，現在還不能得出明確的結論。相信多源論的人們，其主要依據是，古埃及石碑及瑞士湖上住所裡所發現的品種，已十分繁雜多樣了，而且有許多與現在的相似甚至相同。但這不過證明人類的文明史更久遠，人類對物種的馴養，比我們過去想像的更早而已。瑞士湖上居民曾種植過好幾種大麥、小麥、豌豆、製油用的罌粟和亞麻，家畜也有好幾種。他們還與其他民族通商。誠如希爾（Heer）所說，所有這些都表明，在那樣早的時期，他們便已有很進步的文明了；同時也暗示出，在此之前，更有一段較低的文明時期，在那時各地民族所豢養的動物已經開始變異並形成不同的品種了。所有地質學家都相信，自從世界上許多地方發現燧石器以來，原始民族便已有了久遠的歷史。我們知道，現在沒有哪個民族原始得連狗都不會飼養。

大多數家養動物的起源，也許永遠也搞不清。但是我得指出，關於全世界的狗類，我做過仔細研究，並蒐集了所有已知事實，得出這樣一個結論：犬科中曾有幾個野生種被馴養過，牠們的血在某些情形下混合在一起，並流淌在現在家養狗的血管裡。至於綿羊和山羊，我尚無肯定的結論。布里斯（Blyth）寫信告訴我，印度產的瘤牛，從其習性、聲音、體質及構造幾方面看，差不多可以斷定牠與歐洲牛源出於不同的祖先，而且，一些有經驗的鑑定學家認爲，歐洲牛有二個或三個野生祖先（但不知牠們是否夠得上稱作物種）。這一結論，以及瘤牛與普通牛的種級區別的結論，其實已經被呂提梅爾（Rütimeyer）教授值得稱道的研究所證實。關於馬，我與幾位作者的意見相反。我基本上相信所有的品種都屬於同一物種，理由無法在此陳述。我蒐集到英國所有雞的品種，使牠們繁殖和雜交，並且研究了牠們的骨骼，幾乎可以斷定，牠們都是印度野生雞的後代。至於鴨和兔，儘管有些品種彼此區別很大，但證據清楚地表明，牠們都是分別源於常見的野生鴨和野兔。

有些作者堅持若干家養品種多源論，荒謬地誇張到極端的地步。他們以爲，凡是能夠純系繁殖的品種，即使其可相互區別的特徵極其微小，也各有不同的野生原型。如照此估計，僅在歐洲，便至少有二十種野牛，二十種野綿羊，野山羊也有數種，甚至在英國這個小地方，亦該有幾個物種。還有一位作者，竟主張過去英國特有的綿羊野生種便達十一個之多！我們不應忘記，目前英國已沒有一種特有哺乳動物；法國也只有少數哺乳動物與德國不同；匈牙利、西班牙等國的情況也是如此。但是，這些國家卻各有好幾個特有的牛、羊品種。所以，我們只得承認，許多家畜品種必然起源於歐洲，不然，牠們從哪裡來呢？印度的情形也是這樣。甚至全世界的家狗品種（我承認牠們是幾種野狗傳下來的），無疑也存在著極大的可遺傳的變異。因爲義大利格雷伊獵犬、尋血獵犬、鬥牛犬、巴哥（pug-dog）或布萊海姆長耳獵犬（Blenheim spaniel）等與所有野生犬科動物相差甚遠，很難相信曾在自然狀態下生存過與牠們極其相似的動物。有人常隨意地說，我們現在所有狗的品種都是由過去少數原始物種雜交而成。然而，雜交只能得到介於雙親之間的一些類型。因此，如果用雜交這一過程來說明現有狗品種的來源，那麼我們必須承認，曾在野生狀態下一定存在過一些像義大利格雷伊獵犬、尋血獵犬和鬥牛犬等這樣的極端類型。何況我們將由雜交過程產生不同品種的可能性過分誇張了。我們常見到這樣的報導，透過偶然的雜交，並輔以對所需性狀進行仔細的人工選擇，我們便可以使一個品種發生變異。但是，要想透過兩個很不相同的品種，得到一個中間狀態的品種，則極其困難。希布萊特爵士（Sir J. Sebright）曾爲此做過試驗，結果沒能成功。將兩個純種進行雜交（如我在鴿子中所見那樣），其子代的性狀相當一致，似乎結果很簡單。但讓這些雜交後代彼此交配，經過幾代之後，情況便變得極爲複雜，幾乎沒有兩個個體是相似的了。

家鴿的品種，牠們的差異和起源

我覺得最好的辦法，是選特殊的類群來進行具體研究。經過慎重考慮之後，便選用了家鴿。凡是能設法搞到的或買到的，我都盡力收齊；而且，我還從世界各地得到惠贈的各種鴿皮，尤其是艾略特（Elliot）從印度和摩雷（Hon. C. Murray）從波斯寄來的標本。人們關於鴿類研究，由各種文字撰寫的論文很多。其中有些年代很早，因而極其重要。我曾與幾位有名的養鴿家交往過，並參加了倫敦的兩個養鴿俱樂部。家鴿品種繁雜，著實令人吃驚。從英國信鴿（carrier）與短面翻飛鴿（short-faced tumbler）的比較中，可以看出其喙差異很大，並由此導致頭骨變異。信鴿，特別是雄性的，頭上有奇特發育的肉凸，與此相伴的還有很長的眼瞼、寬大的外鼻孔以及闊大的口。短面翻飛鴿的喙形與鳴鳥類相像。普通翻飛鴿有一種奇特的遺傳習性，就是牠們常在高空密集成群翻筋斗。西班牙鴿體形碩大，喙粗足大；其中有些亞品種頸項很長；有些翼長尾也長，而另一些尾極短。巴巴鴿（barb）和信鴿近似，但喙短而闊，不如信鴿那樣長。球胸鴿（pouter）的身形、翼和腿皆長，嗉囊也極發達，當牠得意時，會膨脹，令人覺得怪異而可笑。浮羽鴿（turbit）喙短、呈圓錐形，胸部有一列倒生的羽毛；牠有一種習性，可使食管上部不斷微微脹大起來。鳳頭鴿（jacobin）頸背上的羽毛，向前倒豎，形似鳳冠；按身體的比例說，其翼尾皆長。喇叭鴿（trumpeter）和笑鴿（laughter）的鳴聲，誠如其名，而與其餘品種相別。扇尾鴿（fantail）的尾羽，可多達三十至四十根，而其餘所有鴿類尾羽的正常數是十二至十四根。當扇尾鴿的尾羽展開豎立時，優良的品種可頭尾相觸。此外，扇尾鴿的尾脂腺極其退化。我們還可舉出一些差異較小的品種來。

就骨骼而言，這些品種面骨的長度、寬度及曲度皆差別很大；下顎支骨的形態、長度及寬度變異十分顯著；尾椎與薦椎的數目互異；肋骨的數目、相對寬度及有無凸起等方面，亦有差異；胸骨上孔的大小和形態，變異很大；叉骨兩支的角度和相對長度也是如此。口裂的相對闊度、鼻孔、眼瞼及舌（並不總與喙的長度密切相關）的相對長度、嗉囊的大小和食管上部的大小，尾脂腺的發育程度，初級飛羽和尾羽的數目，翼與尾的相對長度，及其與身體的相對長度、腿與足的相對長度，趾上鱗片的數目和趾間皮膜的發育程度等等，都是極易發生變異的地方。羽毛長成所需的時間和初生雛鴿的絨毛狀態，皆會變異，卵的形狀和大小各不相同。飛翔的姿勢及某些品種的鳴聲、性情也都互有顯著差異。最後，有些品種的雌雄個體間也有區別。

假定我們選出二十個以上品種的家鴿，讓鳥類學家去鑑定，並告訴他，這些都是野鳥，那他一定會將牠們定為界線分明的不同物種。而且，我想在這種情況下，任何專家都會把英國信鴿、短面翻飛鴿、西班牙鴿、巴巴鴿、球胸鴿和扇尾鴿置入不同的屬，尤其是讓他看上述品種中的那些純系遺傳亞種（當然他一定會稱之為不同物種的），更是如此。

雖然各種家鴿品種間的差異如此之大，但我完全相信博物學家們的共同看法是正確的：即牠們都是由野生岩鴿（*Columba livia*）傳衍下來的。岩鴿，包括幾個彼此差別微小的地理種族或亞種。

由於使我贊成上述觀點的一些理由，在一定程度上也可應用於其他場合，所以我想在此概要地討論一下。如果這些家鴿品種不是變種，而且不是從岩鴿演化而來，那麼牠們一定分別源出於七八個原始種。因爲目前已知眾多的家鴿類型，絕不可能只由少數種雜交而來。比如球胸鴿，如果牠的祖先之一，不具有特有的碩大嗉囊，那何以能透過雜交產生現代品種的特殊性狀呢？這七八個想像中的原始種，應該都屬岩鴿類，牠們不在樹上生育，也不在樹上棲息。然而，除了這種岩鴿及其地理亞種外，所知道的其餘野生岩鴿只有兩三種，而且牠們皆不具有家鴿的任何性狀。因此，這些想像中的原始種的下落不外兩種情況：一是牠們仍在最初家養的地方生存著，可現在鳥類學家尚未發現；二是牠們都滅絕了。然而，從其大小、習性和別的顯著特徵來看，牠們至今仍未被發現，似乎極不可能，而且第二種情況也是不可能的。因爲生活在岩壁上，而且善於飛翔的鳥類，似乎不至於滅絕。與家鴿習性相同的岩鴿，即使生活在英國一些小島及地中海沿岸，也都沒有滅絕。因此，假定眾多與岩鴿習性相似的種類已經滅絕，可能失之輕率。而且，上述各品種已經被運往世界各地，其中肯定有些要被帶回到其原產地。然而，除了鳩鴿（*dovecot pigeon*）（一種略爲變異了的岩鴿）在一些地方返回野生之外，其餘皆未變爲野生類型。此外，一切經驗表明，使野生動物在家養狀況下自由繁育是十分困難的。可是，按照家鴿多源假說，則必須假定至少有七八個物種曾被半開化人飼養，並在籠養狀態下大量繁殖。

還有一個很有說服力的論證（該論證也可適用於其他場合），就是上述許多鴿類品種在整體特徵、習性、鳴聲、羽色及其大多數構造上，雖與岩鴿一致，但仍有部分構造高度異常。我們在整個鳩鴿科中，無法找到像英國信鴿、短面翻飛鴿和巴巴鴿那樣的喙、像鳳頭鴿那樣的倒生毛、像球胸鴿那樣的嗉囊、像扇尾鴿那樣的尾羽。於是，假如要我們承認家鴿的多源說的話，那必須先假定古代半開化人不僅能成功地馴化好幾種野生鴿，而且能有意或無意選擇出非常特別的種類，而且這些種類自此便滅絕了或不爲人類所知。顯然，這一連串奇怪的事情是不會發生的。

關於鴿類的顏色，有些事實很值得考究。岩鴿是石板藍色的，腰部白色；而印度產的亞種，即斯特利克蘭的岩鴿的腰部卻爲淺藍色。岩鴿的尾端有一暗色橫紋，外側尾羽的外緣基部呈白色。翼上有兩條黑帶；在一些半家養和全野生的岩鴿品種中，翼上除了兩條黑帶之外，還雜有黑色方斑。這些特點，在本科中任何其他物種，不會同時具備。相反，在任何一個家鴿品種中，只要繁育得好，上述所有斑紋，甚至連外尾羽上的白邊，皆可見及。而且，當兩個或幾個不是藍色，也沒有上述斑紋的家鴿品種進行雜交後，其雜種的後代卻很容易突然獲得這些性狀。我現在將我觀察到的幾個實例試列舉如下：我用極純的白色扇尾鴿與黑色巴巴鴿雜交（巴巴鴿極少有藍色變種，就我所知，在英國尚未見及），結果其雜種的子代有黑色的、褐色的和雜色的。我又用巴巴鴿同斑翅鴿（spot）雜交（眾所周知，純系斑翅鴿爲白色，具紅尾，額部有一紅色斑點），其雜種後代卻呈暗黑色並具斑點。接著，我再用巴巴鴿和扇尾鴿的雜種，與巴巴鴿和斑點鴿的雜種進行雜交，產生了一隻鴿子，具有野生岩鴿一樣美麗的藍色羽毛、白腰、兩條黑色翼帶，並且具有條紋和白邊尾羽！如果我們承認一切家鴿品種都起源於岩鴿的話，那麼，根據我們所熟知的祖徵重現原則，上述事實是順理成章，極易理解的。但是，如果我們要否認「一切家鴿都源出於岩鴿」的話，那我們只能接受下列兩種極不合情理的假設。一是我們得假設所有想像中的原始種，都具有和岩鴿相似的顏色和斑紋。只有這樣，才能使每一品種都有重現這種顏色和斑紋的趨向。然而，現存其他鴿類物種，沒有一種具備這些條件的。另一個假設是，各品種，即使是最純的，也必須在十二代，或最多在二十代以內與岩鴿曾雜交過。我這裡之所以說十二代或二十代之內，是因爲還不曾有一個例子表明能重現二十代以上消失了的外來血統祖先的性狀。只發生過一次雜交的品種，重現由這次雜交所得到的任一性狀的趨向，自然會越來越小，因爲每隔一代，這外來血統會逐漸減少。但是，要是沒有發生雜交，這個品種便有重現前幾代中已經消失了的性狀的趨向。因爲我們知道這一趨向與前一趨向恰好相反，它可以不減弱地遺傳到無數代。這兩種不同的返祖現象，常被討論遺傳問題的人混淆了。

最後，根據我本人對極不相同的品種所做的有計畫的觀察結果，可以斷定，一切家鴿品種間雜交所形成的後代都是完全可育的。但另一方面，兩個很不相同的動物種雜交所得雜種，現在幾乎沒有一個例子能證明，牠們是完全可育的。有些學者認爲，長期連續家養，能夠消除種間雜交不育性的強烈趨向。從狗和其他一些家養動物的演化歷史來看，將上述觀點應用於親緣關係密切的物種，應該是十分正確的。但如果引申得過遠，硬要假定那些原來便具有像現代信鴿、翻飛鴿、球胸鴿及扇尾鴿那樣顯著差異的物種，在雜交後仍會產生可育後代，那就未免太輕率了。

概括一下，上述幾條理由包括：人類不可能在過去馴養七八種假定的原始鴿種，並使牠們在家養狀態下自由繁殖；這些假定的鴿種從未有野生類型發現，也未曾在什麼地方見有回歸野生的事實；這些假定物種雖在許多方面與岩鴿極相似，但與鴿科其他種相比較，卻表現出極爲變態的性狀；一切品種，無論是純種還是雜種，都偶有重現藍色和黑色斑紋的現象；最後一點，雜種後代完全能育。綜合上述種種理由，我們可以很有把握地得出結論：一切家鴿品種，都是從岩鴿及其地理亞種傳衍下來的。

為了進一步論證上述觀點，我再補充幾點。第一，已經證明野生岩鴿可以在歐洲和印度家養，其習性和許多結構和一切家養品種相一致。第二，儘管英國信鴿與短面翻飛鴿的若干性狀與岩鴿差別甚大，但若對這兩個品種中的幾個亞品種進行比較，尤其是對從遠處帶來的一些亞品種細加比較，我們便可以在牠們與岩鴿之間排成一個近乎完整的演變序列。在其他品種中也有類似情況，當然不是一概如此。第三，每一品種最為顯著的性狀，往往就是該品種最易變異的性狀，例如信鴿的肉垂和長喙，以及扇尾鴿尾羽的數目。對於這一事實的解釋，等我們討論到「選擇」時就會明白了。第四，鴿類一直受到人類的保護和寵愛。世界各地養鴿的歷史，亦有數千年。據萊卜修斯教授（Prof. Lepsius）告訴我，最早的養鴿紀錄是在埃及第五王朝，大約在西元前三千年。但據伯齊先生（Mr. Birch）告訴我，在更早一個朝代的功能表上已有鴿的名字了。據普林尼（Pling）記述，在羅馬時代，鴿子的價格很貴，「而且他們已達到這種地步，可以評估鴿子的品種和譜系了」。印度的阿克巴．可汗（Akbar khan）極看重鴿子，大約在一六〇〇年，養在宮中的鴿子不下兩萬隻。宮廷史官寫道：「伊朗和圖蘭的國王曾送給他一些珍稀的鴿子。」還記述：「陛下讓各品種雜交，從而獲得驚人的改良；這種辦法，前人從未用過。」幾乎在相同時代，荷蘭人也像古羅馬人一樣寵鴿。上述這些考古，對於我們解釋鴿類發生大量變異，十分重要。對此，待我們後面討論「選擇」

時便會明白了。同時，我們還能搞清，爲何這幾個品種常有畸形性狀。家鴿配偶能終身不變，這是產生各類品種一個十分有利的條件，因爲這樣，就能將不同品種共養一處而不致混雜了。

上面我對家鴿的可能起源途徑做了些論述，但仍不夠充分，因爲當我開始養鴿進行觀察時，清楚地知道各品種在繁育時能保持極爲純化，從而覺得牠們很難同出一源，這正如博物學家們對各種雀類或其他鳥類所做的結論一樣。有一點使我印象極深，就是幾乎所有的各種動植物的家養者（我曾與他們交談過或拜讀過他們的著作），都堅信他們所培育的幾個品種是從各不相同的原始物種傳下來的。不信請你問問一位叫赫爾福特的知名飼養者（我曾請教過他），問他的牛是否源出於長角牛或與長角牛同出一源，其結果必招嘲笑。在我碰到的養鴿、養雞、養鴨或養兔者中，沒有一個不認爲其各主要品種都是從一個特殊物種傳下來的。范·蒙斯（Van Mons）在其關於梨和蘋果的著作中，斷然不信像利勃斯頓·皮平（Ribston-Pippin）蘋果和科特靈（Codlin）蘋果等這樣的品種能從同一棵樹的種子裡傳衍下來。其他類似的例子，舉不勝舉。我想，原因很簡單：長年不斷地研究，使他們對各個品種的差別，印象極爲深刻；另外，他們明知每一品種變異微小，而且還由於利用這些微小變異選育良種而獲獎，但他們對一般的遺傳變異法則，全然不知，而且也不願動腦筋綜合性地想一想，這些微小變異是如何逐漸積累增大的。現在有些博物學家，他們對遺傳法則知道得比養殖家更少，對於長期演化譜系中的中間環節的知識，懂得也不多，可他們卻承認許多家養品種都源於同一親種。當這些博物學家嘲笑自然狀態下的物種是其他物種的直系後代這一觀點時，的確應該學一學什麼叫「謹慎」。

古代所依據的選擇原理及其效果

現在讓我們簡要地討論一下，不同家養品種從一個原始種或多個近緣種演化出來的步驟。有些效果可歸因於外界條件直接和定向的作用，有些則可歸因於習性。但是，如果有人根據這些作用來解釋駕車馬和賽跑馬的差異、格雷伊獵犬與尋血獵犬的差異、甚或信鴿與翻飛鴿的差異，那就未免太冒失了。家養動植物品種最爲顯著的特色之一，是其適應特徵常不符合它們自身的利益，而是適合於人類的使用要求和愛好。有些對人類有用的變異，大概是突然發生的，或者說一步躍進完成的。例如，許多植物學家都認爲，具刺鉤的起絨草（*Dipsacus fullonum*）（這種刺鉤的作用遠非任何機械所能及）是野生川續斷草（Dipsacus）的一個變種；而這種變異很可能是在幼苗上一次突然完成的。矮腳狗和我們的安康羊（Ancon sheep）的出現，大概也是如此。但是，另一方面，當我們比較駕車馬和賽跑馬、單峰駱駝和雙峰駱駝、分別適於耕地和適於山地牧場放牧，以及毛的用途各異的綿羊時，當我們比較對人類有不同用途的狗品種時，當我們比較善鬥雞與非鬥雞、比較鬥雞與不孵卵的卵用雞、比較鬥雞與嬌小美麗的矮腿雞時，當我們比較無數的農藝植物、蔬菜植物、果樹植物以及花卉植物時，就會發現，它們在不同季節和不同目的上於人類極爲有益，或者因其美麗非凡而使人賞心悅目。我想，對這些情況，不能僅用變異性來解釋，它還應有別的原因。我們不能想像，上述所有品種是一次變異突然形成的，而一形成就像現在這樣完美和有用。的確，在許多情況下，其形成歷史不是這樣的。問題的關鍵在於人類的積累選擇作用。大自然使它們連續變異，而人類則按適合人類需要的方向不斷積累這些變異。從這個意義上說，是人創造了對自己有用的品種。

這種選擇原理的巨大力量絕不是臆想出來的。確實有幾個優秀的飼養者，僅在其一生的時間內，便大大地改進了他們的牛羊品種。要想充分認識他們的成就，就必須閱讀有關這個問題的論著，並對這些動物做深入的觀察研究。飼養家常愛說動物機體好像是件可塑性的東西，幾乎可以隨意塑造。假如篇幅允許的話，我能引述權威作者關於這一效應的大量事實。對農藝家們的工作，尤亞特（Youatt）可能最爲了解，而他本人還是一位資深的動物鑑定家。他認爲人工選擇的原理，「不僅使農學家改良了家畜的性狀，而且能使之發生根本性變化。『選擇』是魔術家的魔杖，有了它，可以隨心所欲地將生物塑造成任何類型和模式。」索麥維爾爵士（Lord Somerville）談到養羊者的成就時曾說：「好像他們預先在牆上用粉筆畫一個完美的模型，然後讓它變成活羊。」在薩克森，人工選擇原理對於培養美麗諾綿羊（Merino sheep）的重要性，人們已充分認可，以致人工選擇被當作一個行業。他們將綿羊放在桌子上研究，就像鑑賞家鑑賞繪畫一樣。他們每隔幾個月舉行一次，如此進行三次；每次都在綿羊身上做標記並進行分類，以便最終遴選出最優品種進行繁殖。

英國飼養者所取得的實際成就，可以從其優良品種高昂的價格得到證明。這類優良品種，曾被運送到世界各地。這種改良，一般都不是靠品種雜交獲得的。一流的育種家都強烈反對用雜交法，僅偶爾實行極近緣的亞品種的雜交。即便雜交進行後，遴選過程也將比普通情況下更爲嚴密。假如選擇作用，僅在於分離出某些獨特的變種以使其繁殖，那麼選擇原理便不值得我們認眞研究了。人工選擇的重要性正在於將變異按一定方向，累代聚積，以使它產生巨大效果。這些變異，都是極微小的，未經訓練的人，極難察覺。我曾嘗試過，終未能察覺出這些微小變異。千人當中，難得有一個人，其眼力及判斷力能使他有望成爲一位大養殖家。縱使他眞有此天賦，仍需堅持數年，潛心鑽研，然後方可成功，造就偉業，不然，必定失敗。人們都相信，即使當一位熟練的養鴿者，也必須既有天賦，而且還需多年的努力和經驗積累。

園藝家也依照同樣的原理工作。不過，植物比動物的變異通常要更突然些。沒有人認爲，我們所精選出來的產物，是從原始種僅由一次變異而成。在若干場合下，我們有精確的紀錄可以作證，如普通鵝莓逐漸增大，便是一個具體的例證。如果將現在的花朵，同二三十年前所畫的花進行比較，我們便會發現，花卉栽培家對此已有驚人的改進。當一個植物品種育成之後，育種者並不是透過採選那些最好的植株繼續繁殖，而只是拔除那些不合標準的所謂「無賴漢」。對於動物，實際上人們也採用類似的選擇方法。無論何人，都不會愚蠢到拿最劣的動物去繁育。

還有一種方法，可以觀察植物變異的累積效果：在花園裡，比較同種內不同變種花的多樣性；在菜園裡，觀察植物的葉、莢、塊莖或其他有價值的部分相對於同變種的花所表現出來的多樣性；在果園裡，觀察同種的果實相對於同種內一些變種的葉和花所表現出來的多樣性。試看甘藍的葉子如何之不同，而其花又何其相似；三色堇的花如何之不同，而其葉又如何之相似；各品種鵝莓果實的大小、顏色、形狀及茸毛變異頗大，但其花則很相似。列舉上述各點，並不是說，凡是變種某一點發生顯著變異時，而其他各點便無任何變異。恰恰相反，據我觀察，這是極少見的現象。我們不可忽視相關變異法則，它能保證產生些有關的變異。可是毫無疑問，按照一般法則，對細微變異進行連續不斷的選擇，無論是在花、葉，還是在果實方面就能產生出互不相同的新品種來。

有計畫地按選擇原理進行工作，不過是近七十五年的事情。對這種說法，也許有人不贊成。近年來，對人工選擇的確比以前更為注重了，成果和論著不斷出現，既迅速又重要。但是，要說這個原理是近代的發現，那未免與事實相去甚遠。我可以引用古代著作中的若干例證說明，人們早就認識到選擇原理的重要性了。在英國歷史上的蒙昧未開化時代，已開始精選動物輸入，並明令嚴禁輸出。法令還規定，馬類的體格大小在某一尺度以下時，需予以滅絕，這恰如園藝家拔除植物中的「無賴漢」一樣。我也看到一部中國古代百科全書中清楚地記載著選擇原理。羅馬時代的學者已明確擬定了選擇法則。據《創世紀》記載，那時人們已經注意到家畜的顏色了。現代未開化人有時讓他們的狗與野生狗雜交，以求改良品種；據普林尼的書中介紹，古時的未開化人也這麼做。非洲南部的未開化人，常依據畜牛的顏色進行交配，有些因紐特人對於他們的拖車狗，也是如此。李文斯頓（Livingstone）說，非洲內地的黑人從未與歐洲人有過交往，但他們也極重視家畜的優良品種。這些事實雖不能表明古代已有真正的人工選擇，但顯示了古人已重視家畜的繁育；即使現代最野蠻的人也同樣注意到這一點。既然優、劣品質的遺傳如此之明顯，假如只管飼養，而不注意選擇，那才是一件令人奇怪的事情。

無意識的選擇

現代一些傑出的育種專家都根據明確的目標，進行極有計畫有步驟的人工選擇，以求培育出國內頂尖的新品種或亞品種。然而，在我們看來，還有一種更為重要的選擇方式，即所謂無意識的選擇。每個人都想擁有最優良的動物個體並繁育牠們，這就產生了這種選擇方式。例如，飼養嚮導獵犬（pointer）的人，無疑會竭盡全力獲求最優良的狗，並以此進行繁育；但他這麼做，並不企圖持久地改變這一品種。不過，如果這一過程繼續數百年的話，終究會導致品種的改良，正如貝克韋爾（Bakewell）和柯林斯（Collins）所得的結果一樣。貝、柯二氏依據同樣的方法，不過計畫較周密，因而就在他們有生之年，已大大改變了他們牛的形態和品質。在很久以前，只有對無意識選擇的品種進行正確的計量或仔細的描繪，以供比較，才能辨識出緩慢而不易覺察的變化。然而，在某些情況下，同一品種在文明落後的地區改進極少；其個體極少變異甚至沒有變化的情況也是存在的。有理由相信，查理斯王的長耳獵犬，從那一朝代起，在無意識的選擇下已發生了巨大變化。有幾位權威學者認為，雪達犬是長耳獵犬的直系後代，很可能是逐漸形成的。我們知道，英國嚮導獵犬在十八世紀曾發生了重大變化，一般都認為主要是與獵狐犬雜交所致。但在這裡我們應注意的是，這種變化雖是無意識地，緩慢進行著的，然而其效果卻非常顯著。先前的長耳獵犬（又稱西班牙獵犬）的確來源於西班牙；但據博羅先生（Mr. Borrow）告訴我，他從未在西班牙看到一隻本地狗與英國獵犬相像的。

經過類似的選擇程序和嚴格的訓練，英國賽跑馬在速度和大小上都超過了其親種阿拉伯馬。因而，按照古德伍德賽馬規則，阿拉伯馬的載重量可以減輕了。斯賓塞爵士等學者都曾指出，英國的牛與過去相比，在重量和早熟性上都大大提高了。如把各種舊論文中論述不列顛、印度、波斯的信鴿和翻飛鴿過去的狀態與現在的狀態進行比較，我們便可以追蹤出牠們逐漸經歷了若干不易察覺的演變階段，以致最終達到與岩鴿如此不同的地步。

尤亞特舉了一個絕好的例子，來說明一種選擇過程的效果；這便可以看作是無意識的選擇，因爲飼養者事先不曾預期和盼求的結果產生了，也就是說，選擇的結果產生了兩個不同的品系。他說，巴克利先生（Mr. Buckley）和布林吉斯先生（Mr. Burgess）所養的兩群萊斯特綿羊，「都是花費了五十年以上的時間，從貝克韋爾先生的原品種純系繁育而來的。凡是對此事熟悉的人都不會懷疑，這二人所養的羊血統與原品種絕對一致；但是現在他們的綿羊彼此之間卻已十分不同，以致其外貌恰如兩個完全不同的變種。」

即使現在有一種未開化人原始得從不考慮其所養家畜後代的遺傳性狀，但他們也會在遇到饑荒或其他災害時，爲了某一特定目的，將某些特別有用的動物細心地保存下來。如此選出來的動物比起劣等動物來，會產生更多的後代。於是，他們便在進行無意識的選擇。我們知道，火地島的野蠻人是如此之珍視他們的動物，以致在饑荒之年，他們寧可殺吃年老婦女也捨不得殺狗；在他們看來，這些年邁婦女的價值不比狗高。

在植物方面，也是透過不斷偶然保存最優良的個體而獲得品質改進的，不管它們剛出現時是否達到了變種的標準，也不管是否由於兩個或多個物種或品種的雜交混淆而成，我們都能清楚地看出這種逐漸的改進過程，正如我們看到的三色菫、薔薇、天竺葵、大麗花等植物變種，在大小和美觀方面都比原品種或物種有了改進。事先沒有人想到要從野生三色菫或大麗花的種子裡產生出上等的三色菫或大麗花，也無人希求從野生梨的種子裡培育出上等軟梨來，即使他可能將從果園品系得來的野生瘦弱梨苗育成佳種。雖然梨的栽培古已有之，但據普林尼記述，那時果實的品質極差。園藝書籍中常對園藝者的技巧表示驚歎，因爲他們能從如此低劣的材料中培育出如此佳品。然而，其技術卻相當簡單；就其最終結果看，可以說幾乎是無意識的。其做法就是：毫無例外地取最有名的品種來種植，當碰巧出現更好的變種時，再選出種植。如此反覆，不斷繼續下去。我們今天的優良品種，雖然在某種較小程度上得助於他們對最好品種的自然選取和保存，但當他們在種植他們所得到的最好梨樹時，卻不曾料想到我們今天能享受到何等美味的梨。

大量的變異，就是這樣極緩慢地不知不覺地積累起來的。我想，這正好解釋了如下熟知的事實：在許多情況下，我們對花園內或菜園內種植的歷史悠久的植物，已無法辨別出其野生原始物種了。許多植物能改變成今天對人類有用的程度，已經歷了數百乃至數千年。這樣，我們不難理解，爲何在澳大利亞、好望角等未開化人所居住的地方，竟沒有一種能供我們栽培的植物。在這些地方，天然植物種類繁多，並不缺乏形成有用植物的原始種類，而只是由於沒有堅持連續選優，以使品種得以改良並達到古代文明發達地方家養植物的完善程度。

在談到未開化人的家畜時，有一點不能忽視，就是在某些季節，動物本身要爲自己的食物而鬥爭。在環境殊異的兩個地方，在體質或構造上稍有差異的同種個體，常常在某一地方比在另一地方生活得更好些；於是，由於後面要講的自然選擇的作用，便會形成兩個亞品種。這種情況也許可以部分解釋一些作者曾提到的事實，即未開化人所養之變種，常較文明國度裡所養之變種具有更多的眞種性狀。

根據人工選擇所發揮的作用，我們能馬上明白，爲什麼家養品種在構造和習性上都特別適合人類的需要和愛好；同時，也能使我們容易理解，爲什麼家養品種常有畸形出現，爲什麼外部性狀差異如此巨大，而內部構造卻變異甚微。其實，人類極難甚至幾乎不可能對內部構造的變異進行選擇。一方面，是人類不大注意內部構造的性狀，另一方面，從外部也不容易觀察到內部構造的變異。要不是一隻鴿子的尾巴出現了異常狀態，絕沒有人去嘗試將牠育成扇尾鴿；要不是能看到一隻鴿子的嗉囊已經異常膨大，也無人會想到將牠育成球胸鴿。任何性狀，最初出現時越是異常，則越能引起人們的關注。但是，我認爲，人類一直在有意識地試圖培養出扇尾鴿的說法是不對的。最初選出一隻尾羽稍大一些的鴿子的人，絕不會夢想到那隻鴿子的後代經過長期連續、半是無意識半是有計畫的選擇，最終到底會變成什麼樣子。也許，一切扇尾鴿的始祖，與現代爪哇扇尾鴿一樣，僅有十四根略能展開的尾羽，或如其他特殊品種，已具十七根尾羽；也許最早的球胸鴿，其嗉囊膨脹僅與現在浮羽鴿食管膨脹情形相仿；而這種食管膨脹的習性，已不爲現代鴿迷所注意，因爲它不是這個品種的主要特點。

不要以爲只有結構上的明顯差異，才能引起鴿迷的注意；他能覺察出十分微小的差別，因爲人類的天性就在於他對自己物品的任何新奇之點，不論如何微小，也會予以足夠的重視。我們絕不能用幾個品種形成之後的現今價值標準，去評判同種諸個體以前微小變異的價值。我們知道，現在家鴿也偶有微小變異出現，不過，這些變異被認爲是品種的缺點，或者偏離了完善標準，而被摒棄了。普通鵝並沒有產生過任何顯著的變異；因而，土魯斯（Toulouse）鵝儘管與普通鵝只在顏色上有所不同，而且該性狀還極不穩定，但近來卻被當作不同品種在家禽展覽會上展出了。

這些觀點可以很好地解釋下述不時爲人們談起的一種說法：即我們幾乎不知道任何家養品種的起源和演化歷史。實際上，生物品種與方言一樣，很難說清牠們的起源。人們保存並選育了一些構造上少有差異的個體，或者特別注意牠們最優個體的交配，這樣，便改進了牠們，因而使這些動物逐漸擴散到鄰近地區。但是，牠們極少有確定的名稱，而且對牠們的價值也並不重視，以致其演變歷史被人們忽視。此後，該動物繼續同樣緩慢而漸進的改良，並傳播得更爲廣遠；此時，其特點和價值才開始被人們認識，才有了個地方性名稱。在半文明國度裡，因交通不便，新品種的傳播是極緩慢的。一旦品種的價值得到公認，該品種的特點，不論屬於什麼性質，都會按照上述無意識的選擇原理，逐步得以發展。當然，品種的盛衰要依各地居民的潮流而定，可能在某一時期養得多些，在另一時期養得少些；依照居民的文明狀態，可能某些地方養得多些，而在另一地方養得少些。但無論如何，這些品種的特徵總會慢慢地得到加強。然而，不幸的是，由於改進過程極其緩慢，又時常改變方向，而且不易覺察，因而極少有機會記錄並保存下來。

人工選擇的有利條件

現在我想簡要談談人工選擇的有利條件和不利條件。高度變異性顯然是利於人工選擇的，因爲它能提供豐富的選擇材料，使選擇工作順利進行。即使這種變異是單個的，也不能言其少；因爲只要注意，便可以使變異量在任何我們期望的方向上積聚起來。明顯對人有用或爲人類所鍾愛的變異，即便偶爾出現，但如大量飼養，也會增大這種變異出現的機會。於是，個體數量是人工選擇成功最重要的條件。依據這一原則，馬歇爾（Marshall）曾就約克郡一些地方的綿羊說過這樣的話：「牠們永無改良的可能，因爲這些羊群一般爲窮人所養，而且大都是小群的。」相反，園藝家們栽培著大量的同種植物，所以他們在培育新的有價值的新變種方面，就遠較一般業餘者更易獲得成功。只有在有利於繁育的地方，才能培育大群動植物個體。如果個體太少，結果不論其品質如何，讓其全部繁育，勢必有礙選擇。當然，最重要的因素是，人類必須高度重視動、植物的價值，以致對其品質和構造上的微小差異都能予以密切關注；假如不如此認眞注意，則選擇成效不大。我曾見有人嚴肅地指出，正當園藝者開始注意草莓的時候，它便開始變異了，這的確是極大的幸運。草莓被栽培以來，無疑時常發生變異，不過是人們對微小的變異不曾留意罷了。一旦園藝者選出一特殊個體植株，如果實稍大些的、稍早熟些的或果實更好些的，然後由此培育出幼苗，再選出最好的幼苗進行繁育（同時輔以種間雜交）。於是，眾多優良草莓品種就這樣育成了。這是近半個世紀的事。

在動物方面，防止雜交是培育新品種的重要因素，至少，在已存在其他品種的地方是如此。因此，圈養是有效的。流動的未開化人和開闊平原上居民所養的動物，在同種內，常品種單一。家鴿因配偶終生不易，故而眾多品種可雜居一處，仍保持純種甚至能改良品種；這對於養鴿者以極大方便，並有利於新品種的育成。此外，鴿類可迅速大量繁殖，其劣等個體可供食用，自然就被淘汰了。與此相反，貓有夜遊習性，不易控制交配；雖然婦孺寵愛，但很少能看到一個獨特的品種可長久保存下去。我們有時見到的特殊品種，幾乎都是外國進口的。雖然我不懷疑，某些家畜的變異性小於其他動物，但是像貓、驢、孔雀、鵝等動物，之所以品種少或根本沒有特殊品種，其主要原因則是選擇未發生作用：貓，是由於難於控制交配；驢，是由於數量少，且爲窮人所養，多不注意選種；不過近來在西班牙和美國等地，已有人注意選擇，使這種動物有驚人改進；孔雀，是由於不易飼養，且數量較少；鵝，由於其用途僅限於肉和羽毛，一般人對其特異品質不感興趣；我還在別處講過，家養狀態下的鵝，即使有輕微變異，但其品質特徵似乎很難發生變化。

有些作者認爲，家養生物的變異很快便達到了一定限度，此後便不再增加。無論如何，做此斷然結論，未免有些輕率，因爲所有家養動植物，在近代差不多在各方面都有巨大改良，這表明它們仍在變異。如果斷言，現在已經達到極限的那些特點，經過數百年定型之後，即使置於新的生活環境之中也不發生改變，那也是輕率的。正如華萊士先生指出的那樣，變異的極限無疑最終會達到的，此話不假。例如，陸上動物運動的速度，必有限度，因爲其速率是受牠們的體重、肌肉伸縮能力及摩擦阻力所限制的。但是，與我們討論問題有關的事實是，同種家養變種在受到人類注意而被選擇的幾乎每一個性狀上的差異，總要比同屬異種間的彼此差異爲大。小聖伊萊爾就體形大小證明了這一點，在顏色和毛的長度方面也是如此。至於速率，則取決於許多身體特徵，如伊克里普斯（Eclipse）馬跑得最快，拖車馬體格最強壯，這兩種不同的性狀，是馬屬中另兩個自然種所無法比擬的。植物的情況也如此，豆或玉米的種子在大小上的差異，在這兩科中大概超過了任何一屬的種間差別；李子各變種的果實，情形也相同；甜瓜的變異更爲顯著；此外，類似情況不勝枚舉。

現在，我們可以對家養動植物的起源做一小結。生活條件的變化，對生物變異十分重要：它既可直接作用於生物的構造體制，又可間接影響到生殖系統。要說變異在一切情況下都是天賦的和必然的，也並不大確切。遺傳性及返祖性的強弱，決定著變異能否繼續下去。變異性受控於許多未知定律，其中最重要的是相關生長律。其中部分地可歸因於生活條件的作用，但程度如何尚不得而知。器官的使用與否對變異有作用，也許還相當巨大。於是，最終的結果，將變得極爲複雜。有些例子表明，不同原種雜交可形成現有品種；在任何情況下，當品種形成後再行雜交，並透過人工選擇，無疑對形成新亞種很有助益。但在動物和種子植物中，雜交育種的重要性曾被過分誇大了。對於靠插枝、芽接等方法進行臨時性繁殖的植物，雜交自然十分重要，因爲栽培者此時可以不必顧慮雜種和混種的極端變異性和不育性；可是，這類不以種子繁殖的植物，對我們的選擇不大重要，因爲其存在只是暫時的。人工選擇的累積作用，不論它是有計畫而快速進行的，還是無意識地、緩慢但更有效地進行的，都超出所有這些變異原因之上，它一直是形成新品種最主要的動力。

第二章　自然狀態下的變異

在將從上一章推衍出來的原理應用到自然狀態下的生物之前，我們應概略地討論一下自然狀態下的生物是否容易發生變異。但要搞清這個問題就得列舉大量枯燥乏味的實例，於是只好把它們留待將來另文討論。此外，我也不打算在這裡討論物種這一術語的各種不同定義，因爲沒有一種定義能使所有博物學家都滿意；而且每個博物學家在談到物種這一術語時也都是含糊其詞的。一般說來，物種這個術語含有某種未知的創造行爲之意。對於變種這個術語，也同樣難以下定義。這裡雖然沒有提供什麼證明，但變種一般被理解爲含有共同祖先的意思。此外，所謂畸形也難以定義，不過畸形已逐漸爲變種一詞所替代。我認爲畸形是對某個物種有害或無用的發育異常的構造。有些學者把變異這一術語用於一種專門的意義，即專門指那種由生活的自然條件直接引起的變異，而且認爲這種變異不能遺傳。但是誰能說波羅的海半鹹水中貝類變短，阿爾卑斯山頂植物的矮小或者極北地區動物的厚毛在某些情況下不會遺傳若干代呢？我認爲在這種情況下的生物類型應該稱爲變種。

在一些家養生物，尤其是植物中，我們偶然會發現一些突然出現的結構上的顯著差異；這些差異，在自然狀態下是否永久傳下去，是值得懷疑的。幾乎所有生物的每一個器官，都完美地適應於其生活的環境條件，所以任何器官都不會突然就完善地產生出來，正如人類不可能一下子發明出複雜完善的機器來一樣。在家養狀態下有時會產生一些畸形，這些畸形卻與其他種類動物的正常構造相似。例如，豬有時會生下有長鼻子的小豬來。如果同屬的任何野生物種曾自然地長有長鼻，這種長鼻豬也許是以一種畸形出現的；但是努力搜尋後我沒有找到與近緣種類的正常構造相似的畸形例證，而這正是問題的關鍵。如果在自然狀態下這種畸形類型確曾出現並能繁殖（往往不能繁殖），那麼，由於這種畸形是極少的或單獨的出現，它們必須依靠異常有利的環境才會保存下來。此外，這種畸形在頭一代和以後各代都會與普通類型雜交，這樣它們的變異特徵幾乎不可避免地要失掉。在下一章，我還要再談單獨或偶然出現的變異的保存與延續的問題。

個體間的差異

同一父母的後代之間會有許多微小的差異。設想棲息在同一有限地區的同種個體，也是同一祖先的後代，在它們中間也會觀察到許多微小的差異，這些差異可以稱爲個體間的差異。誰也不會設想同種的一切個體會像一個模型鑄造出來的一樣。差異是非常重要的，因爲眾所周知，差異常常是可以遺傳的；因爲能遺傳，個體間的差異就爲自然選擇作用和它的積累提供了素材。這種自然選擇和積累與人類在家養生物中朝著一定方向積累個體差異的方式是一樣的。個體間的差異一般發生在博物學家認爲不重要的器官上，但我可以透過很多事實，證明同種個體間的差異，也常發生於那些無論從生理學，還是從分類學來看，都很重要的器官。我以爲，最有經驗的博物學家，只要像我多年來一直做的那樣去認眞觀察，便會發現，生物發生變異，甚至重要構造器官上的變異，其數量多得驚人。應該指出的是，分類學家並不喜歡在重要特徵中發現變異；而且很少有人願意下功夫去檢查內部重要的器官，並在眾多同種標本之間去比較它們的差異。可能沒有人會料到，昆蟲的大中央神經節周圍的主要神經分支在同一物種裡也會發生變異。或許人們通常認爲這類性質的變化只能緩慢進行。但是盧伯克爵士（Sir J. Lubbock）曾經指出，介殼蟲（Coccus）主要神經分支的變異達到了有如樹幹的分支那樣全無規則的程度。這位博物哲學家還指出，某些昆蟲幼體內肌肉的排列也很不相同。當一些學者聲稱重要器官從不變異時，他們往往採用了一種迴圈推理的論證法，因爲這些學者實際上把不變異的部分列爲重要器官（他們之中有的人也承認這一點）；當然，按這種觀點，當然不會找到重要器官發生變異的例證。但是，如果換一種觀點，人們肯定能舉出許多重要器官也會發生變異的例子來。

有個與個體變異有關的問題，使人感到特別困惑，那就是在所謂「變型的」或「多型的」屬內，物種的變異達到異常多的數量。對於其中的許多類型，究竟應列爲物種還是變種，難得有兩位博物學家意見相同。可以舉出的例子有植物中的懸鉤子屬（*Rubus*）、薔薇屬（*Rosa*）和山柳菊屬（*Hieracium*）及昆蟲類和腕足類中的一些屬。大部分多型屬裡的一些物種有固定的特徵，除了少數例外，一般在一個地方爲多型的屬，在另一個地方也是多型的。從古代腕足類的研究中也會得出同樣的結論。這些事實令人困惑，因爲它們表現出的這些變異，似乎與生活條件沒有關係。我猜想，因爲這些變異，至少在某些多型屬內對物種本身並無利害關係，所以自然選擇既沒有對它們起作用，也沒有使這些特徵固定下來。對此，我將在後文再做解釋。

我們知道，同種的個體之間在身體構造上，還存在著與變異無關的巨大差異。如在各種動物的雌雄個體之間，在昆蟲的不育雌蟲（即工蟲）的二個或三個職級間，以及許多低等動物的幼蟲和未成熟個體之間所顯示的巨大差異。又如，在動物界和植物界，都存在著二型性和三型性的實際情況。華萊士先生近來注意到了這個問題，他指出，在馬來群島某種蝴蝶的雌性個體中，存在著二種或三種有規則並顯著差異的類型，但是不存在連接這些類型的中間變種。弗里茨·穆勒（Fritz Müller）在描述巴西的某些雄性甲殼類動物時，談到了類似但更爲異常的情況。例如，異足水蝨（Tanais）經常產生兩種不同的雄體，其中一種有形狀不同的強有力的螯足，而另一種則有布滿嗅毛的觸角。在動植物所呈現的這兩三種不同類型之間，雖然目前已找不到可以作爲過渡的中間類型，但是以前可能有過這樣的中間類型。以華萊士先生所描述的某一島嶼的蝴蝶爲例，這種蝴蝶的變種很多，以致於可以排成連續的系列；而此系列兩端的類型，卻和馬來群島其他地區的一個近緣雙型物種的兩個類型極其相似。蟻類也是如此，幾種工蟻的職級一般說來是十分不同的；但在隨後要講的例子中可以看到，這些職級是由一些分得很細的中間類型連接在一起的。我自己從某些三型性植物中也觀察到這種情況。例如，一隻雌蝶竟然能夠同時生產出三個不同的雌體和一個雄體後代；一株雌雄同體的植物竟然可在一個蒴果內產生出三種不同的雌雄同株個體，而這些個體中包含有三種不同的雌性和三種或六種不同的雄性個體。這些事實初看起來確是奇特，但實際上它們不過是一個尋常事實的典型代表而已。即是說，雌性個體可以生產出具有驚人差異的各種雌雄兩性後代。

可疑物種

有些類型在相當程度上具有物種的特徵，可是它們又與別的一些類型非常相似，或者有一些過渡類型把它們與別的類型連接起來，這樣博物學家們就不願把它們列爲不同的物種。從幾個方面來看，這些連續性類型對於論證我們的學說極其重要，因爲我們有充分理由相信，很多這種分類地位可疑而又極其相似的類型，已經長期地保持了它們的特徵。就我們所知，它們能夠像公認的眞正物種一樣長期地保持其特徵。其實，當博物學家利用中間環節連接兩個類型時，他實際上已把其中一個當作另一個的變種。在分類時，我們將最常見或最先記載的一個當作物種而把另一個當作變種。不過即便在兩個類型之間找到了具有雜種性質的中間類型，要決定應否把一個類型列爲另一類型的變種往往也是很困難的。然而有很多時候，一個類型被認爲是另一類型的變種，並不是因爲在它們之間已經找到了過渡類型，而是因爲構造上的類比，使觀察者推想這種中間環節現在一定存在於某處或過去曾出現過。但這樣推想難免爲懷疑與猜測敞開了大門。

因而，把一個類型列爲物種還是變種，應該由經驗豐富、具備良好判斷力的博物學家來決定。當然在很多場合，我們也依據大多數博物學家的觀點來做決定，因爲顯著而爲人熟知的物種，往往都是由若干有資格的鑑定者定爲物種的。

毫無疑問，性質可疑的變種是非常普遍的。比較一下各植物學家所著的大不列顛的、法國或美國的植物志吧，你就會發現有數量驚人的類型，被這個植物學家確定爲物種，而又被另一個植物學家列爲變種。華生先生（Mr. H. C. Watson）曾多方面協助我而使我心懷感激；他曾爲我列出一百八十二種現在公認是變種的不列顚植物，而這些變種都曾被某些植物學家列爲物種。華生先生排除了許多曾被某些植物學家列爲物種的無足輕重的變種。此外，他還完全刪除了一些顯著的多型性的屬。在類型最多的屬裡，巴賓頓先生（Mr. Babington）列舉了二百五十一個物種，而本瑟姆先生（Mr. Bentham）只列舉了一百一十二個物種，這就意味著有一百三十九個可疑物種的差距！在每次生育都必須進行交配而又極善運動的動物中，有些可疑類型，被一個動物學家列爲變種而被另一動物學家列爲物種。這樣的可疑類型在同一地區很少見，但在彼此隔離的地區卻極爲普遍。在北美和歐洲，有多少差異細微的鳥類和昆蟲，被一個著名學者定爲不容置疑的物種，而被另一學者列爲變種，或被稱爲「地理種族」。華萊士先生在他的幾篇關於動物的很有價值的論文中說，棲息在大馬來群島的鱗翅類（Lepidoptera）動物可以分爲四類：變異類型、地方類型、「地理種族」（或地理亞種）和有代表性的眞正物種。作爲第一類的變異類型在同一個島嶼上變異很大。地方類型在本島上相當固定，但是各個隔離的島上則互不相同。但是如果把各島上的一切類型放在一起比較，除了在兩極端的類型間有足夠的區別，其他類型間的差異小得幾乎難以辨識。地理種族（或亞種）是有固定特徵的隔離地方類型，而在顯著重要的特徵方面它們之間沒有差異，所以「除了憑個人意見之外不可能透過測試來確定，哪個類型爲物種，哪個類型爲變種」。最後看看那些有代表性的物種吧，在各島的生態結構中，它們占據的位置與地方類型和亞種相當。只因爲它們之間的差異，比地方類型間和亞種間的差異大得多，博物學家才幾乎一致地把它們分別列爲眞正的物種。以上是引述的一些分類方法，但要提出確切的標準來作爲劃分變異類型、地方類型、亞種或有代表性物種的依據是不可能的。

多年前我曾比較過加拉巴哥群島中各鄰近島嶼上的鳥類，我也見到其他學者進行過類似的比較，結果我吃驚地發現，所謂物種與變種間的區別是非常模糊和隨意的。在沃拉斯頓先生（Mr. Wollaston）的大作中，小馬德拉群島的小島上許多昆蟲被分類爲變種，但這些昆蟲肯定會被其他昆蟲學家列爲不同的物種。甚至一些普遍被列爲變種的愛爾蘭動物，也曾被動物學家定爲物種。一些有經驗的鳥類學家認爲，英國赤松雞隻是挪威種的一個特徵顯著的族，可是大多數學者卻把牠列爲大不列顛特有的無可爭議的物種。兩個可疑類型，常因其產地相距遙遠而被博物學家列爲不同的物種；但人們不禁要問，其距離到底要多遠才足以劃分成不同的種？如果說美洲與歐洲間的距離足夠遠，那麼歐洲與亞速爾群島、馬德拉群島和加那利群島之間的距離，或這些群島的諸島之間的距離是否足夠遠呢？

美國傑出的昆蟲學家華爾什先生（Mr. B. D. Walsh），曾把吃植物的昆蟲，稱爲植食性（Phytophagic）物種和植食性變種。大多數植食性昆蟲常吃某一種或某一類植物，但有些昆蟲不加區別地食用多種植物卻並不發生變異。然而華爾什觀察到，在一些場合，吃不同植物的昆蟲在幼蟲或成蟲期，或在兩個時期，在色彩、大小或分泌物性質等方面都表現出微小而固定的差異。這些差異有時僅限於雄體，有時則在雌雄兩體均能看到。如果這類差異非常明顯而又同時發生於雌雄兩體和成幼各期，則所有昆蟲學家都會把具有這些差異的不同類型確定爲名副其實的物種。但是對於哪一類型應列爲物種、哪一類型應列爲變種的問題，即便每一觀察者可以做出自己的決定，他卻不能替別人去做判斷。華爾什先生把那些假定能自由雜交的類型列爲變種，而把那些似已喪失此能力的類型列爲物種。因前面所述的差異，是由昆蟲長期食用不同植物所致，所以不能期望在若干類型中找到中間過渡類型，因此，博物學家們也就失去了決定把可疑類型列爲物種還是變種的最好依據。此種情況，必然存在於不同大陸或島嶼上的相似生物中。另一方面，遍布在同一大陸或同一群島的一種動物或植物，如果在各地都有不同類型，人們就會有機會，找到兩個極端類型間的中間環節，而這樣的類型就會被降爲變種。

少數博物學家堅持認爲動物沒有變種，於是他們把極小的差異也看作是種別的特徵。如果在兩個遠離地區或兩個地層中發現了兩個相同類型，他們仍相信那只是外觀相同的不同物種。於是，物種這個術語就成了一個無用的抽象名詞，它只意味著假定的獨立創造作用。當然，確有一些性狀與物種類似的類型，被一些權威鑑定家列爲變種，而又被另一些權威鑑定家列爲物種。但是，在對物種和變種這些術語的定義取得一致意見之前，去討論它們究竟應列爲哪一類是徒勞無功的。

現在，有許多明顯的變種和可疑的物種很值得考察，因爲爲了給它們分類，人們已經從地理分布、相似變異和雜交等幾個方面展開了有趣的討論，因爲篇幅所限不在此詳談。周密的考察往往可以使博物學家在可疑類型的分類方面取得一致意見。然而必須承認，對一個地區研究得越透澈，我們在那裡發現的可疑類型就越多。使我感觸很深的一個事實是：人們普遍記載了那些自然界中對人類非常有用處，或使人類特別感興趣的動植物的變種，而這些變種又常被某些學者列為物種。看看常見的櫟樹（oak，又名橡木）吧，它們已被研究得非常仔細，然而一位德國學者竟從其他植物學家幾乎都認為是變種的類型中，確定出十二個以上的物種；在英國，也可以舉出一些權威的植物學家和普通植物工作者來證明，對於有柄和無柄櫟樹，既有人認為它們是明顯的物種，也有人認為它們僅僅是變種。

這裡我要提一下德．康多爾（A. de Candolle）最近發表的關於全世界櫟樹的著名報告。從來沒有人在區別物種方面有像他那樣豐富的資料，或像他那樣熱心、敏銳地研究這些資料。首先，他詳細地舉出若干物種在構造上的許多變異情況，並且用數字計算出變異的相對頻率，他甚至能在同一枝條上分出或因年齡，或因生長條件，或起因不明的共十二種以上的變異特徵。這樣的特徵當然沒有物種的價值；但正如阿薩．格雷（Asa Gray）在評論這篇報告時說，這些特徵一般都被列入物種的定義中了。德．康多爾接著說，他把某一類型定為物種是因為這一類型具有在同一植株上永不變異的特徵，並且在此類型與其他類型之間沒有中間環節的聯繫。這正是他努力研究的成果。此後德．康多爾強調說，「有人一直認為大部分物種都有明確的界限，而可疑物種只是極少數，這是錯誤的。只有在我們了解甚少，僅憑少數標本來確定物種的屬內才有這種情況，因為在這些屬內物種是暫時假定的。隨著我們對這些屬了解得越來越多，中間類型就會不斷湧現，對於物種界限的懷疑也就增加了。」他又說，越是人們熟知的物種越具有較多的自發變種和亞變種。例如，夏櫟有二十八個亞種，除了其中六個外，其餘變種的特徵都環繞在有柄櫟、無柄花櫟和毛櫟這三個亞種的周圍。現在連接這三個亞種的中間類型是比較少的，那麼，正如阿薩·格雷所說，一旦這些稀少的中間連接類型完全絕跡，這三個亞種間的關係，就完全和緊密圍繞在典型夏櫟周圍那四五個假定物種間的關係一樣了。最後，德·康多爾承認他在「緒論」中所列舉的三百種櫟科物種中，至少有三分之二是假定的物種，因爲人們不知道它們能否完全滿足前面所述眞物種定義的要求。還應指出的是，德·康多爾已不再相信物種是不變的創造物，他的結論是，物種進化論符合自然規律，「而且是與古生物學、植物地理學、動物地理學、解剖學和分類學等各方面已知的事實最爲符合的學說。」

一個青年博物學者開始研究一類他不熟悉的生物時，首先感到困惑的是，什麼樣的差異可以當作物種級差異，什麼樣的差異只可以當作變種級差異，因爲他不了解這類生物經常發生變異的種類和數量；當然這也至少說明某些變異是非常普遍的。但是，如果他把注意力集中於一個地區的一類生物，他很快就能決定如何去排列大部分的可疑類型。起初，他往往會定出很多物種來，因爲和愛養鴿和家禽的人一樣，他在研究中遇到的各類型間大量的差異給他留下了深刻的印象。再說，他也沒有可以用來校正最初印象的、有關其他地區其他生物相似變異的一般知識。隨著觀察範圍的擴大，他會遇到更多的困難，因爲他會遇到更多的近似類型。如果觀察範圍進一步擴展，最終他將會做出自己的決定。不過要做到這一點，他先得承認變異的大量存在。而承認這個眞理又會遇到其他博物學家的爭辯。如果他研究的近似類型來自一些相互分隔的地區，在這種情況下，不能指望找到各類型間的中間過渡類型。那麼，他幾乎就得完全靠類推的方法，而這時，他的研究就到了極端困難的時候。

在物種和亞種之間確實沒有清晰的界限可分。某些博物學家認為，亞種就是那些接近物種而沒有完全達到物種等級的類型。同樣，在亞種和顯著的變種之間，或在不顯著的變種和個體差異之間也沒有分明的界限。這些差異錯雜在一條不易察覺的系列中，而正是這樣的系列，使人們意識到生物實際演化的進程。

因此，雖然分類學家對個體差異興趣甚少，我則認為它們是非常重要的、邁向輕微變種的最初步驟；這些如此輕微的變種，幾乎被認為不值得記載於自然史著作中。進而我認為，任何程度上較為顯著和固定的變種，是邁向更顯著更固定變種的步驟，接著是走向亞種，最後發展為物種。差異從一個階段發展到另一個階段，在很多情況下，可能是生物的本性和所處自然條件長期作用的直接後果。但是關於那些從一個階段發展到另一階段的，更重要更有適應性的特徵，用自然選擇的積累作用和器官的使用與不使用的結果來解釋，則更能確保無誤。所以，一個顯著的變種可以稱作初期的物種；這是一個信念，它的正確與否還要透過本書所提供的事實和有分量的論證來做出判斷。

不要認為一切變種或初期物種都能發展成為物種，它們可能會滅絕或長期保持為變種。沃拉斯頓先生列舉的馬德拉群島陸地貝類變種的化石和加斯東．得沙巴達（Gaston de Saporta）所列舉的植物變種等例子，都可證明這一點。如果一個變種很繁盛，以致於超過了親種的數量，它就會被定為物種，而原來的眞物種將被列為變種；或者變種取代並消滅了親種，或者兩者並存均為獨立的物種。這個話題以後再談。

綜上所述可以看出，爲了論述方便，我主觀上給一類非常相似的個體加上了物種這個術語；而把變種這個術語用於那些容易變化的而差異又不顯著的類型。其實，物種和變種並沒有根本的區別。同樣，也是爲了方便，變種這個術語是用來與個體差異形成對比的。

分布廣、擴散大的常見物種極易發生變異

依據理論上的指導，我曾想到過，如果把幾本優秀的植物志中所有的變種排列成表，在各個物種的關係和性質方面，一定會得到有趣的結果。初看起來，這似乎是件簡單的工作，但是，華生先生使我相信這會有許多困難。在這個問題上，我感謝他的幫助和忠告。後來胡克博士也這樣說，而且更強調了這種困難。在以後的著作中，我將討論這些困難和按比例列出的變異物種表。在仔細閱讀了我的手稿，審查了我的各種圖表後，胡克博士允許我補充這一點，而且他認爲下面的論述是可以成立的。要論述的問題是相當複雜的，並且會涉及以後才討論的「生存競爭」、「性狀趨異」及其他一些問題，但在此只能簡單敘述一下了。

德．康多爾和其他學者曾證明，在分布很廣的植物中一般會出現變種。人們也許會想到這一點，因爲分布廣的植物處於不同的自然條件下，而且要和各種不同的生物進行生存競爭（以後我們會看到這一點與自然環境條件同樣重要或者更重要）。我的圖表進一步顯示，在任何一個有限的地區內，最常見的物種（即個體最繁多的物種）和在這一地區擴散最大的物種，（擴散大與分布廣涵

義不同，與常見的涵義也略有不同），往往最能產生値得植物學家記載的顯著物種。因此，正是那些最繁盛的種，也就是被稱爲優勢種的物種（它們分布廣、擴散大、個體多），往往產生顯著的變種，或是初期物種。這種情況也是可以預料到的，因爲變種只有透過與當地其他生物的鬥爭，才能在某種程度上永遠保存下去，那麼已經取得優勢的物種必然會產生最具優勢的後代，即便後代與親種稍有差異，它們也必然會繼承那些使親種戰勝同一地區其他生物的優點。這裡所說的優勢是指相互競爭中不同類型生物具有的優點，尤其是指生活習性相似的同屬或同類生物個體的優點。關於個體的數目多少或是否是常見的，僅是在同類生物中比較而言。例如，當一種高等植物在個體數量和擴散程度上都超過同一地區、相同生活條件下的其他植物時，它就具有了優勢。儘管在同一地區的水中，水綿（conferva）或幾種寄生菌類個體更多、擴散更大，這種高等植物仍不失其優勢。但如果水綿和寄生菌在上述各方面都超過了它們的同類，則水綿和寄生菌在同類中就具有了優勢。

各地區較大屬內的物種比較小屬內的物種更容易發生變異

如果把植物志中記載的某個地區的所有植物分爲兩群，每群內屬的數目相同，但其中一群爲大屬（包含物種多的屬），另一群爲小屬，這時就可看出，含大屬的群裡有較多常見的擴散大的優勢物種。這是預料之中的事情，因爲一個屬在一個地區有眾多物種的事實，就能證明在這個地區存在著有利於這個屬的有機或無機的條件，所以在物種數多的大屬內，可望找到較大比例的優勢物種。

但是許多原因使這個對比的結果不如預期的那樣顯著。比如，令人吃驚的是，我們圖表所顯示的結果，是大屬所具有的優勢物種僅略占多數。這裡我不妨指出兩個原因：淡水植物和鹹水植物一般都是分布廣、擴散大的，但這似乎只與它們生長環境的性質有關，而與所歸的屬的大小沒什麼關係；又如，低等植物本來就比高等植物更爲擴散，這與屬的大小也沒有密切關係。低等植物分布廣的原因，將在地理分布一章內進行討論。

把物種看作僅僅是特徵顯著、界限分明的變種的觀點，使我推想到各地區內大屬比小屬更易出現變種。因爲在任何已經形成多種近緣物種（即同屬內的物種）的地區，按一般規律現在應當有許多變種或初期物種正在形成，正如在許多大樹生長的地方，可望找到許多幼苗一樣。凡是在一屬內因變異而形成許多物種的地方，曾經有利於變異的各種條件一般將繼續對變異有利。相反，假如認爲每一物種都是一次單獨的特別創造行爲，我們就很難說明，爲什麼物種多的生物群會比物種少的生物群產生更多的變種。

爲了檢驗這個推想是否正確，我曾把取自十二個地區的植物和兩個地區的甲蟲，分爲大致相等的兩組進行對比研究，把大屬的物種列在一組，把小屬的物種列在另一組。結果證明，大屬組裡比小屬組裡有較大比例的物種產生了變種；而且，大屬組裡產生變種的平均數也比小屬組裡的變種平均數大。如果改變分組方法，把含一至四個物種的小屬除去，則仍能得到上述兩個結果。顯然，這些事實對於說明物種不過是極顯著的永久變種這一觀點很有意義，因爲在同屬裡形成許多物種的地方，或者說，在「物種製造廠」過去活躍的地方，通常現在仍然是活躍的，因爲我們有充足的理由相信，新物種的製造是一個緩慢過程。如果把變種看作是初期的物種，以上觀點則肯定正確，因爲我的圖表清楚地顯示出一個普遍規律，即如果一個屬產生的物種數多，那麼這個屬內的物種產生的變種（即初期物種）也較多。這並不是說，一切大屬現在都呈現大量變異，都在增加種數，或者說小屬全不變異，沒有物種數的增加。假如果眞是那樣，我的學說就會受到致命的打擊，因爲地質學清楚地顯示出，隨著時間的推移，小屬內的物種也曾大量增加過，而大屬常常在達到頂點時便開始衰落以致消亡。我要闡明的僅是：在曾經形成許多物種的屬內，一般說來，仍有許多新物種在不斷形成中。

與物種內各變種間的情況相似，一個大屬內的許多物種也都彼此程度不等地密切相關，而且在分布上都有侷限性

在大屬內各物種及其變種之間還有些關係值得注意。我們已經知道，在區別物種和顯著變種時並沒有確實可靠的標準，所以在可疑類型間找不到中間環節時，博物學家只得根據它們之間的差異量來做決定，透過類推來判斷，是否有足夠的差異量，把其中一類或兩類列爲物種。因此，在決定把兩個類型列爲物種或變種時，差異量是一個極其重要的標準。當弗利斯（Fries）在談到植物以及韋斯特伍德（West-Wood）在談到昆蟲時，兩人都指出大屬中物種間的差異量往往是非常小的。我曾試圖用平均數字來檢驗這種說法是否正確，所得的結果證明這一觀點是正確的。我還諮詢過一些

敏銳而有經驗的觀察家，他們在深思熟慮之後，也都同意這種說法。由此可見，與小屬內的物種比起來，大屬內的物種倒更像變種。還有另一種辦法來說明這種情況，那就是，在大屬內不但有多於平均數的變種（或初期物種）在形成，就是在已形成的物種中，也有許多物種在一定程度上與變種相似，因爲這些物種間的差異量，比通常認爲的物種間的差異量要小。

更進一步說，大屬內物種間的關係，與任何物種的變種間的關係是一樣的。任何博物學家都不會說，同屬內的一切物種彼此間的區別是相等的，所以，一般被分爲亞屬、組或更小的單位。弗利斯說得很清楚，小群的物種總是像衛星一樣叢生於其他物種周圍。那麼，什麼是變種？變種不就是那些環繞在親種周圍的，彼此間關係親疏不等的成群類型嗎？當然，物種與變種之間是有重要區別的，那就是變種之間或變種與親種之間的差異量比同屬內物種之間的差異量要小得多。當本書討論到我稱爲「性狀趨異」的原理時，我將解釋這一點。我還要解釋較小的變種間的差異是如何發展成爲較大的物種間的差異的。

還應注意的一點是，變種的分布範圍通常很受限制。這該是不言而喻的道理，因爲如果變種的分布比其假定的親種分布還要廣，那麼，它們就應該互換名稱了。但是有理由相信，那些與其他物種非常接近、類似於變種的物種分布也是極受限制的。例如，華生先生從精選的《倫敦植物名錄》（第四版）中，曾爲我指出六十三種植物，它們被列爲物種，但因與其他物種非常相似，他認爲這些物種的地位值得懷疑。華生把大不列顛劃分爲許多省，在這些省中，上述六十三個可疑物種的平均分布範圍爲六·九省；在同一書中記載著公認的五十三個變種，它們的分布範圍爲七·七省；而這些變種所在的物種的分布達十四．三省。看起來，公認的變種和近緣類型（可疑物種）有極其相似的有限分布範圍；但這些可疑種都被英國植物學家定爲眞正的物種了。

摘要

除下述情況之外，變種無法與物種互相區別：第一是發現了中間過渡類型；第二是兩者間有若干不定的差異量。因爲如果差異微小，即便兩個無密切關係的類型也會被列爲變種。那麼，多大的差異量才足以將兩個類型列爲物種呢？這一點是很難限定的。在任何地區，在物種超過平均數的屬內，物種的變種也會超過平均數。大屬的物種間有程度不等的密切關係，它們形成一些小群，環繞在其他物種周圍。顯然與別的物種密切相似的物種，其分布範圍是有限的。從上述各方面來看，大屬內的物種和變種非常類似。如果物種曾經就是變種，並逐漸由變種發展而來，我們就能完全理解物種與變種之間的類似；假如物種都是被上帝一個一個分別創造出來的，那麼上述的類似性就很難解釋了。

我們還知道，各個綱裡各大屬最繁盛的物種或者優勢物種，平均產生的變種也最多；而變種，以後我們會看到，有演變爲新的不同物種的傾向。因此，大屬將變得更大；自然界中現在占優勢的生物類型，由於產生的變異量大，其後代將更占優勢。但是，以後要進一步說明的是，經過某些步驟，大屬會分裂成許多小屬。這樣，世界上的生物類型，就一級一級地不斷分下去。

第三章　生存競爭

在論述本章主題之前，我得先談談生存競爭對自然選擇學說的意義。在上一章，我們已經證明生物在自然狀態下會發生某種變異。誠然，我原不知關於這一點還發生過爭論。對我們來說，許多可疑類型，究竟應稱爲物種還是亞種（或變種）並不重要，就像英國植物中有兩三百個可疑類型，它們究竟應列爲哪一類型並不重要一樣，只要承認顯著變種的存在就行了。但是，僅靠作爲本書基礎的個體變異和顯著變種的存在，還是不能使我們理解自然界中的物種是如何產生的。各類生物之間的相互適應，它們對生活環境的適應，以及單個生物與生物之間的巧妙適應關係，何以能達到如此完美的程度？我們處處能看到這些巧妙的互相適應關係。首先是啄木鳥和槲寄生的關係，其次是依附於獸毛或鳥羽中的低等寄生蟲，潛水甲蟲的構造及靠微風吹送的帶茸毛的種子的關係等等。總之巧妙的適應關係存在於生物界的一切方面。

此外我們還要問，那些被稱爲初期物種的變種，是如何最終發展成爲明確的物種的呢？顯然大多數物種間的差異，比同種內各變種間的差異要明顯得多，而構成不同屬的物種間的差異，又大於同屬內物種間的差異，而這些種類又是如何產生的呢？可以說，所有這一切都是生存競爭的結果，在下一章裡，我將詳細地討論這個問題。由於生存競爭的存在，不論多麼微小的，或由什麼原因引起的變異，只要對一個物種的個體有利，這一變異就能使這些個體在與其他生物鬥爭和與自然環境鬥爭的複雜關係中保存下去，而且這些變異一般都能遺傳。由於任何物種定期產生的眾多個體中，只有少數能夠存活下去，所以那些遺傳了有利變異的後代，就會有較多的生存機會。我把這種每一微小有利的變異能得以保存的原理稱爲自然選擇，以示與人工選擇的不同。但是斯賓塞先生常用的

「適者生存」的說法，使用起來同樣方便而且更爲準確。我們知道，利用人工選擇人類能獲得巨大效益，即透過積累「自然」賦予的微小變異使生物適合於人類的需要。但是，我們將要論及的自然選擇，是永無止境的，其作用效果之大遠遠超出人力所及，兩者相比，猶如人工藝術與大自然的傑作之比，其間存在著天壤之別。

現在集中談談生存競爭的問題，但更詳細的論述還將見諸以後的著作。老德．康多爾和萊爾兩位先生，曾富有哲理地詳盡說明一切生物都捲入到激烈的競爭之中。曼徹斯特區的赫巴特（W. Herbert）教長以植物爲例對這一問題所做的極爲精彩的論述得益於他頗深的園藝學造詣。口頭上承認普遍存在著生存競爭這一眞理並不難，難得的是時時把這一眞理記在心中。在我看來，只有對生存競爭有深刻的認識，一個人才能對整個自然界的各種現象，包括生物的分布、稀少、繁多、絕滅及變異等事實，不致感到迷惘或誤解。例如，當我們看到極爲豐富的食物時，我們常欣喜地看到自然界光明的一面，而沒有看到或者忘記了那些自由歌唱的鳥兒，在取食昆蟲或植物種子時，卻在不斷地毀滅另一類生命；可能我們還忘記了，這些「歌唱家」們的卵或雛鳥是如何大量地被其他食肉鳥或獸所毀滅的。我們也不應該忘記，儘管目前食物豐富，但並不是年年季季都如此。

廣義的生存競爭

應先說明的是，作爲廣義和比喻使用的生存競爭不但包括生物間的相互依存，而且更重要的是還包括生物個體的生存及成功繁殖後代的意義。在食物缺乏時，爲了生存兩隻狗在爭奪食物，可以說牠們眞的是在爲生存而鬥爭。可是生長在沙漠邊緣的植物，與其說是爲了生存而與乾旱鬥爭，不如說它們是依靠水分而生存。一株年產一千粒種子的植物，平均只有一粒種子可以開花結籽。確切地說，它在和已經遍地生長的同類和異類植物相鬥爭。槲寄生依附於蘋果樹和其他幾種樹木生活，說它們是在和寄主鬥爭，也說得過去。因爲如果同一棵樹上槲寄生太多，樹木就會枯萎死去。如果同一樹枝上密密纏繞著數株槲寄生幼苗，說這些幼苗在相互鬥爭倒更確切。因爲槲寄生靠鳥類傳播種子而生存，各類種子植物都得引誘鳥類前來吞食和傳播它的種子。用比喻的說法，各種植物之間也在進行生存競爭。以上幾種涵義彼此相通，爲了方便起見，我就使用了一個概括性的術語——生存競爭。

生物按幾何級數增加的趨勢

一切生物都有高速率增加其個體數量的傾向，這必然會導致生存競爭。在自然生命週期中要產生若干卵或種子的生物，往往在生命的某一時期，某一季節，或某一年裡肯定會遭受滅亡。否則，按照幾何級數增加的原理，這種生物的個體，將因數量的迅速增加而無處存身。由於生產出的個體可能多於存活下來個體間的數目，那麼自然界中將不可避免地要發生生存競爭：同物種內個體與個體間的鬥爭，或是不同物種間的鬥爭，或是生物與其生存的自然環境條件鬥爭。其實這正是馬爾薩斯（Malthus）的學說。此學說應用於整個動植物界時具有更強大的說服力，因爲在自然界裡，既沒有人爲的增加食物，也沒有嚴謹的婚姻限制。雖然某些物種目前是在或多或少地增加個體數量，但並非所有的物種都如此，否則這世界將容納不下它們了。

毫無例外，如果每一種生物都高速率地自然繁殖而不死亡的話，即便是一對生物的後代，用不了多長時間也會將地球擠滿。就是生殖率低的人類，人口也可在二十五年內增加一倍，按這個速率計算，用不了一千年，其後代將在地球上無立足之地了。林奈（Linnaeus）曾計算過，如果一棵一年生的植物只結兩顆種子（實際上沒有這樣少產的植物），其幼苗次年再各結兩顆種子，以此類推，那麼二十年內就會有一百萬株這種植物生長著。在所有已知的動物中，大象是繁殖最慢的，我曾仔細地估算過牠自然增長率的最低限度。最保守地說，假定大象壽命爲一百歲，自三十歲起生育直到九十歲爲止，這期間共產六子，（如果所有幼子都能存活並繁殖後代的話）那麼，在七百四十至七百五十年後，這對大象就會繁衍出一千九百萬頭後代。

關於這個問題，除了單純理論上的計算，我們還有更好的證明，那就是在自然狀態下，許許多多動物在接連兩三個有利於生長的季節裡，迅猛繁殖的記載。尤其使人驚異的是，有許多家養動物，在世界上某些地區繁殖之快，甚至失去控制。例如，牛和馬的生殖速率本來是極慢的，但是在南美洲及最近在澳洲，若不是有確實證據，其增加速度之快，簡直令人難以置信。植物也是如此，以引入英倫諸島的植物爲例，不到十年工夫，它們就遍布全島而成爲常見植物了。有幾種植物，如拉普拉塔（La Plata）的刺菜薊（cardoon）和高薊（tall thistle），它們原是由歐洲大陸傳入的物種，而現在它們在南美洲的廣大平原上，已成爲最常見的植物了，往往在數平方英里的地面上，幾乎見不到其他的植物雜生。福爾克納（Falconer）博士告訴我，自美洲被發現後，從美洲輸入印度的植物現在已從科摩林角（Cape Comorin）到喜馬拉雅（Himalaya）山下，遍布整個印度了。看到這些例子和其他無數類似的例子時，誰也不會認爲這是因爲動植物的繁殖能力會突然明顯增強的結果。顯然，正確的解釋應該是：生存條件對它們非常有利，老、幼者皆很少死亡，幾乎所有的後代都能成長而繁殖，以幾何級數增加的原理，就是對這些生物在新的地方迅猛增殖並廣泛分布的簡明解釋。無疑，幾何級數增加的後果總是驚人的。

在自然狀態下，成年的植株幾乎年年結種子，大多數的動物也是年年交配。因此我們可以斷定，所有動植物都有按幾何級數增加的傾向——迅速擠滿任何可以賴以生存的地方；但是，這種以幾何級數增加的傾向，會在生存的某一時期，因個體數量的減少而受到抑制。人們可能誤以爲大型家畜不會遭到大量死亡的威脅。但是，每年都有成千上萬的牲畜因供食用而被屠宰，在自然狀態下也因種種原因有同樣數量的牲畜死亡。

有的生物每年能產上千的種子或卵，有的則極少繁殖，兩者間的差距僅在於：生殖率低的生物在有利條件下，需更長時間才能布滿一個地區（假設這個地區較大）。禿鷹（condor）年產兩卵，鴕鳥年產二十個卵，然而在同一地區禿鷹可能比鴕鳥多得多。管鼻鸌（Fulmar petrel）僅產一卵，但人們相信這是世界上最多的鳥。一隻蒼蠅可產數百隻卵，蝨蠅（Hippobosca）僅產一卵，可這種差異並不能決定同一地區內兩種生物個體的多少。有些生物賴以生存的食物在數量上經常波動。對於這樣的生物而言，大量產卵是很重要的，因爲在食物充足時，它們的個體數量能迅速增加。但是大量產卵的眞正意義，在於補償某一生命期內個體的大量減少。對絕大多數生物來說，這個時期是生命的早期。如果一種動物能以某種方式保護自己的卵或幼體，則少量的繁殖即可保持它的平均數量，如果卵或幼體死亡率極高，則必須多產，否則這種生物就會滅絕。假設有一種樹可以活一千年，千年中只結一粒種子，假如這粒種子不會毀滅，肯定能夠發芽的話，這就足以保持這種樹的數量。總之，在任何情況下，動植物個體的平均數量與其卵或種子的數量，僅有間接的依存關係。

在觀察自然界時，我們應時時記住上述觀點——每一生物都在竭盡全力地爭取個體數量的增加；每一生物在生命的一定時期必須靠鬥爭才能存活；在每一代或每隔一定時期，生物中的幼體或衰老者難免遭受滅亡。減輕任何一種抑制生殖的作用，或是稍微減少死亡率，這一物種個體的數量就會立即大增。

抑制生物數量增加的因素

個體數量增加是每一物種的自然傾向，能控制這一自然傾向的因素很難解釋清楚。那些極興旺的物種，它們已經增加，並且今後的趨勢仍將是繼續大量增加。但是我們竟然不能舉出任何例子，來確切說明是什麼因素抑制其大量的增加。其實這並不奇怪，因爲在這個問題上我們就是如此無知，甚至對人類本身，我們也同樣無知，儘管我們對人類的了解遠遠超出對任何動物的了解。曾有數位學者討論過抑制個體數量增加的問題，我打算在將來的著作中對這一問題，尤其是關於南美洲的野生動物再做詳細地討論。在此，我只提出幾個要點以引起讀者注意。卵以及非常幼小的動物最易受害，但並非一概如此。對於植物來說，種子所受的損害是大的，但是據我觀察，在長滿其他植物的土地上，新生的幼苗受到損害最大。此外，幼苗也常大量地遭受各種敵害的毀滅。我曾在一塊三英尺長二英尺寬的土地上翻土除草，以便種植的新生幼苗不受其他植物的排擠。青草出苗後，我在所有的幼苗上做了記號，結果三百五十七株草中，至少有二百九十五株受傷害，主要是被蛞蝓和昆蟲所毀壞的。如果讓各種植物在經常刈割或經常放牧的草地上任意生長，結果較弱的植物，即使已經長成，也會逐漸被較強的植物排擠而死亡。例如，在一塊割過的長四英尺寬三英尺的草地上，有自然長出的二十種雜草，結果有九種因受其他繁盛植物的排擠而死亡。

食物的多少對每一物種的增加所能達到的極限，理所當然地起著控制作用。但是，一個物種個體的平均數目，往往不是取決於食物的獲得情況，而是取決於被其他動物捕食的情況。所以毫無疑問，在任何大塊田園裡鷓鴣（partridges）、松雞（grouse）和野兔的數量，主要取決於消滅其敵害的程度。假如在英國，今後二十年內沒有一隻供狩獵的動物被人類射殺，而同時也不驅除牠們的敵害，那麼二十年後，獵物的數量說不定比現在的還少，即使現在每年有數十萬隻獵物被人類射殺。但與此反，還有另一種情況，例如，大象很少受到猛獸的殘殺，即便是印度的老虎，也很少敢於攻擊母象保護下的小象。

氣候在決定物種個體總數方面發揮著重要的作用；那些週期性的極爲寒冷和乾旱的季節，似乎最能有效地控制生物個體數量的增加。在春季鳥巢的數量大量減少，根據這種情況，我估計在一八五四至一八五五年冬季，在我居住的這一地區，死亡的鳥類達五分之四。與人類相比，這是一種巨大的死亡，因爲人類在遇到最嚴重的傳染病時，死亡率也只有十分之一。氣候的主要作用是使食物減少，某種食物的缺少會使賴以生存的同種或異種個體間的生存競爭加劇。即便在氣候直接起作用時，如嚴寒到來時，首當其衝的仍是那些最弱小的或在整個冬季裡獲食最少的個體。當我們從南到北，或從溼地往乾燥的地方旅行時，會看到有些物種逐漸減少以致趨於絕跡。由於整個旅程中氣候的變化非常明顯，我們常誤以爲物種個體減少，是由於氣候直接影響的結果。但這是一種錯誤的觀點，因爲我們不應忘記，就是在某種生物非常繁盛的地方，在某些時期，這種生物也會因敵害或因爭奪同一地盤與食物而遭受重大減滅，如果這些敵害或競爭者，因氣候對它們稍稍有利而增加了數量，那麼原來大量生存在此地的其他生物的數量就會減少。如果我們向南旅行看到的是某一物種個體數量逐漸減少，那麼可以確信，那是因爲別的物種處於優勢而使此物種受到損害。向北旅行時也同樣會看到生物數量減少的現象，但不如向南旅行時看到的情況明顯，那是因爲向北行進時，所有物種都在減少，競爭者也就隨之減少。所以向北走或是爬上高山時，比向南走或者下山時更常見到矮小的生物，這才是有害氣候直接造成的後果。在北極地區、雪山之巓或荒漠之中，生存競爭的對象幾乎完全是自然環境了。

許多移植在花園裡的植物可以適應當地的氣候，可是它們卻永遠不能歸化，因爲它們競爭不過當地的植物，也不能抵禦當地動物的侵害。由此可見，氣候主要是間接地有利於其他物種，而引起對這種物種不利的後果。

如果某一物種特別適應某個環境，可能在一小塊地區內大量繁殖，但這又往往引起傳染病流行，至少在狩獵動物中常能發現這種情況。這是一種與生存競爭無關的對生物數量限制的因素。有些傳染病是由寄生蟲引起的，可能是動物的密集造成了有利於寄生蟲傳播的條件。這樣，寄生蟲與寄主之間也存在著生存競爭。

但就另一方面說，在許多情況下，一物種個體的數量必須大大超過它們被敵害毀滅的數量，它才能得以保存。人們能夠從田間收穫穀物及油菜籽等，那是因爲這些種子在數量上遠遠超過了前來覓食的鳥兒。在這食物過剩的季節裡，鳥類卻不能按食物的比例而大大地增加，因爲到了冬天，牠們的數量仍要受到限制。誰要是在花園裡試種過少數幾株小麥或此類植物誰就知道，在這種少量種植的情況下，要想收穫種子是多麼不容易。我曾嘗試過，結果顆粒無收。同種生物只有保持大量的個體，才能使該物種得以保存，這個觀點可以用來解釋自然界的某些奇怪現象。例如，某些稀少的植物在它們可以生存的少數地區卻能異常繁盛；又如，叢生的植物在它們分布的邊界地區也仍然保持叢生。於是我們有理由相信，只有當生存條件有利於一種植物成群地生長在一起時，這種植物才能免於滅絕。還應補充說明的是，雜交的積極效果和近親交配的不良影響，無疑在許多情況下起作用，不過在這裡，我不打算詳談這幾方面的情況了。

生存競爭中動植物間的複雜關係

許多報導的事例都可證明，同一地區內互相鬥爭的生物間，存在著十分複雜和出乎預料的抑制作用和相互關係。僅舉一個簡單但我覺得極爲有趣的例子：在斯塔福德郡（Staffordshire）我親戚家的一片土地上，我曾做過仔細的調查，那裡有一大片從未開墾過的荒地，還有數百英畝性質完全相同的土地，在二十五年以前曾圍起來種植歐洲赤松（Scotch fir）。在種植過的這片土地上，原來的土著植物群發生了極大的變化，就是在兩塊土質不同的土地上也看不到這麼大的差別。和荒地比起來，這裡植物的比例完全改變了，而且這裡還繁茂地生長著十二種荒地上沒有的植物（不計草類）。植樹區內昆蟲受到的影響可能更大，有六種在人造林帶中常見的食蟲鳥類在荒地上沒有，而經常光顧荒地的兩三種食蟲鳥，在人造林中也沒有見到。當初把種植區圍起來是爲了防止牛進去，此外並無其他任何措施，可見引進一種樹竟產生了這麼巨大的影響。但是在薩里（Surrey）的法納姆（Farnham），我也曾清清楚楚地看到對荒地進行人工圈圍作用的重要影響。在那片寬廣的荒地上，原先只有遠處小山頂上有幾片老歐洲赤松林。在最近十年內，有人把這裡大塊大塊的荒地圍起來，結果使在圍地中的歐洲赤松自行繁殖，無數的松樹長出來。在確信這些小樹並非人工種植時，我對這些小松樹的數量之多感到驚奇。於是我又觀察了幾處地方，發現在上百英畝未圈圍的荒地上，除了以前種的老歐洲赤松外簡直找不到一株新生的歐洲赤松。但是當我仔細觀察荒地上的樹幹時，發現無數的樹苗和幼樹都被牛吃掉而長不起來。在距一片老松樹數百碼遠的地方，我從一平方碼的地面上數出了三十二株小松樹，其中一株有二十六圈年輪了，但是多年來它始終不能把樹幹長得比荒地上的其他樹木高。怪不得荒地一旦圍起來，立刻就會長滿生機勃勃的歐洲赤松呢。可是誰能想到，在這荒蕪遼闊的地面上，牛會如此仔細而有效地搜尋歐洲赤松樹苗當作自己的食物呢。

在這個例子中，我們看到牛完全控制著歐洲赤松的生存。然而在世界的某些地方，昆蟲又決定著牛的生存，在這一方面，巴拉圭（Paraguay）的例子是最稀奇的了。該地從未有牛、馬、狗變成野生的情況，雖然該地區的北面和南面，都有這些動物在野生狀態下成群地遊蕩著。阿薩拉（Azara）和倫格（Rengger）曾指出，在巴拉圭有一種蠅，數量極多，而且專把卵產在剛初生動物的肚臍中。這種蠅雖多，但牠們的繁殖似乎受到某種限制，可能是別的寄生昆蟲吧。因此，在巴拉圭如果某種食蟲鳥減少了，這些寄生昆蟲就會增加，在臍中產卵的蠅就會減少，那麼牛和馬就會變成野生的，而這肯定又會極大地改變植物界（在南美的部分地區我確曾見過此類現象）。接下去植物的變化又會影響昆蟲；而後，正如我們在斯塔福德郡看到的那樣，受影響的將是食蟲鳥類，以此類推，複雜關係影響的範圍就越來越廣了。其實自然狀態下動植物間的關係遠比這複雜。一場又一場的生存之戰此起彼伏，勝負交替，一點細微的差異就足以使一種生物戰勝另一種生物。但是最終各方面的勢力會如此協調地達到平衡，以致於自然界在很長時間內會保持一致的面貌。可是對於這一切，人們往往知之甚少，而又喜好做過度的推測。所以在聽到某一種生物滅絕時，不免感到驚奇，在不知滅絕的原因時，便用災變來解釋世界上生命的毀滅，或者編造出一些法則來測定生物壽命的長短。

我想再舉一例，以證明在自然分類上相距甚遠的動植物，是如何由一張錯綜複雜的關係網聯繫在一起的。在我的花園裡，昆蟲從不造訪一種外來的墨西哥半邊蓮（*Lobelia fulgens*）。結果，因這植物的構造奇異，它在我們的花園裡就不能結籽，以後我還會有機會再來說明這種情況。幾乎所有的蘭科植物都需要昆蟲傳授花粉才能受精。試驗中，我發現三色堇（heartsease, Viola tricolor）的受精，必須靠野蜂（humble bees）完成，因爲別的蜂不去採這種花粉。我還發現某些三葉草（clover）的受精也離不開蜂來傳播花粉。例如，白三葉草（*Trifolium repens*）的二十串花序可結二千二百九十顆種子，但另外二十串花序被遮蓋住，不讓蜂類接觸，於是一顆種子也不結。又如，一百串紅三葉草（*Trifolium pratense*）可結種子二千七百顆，而遮蓋起來同樣多的花序也是不結一籽。只有野蜂會來光顧紅三葉草，因爲別的蜂壓不倒它的花瓣而採不到它的花粉。有人以爲蛾類也可能使三葉草受精，但我懷疑此事，因爲蛾的重量，不能把三葉草花瓣壓下去。這樣我們就能很有把握地推論，如果整個屬的野蜂在英國絕跡或變得非常稀少，三色堇和紅三葉草也會相應變少甚至絕跡。在任何地方，野蜂的數量與田鼠的多寡關係密切，因爲田鼠會毀壞蜂房和蜂窩。紐曼（Newman）上校對野蜂的習性進行過長期的研究，他認爲英國有三分之二以上的野蜂窩是被田鼠毀壞的。誰都知道田鼠的數目取決於貓的數目，因此紐曼上校說：「在村莊和城鎮附近發現的野蜂窩比別的地方多，我認爲那是因爲大量的貓消滅了田鼠的緣故。」因此完全可以相信，如果一個地區有大量的貓，透過貓對田鼠，接著又是對蜂的干預作用，就可以知道這一地區內某些花的數量是多少。

每一物種的興衰在生命的不同時期，不同季節或不同年分，都受到不同因素的制約作用。一般說來，其中有一種或數種因素的制約作用最大，但一個物種的平均數量甚至能否生存，則是由所有因素綜合決定的。有時候，同一物種在不同地區，受到的制約作用也極不相同。當我們看到河岸上繁茂的樹木及灌木叢時，常會以爲它們的種類和數量比例純屬偶然。其實，這種看法是大錯特錯的。誰都聽說過，在美洲一片森林被砍伐以後，那裡會長出不同的植物群落。但是，看看美國南部的古代印第安廢墟吧！當初那裡的樹木一定會被完全清除過，可是現在，廢墟上生長著的美麗植物與周圍原始森林中的植物，在物種的多樣性和數量比例方面完全一致。在過去悠悠歲月中，在那些年年播撒成千種子的樹木之間，昆蟲之間有激烈的生存競爭；在昆蟲、蝸牛、小動物與鷙鳥猛獸之間也有激烈的生存競爭！一切生物都力求繁殖，而它們又彼此相食，有的吃樹，吃它們的種子和幼苗，有的吃那些剛長出地面會影響樹木生長的其他植物。如果我們將一把羽毛扔向空中，羽毛會依一定法則散落到地上。要弄清楚每支羽毛應落在何方，這的確是個難題。但是這個難題與數百年來動植物間是如何作用，以致最終決定了古印第安廢墟上今日植物的種類和數量比例的問題相比較，那可就顯得簡單多了。

在親緣關係上相距很遠的生物之間一般會出現某種依存關係，如寄生生物與寄主之間的關係；但嚴格地說，遠緣生物之間有時也會發生生存競爭，如蝗蟲和食草動物之間的關係。不過，最激烈的生存競爭幾乎總是發生於同種的個體之間，因爲它們生存於同一地區，需要同樣的食物，遭受同樣的威脅。同一物種內各變種間的鬥爭幾乎也同樣激烈，而且有時短期內即見分曉。例如，把小麥的幾個變種混合後播種在一塊土地上，然後把它們的種子再混合播種在一起，結果那些最適合該地區土質和氣候的變種或繁殖力最強的變種就會結籽最多，數年後就會戰勝並取代其他變種。即使在極為相似的變種間情況也是如此。如，混合種植的不同顏色的香豌豆（sweet peas）必須分別收穫，再按一定比例混合後進行播種，否則較弱的變種會逐漸減少以致消失。綿羊變種中也有類似的情況，據說某一種山地綿羊會使另一種山地綿羊餓死，所以牠們不能放養在一起。在合養不同變種的醫蛭（medicinal leech）時也有過同樣的情況。如果讓家養的動植物在自然狀態下去自由競爭，每年也不按一定比例把種子或幼體保存下來，那麼六年後這個混合群體（阻止雜交）中的各種動植物，能否完全保持原來的體力、體質及習性和原來的數量比例呢？恐怕很難。

同種個體間和變種間生存競爭最為激烈

同屬的物種之間在構造上總是相似的，而且一般說來（雖不絕對如此）在習性和體質上也是相似的，因此它們之間的生存競爭比異屬物種間的鬥爭更為激烈。例如，近來在美國的一些地方，一種燕子分布範圍的擴大使另一種燕子數量減少。又如，在蘇格蘭一些地方，近來吃槲寄生果實的槲鶇（missel thrush）數量增加，結果引起歐歌鶇（song thrush）數量的減少。我們常聽說由於氣候的極端不同，一種鼠會代替另外一種鼠。在俄羅斯，亞洲小蟑螂（cockroach）入境之後，到處驅趕原有的同屬大蟑螂；在澳洲，蜜蜂的引進，很快就使當地的無刺小蜂絕跡；一種野芥菜（charlock）能取代另一種芥菜等等。由此我們已能隱約感悟到，在自然生態中，地位相近的近緣物種間生存競爭非常激烈的原因，可是我們還不能確切地闡明，爲什麼在生存大戰中一個物種能戰勝另一物種。

綜上所述，可以得出一個極爲重要的推論，即每一生物的構造都與其他生物的構造有著必然的關係，但這種關係常常不被人們察覺。依靠這種關係它才能與其他生物爭奪食物或住所，或是避開它們的捕食，或是捕食他物。虎牙、虎爪的構造，以及依附在虎毛上的寄生蟲的足和爪的構造，都能說明這個問題。蒲公英美麗的帶茸毛的種子和水生甲蟲（water beetle）扁平的帶纓毛的足，初看起來只與空氣和水有關係，但實際上帶茸毛種子的好處，是在陸地已長滿其他植物的情況下，可以更廣遠地傳播開去，落到植物稀少的土地上繁衍。水生甲蟲足的構造非常適合潛水，使牠能和其他水生昆蟲競爭，使牠能獵取食物並逃避其他動物的捕食。

初看起來，許多植物種子中貯藏的養料與其他植物沒有什麼關係。但是，像豌豆、蠶豆這類的種子，即便被播種在茂密的草叢中，從種子裡也能長出茁壯的幼苗。這使人想到種子裡養料的主要作用，就是幫助幼苗生長，使幼苗能和周圍繁茂的其他植物競爭。

觀察一下某種生長在其分布範圍的中間地帶的植物，爲什麼它的數量不能增加到兩倍或四倍呢？據我們所知，這種植物完全有能力分布到其他一些稍熱、稍冷、稍潮溼或稍乾燥的地方去，因爲它能適應一些稍熱、稍冷、稍潮溼或稍乾燥的生存環境。在這種情況下，我們容易理解，假如要使這種植物有增加個體數量的能力，就必須使它形成若干優勢，使它可以壓倒競爭對手，或有能夠對付吃它的動物的本領。假如在分布範圍的邊緣地帶，這種植物因氣候而發生了體質上的變化，當然這對它數量的增加是有利的。但是有理由相信，能分布過遠的動植物只是極少數，因爲絕大多數都要被嚴酷的氣候所毀滅。也許沒有達到生存範圍的極限，如在北極地區或在荒漠的邊緣時，生存競爭是不會停止的。但即使在極冷或極乾旱的地方，也有少數物種之間，或者同種的個體之間，爲了爭得更溫暖或更潮溼一些的生存環境而發生彼此的爭鬥。

可見一種植物或動物，如果到了一個新的地方，進入新的競爭行列，即便氣候不變，其生活條件也會發生根本的變化。如果要使一種植物的總體數量在新的地方有所增加，就得用新的方法來改進它，而不能用在它原產地使用過的方法。必須設法使這一植物具有優勢條件，使它能對付一系列新競爭者和敵害。

幻想創造條件以使一種生物具有超出其他生物的優勢，固然是個好主意，但實際上我們卻找不到任何具體操作的辦法。這使我們懂得，我們對一切生物間的相互關係知之甚少。我們有搞清楚生物間關係的信念是必要的，但卻難以做到。我們能夠做到的是牢牢記住：每一種生物都在努力以幾何級數增加其個體的數目；每一生物在生命的某一時期、在某一年中的某個季節，在每一代或間隔一定時期，都不得不爲生存而鬥爭，而且隨時都可能遭到重大毀滅。說到生存競爭，我們聊以自慰的信念是：自然界的鬥爭不是無間斷的，我們不必爲之感到恐懼，死亡的來臨通常是迅速的，而強壯、健康、幸運的生物不但能生存下去，而且必能繁衍下去。

第四章　自然選擇即適者生存

上一章所簡要討論過的生存競爭，到底對物種的變異有什麼影響呢？在人類手中產生巨大作用的選擇原理，能適用於自然界嗎？回答是肯定的。我們將會看到，在自然狀態下，選擇的原理能夠極其有效地發揮作用。我們必須記住，在自然狀態下的生物也會產生如家養生物那樣無數的微小變異和個體差異，只是程度稍小些而已。此外，還應記住的是遺傳傾向的力量。在家養狀況下，整個身體構造都具有了某種程度的可塑性。但是，正如胡克和阿薩·格雷所說，在家養生物中，我們普遍看到的變異，並不是由人類作用直接產生出來的；人類既不能創造變異，也不能阻止變異發生，人類只是保存和積累已發生的變異。當人類無意識地把生物置於新的、變化著的生活條件中時，變異就產生了；但類似的生活條件的變化，在自然狀態下確實也可能發生。我們還應記住，一切生物彼此之間及生物與其自然生活條件之間有著多麼複雜密切的關係；因而，那些構造上無窮盡的變異，對於每一生物，在變動的環境下生存，可能是很有用處的。既然家養生物肯定發生了對人類有益的變異，難道在廣泛複雜的生存競爭中，對每一個生物本身有益的變異，在許多世代相傳的歷程中就不會發生嗎？由於繁殖出來的個體比能夠生存下來的個體要多得多，我們可以毫不懷疑地說，如果上述情況的確發生過，那麼具有任何優勢的個體，無論其優勢多麼微小，都將比其他個體有更多生存和繁殖的機會。另一方面，我們也確信，任何輕微的有害變異，最終都必然招致滅絕。我把這種有利於生物個體的差異或變異的保存，以及有害變異的毀滅，稱爲「自然選擇」或「適者生存」。無用也無害的變異，則不受自然選擇作用的影響，它們或者成爲不固定的性狀，如在某些多型物種裡所看到的性質一樣，或者根據生物本身和外界生存環境的情況，最終成爲生物固定的性狀。

對於使用「自然選擇」這個術語，有的人誤解，有的人反對，有的人甚至想像自然選擇會引起變異。其實自然選擇的作用，僅在於保存已經發生的對生活在某種條件下的生物有利的變異。沒有人反對農學家們所說的人工選擇的巨大效果。但即便是人工選擇，也必須先有自然形成的個體差異，人類才能夠依照某種目的加以選擇。還有人反對說，「選擇」一詞含有被改變動物自身的有意識選擇之義，既然植物沒有意志作用，「自然選擇」對它們是不適用的！從字面上看，「自然選擇」肯定是不確切的用語；但是誰能反對化學家在描述元素化合時用「選擇的親合力」這一術語呢？雖然某種酸並不是特意選擇某一種鹽基去化合的。有人說我把自然選擇說成是一種動力或神力；可是有誰反對過某學者的萬有引力控制行星運動的說法呢？人們都知道這些比喻所包含的意義，爲了簡單明瞭起見，這種名詞也是必要的。此外，要想避免「自然」一詞的擬人化用法也很難，但是我所指的「自然」，是指許多自然法則的綜合作用及其後果，而法則指的是我們所能證實的各種事物的因果關係。只要稍微了解一下我的論點，就不會再有人堅持如此膚淺的反對意見了。

爲使我們完全明白自然選擇的大概過程，最好研究一下某個地區，在自然條件輕微變化下發生的事情。例如：在氣候變化的時候，當地各種生物的比例數幾乎立刻也會發生變化，有些物種很可能會滅絕。我們知道，任何一個地區的生物，都是由密切複雜的相互關係連接在一起的，即使不因氣候的變化，僅僅是某些生物比例數的變化，就會嚴重影響到其他生物。如果一個地區的邊界是開放的，新的生物類型必然要遷入，這就會嚴重擾亂原有生物間的關係。我們曾指出，從外地引進一種樹或一種哺乳動物會引起多麼大的影響。如果是在一個島上，或是在一部分邊界被障礙物環繞的地方，新的善於適應環境的生物不能自由地進入這裡，原有自然生態中出現空隙，必然會被當地善於發生變異的種類所充填。而這些位置，在遷入方便的情況下早就被外來生物所侵占了。在此種情況下，凡是有利於生物個體的任何微小變異，都能使此個體更好地去適應改變了的生活條件，這些變異就可能被保存下來，而自然選擇就有充分的機會去進行改良生物的工作了。

正如第一章所指出的，我們有足夠的理由相信，自然條件的變化可能使變異性增加。外界環境條件發生變化時，有益變異的機會便會增加，這對於自然選擇顯然是有利的。如果沒有有益變異的產生，自然選擇也就無所作爲。說到「變異」，不應忘記的是，變異中也包括個體差異。既然人類能在一定方向上積累個體差異，而且在家養的動植物中效果顯著，那麼，自然選擇也能夠而且更容易做到這一點，因爲它可以在比人工選擇長久得多的時間內發揮作用。我認爲不必透過巨大的自然變化，如氣候的變化，或透過高度隔絕限制生物遷移，便可使自然生態系統中出現某些空白位置，以使自然選擇去改進某些生物性狀，使它們塡補進去。因爲每一地區的各種生物是以極微妙的均衡力量在進行競爭，當一種生物的構造或習性發生微小變化時，就會具有超過其他生物的優勢，只要此種生物繼續生活在同樣的環境條件下，以同樣的生存和防禦方式獲得利益，則同樣的變異將繼續發展，此物種的優勢就會越來越大。可以說沒有一個地方，那裡的生物與生物之間，生物與其生活的自然地理條件之間，已達到了適應的完美程度，以致於任何生物都不需要繼續變異以適應得更好一些了，因爲在許多地區，都可以看到外地遷入的生物迅速戰勝土著生物，從而在當地獲得立足之地的事實。根據外來生物在各地僅能征服某些種類的土著生物的事實，我們可以斷定，土著生物也曾產生過有利的變異以抵抗入侵者。

透過有計畫的或無意識的選擇方法，人類能夠產生並確實已經產生極大的成果，那麼自然選擇爲什麼就不能產生如此效力呢？人類僅就生物外部的和可見的性狀加以選擇，而「自然」（請允許我把「自然保存」或「適者生存」擬人化）並不關心外表，除非是對生物有用的外表。「自然」可以作用到每一內部器官、每一體質的細微差異及整個生命機制。人類僅爲自己的利益去選擇，而「自然」卻是爲保護生物的利益去選擇。從選擇的事實可以看出，每一個被選擇的性狀，都充分受到「自然」的陶冶；而人類把許多不同氣候的產物，畜養於同一地區，很少用特殊、合適的方式去增強每一選擇出來的性狀。人類用同樣的食料飼養長喙鴿和短喙鴿，也不用特殊的方法，去訓練長背的或長腳的哺乳動物，人類把長毛羊和短毛羊畜養在同一種氣候下，也不讓最強壯的雄性動物透過爭鬥獲得雌性配偶。人類也不嚴格地把所有劣等動物淘汰掉，反而在各個不同的季節裡，利用人類的能力不分良莠地保護一切生物。人類往往根據半畸形的生物，或至少根據能引起他注意的顯著變異，或根據對他非常有用的某些性狀去進行選擇。在自然狀態下，任何生物在構造上和體質上的微小差異，都能改變生存競爭中的微妙平衡關係，並把差異保存下來。與自然選擇在整個地質時期內的成果比較起來，人類的願望與努力，只是瞬息間的事，人類的生涯是多麼短暫，所獲得的成果也是多麼貧乏！「自然」產物的性狀，比人工產物的性狀更加「實用」，它們能更好地適應極其複雜的生活條件，能更明顯地表現出選擇優良性狀的高超技巧，對此，難道我們還會感到驚奇嗎？

打個比喻說吧，在世界範圍內，自然選擇每日每時都在對變異進行檢查，去掉差的，保存、積累好的。不論何時何地，只要一有機會，它就默默地不知不覺地工作，去改進各種生物與有機的和無機的生活條件的關係。除非標誌出時代的變遷，歲月的流逝，否則人們很難看出這種緩慢的變化，而人們對於遠古的地質時代所知甚少，所以我們現在所看到的，只是現在的生物與以前的生物不同而已。

要形成一個物種就要獲得大量的變異，因此在這個變種一旦形成之後，可能經過一個長時期，再經歷一次變異，或是出現與以前相同的有利個體的差異，而這些差異必須再次被保存下來，這樣一步一步地發展下去才行。由於相同的個體差異時常出現，我們便不能認為，上述設想是毫無根據的假設。但它是否正確，還要看它能否符合並合理解釋自然界的普遍現象來進行判斷。另一方面，通常有人認為可能發生的變異量是十分有限的，這也純粹是一種設想。

雖然，自然選擇只能透過給各種生物謀取自身利益的方式而發揮作用，因此我們看到，即便是我們認為不重要的性狀和構造，自然選擇的結果，對生物來說也很重要。當我們看到食葉的昆蟲呈綠色，食樹皮的昆蟲呈灰斑色；在冬季，高山上的松雞呈白色，而紅松雞的顏色呈石南花色時，我們一定會相信，這些顏色是為了保護這些鳥與昆蟲，使其免遭危害。松雞如果不在生命的某個時期死亡，牠們的數量就會無限量地增加，人們知道，大多數松雞是受以肉為食的鳥類的捕食而死亡的。鷹是靠視力來捕捉獵物的，鷹的視力極強，以致於歐洲大陸某些地區的人們被告誡不要養白鴿，因為白鴿最易受害。所以自然選擇就有效地給予每一種松雞以適當的顏色，而這些顏色一旦獲得就被持續不變地保存下來。不要以爲偶然殺害一隻顏色特別的動物不會產生什麼影響，要記住，在白色羊群中除去一隻略顯黑色的羔羊是何等重要。前面已經談到在維吉尼亞，有一種吃絨血草的豬，食了以後是死是活，全由豬的顏色來決定。就拿植物來說，植物學家認爲果實的茸毛和果肉的顏色是極不重要的，但優秀的園藝學家唐寧（Downing）說，在美國無毛的果實比有毛的果實容易受象鼻蟲（Curculio）的危害，紫色的李子比黃色李子容易染上某種疾病，黃色果肉的桃子比其他顏色果肉的桃子更易受一種疾病的侵害。如果透過人工選擇的種植方法來培育這幾個變種，小的變異就會形成大的變異；但在自然狀態下，這些樹木得與其他樹木及大量敵害競爭，那麼各種差異將有效地決定哪一個變種能夠獲勝，是果實有毛的還是無毛的，是黃色果肉的還是紫色果肉的。

就我們有限的知識來判斷，物種間有些微小差異似乎並不重要，但不要忘記，氣候、食物等等因素無疑要對這些小小差異產生直接影響。還應注意的是，根據器官相關法則，一個部分發生變異而且變異被自然選擇進行積累時，其他想像不到的變異將隨之產生。

正如我們所看到的，在家養狀態下，在生命某一時期出現的變異可能在其後代的同一時期出現，例如，許多食用和農用種子的形狀、大小及味道，蠶在幼蟲期和蛹期的變種，雞卵和雛雞絨毛的顏色及牛羊在成熟期前生出的角。同樣地，在自然狀態下，透過積累某一階段的有益變異和在相應階段的遺傳，自然選擇也能在任何階段對生物進行作用並使之改變。如果植物的種子被風吹送得越遠，對它就越有利，自然選擇定會對此發生作用，而且這並不比棉農用選擇法來增加棉桃或改進棉絨更困難。自然選擇能使昆蟲的幼蟲變異以適應可能發生的事故，而這些事故，與成蟲期所遇到的截然不同。透過相關的法則，幼蟲期的這些變異反過來會影響到成蟲的構造，成蟲期的變異也反過來會影響幼蟲的構造。不過在所有情況下，自然選擇都將保證這些變異是無害的，否則這個物種就會滅絕了。

自然選擇可以根據親代使子代的結構發生變異，也能根據子體使親體的構造發生變異。在群居的動物中，如果選擇出來的變異有利於群體，自然選擇就會爲了整體的利益改變個體的構造。自然選擇不可能在改變一個物種的構造時不是爲了對這一物種有利而是爲了對另一物種有利。雖然在自然史著作中有對此種作用的記載，但是我們沒有見到一個能經得起檢驗的實例。自然選擇可以使動物一生中僅用一次的重要構造發生極大變化，例如：某些昆蟲專門用於破繭的大顎或雛鳥破卵殼用的堅硬的喙尖。有人說，優良的短喙翻飛鴿死在蛋殼裡的數量比能破殼孵出的多，所以養鴿者必須幫助牠們孵出。假如爲了這種鴿自身的利益，自然選擇使這種成年鴿具有極短的喙，必定是一個非常緩慢的變異過程，而在這個嚴格選擇的過程中，那些在蛋殼內具有強有力喙嘴的雛鳥將被選擇出來，因爲弱喙的雛鳥必然死在蛋殼內，或者蛋殼較脆弱易破碎的，也可能被選擇出來，因爲和其他構造一樣，蛋殼也是能夠變異的。

可以說，一切生物都會遭受意外死亡，但這並不會影響或極少影響自然選擇的進行。例如：每年大量的種子和卵會被吃掉，如果它們發生了某種可免遭敵害吞食的變異，透過自然選擇它們就會改變這種情況。如果不被吞食，由這些卵和種子長成的個體，可能比偶然存活下來的個體更能適應其生活條件。同樣，無論能否適應生活條件，大量成年的動植物每年也會因偶然原因死亡，而這種死亡並不因它們在其他方面可能具有對生物有利的構造和體質有所減輕。但是，不論遭受多麼大的毀滅，只要一個地區的動物沒有完全被消除，只要卵和種子有百分之一或千分之一能夠生長發育，在這些倖存者中最能適應生活環境的個體，就會透過有利的變異，比那些適應較差的個體繁殖出更多的後代。如果一種生物因上述原因被全部滅絕（事實上常有此等情況發生），那麼，自然選擇就不能再在有利生物的方向上發生作用了。但不會因為這一點而使我們懷疑，自然選擇在其他時期、以其他方式產生的效果，因為沒有任何理由，可以設想許多物種，是在同一時間、同一地點發生變異的。

性選擇

在家養狀態下，有些特徵往往只見於一個性別，並只透過這個性別遺傳；在自然狀態下無疑也有這種情況。因此，透過自然選擇作用，有時雌雄兩性個體在不同生活習性方面都能發生變異，或者更常見的是某一性別對另一性別的關係發生變異。這促使我必須談一下所謂「性選擇」的問題。性選擇的形式，並不是一種生物為了生存而與其他生物，或與外界自然條件進行的鬥爭，而是在同一物種的同一性別的個體間，一般是雄性之間，為了獲得雌性配偶而發生的鬥爭。這種鬥爭的結果，不是讓失敗的一方死掉，而是讓失敗的一方不留或少留下後代，所以性的選擇不如自然選擇那樣激烈。一般來說，最強壯的雄性，是自然界中最適應的個體，它們留下的後代也最多。但往往勝利並不全靠體格的強壯，而是靠雄性特有的武器。如無角雄鹿和無距（spur）（雄雞爪後面像腳趾似的凸出部分——譯者注）公雞就難留下很多後代。由於性選擇可以使獲勝者得到更多繁殖的機會，所以和殘忍的鬥雞者挑選善鬥的公雞一樣，性選擇可以賦予公雞不屈不撓鬥爭的勇氣、增加距的長度和在爭鬥時拍擊翅膀以加強距的攻擊力量。我不知道在動物的分類中，哪一類動物沒有性選擇的作用。有人曾描述說，雄性鱷魚（alligator）在爭取雌性時會像美洲印第安人跳戰鬥舞蹈那樣吼叫並旋繞轉身；雄鮭魚（salmon）整天彼此爭鬥；雄性鍬形蟲（stag beetle）的大顎常被其他雄蟲咬傷。非凡的觀察家法布爾（M. Fabre）曾多次見到一種膜翅目昆蟲（hymenopterous insect）爲了爭奪雌蟲而發生爭鬥，雌蟲似乎漠不關心地觀戰，最後隨著勝利者而去。這種爭鬥，可能在「多妻」的雄性動物中最爲激烈，而這種雄性常有特殊的武器。食肉動物原來就已具備良好的戰鬥武器，性選擇又使牠們和別的動物一樣，又具備了更特殊的防禦手段，例如雄獅的鬃毛、雄鮭魚的鉤形上顎等等。要知道，爲了在戰鬥中取勝，盾的作用和矛、劍是同等重要的。

就鳥類來說，這類爭鬥要平和得多。研究過這一問題的人都相信，許多鳥類的雄性間最激烈的鬥爭，是用歌唱去吸引雌鳥。圭亞那（Guiana）的岩鶇（rock-thrush）、極樂鳥（birds of paradise）及其他鳥類常常聚集一處，雄鳥一個個精心地以最殷勤的態度顯示牠們豔麗的羽毛，在雌鳥面前做出種種奇特的姿態，而雌鳥在一旁觀賞，最後選擇最有吸引力的雄鳥做配偶。仔細觀察過籠養鳥的人，都知道鳥有各自的愛憎。赫龍爵士（Sir R. Heron）曾描述他養的斑紋孔雀是如何極爲成功地吸引了所有的雌孔雀。這裡雖不能敘述詳情，但是可以說人類能在很短時間內按自己的審美觀標準，使矮腳雞具有美麗、優雅的姿態。毫無疑問，在數千代的相傳中，雌鳥一定會根據牠們的審美標準，選擇出聲調最動聽、羽毛最美麗的雄鳥，並產生了顯著的性選擇效果。在生命不同時期出現的變異，會在相應時期單獨出現在雌性後代或者雄、雌兩性後代身上，性選擇會對這些變異起作用；用這種性選擇的作用，可以在一定程度上解釋雄鳥和雌鳥的羽毛爲何不同於雛鳥羽毛的著名法則，在此就不詳細討論這個題目了。

因此任何動物的雌雄兩體，如果牠們的生活習性相同而構造、顏色或裝飾不同，可以說這些差異主要是由性選擇造成的，即：在世代遺傳中，雄性個體把稍優於其他雄性的攻擊武器，防禦手段或漂亮雄壯的外形等特點，遺傳給它們的雄性後代。不過，我們不應該把所有性別間的差異，都歸因於性選擇，因爲在家畜中，有些雄性專有的特徵並不能透過人工選擇而擴大。野生雄火雞（turkey-cock）胸間的叢毛，其實並無用處，而在雌火雞眼裡，也很難說這是一種裝飾；說實在的，如果這叢毛出現在家畜身上，就會被視爲畸形。

自然選擇，即適者生存作用的實例

讓我設想一兩個例子，來說明自然選擇是如何起作用的吧。以狼爲例，在捕食各種動物時，狼有時用技巧，有時用力量，有時則用速度。假設一個地區由於某種變化，狼所捕食的動物中，跑得最快的鹿數量增加或其他動物數量減少，這是狼捕食最困難的時期，在這種情況下，當然只有跑動最敏捷、體型最靈巧的狼才能獲得充分的生存機會，從而被選擇和保存，當然牠們還必須在各個時期總能保存足夠的力量去征服和捕食其他動物。人類爲了保存最優良的個體，（並非爲了改變品種）在進行仔細有計畫的或無意識的選擇時，能提高格雷伊獵犬（靈猩）的敏捷性。毫無疑問，自然選擇也會產生如此效果。順便提一下，根據皮爾斯先生（Mr. Pierce）所說，在美國的卡茨基爾山脈（Catskill Mountains）棲息著兩種狼的變種，一種形狀略似格雷伊獵犬，逐鹿爲食，另一種則軀幹較粗而腿較短，常常襲擊牧人的羊群。

請注意，在上述例子中，我說的是那些體型最靈巧的狼能被保存下來，並不是說任何單個的顯著變異都被保存下來。在本書的前幾版中，有時我曾說過單個顯著變異的保存是常常發生的。因爲過去我認爲個體差異非常重要，並因此詳細談論人類無意識選擇的結果，這種選擇是靠保存一切或多或少有價值的個體及除去不良個體而進行的。以前我也曾觀察到，在自然狀態下，任何偶然發生的構造差異，都是很難被保存下來的。比如一個大而醜的畸形，即便在最初階段被保存下來，而其後由於持續地與正常個體雜交，其特性一般都會消失。但是，直到我讀了刊登在《北英評論》（*North British Review*, 1867）上的一篇很有價值、很有說服力的文章後，我才明白了單獨的變異，不論是細微的還是顯著的，都難以長久保存下去。這位作者以一對動物爲例，說明雖然這對動物一生可生下二百個仔，但由於種種原因造成的死亡，平均僅有兩個仔可以存活下來並繁殖後代。對於大多數高等動物來說，這是一種極端情況的估計，但對於許多低等動物來說情況絕非如此。此作者指出，如果一個新出生的幼體因某方面的變異可獲得優於其他個體兩倍的存活機會，但因死亡率太高，其結果存活下去仍會困難重重。文章指出，假設它能生存並繁殖，並且有半數的後代遺傳了這種有利變異，其後代也只是具有稍強一點的生存和繁殖的機會，而這種機會在以後歷代還會減少下去。我想這些論點無疑是正確的。如果一種鳥因長有彎鉤的喙而容易獲得食物，假使這種鳥裡有一隻生來就有極爲彎鉤的喙，並因此免於毀滅而繁殖。儘管這樣，這隻鳥要排除普通類型而永久獨自繁殖下去的機會還是很少的。根據在家畜中所觀察到的情況，可以肯定地說，如果把大量的、多少有點彎鉤喙的個體一代又一代地保存下來，把直喙的個體大量地除去，必然能達此目的。

不應忽視的是，由於相似的組織結構受到類似的作用，使一些顯著的變異會屢次出現，這些變異不應僅僅被視爲個體差異，從家養生物中可以找到很多此類證據。在這種情況下，即使變異的個體，起初沒有把新獲得的性狀傳給後代，只要生存條件保持不變，無疑它將會把同樣方式的更強變異遺傳給後代。毫無疑問，這種依同樣方式變異的傾向，往往非常強烈，可使同一物種的所有個體，可以不經任何選擇作用便產生相似的變異；或者是一個物種的三分之一、五分之一或十分之一的個體受到這樣的影響。關於這種情況，可以舉出若干實例。例如，格拉巴（Graba）估計在法羅群島（Faroe Islands）約有五分之一的海鳩（guillemot）屬於一個顯著的變種，這個變種以前被列爲一個獨立的物種而被稱爲uria lacrymans。在這種情況下，如果變異是有利的，根據適者生存的原理，原有的類型很快就會被變異了的新類型所取代。

以後我還要談到，雜交有消除各種變異的作用。在此要說明的是，大多數動物和植物都固守本土，一般都不做不必要的流動。甚至遷徙的鳥類，也常常返回牠們的原住地。因此每一個新形成的變種，起初一般都生活在原產地區，這似乎是自然狀態下變種的普遍規律。這樣，許多發生相似變異的個體，很快就會聚成小的群體，共同生活共同繁殖。如果新變種在生存競爭中獲勝，它便會從中心區域慢慢擴散，在不斷擴大的區域邊緣和那些沒有改變的個體進行競爭並征服它們。

再舉一個較複雜的例子來說明自然選擇的作用吧。有些植物分泌甜汁，這顯然是爲了排除體液內的有害物質。例如某些豆科植物（Leguminosae）從托葉基部的腺體排出分泌物，普通月桂樹（laurel）從葉背分泌液體。這種甜汁雖然量少，卻被昆蟲貪婪地尋求著，然而這些昆蟲的來訪，對植物本身並無任何益處。假如甜汁是從一種植物的若干植株的花裡分泌出來的，尋找這種甜汁（花蜜）的昆蟲會沾上花粉，並把花粉從一朵花傳到另一朵花上去，這樣同種的兩個不同個體，就可以進行雜交，從而產生強壯的幼苗，並使幼苗得到更好的生存和繁殖機會。這些情況極爲常見。那些花蜜腺體最大的植株，分泌的花蜜最多，最常受到昆蟲的光顧，因而獲得雜交機會也就最多。長此以往，它們就會占有優勢並形成一個地方變種。有些花的雄蕊和雌蕊所處的位置適合前來採蜜昆蟲的大小和習性，這在一定程度上有利於昆蟲傳授花粉，這樣的花同樣也會受益。如果一隻來往於花間的昆蟲並不採蜜而專採花粉，這種對花粉的破壞顯然是植物的一種損失，因爲花粉是專爲受精用的。可是如果因這一昆蟲的媒介作用，少量的花粉由一朵花傳到另一朵花，最初可能出於偶然，爾後就可能形成習慣，這種情況促進了植物的雜交，即使十分之九的花粉損失掉了，對於花粉被盜的植物來說，結果仍然是非常有利。因而，那些產花粉較多的、粉囊較大的個體將被選擇出來。

如果上述過程長期繼續下去，植物就將變得很能吸引昆蟲，昆蟲也就不自覺地在花間規律而有效地傳遞花粉。這方面突出的例子很多。現舉一例，這個例子同時還能說明植物雌雄分株的步驟。有些冬青樹（holly-tree）只生雄花，每花有四枚含少量花粉的雄蕊和一枚不發育的雌蕊；另一雌冬青樹只生雌花，每花有一枚發育完全的雌蕊和四枚粉囊萎縮的雄蕊，且雄蕊上無一粒花粉。在距一株雄冬青樹六十碼的地方，我找到一株雌冬青樹並從不同枝幹上採下二十朵花，當我把雌花柱頭放在顯微鏡下觀察時，發現所有柱頭上毫無例外地都沾有幾粒花粉，有的還相當多。那幾天風是從雌樹的方向吹往雄樹，所以這些花粉不是由風力傳送的；雖然天氣很冷並有暴風雨，（這對蜂類不利）但是我檢查的所有雌花都因在花間尋找花蜜的蜂而有效地受精了。現在再回過頭來談一下我們想像的情況：一旦植物變得很能吸引昆蟲，以致昆蟲在花間規則地傳遞花粉，另一個步驟可能就開始了。博物學者們都不懷疑所謂「生理分工」的益處，因此我們相信，一樹或一花只生雄蕊而另一樹或另一花只生雌蕊對植物是有利的。栽培的植物和被置於新的生活環境的植物雄性器官，有時是雌性器官的功能會有所減退。在自然狀態下，這種情況也會發生，即使程度極其輕微。既然花粉已經能在花間有規律地傳遞，既然「生理分工」的原理顯示，更完全的性別分離對植物更為有利，那麼雌雄分離的傾向越顯明的個體，將會不斷受益並被選擇，直到雌雄兩體最終完全分離。許多植物的雌雄分離顯然正在進行之中。如果要說明植物如何透過二型性和其他手段來達到雌雄分離的不同步驟，那是要花費很大篇幅的。這裡我只補充一點，即根據阿薩．格雷的研究，在北美有幾種冬青樹確實處於一種中間狀態，正如他所說的，是一種或多或少的「異株雜性」。

現在談談吃花蜜的昆蟲。假如一種常見的植物因連續的選擇作用而使花蜜逐漸增加，而某種昆蟲又是以這種花蜜爲食的。我能舉出多種例子說明蜂是如何急於採蜜而設法節省時間的。例如，一些蜂習慣於在花的基部咬一口來吸食花蜜，而本來牠們稍費點勁就能從花的開口部位鑽到花裡去。想到這些情況，我們就會相信，那些容易被忽視的微小個體差異，如口吻的長度、彎曲度等等，在一定條件下，對於蜂和其他昆蟲是有利的。因此有些個體能比其他個體更快地獲得食物，牠們所屬的群體能夠繁盛，而從牠們分出去的許多蜂群也都繼承了同樣的性狀。普通紅三葉草和肉色三葉草（*T. incarnatum*）的管形花冠，粗看上去長度並無差異，但蜜蜂可以輕易地吸取肉色三葉草的花蜜卻不能吸到紅三葉草的花蜜；能採紅三葉草花蜜的只有野蜂。蜜蜂不能享受遍布田野的紅三葉草花蜜，但牠們肯定是喜好這種花蜜的，因爲我曾多次觀察到，只有在秋季，眾多蜜蜂才能透過野蜂在紅三葉草基部咬破的孔道吸取花蜜。這兩種三葉草花冠的長度決定著蜜蜂能否採蜜，但其差異一定十分微小，因爲有人肯定地說，紅三葉草在收割後第二季作物開的花要小一點，而那時蜜蜂就來採蜜了。不知此說是否準確，也不知另外一篇發表的文章是否可信。那篇文章說，義大利種的蜜蜂可以吸取紅三葉草的花蜜，而這種蜂一般認爲是普通蜂的變種，而且與普通蜂可以自由交配。可以說，在長滿紅三葉草的地方，具有略長或不同形狀吻的蜂能夠獲得好處。從另一方面來說，由於紅三葉草完全靠能來採花蜜的蜂受精，如果一個地區的野蜂少了，則花冠較短或分裂較深的植株，將會得到好處，而蜜蜂也就可以採這種紅三葉草的花蜜了。現在，我們理解了蜂與花是如何透過不斷保存結構上互相有利的微小差異，同時發生或先後發生變異以達到完美的相互適應了。

我知道，用上述想像的例子來說明自然選擇的原理，是會遭到反對的，正如萊爾爵士最初「用地球近代的變遷來解釋地質學」時遇到反對一樣。不過現在再運用仍然活躍的一些地質作用來解釋深谷和內陸崖壁的形成時，很少再有人說那是微不足道或毫無意義了。自然選擇的作用，僅在於把每個有益的微小遺傳變異保存和積累起來。近代地質學已經拋棄了那種一次大洪水就能鑿出一個大山谷來的觀點，同樣地，自然選擇學說也將排除那種以為新生物類型能連續被創生，或者生物的構造能夠突然發生大變異的觀點。

個體雜交

關於這個題目先從側面講幾句吧。除了人們不太了解的奇特的單性生殖以外，很明顯，凡是雌雄異體的動植物，每次生育都必須交配才行。可是對雌雄同體的生物而言，這種情況就很不明顯。不過有理由相信，一切雌雄同體的個體，會偶然地或是習慣性地兩兩結合以繁衍其類。很久以前，斯普林格爾（Sprengel）、奈特和凱洛依德就曾含蓄地提出了這樣的觀點。下面我們就要談到這一觀點的重要性。對於這個題目我準備了許多資料足以詳加討論，但我還是不得不力求簡略。一切脊椎動物、昆蟲及其他大類的動物，都必須交配才能生育。近代研究的結果，使過去認為是雌雄同體的生物數目，已大為減少。至於真正雌雄同體的生物，大部分也必須兩兩結合。也就是說，為了繁殖，兩個個體要進行有規律的交配，這正是我們所要討論的問題。至於那些不經常交配的雌雄同體動物和大多數雌雄同體的植物，我們有什麼理由想像它們必須透過交合而繁殖呢？對於此等情況肯定不能一一詳談，只是講個大概而已。

首先，我已蒐集了大量事實，做了許多實驗，證明不同變種間的雜交或同一變種內不同品系個體間的雜交，可以使動植物的後代變得強壯並富於生殖力，這與養殖家們的普遍信念是一致的；反之，近親交配必定減弱個體的體質和生殖力。這些事實使我相信自然界的法則是：靠自體受精，生物不可能世代永存，與其他個體偶然或每隔一定時期進行雜交是必不可少的。如果把這一觀點當作自然法則，我們就能理解下述幾大類事實，否則用其他任何觀點都是解釋不通的。凡是培養雜交植物的人都知道，花暴露在雨下是非常不利於受精的。可實際上雌雄蕊完全暴露的花何等之多！這裡只有用異體雜交的必要性，才能解釋雌雄花蕊完全暴露的情況，也就是說那是爲了讓其他花的花粉能夠自由進入的緣故（儘管花朵內雌雄蕊排列的極近，便於自花受精）。此外還有許多花，例如蝶形花科即豆科的花，它們的結籽器官是緊緊包裹起來的，但這些花對於昆蟲的來訪幾乎都有完美而奇巧的適應。蝶形花必須透過蜂的媒介授粉，如果阻止蜂的來訪，這些花的結籽能力就會大受影響。昆蟲從一朵花飛到另一朵花，肯定要傳帶著花粉，這使植物大受其益。昆蟲的作用就像一把駝毛刷子，只要先觸一下這朵花的雄蕊，再觸一下那朵花的雌蕊，受精就可大功告成了。但是不要錯誤地認爲，蜂的傳粉作用，可以在不同作物中產生許多雜交品種，因爲在同一雌蕊上，同種植物的花粉比異種植物的花粉具有更強大的優勢，以致於完全可以消除異種植物花粉的影響，格特納（Gärtner）就曾指出過這一點。

有時，花內的雄蕊會突然彎向雌蕊，有時也會一枚一枚地慢慢彎向雌蕊，這些「機關」好像專門爲了保證自花授粉而互相配合似的，不過雄蕊的顫動往往還可借助昆蟲的一臂之力。凱洛依德曾指出刺檗〔小檗、伏牛花（barberry）〕就是這種情形。這個屬內的植物幾乎都有這種特別有利於自花傳粉的機能。但是，眾所周知，把近緣的物種或變種種植在彼此靠近的地方，就難以培育出純種的幼苗，因爲它們會大量地自然雜交。在其他一些情況下，自花授粉的條件是很不利的，某些特殊機制會有效地阻止雌蕊接受自花的花粉。斯普林格爾和其他作者的著作中都談到過這一點，我個人也觀察到這種情況。例如，亮毛半邊蓮（Lobelia）就有一種美麗精巧的構造，能夠在雌蕊準備受粉以前把無數的花粉從粉囊中全部散放出去，至少在我的園中，昆蟲從來不造訪這種花，所以它也就不結籽。但是當我把一花的粉放在另一花的柱頭上，它就能結籽並可從中育出幼苗。而我園中另一種常有蜂來造訪的半邊蓮就很容易結籽。在沒有特殊構造阻止雌蕊自花授粉的情況下，我本人、斯普林格爾以及最近的希得伯朗（Hildebrand）及其他人，都能證實這些花或者在雌蕊準備授粉前粉囊就已破裂，或者雖然雌蕊已經可以授粉了但花粉尚未成熟，所以這種所謂兩蕊異熟的植物，實際上與雌雄異體的植物一樣，都得經過雜交才會授粉。前面講過的二型性或三型性的植物也屬此種情況。這些事例是多麼奇特啊！同一花內花粉與柱頭的位置靠得那麼近，好像是專門爲自花授粉而生似的，可實際上卻又彼此都用不上。這些現象似乎令人費解，但是，如果我們用偶然的異體雜交的優越性和必然性，來解釋這些情況，卻又是何等簡單！

如果把甘藍、蘿蔔、洋蔥及其他植物的一些變種，種植在彼此挨近的地方，便會發現所得種子育出的幼苗大部分都是雜種。例如，幾個甘藍的變種生長在相互挨近的地方，我從它們的種子中培育出二百三十三株幼苗，便發現能保持原變種性狀的只有七十八株（其中有幾株還不太純）。可事實是每一朵甘藍花的雌蕊都被同一朵花的六個雄蕊和同株植物上的其他花朵的雄蕊包圍著，而花內的花粉不需要昆蟲便可落在雌蕊柱頭上（因我曾看到未經昆蟲傳粉的花也能結籽）。上面提到幼苗中有如此多的雜種，這一事實只能說明不同變種的花粉比同花花粉有更強的授精能力，也進一步證明了同種異體雜交具有優勢這一普遍法則的正確性。如果用異種進行雜交，情況正好相反，因爲同種花粉幾乎總是比異種花粉的受精能力強，這個問題在下一章還要做進一步討論。

對於一株開滿花的大樹，假如認爲花粉通常只在同樹的花間傳遞而極少傳到另一樹，那就不對了；我們也不應認爲，只有在某種特定前提下，同樹的花才能被看作不同個體。自然界就是這樣，它使同一樹的花雌雄分異，此時，雖然雌花、雄花同生一樹，花粉也必須由一花傳到另一花；如果是這樣的話，那麼花粉也肯定能從一樹傳到另一樹。一切屬於「目」一級的樹，雌雄分化現象通常比其他植物多，在英國就有這種情況。應我的要求胡克博士把紐西蘭的樹木列成表格，阿薩·格雷博士把美國的樹也排列成表，所顯示的結果與我推斷的一致。不過胡克博士告訴我，這一規律卻不適合澳洲的情況。但是我想，如果澳洲的樹木屬於雌雄異熟型，那與雌雄分離所產生的後果是一樣的。在此，我特別以樹木爲例進行討論，目的是爲了引起人們對這個問題的注意。

現在讓我們簡要地談談動物方面的情況吧。儘管很多陸生動物是雌雄同體的（如陸生軟體動物和蚯蚓等），但牠們都需要交配方可授精。目前還找不到一種陸生動物是能夠自體受精的。這一顯著的事實與陸生植物形成了強烈對比，但根據偶然雜交的必要性原理，就可完全理解這個事實。由於受精體制不同，陸生動物除了兩體相交，不可能像植物那樣借助蟲媒、風媒及其他手段進行偶然雜交。水生動物中有一些雌雄同體者是能夠自體受精的，但水流顯然可使牠們獲得雜交的機會。我曾向權威學者赫胥黎教授（Prof. Huxley）請教，世上是否存在某種雌雄同體動物，牠的生殖構造完全封閉在體內，不需要與外界溝通，其受精過程也不會受到其他個體的影響；他告訴我，正如在花類找不到這種例子一樣，在動物中也找不到這樣的例子。上述情況使我很長時間難以解釋蔓足類（Cirripedes）的受精過程，幸好，一個偶然的機會使我能夠證明兩個自體受精的個體，有時確實能進行雜交的。

有些同科甚至同屬的動、植物，儘管在整體構造機制上非常一致，可是有些是雌雄同體，有些卻是雌雄異體，這一定使許多博物學家感到驚異。但是，如果一切雌雄同體的物種都能偶爾進行雜交，那麼它們與雌雄異體者在機能方面也就沒有多大差別了。

根據上述理由及我蒐集的大量事實（在此不能一一列出），不同動、植物個體間的偶然雜交，即使不是絕對的，那也是一個非常普遍的自然規律。

透過自然選擇產生新類型的有利條件

這是一個較爲複雜的問題。顯然，包括個體差異在內的大量差異，對形成新的生物類型都是有利的。在一定時期內，如果個體數量多，出現有利變異的機會也隨之增多，這可以補償每一個體變異量較少之不足，而這一點正是導致自然選擇成功的重要因素。雖說自然選擇是在長時間內起作用的，但這時間長度並不是無限的，因爲一切生物都力求在自然體系中爭占一席之地，如果一種生物不能隨它的競爭者發生相應的改變和改進的話，它就會被消滅掉。如果有利變異不能遺傳，自然選擇也就不能發揮作用。儘管返祖傾向往往會抑制或阻止自然選擇的工作；但是，既然這種傾向沒有能阻止人類透過選擇培育出各個家養品種來，它又怎麼能阻止自然選擇的作用呢。

在有計畫的人工選擇中，飼養者爲了某種目的而進行選擇，如果任憑個體自由雜交，他的選擇工作就不能成功。但是許多人並不蓄意改變品種，他們只是以近乎相同的標準追求完善，試圖獲得最優良的個體來繁衍後代。所選的個體即便未形成新品種，這種無意識的選擇過程也一定能導致它們緩慢的改進。自然狀態下的選擇也是如此。在一個有限地區內，有些地方的自然體系中尚存一些空位，那麼所有向著正確方向變異的個體，儘管變異程度不同，都將被保存下來。如果在一個很大的地區內，各小區域之間的生活條件必有不同，結果同一物種便會在不同區域內發生變異，而新形成的變種則將在各區域的邊界地帶互相雜交。本書第六章將告訴我們，生長在中間地區的中間型變種最終要逐漸被鄰近地區的一個變種所取代。雜交主要影響那些流動性大、生育率低、每育必交配的動物。所以，正如我實際上看到的那樣，具有這種特性的動物，如鳥類，牠們的變種一般僅存在於隔離的地區內。對於偶然雜交的雌雄同體生物和流動性差、繁殖率高、每育必交配的動物來說，新改良的變種在任何地方都能迅速形成。牠們先在那裡聚集成群，然後才傳播開來。這樣，新變種的個體才能在一起進行大量交配。根據這個原理，育苗人總是在大群的植物中留存種子，因爲在大群中雜交的機會減少了。

甚至對於那些每育必交、繁殖不快的動物來說，自由雜交也不能夠消除自然選擇的效果。我能提供大量事例證明：由於棲息於不同場所，各自繁殖於稍不相同的季節及偏愛與同種個體交配等原因，同一地區內同一物種的兩個變種可以長期保持性狀的不同。

雜交可使同物種或同變種的個體保持性狀的純正和一致，這是雜交在自然界中的重要作用，對於每育必交的動物來說，這種作用更爲有效。前面已經講過，所有動、植物都會偶然雜交，即便間隔很長時間才雜交一次；雜交的後代也比自體受精的後代更強壯、更富於生殖力，以致於獲得更好的存活和繁殖的機會。所以，從長遠看，哪怕極爲罕見的雜交都會造成極大的影響。至於那些最低等的生物，它們不進行有性繁殖，沒有個體的結合，也不可能進行雜交，但在相同生活條件下要保持性狀的一致，只能靠遺傳和透過自然選擇，除去那些與原種有偏離的個體。如果生活條件變了，個體形式也變了，靠自然選擇保存相似的有利變異可以使變異了的後代獲得一致的性狀。

隔離是透過自然選擇產生生物種變異的又一重要因素。在一個不太大的有限或隔離的地區內，有機和無機的生活條件幾乎是一致的。在這裡，自然選擇傾向於以同樣的方式去改變同一物種內的一切個體，這些生物與周邊地區生物的雜交也會受到抑制。關於這個問題最近華格納（Moritz Wagner）發表的一篇很有意義的文章表明，隔離在阻止新變種進行雜交方面所起的作用比我原先設想的還要大。可是由於前面所提到的原因，我無論如何也不能同意這位博物學家的觀點。當氣候、陸地的高度等自然條件變化後，隔離所起的重要作用，就是阻止外地適應能力更強的生物移入這個地區，因此在這個地區的自然生態體系中就空出一些新位置，以待原棲息於此地的生物變異後塡充進來。最終，隔離爲緩慢形成的新生變種提供了時間。當然，有時隔離可能是很重要的。但是如果這個隔離區很小，或者周圍有障礙物，或者自然條件極爲特殊，生物的總數就會很少，這樣就會減少產生有利變異的機會，所以透過自然選擇形成新種的過程也就延遲了。

對於自然選擇來說，流逝的時間本身並不起什麼作用，它既不推動又不妨礙自然選擇。我做這樣的說明，是因爲有人錯誤地說我認爲時間在改變物種方面起非常重要的作用，好像一切生物由於內在的規律必然要發生變異似的。時間的重要作用僅在於：它使有利變異的發生、選擇、積累和固定獲得較好機會。此外時間能增進自然環境對每一物種的形成所起的直接作用。

如果我們到自然界中去檢驗一下這些觀點是否正確，觀察一下任何一個隔離的小地區（例如海洋中的島嶼），就會發現雖然島上的物種數目很少（在地理分布一章將要談這個問題），但在這些物種中，大部分都是本地種，也就是說它們僅生於此地而不生長於世界上任何別的地方。所以初看起來，海洋中的島嶼非常有利於新種的產生，但這會使我們自欺，因爲要確定究竟是一個小的隔離區，還是一個像大陸那樣的大的開放地區，更有利於生物新類型的產生，我們應該在相等的時間內進行比較，而那是我們無法做到的。

隔離對新物種的產生十分重要，但總的來說，我還是相信地域寬廣，對新種的產生更爲重要，對於那些生存期長，分布廣的物種尤其如此。廣大開放的地區可以容納同一物種的大量個體，這就增加了產生有利變異的機會，而且棲息於一地的大量物種，也使這裡的生存條件更爲複雜。如果大量物種中的一部分發生了變異或改進，其他物種勢必也要在相應程度上發生改進，否則它們就會被滅絕。每一新類型極大地改進後，就會向著開放的毗鄰地區擴散，去與其他類型競爭。此外，因過去的地面升降運動，目前連接著的廣大地區，過去一定曾處於互不連接的狀態，因此隔離對新種產生所起的良好作用，一定在某種程度上發生過。最後，我的結論是：在某些方面，小的隔離區對新種的產生是非常有利的，但是一般來說，變異過程還是在廣大的地區進行得快；更重要的是，那些已經戰勝過許多競爭對手而從大地區產生的新類型，一定會分布得更廣遠，產生更多的新變種和新物種，從而在生物界發展史上占有更重要的位置。

根據以上觀點，我們就可以理解某些事實（在地理分布一章中還要再講到這些事實）。例如，與歐亞大陸比起來，在地域較小的澳洲上的生物就相形見絀了。又如，大陸上的生物在各處的島嶼上都能馴化。小島上生存競爭不太激烈，也就少有變異，少有滅亡。因此，我們也可以理解，爲什麼希爾（Oswald Heer）說，馬德拉的植物區系在一定程度上很像已消亡的歐洲第三紀植物區系。一切池塘湖泊等淡水盆地合併起來，與海洋和陸地比較，也只是個小小地區，所以淡水生物間的生存競爭，不如海洋裡的激烈，新類型的產生和舊類型的消亡也都緩慢。硬鱗魚（Ganoid fishes）曾經是一個占優勢的目，現在僅從淡水盆地中找到這個目留下來的七個屬。目前世界上幾種形狀最奇特的動物，如鴨嘴獸（*Ornithorhynchus*）和美洲肺魚（*Lepidosiren*）只能在淡水中找到。牠們能像化石一樣，把今日自然分類中相隔很遠的目在一定程度上聯繫起來。這些異常的生物被稱爲活化石，牠們生活在侷限的地區內，那裡生存競爭不那麼激烈，因而較少發生變異。

現在，讓我們在錯綜複雜的問題所允許的範圍內，總結一下經過自然選擇作用，所產生新物種的有利和不利條件。我認爲，對於陸地生物來說，地面多次發生升降變遷的寬廣地區，最有利於許多新生物類型的產生，這些生物既能長久地生存又能廣泛分布。如果這個地區是一片大陸，那裡生物的個體和種類就非常之多，而且置身於激烈的生存競爭之中。如果因地面下沉，這個地區變成分隔的大島，每一個島上同種的個體仍然很多，可是在分布的邊緣地區新種的雜交會受到限制。因移入被阻斷，每一自然條件改變後，各島上自然生態體系中的新位置，就只能由舊物種產生的變異類型來塡充，漫長的時間能使各島上的變種進行充分的改進和完善。如果地面又再升高，這些島又能連接成大陸，生存競爭又會激烈起來，最占優勢、最完善的變種將能夠擴散，而不夠完善的類型將遭滅絕。在重新連接的大陸上，各種生物的相對比例數目將再度發生變化。自然選擇將有充分的機會去進一步改良舊物種、創造新物種。

我完全承認，自然選擇作用過程大多是非常緩慢的。只有當現存生物的變異更適合一個地區自然生態體系中的一些位置時，自然選擇才能發生作用，而這些位置的出現，有賴於自然條件的緩慢變化和阻止更適應的生物從外界的遷入。當舊物種變化後，它們與其他生物間的關係就被打亂，新的位置又將出現，以待更適應的類型去占領；但所有這一切都是非常緩慢地進行的。儘管同種個體間都存在輕微的差異，但要經過漫長的時間，才能使它們身體構造的各部分表現出相當顯著的差異；自由雜交還會阻礙這種結果的產生。人們一定會說，這幾種因素足以抵消自然選擇的力量，可我不相信情況會這樣。另一方面，我確實相信自然選擇一般是極其緩慢的，在很長時間內僅對同一地區的少數個體起作用的。我還相信，這些緩慢的斷斷續續的選擇結果，與地質學所告訴我們的世界上生物變化的速度和方式是非常一致的。

如果人工選擇的有限力量都能大有作爲，那麼，儘管自然選擇的過程十分緩慢，但在漫長的歲月中，透過適者生存的法則，一切生物之間，生物與其自然生活條件之間的相互適應關係，一定會無限制地向著更完美、更複雜的方向發展變化。

自然選擇造成的滅絕

在地質學一章裡將充分討論這個問題，但因它與自然選擇很有關係，所以在此有必要提一下。自然選擇的作用只是透過保存在某些方面的有利變異，使這些變異能持續下去。由於一切生物都以幾何級數增加，致使每一地區都充滿了生物；隨著優勢類型個體數目的增加，劣勢類型的個體數就要減少以致稀少。地質學告訴我們，稀少就是滅絕的前奏。我們知道，任何個體數量少的類型在季節氣候發生重大變動時，或在敵害數量暫時增多時，極有可能遭到滅頂之災。進一步說，如果我們承認物種類型不可能無限地增多的話，那麼，隨著新類型的產生，必然導致眾多舊類型的消亡。地質學明確顯示，物種類型的數目從來沒有無限地增加過。現在我們來說明一下，爲什麼世界上的物種數量不能無限地增加。

我們知道，在任何時期，個體最多的物種可獲得最好的機會以產生有利變異，對此我們是有證據的。第二章提到的事實顯示，正是那些常見的，廣泛分布的或占優勢的物種，產生了最多的有據可考的變種。因此，在任何時期，個體稀少的物種，發生變異和改良速度較慢的物種，在生存競爭中，它們很容易被已變異和改良過的常見物種的後代擊敗。

根據這些分析，結果必然是：隨著時間的推移，透過自然選擇，新物種產生了，而其他物種將變得越來越稀少以致最終滅絕。並且，那些與正在變異和改良的類型進行最激烈鬥爭的類型將最先滅亡。在生存競爭一章中我們已經知道，由於具有近似的結構、體質及習性，最近緣的類型（同種的各變種，同屬或近屬的各物種）之間競爭最爲激烈。其結果是，在每一變種或物種形成的過程中，它們給最近緣種類造成了最大的威脅，以致於往往最終消滅它們。在家畜中，透過人類對改良類型的選擇，也會出現同樣的消亡過程。許多具體的例子可以說明，牛、羊及其他動物的新品種和花草的變種，是多麼迅速地取代了舊的低劣種類的。在約克郡人們都知道，古代的黑牛被長角牛取代，長角牛又被短角牛所排擠。用一老農的話說：「簡直就像被殘酷的瘟疫一掃而光。」

性狀趨異

這個術語所包含的原理是很重要的，許多現象都可以用它來解釋。首先，即便是那些多少已經具有物種特徵的顯著變種，與明確的物種比起來，彼此間的差異還是小得多，因而在很多場合很難對它們進行分類；但我還是認爲，變種是形成過程中的物種，我稱之爲初期物種。那麼變種間的較小差異是如何擴大爲物種間的較大差異的呢？自然界中無數的物種呈現顯著的差異，而變種是未來顯著物種的原型和親體，在它們之間僅呈現出微小而不確定的差異，由此，我們可以推論，較小差異向較大差異變化的過程是經常發生的。可以說，僅僅出於偶然變異，變種才與親體之間有了某種性狀的不同，後來這一發生變異的後代又與親體在這同一性狀方面產生了更大的不同。然而，僅此並不能解釋同屬異種間常見的巨大差異。

按照慣常的做法，我到家養動植物中去尋求對此事的解釋，因爲在它們中可找到一些相似的情況。人們會承認，彼此差異極大的品種，如短角牛與海弗牛，賽跑馬和拖車馬及鴿子的不同品種等等，絕不可能僅僅是在世代相傳中靠偶然積累相似變異產生出來的。在實踐中，有的養鴿者喜愛短喙鴿，有的卻喜歡長喙鴿。一個公認的事實是，鴿迷們喜歡極端的類型而不喜歡中間類型。他們繼續選擇和飼養那些喙較長的或較短的鴿，就像人們培育翻飛鴿的亞品種那樣。此外，我們可以設想，在歷史初期，一個國家或地區的人需要快跑的馬，另一個國家或地區的人需要強壯的高頭大馬，隨著時間的流逝，一方不斷地選擇快馬，另一方則不斷地選擇壯碩的馬，這樣原來差異甚小的馬會逐漸變爲兩個差異很大的亞品種，最終在幾個世紀之後，亞品種就轉變爲兩個界線分明的不同品種了。當兩者之間的差異繼續增大時，那些既不太快又不太壯的中間性狀的劣等馬就不會被選來配種，因此這種馬也就逐漸消亡了。從這些人工選擇產物中可以看到能造成差別的所謂趨異原理的作用，它使最初難以覺察的差異逐漸擴大，使品種彼此間以及品種與其親體間的性狀發生分異。

那麼能否把類似的原理應用於自然界呢？我認爲這一原理可以非常有效地應用於自然界（雖然經過很長時間我才弄清楚該怎樣應用），因爲任何一個物種的後代越是在結構、體質和習性上分異，它就越能占據自然體系中的不同位置，因而數量會大大增加。

從習性簡單的動物中，我們可以清楚地看到這種情況。以食肉的哺乳動物爲例，在任何可以容身的地方，哺乳動物的數量早就達到了平均飽和數。如果在一個地區，生活條件不發生改變而任其自然發展，只有那些發生變異了的子孫們，才能獲取目前被其他動物占據著的一些位置。例如，牠們有的能獲取新的獵物，不管是死的還是活的；有的能生活在不同的場所，能上樹或能下水；有的能減少食肉習性等等。總之，食肉動物的後代越能在身體構造和習性方面產生分異，牠們能占據的位置就越多。如果這一原理可應用於一種動物，那麼，它就可以應用於一切時期的一切動物。也就是說，只要牠們變異，自然選擇就會起作用；如果不變異，選擇就無所作爲。植物界的情況也是如此。實驗證明，如果一塊地上只播種一種草，另一塊大小相等的地上播種多種草，則後一塊地上所得的植株數量和乾草的重量都比前者要多。如果把小麥的變種分成單種和多種兩組，並在同樣大小的土地上種植，也會得到相同的結果。因爲只要任何一種草仍在繼續變異，哪怕差異十分微小，這些彼此不同的變種就能像不同的物種或屬那樣，以同樣的方式繼續被選擇。於是，這一物種的大量個體，連同它的變種，都將成功地在同一塊土地上存活下去。每年草類中的各個物種和變種都要撒下無數的種子，在追求最大限度地增加個體的數量方面，可以說是竭盡全力；因此，在萬千世代相傳的過程中，只有那些草類最顯著的變種，能夠有機會增加個體數目並排除那些變異不夠顯著的變種。當各個變種變異得彼此截然不同時，它們就躋身於物種之列了。

身體構造上的多樣性，可使生物最大限度地獲得生活空間，許多自然環境中的情況，都顯示出這一原理的正確性。在一個對外開放、可以自由遷入的極小地區，個體之間的生存競爭一定非常激烈，生物間的分異也會非常之大。例如，一塊生活條件多年相同的三英尺寬四英尺長的草地，在這裡生長的二十種植物分屬於八個目的十八個屬，可見這些植物之間的差異有多麼大。在地質構造一致的小島上或是小小的淡水池塘裡，植物與昆蟲的情況也是如此。農民發現輪種不同科目的作物收穫最多，自然界所遵循的則是所謂的同時輪種。假設一個沒有什麼特殊情況的小地方，密集在這裡的大部分植物都可以生存，或者說是在為生活掙扎。按照一般規律，我們應該看到在生存競爭最激烈的地方，由於構造分異和習性、體質趨異，必然導致了這樣一種情況，即彼此傾軋最激烈的，正是那些所謂異屬和異目的生物。

植物經人類作用可以在異地歸化，這一事實也同樣證明了這一原理。或許有人以為，能在任何一塊土地上歸化的植物，一定與當地植物近緣，因為人們一般認為當地植物都是專為適應這塊土地而創造的，而能歸化的植物一定屬於那些特別能適應遷入地區某一地點的少數幾類植物，但實際情況並非如此。德．康多爾在他的大作中明確指出，與本地植物屬與種的比率相比，經歸化而增加的植物中屬的數目要多於種的數目。例如，阿薩．格雷在他的《美國北部植物志》最近一版中列舉了二百六十種歸化植物，它們屬於一百六十二個屬。由此可見，歸化植物的趨異性非常之大。歸化植物與本地植物有很大程度的不同，因為在一百六十二個屬中，外來的不少於一百種，因此現在生存在美國的植物中，屬的比率大大地增加了。

考察一下那些在任何地方都能戰勝土著生物並得以歸化的動、植物，從它們的性質就可以了解到土著生物該如何變異，才能獲得超越這些外來共生者的優勢。至少我們可以推論，能彌補與外來屬之間差距的構造分異，對它們肯定是有利的。

實際上，同一地區生物構造分異帶來的優勢，就如體內各器官生理分工所帶來的優勢一樣，愛德華茲（Milne Edwards）曾詳細討論過這種情況。生理學家都相信，適合素食的胃從素食中獲取的營養最多，適合肉食的胃從肉食中獲取的營養最多。因此，在某一地區總的自然體系中，如果動、植物的生活習性分歧越廣泛和越完善，那麼該地區所能容納的生物個體數量就越多。一個身體構造很少分異的動物群，是難以和身體構造分異完善的動物群競爭的。例如，澳洲的有袋動物可以分爲幾類，但各類間的差異很小。沃特豪斯先生（Mr. Waterhouse）及其他人曾指出，即便這幾類有袋動物勉強可以代表食肉類、反芻類和齧齒類的哺乳動物，很難相信牠們能和那些非常進步的各目動物進行競爭而獲取勝利。我們看到在澳洲哺乳動物中，分異的進程仍然處在早期的和不完全的發展階段中。

透過性狀趨異和滅絕，自然選擇對共同祖先的後裔可發揮作用

透過以上簡要的討論，我們可以認爲，某一物種的後代越變異，就越能成功地生存，因爲它

們在構造上越分異，就越能侵入其他生物所占據的位置。現在讓我們看一看，這種從性狀趨異中獲利的原理，與自然選擇原理及滅絕原理，是如何結合起來發揮作用的。

下面的圖表，可以說明我們理解這個複雜的問題。圖中從A到L代表某地一個大屬的各個物種，它們彼此之間有不同程度的相似（自然界的情況普遍如此），所以在圖中各字母之間的距離不相等。在第二章我們知道，大屬中變異的物種數和變異物種的個體數量平均比小屬要多；我們還知道，最常見、分布最廣泛的物種，比罕見且分布範圍狹小的物種所產生的變異要多。假設圖中A代表大屬中一個常見的、廣泛分布的、正在變異著的物種，從A發出的長短不一的、呈樹枝形狀的虛線是它的後代。假設變異的分異度極高但程度甚微，而且變異並非同時發生或是常常間隔很長時間才發生，發生後能持續的時間也各不相同，那麼，只有那些有利變異才能被保存下來，即被

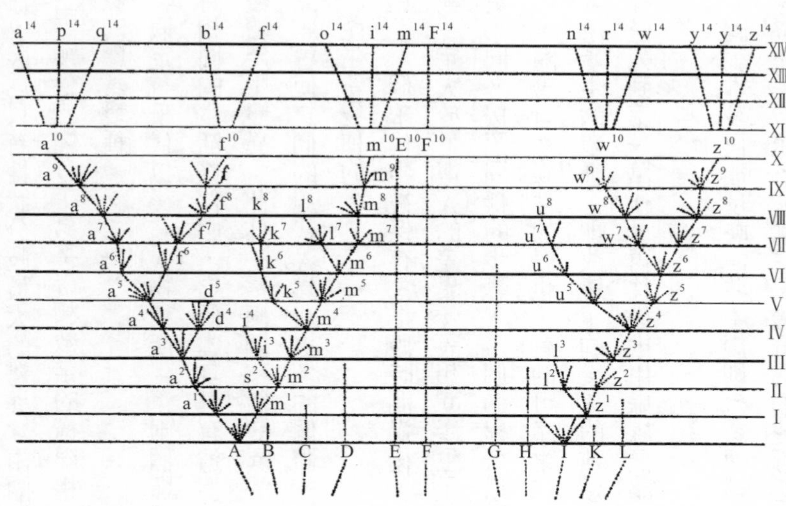

自然所選擇。這時就顯示出性狀趨異在形成物種上的重要性，因爲只有性狀分歧最大的變異（由圖中外側的虛線表示）才能透過自然選擇被保存和積累。圖中虛線與標有小寫字母和數字的橫線相遇，說明充分積累的變異已經形成了一個能在分類志上記載的顯著變種。

圖中每兩條橫線間的距離，代表一千代或更多的世代。假定一千代以後，(A)物種產生了兩個顯著的變種，即a^1和m^1，這兩個變種處於與它們的親代變異時相同的生活條件中，它們本身具有遺傳得來的變異傾向，所以它們很可能以它們親代變異的方式繼續產生變異。此外，這兩個稍微變異的變種，還繼承了它們親代的和親代所在屬的優點，那些優點，曾使它們的親代(A)具有更多的個體，曾使它們所在的屬成爲大屬，所有這些條件無疑都是有利於產生新變種的。

如果這兩個變種繼續發生變異，最顯著的性狀變異將在下一個千代中被保存，這段時間過後，假定由圖中的a^1產生出a^2，由趨異原理可知，a^2與(A)的差異一定大於a^1與(A)的差異。設想m^1產生了二個變種：m^2和s^2，它們彼此不同，與它們的共同祖先(A)更不同。按照同樣的步驟，這個過程可以無限地延續下去，每經過一千代，有的變種僅產生一個變種，隨著自然條件的變化，有的可產生二至三個變種，有的也許不能產生變種。這樣，由共同祖先(A)所產生的變種，即改變了的後代的種類數目不斷增加，性狀會不斷變異，從圖中可看到，這個過程僅列到第一萬代，再往後則用虛線簡略表示直到一萬四千代。

但是我必須指出，變異過程並非如圖所示這樣規則地（圖表本身已能反映一些不規則）或連續地進行，而很可能一個變種長時間內保持不變，而後又發生變化。我也不能斷言，最分異的變種必然會被保存下來，有時中間類型也能持續很長時間，並能產生多種後代，因為自然選擇是按照自然體系中未占據或占據不完全位置的性質來發揮作用的，而且也是與許多複雜的因素相互關聯的。不過按照一般規律，任何物種的後代性狀越分異，它們所能占據的位置越多，所擁有的變異後代也就越多。在我們的圖中，連續的系統每隔一定距離，就規則地被一個小寫字母所中斷，那是表示此類型已經發生了充分變異，可以標記為一個變種。但這種間斷完全是想像的，實際上只要間隔的時間長度足以使變異大量地積累起來，這種表示變種形成的間斷，是可以出現在任何位置上的。

大屬內廣泛分布的常見物種所產生的變異後代，大都從親代那裡繼承了相同的優勢，這種優勢使它們的親代成功地生存，一般也會使這些後代繼續增加個體數量和性狀變異的程度。圖中從（A）延伸出來的數條分支虛線就表示了這一情況。圖中幾條位置較低沒有達到上端線的分支虛線，表示早期的改進較小的後代，它們已被較晚產生的、圖上位置較高的、更為改進的後代所取代並滅絕。在某些情況下，變異僅限於一條支線，這樣，雖然分歧變異的量在不斷擴大，而變異後代的個體數量卻沒有增加。如果把圖中a^1至a^{10}的支線留下，而去掉其他由A發出的各條虛線，這種情況就清楚地反映出來了。英國賽跑馬和嚮導獵犬顯然就屬於這一情況，牠們的性狀慢慢地改進了，可是並沒有增加新品種。

假定一萬代後，由物種（A）產生出三個類型：a^{10}、f^{10}和m^{10}，由於歷代性狀的分異，它們之間，以及它們與祖代之間的差異雖不相等，但一定非常之大。假定在圖中每兩條橫線之間的變異量是極其微小的，這三個類型僅僅是三個顯著的變種，假定在變異的過程中，步驟很多且變異量很大，這三個變種就會轉爲可疑物種，進而成爲明確的物種。這樣，此圖就把區別變種的較小差異是如何上升爲區別物種的較大差異的各個步驟，清楚地表示出來了。如果這一過程如圖中簡略部分所示，以同一方式繼續進行下去的話，那麼，更多世代後便可得到如圖上所標出的a^{14}和m^{14}之間的幾個物種，它們都是由(A)傳衍下來的後代。我相信物種就是這樣增加的，屬也是這樣形成的。

在大屬內，可能發生變異的物種不止一個，假設圖表上的物種(I)以同樣的步驟，在萬代以後也產生了兩個顯著的變種，或根據圖中橫線所代表的變異量，產生了兩個物種（w^{10}和z^{10}），而一萬四千代以後，便可獲得如圖所示的由n^{14}到z^{14}的六個物種。某一屬裡具有極大差異的物種，可能產生的變異後代也會更多，因爲它們有最好的機會去占據自然體系中新的不同位置。所以在圖中，我選擇了一個極端的物種(A)和另一個近乎極端的物種(I)，因爲它們已經大量變異並已產生了新變種和新物種。而同屬內的其他九個物種（圖中用大寫字母表示）也能在長度不等的時間內，繼續繁育它們的無變化的後代，對此情況，在圖中用向上的長度不等的虛線來表示。

此外，如圖所示，在變異過程中還有另一個原理，即滅絕的原理也起著重要的作用。在充滿生物的地方，自然選擇的作用體現在被選取保留的類型，它們在生存競爭中具有超出其他類型的優勢。任何物種的變異後代在繁衍發展的各個階段都可能取代並排除它們的前輩或原始祖代。因爲我們知道，在那些習性、體質和構造上彼此最近似的類型中，生存競爭最爲激烈。因此介於早期和後期的中間類型，即處於改進較少和改進較多之間的類型，以及原始親種本身，都可能逐漸趨向消亡。甚至生物系統中有些整個分支的所有物種，都會被後起的改進類型排除而至滅絕。不過，如果變異的後代遷入另一個區域並迅速適應了新的環境，則後代與祖代之間競爭消除，二者可各自生存下去。

假定圖中表示的變異量相當大，則物種（A）和它的早期變種都會滅絕，代之而起的是a^{14}至m^{14}的八個新物種和n^{14}至z^{14}物種（I）的六個新物種。

進一步說，假如原來同一屬的物種彼此相似的程度不同（這是自然界中的普遍情況），物種（A）與B、C和D之間的關係比它與其他種的關係更近；物種（I）與G、H、K和L之間的關係之密切超出它與其他物種的關係；假如（A）與（I）是兩個廣泛分布的常見物種，它們本身就具備超越大部分其他物種的優勢，那麼，它們的變異後代，如圖所示，即一萬四千代之後產生的那十四個新物種，很可能既繼承了它們祖代的優勢，又在發展的不同階段中進行了不同程度的分異和改進，已經適應了這個地區自然體系中的許多新環境，因此很有可能，它們不但取代並消滅它們的祖代（A）和（I），而且可能消滅了與它們祖代近緣的那些原始種。所以說，只有極少數原始物種能夠傳到一萬四千代。在原始物種中那二個與其他九個種最疏遠的物種，如圖所示即（E）和（F）中，假設只有一個（F）可以將後代延續到最後階段。

在圖表中，由原來十一個物種傳下來的新物種已達到十五個。由於自然選擇的分異傾向，新種中兩個極端物種a^{14}與z^{14}間的差異量，比原始種中兩個極端物種間的差異量要大得多。新種間的親緣關係的遠近程度也很不相同。在（A）的八個後代中，a^{14}、q^{14}和p^{14}之間的關係較近。因爲它們是近期由a^{10}分出來的；b^{14}和f^{14}是較早期由a^{5}分出，所以它們與前面三個物種有一定程度的差別；最後的三個種，o^{14}、i^{14}和m^{14}彼此之間親緣關係很近，由於它們是從變異開始時期就分化出來，所以它們與以上五個物種差異非常大，它們可形成一個亞屬或者形成一個特徵顯著的屬。

從(I)傳下來的六個後代，可形成二個亞屬或二個屬。因爲原始種(I)與(A)本來就很不相同。在原屬中，(I)幾乎處於另一個極端，僅僅由於遺傳的原因，(I)的六個後代與(A)的八個後代，就會有相當大的差異；再說，我們可以設想兩組生物變異的方向也不相同。還有一個重要因素是，那些曾連接這些原始種(A)和(I)的中間種，設想除了(F)以外，全部滅絕了，而且沒有留下後代，這樣，(I)的六個新物種，以及(A)的八個後代物種，就勢必被列爲不同的屬，甚至被列爲不同的亞科。

由此我認爲，兩個或更多的屬是透過後代的變異，由同屬的兩個或更多的物種中產生出來的；而這兩個或更多的親種，可以假定是由較早的屬裡某一個物種傳衍下來的。圖中各大寫字母下面的虛線，就表示這種情況。這些虛線聚集爲幾個支群，再向下歸結到一點。假定這一點代表一個物種，那麼它就可能是上面提到的新亞屬或者新屬的祖先。

新物種F^{14}的特性很值得一提。假定這個物種保持著(F)的形態，（即使改變也非常輕微），性狀也沒有大的分異，這樣它與其他十四個新物種之間，就有了一種奇特而間接的親緣關係。假定這個物種的祖先，是位於已滅絕而又不被人知道的兩個早期物種(A)和(I)之間的一個類型，那麼，這個物種的性狀，就屬於(A)和(I)的兩組後代的中間類型。由於這兩種後代在性狀上與親種已經分異，新物種F^{14}並不是直接介於各新物種之間，而且介於兩個大組之間的中間類型，每一個博物學家都應該想到這樣的情況。

在這個圖中，每一橫線代表一千世代，當然也可假定每一橫線代表一百萬或更多世代，或者代表含有已滅絕生物遺體的連續地層中的一段。這個話題在地質學一章還要再談，那時我們將看到這個圖表可以說明那些已滅絕物種間的親緣關係。從中還可以看出，雖然它們與現存物種同目，同科或同屬，但在性狀上它們卻多少表現爲現存物種間的中間型。這一點完全可以理解，因爲那些已滅絕的物種曾生活在各個不同的遙遠時代，那時生物系統的分異還很少。

我想上述變異的演化過程，不應僅限於用來解釋屬的形成。假定圖中虛線表示的各個連續變異組代表的變異量很大，a^{14}至p^{14}，b^{14}至f^{14}和o^{14}至m^{14}這三群類型將形成三個極分明的屬。假定物種(I)也傳下來兩個很不同的屬，它們與(A)的後代差別極大，可以按照圖中所表示變異量的大小，將這兩個屬可以組成兩個不同的目或不同的科。於是我們可以說，這兩個新科或新目，是由同屬的兩個物種變異而來；而那兩個物種，又是從更遙遠的古代和不被人知的類型變異而來的。

我們已經知道，不論在什麼地區，大屬內的物種容易產生變種（初期物種），因爲只有當一個類型在生存競爭中，比其他類型占有優勢時，自然選擇才起作用，尤其是對已經具備了明顯優勢的物種起作用；某一生物群之所以能成爲大群，就是因爲它們從共同的祖先那裡繼承了共同的優點。所以在產生新的變異後代方面，大的生物群之間經常會發生鬥爭，因爲它們都在努力增加自己的個體數量。一個大的生物群會逐漸戰勝另一個大群，透過減少後者的個體數量，以減少它變異改良的機會。在同一個大的類群中，後起的比較完善的亞群，在自然體系中不斷分異，不斷占據許多新位置，也就能不斷地排擠、消除那些早期改良較少的亞群，最終使那些小的、衰弱的群或亞群滅絕。

展望未來，可以預言，現在獲得勝利的大生物群，因不易受損毀而極少遭受滅絕之災，將在一個很長的時期內繼續增加數量；但是很難預料，未來究竟是哪一個物種能占上風，因爲據我們所知，過去許多非常發達的生物群，現在都已經滅絕了。再向更遙遠的將來展望，可以預言，大生物群持續穩定地增加數量，最終將導致許多小的生物群滅絕，而且不留下任何變異的後代。所以說，在任何時期的物種中，能把後代一直傳到遙遠未來的，確實寥寥無幾。「分類」一章中還將討論這個問題，在此只是藉以說明，只有極爲少數的遠古物種能延續到今日。這樣我們就可解釋，爲什麼由同一物種後代所形成的綱，在動植物界中是如此之少。儘管從遠古時代早期的物種留傳下來的變異後代非常少，但是，我們可以想像到，在遠古地質時期，地球上一定也和今天一樣，存在著許多形形色色的屬、科、目、綱的生物。

生物體制進化可達到的程度

自然選擇專門保存和積累那些在生命的各個時期，在各種有機和無機生活條件下，都對生物有利的變異。最終的結果將是，每一生物與生活條件之間的關係，越來越得到改善，而這種改善，必將使世界上更多生物的體制逐漸進步。這樣，問題就出來了：什麼是體制的進步？對此，博物學家還沒有給出一個讓大家都滿意的解釋。在脊椎動物裡，智慧的程度和軀體構造上向人類靠近，顯然標誌著進步了。人們可能認爲，從胚胎發育爲成體的過程中，身體各部分，各器官所經歷的變化量，可以作爲比較的標準。但有時候，有些成熟的動物構造並不如幼體更高級，如一些寄生的甲殼動物，牠們成年後身體的某些部分反而更不完善了。馮．貝爾（Von Baer）先生提出的標準可能是最好的且廣爲採用的標準。他把同一生物（成體）各器官的分異量和功能的專門化程度，也就是愛德華茲所說的生理分工的澈底性程度作爲標準。可是，觀察一下魚類，就能看出這個問題並不那麼簡單。因爲有的博物學家把最接近兩棲類的類型（如鯊魚）作爲最高等的魚，而另一些人卻把硬骨魚（teleostean fishes）類列爲最高等，因爲牠們保持著最典型的魚的形狀而與其他脊椎動物最不相像。再看看植物界，也會發現這個問題確實棘手，在這個領域，智力的標準顯然是用不上的。有的植物學家把花朵的各器官（花萼、花瓣、雄蕊和雌蕊等）發育完全的植物列爲最高等；而另一些植物學家則把花的器官變異增大而數目減少的植物列爲最高等，我想也許後者更正確些。

如果把成年生物體器官的分化和專門化（包括導致智力發達的腦進化）當作高級體制的標準，自然選擇顯然向著這個標準進化：因爲生理學家一致認爲，器官的專門化可以使器官更好地發揮其功能，這對每一生物都是有利的，因此向專門化方向積累變異，是在自然選擇作用範圍之內的。但是另一方面，還應注意一切生物都努力以高速率增加個體數量並去占據自然體系中空餘或不易占據的位置；自然選擇傾向於使某種生物適應某種環境。在這個環境中，某些器官是多餘、無用的，這樣在構造等級上不免要出現退化現象。從整體上說，生物體制是否是從遠古地質時期向現代進化呢？這個問題放在「地質時期古生物的演替」一章中進行討論，可能會更方便些。

對以上問題持否定答案的人會說，如果說生物發展的傾向是在等級上不斷提高，但是世界上爲什麼還存在著那麼多低等類型的生物呢？爲什麼在一個大的綱內，一些生物類型要比另外一些類型發達得多？爲什麼高度發達的類型在各個地方都沒能把低等類型排擠並滅絕掉？拉馬克先生相信，一切生物都有天賦的必然傾向趨於機體構造的完善化，而這使他在回答上述問題時遇到了極大困難，於是他就只好假設新的簡單的類型是不斷自發地產生出來的。可是到目前爲止，科學並沒有證明此說的正確性，將來能否證明，也未可知。而根據我們的理論，低等生物的持續存在並不難理解，因爲自然選擇，或適者生存的原理，並不包含持續發展之意，它只是保存和積累那些在複雜生活關係中出現的有利於生物的變異。試問，高級的構造對一種浸液小蟲（*infusorian animalcule*）、對腸寄生蟲及某種蚯蚓來說究竟有什麼好處？如果改進並無好處，在自然選擇中，這些類型就會不加改變或很少改變地保留下來，以現在的低等狀態保持到永遠。地質學告訴我們，一些如浸液蟲和肉足蟲（rhizopods）這樣的最低等的類型，在相當長的時期內，一直保持現在的狀態。不過，要是認爲現存的低等類型自有生命以來毫無進步，那也太武斷了。凡是解剖過低等生物的博物學者，一定對它們奇特、美妙的構造印象深刻。

類似的觀點可以用來解釋同一大類群中具有不同等級的生物。例如，在脊椎動物中，哺乳動物與魚類並存；在哺乳動物中，人與鴨嘴獸並存；在魚類中，鯊魚與文昌魚（Amphioxus）並存（現在的分類學已經將文昌魚從魚類中分出來而歸屬於頭索動物——譯者注），後者的構造極其簡單，與無脊椎動物的一些類型十分接近。但哺乳動物與魚類彼此幾乎沒有什麼競爭，整個哺乳綱或綱內某些成員進化到最高等級也不會取代魚類。生理學者認爲，熱血流經大腦才能使它活躍，而這就要求呼吸，所以棲息於水中的溫血哺乳動物必須經常到水面呼吸，這對牠們是不利的。至於魚類，鯊魚科的成員不會排擠文昌魚。我聽穆勒說，在巴西南部荒蕪的沙岸邊，只有一種奇特的環節動物（annelid），是文昌魚唯一的夥伴和競爭對手。哺乳類中最低等的三個目，有袋類、貧齒類和齧齒類的動物，在南美洲能與許多猴子共存，彼此之間似乎極少衝突。總的來說，世界上生物體制可能曾經有過進化，而且還在繼續進化，但在結構等級方面，永遠會呈現各種不同程度的完善，因爲某些綱或綱內某些成員的高度進步，無需使那些和它們沒有競爭關係的生物類群趨於滅絕。我們還會看到，在某些情況下，棲息於有限或特殊區域的低等生物，因那裡生存競爭不激烈、個體數量又稀少，產生有利變異的機會被抑制，因而使它們一直延續至今。

總之，低等生物能在地球各個地方生存，是由各種因素造成的。有時是因爲沒有發生有利的變異或個體差異致使自然選擇無法發揮作用和積累變異。這樣，無論在什麼情況下，它們都沒有足夠的時間，以達到最大限度的發展。在少數情況下，還出現了退化。但主要原因是，高級的構造在極簡單的生活條件中沒有用處，甚或是有害的，因爲越精巧的構造，越容易出毛病、受損傷。

讓我們再看看生命初期的情況吧。那時一切生物的構造都極其簡單。那麼，各部分器官的進化或分異的第一步是如何發生的呢？斯賓塞先生是這樣回答的。當簡單的單細胞生物一旦成長或分裂爲一個多細胞的集合體時，或者附著在任何一個支撐面上時，按照斯賓塞的法則，將發生的情況是：任何等級的相似單元，要按照它們與自然力的關係，有比例地發生變化。但是此說並無事實依據，僅作爲對這一題目的猜想，似乎沒有什麼用處。另一種觀點認爲，沒有眾多類型的產生，就不會有生存競爭，也就不會產生自然選擇，這種觀點也是錯誤的。因爲生活在隔離地區的單一物種，也可能會發生有利變異，從而使整個群體發生變化，甚至會產生出兩個不同的類型。正如我在本書前言將結束時所說，如果我們承認，對目前世界上生物間的相互關係所知道的實在太少，對過去生物的情況更是十分無知，那麼，在物種起源方面仍有許多難以解釋的問題，是絲毫也不奇怪的。

性狀趨同

華生先生儘管也相信性狀趨異的作用，但認爲我對其重要性估計過高，他認爲性狀趨同也同樣起一定的作用。如果兩個近緣屬的不同物種，都產生了許多分異的新類型，設想它們彼此非常相似，以致於可以劃爲一個屬。這樣，異屬的後代就合併爲同一屬了。但是，在大多數情況下，只因構造上的接近或一般類似，就把極不相同類型的後代視爲性狀趨同，這未免過於輕率。結晶體的形狀，完全是由分子的結合力來決定的，所以不同物質有時呈現相同的形狀也就不足爲奇了。但在生物中，每一類型都依存於無限複雜的關係，既包括已發生的變異（變異的複雜原因又難以說明）；還依存於這些曾被保存、被選擇的變異之性質（與周圍的自然地理條件有關係，更重要的是與同它進行競爭的周圍生物有關係）；最終，還要歸結到無數代祖先的遺傳（遺傳本身也是一種變動的因素），而每一代祖先的類型也都是透過同樣複雜的關係才被確定下來的。所以很難相信，兩種差別極大的生物，其後代能夠在整體構造上趨於接近以致相同。如果此事確實發生過，在相隔很遠的地層中應該能夠找到非遺傳關係造成的相同類型。但考察有關證據，所得出的結論正和此觀點相反。

華生先生反對我的學說的一個觀點是，自然選擇的連續作用和性狀不斷趨異，會使物種無窮盡地增加。因爲就無機條件來說，相當數量的物種很快就能適應各種不同的溫度、溼度等條件。我認爲，生物間的相互關係比無機條件更重要。隨著各地區物種數量的增加，有機的生活條件一定會變得更複雜。初看起來，生物構造上有利變異的產生，似乎是無限的，因而物種的產生可能也是無限的。我們不知道，生物最繁盛的地區，是否已擠滿了物種；儘管好望角和澳洲容納的物種數量多得確實驚人，但許多歐洲的植物仍能在那裡歸化。可是，地質學家告訴我們，自第三紀早期以來，貝類物種就沒有大量增加；自第三紀早期，哺乳動物的物種沒有大量增加或根本沒有增加。是什麼因素阻止了物種數量的無限增加呢？一個區域能容納的生物個體數量（非物種數量）是有限的，這與當地的自然地理條件有極大的關係。因此，如果在一個地區生活著許多物種，則代表每一物種的個體數量就很少。當季節氣候或敵害惡化時，這樣的物種極易被滅絕，而在這種情況下，滅絕的過程是極快的，新物種的產生卻是很緩慢的。設想一種極端的情況吧：在英格蘭，如果物種數與生物個體數量一樣多，在第一個嚴寒的冬季或酷熱的夏季，成千上萬的物種就會滅絕。在任何地區，如果物種無限制地增加，每一物種都會成爲稀少物種。如前所述，稀少物種產生的變異少，結果產生新物種的機會也就少了。一旦任何物種變爲稀少物種時，近親交配又會加速它的滅絕。學者們認爲，以上觀點可以用來解釋立陶宛的野牛（Aurochs）、蘇格蘭的赤鹿及挪威的熊等等的衰亡現象。最後，我認爲優勢種是最重要的因素。一個在本土已打敗了許多競爭對手的優勢種，必然會擴展自己並排擠其他物種。德．康多爾曾證明廣泛分布的物種，往往會更為廣泛地擴展地盤，它們會在一些地方排擠滅絕一些物種，這就限制了地球上物種的大量增加。胡克博士最近指出，來自世界各地的大量物種，從澳洲東南端侵入，這使澳洲本土的物種大為減少。在此，我不想妄評這些觀點的價值，但歸納起來可以看出，在任何地區，這些因素都會限制物種的無止境增加。

摘要

在變化的生活條件下，幾乎生物構造的每一部分都會表現出個體差異；由於生物以幾何級數增加，在生命的某一年齡，在某一年、某一季節都會出現激烈的生存競爭，這些都是無可爭辯的事實。各生物之間，生物與生活條件之間，無比複雜的關係會引起在構造、體質和習性上對生物有利的無限變異；所以，如果有人說，有利於生物本身的變異，從未像人類本身經歷過許多有利變異那樣地發生過，那就太奇怪了。如果對生物有利的變異的確曾發生，具有此特性的生物個體，就會在生存競爭中獲得保存自己的最佳機會；根據強有力的遺傳原理，它們便會產生具有相似特性的後代。我把這種保存有利變異的原理，或適者生存的原理，稱為自然選擇。自然選擇導致生物與其有機和無機的生活條件之間關係不斷得以改善。在許多情況下，它能使生物體制進化。但如果低等、簡單的類型能很好地適應其生活環境，它們也可以長久地生存下去。

根據生物的特性在適當年齡期遺傳的原理，自然選擇可以像改變成體那樣，很容易地改變卵、種子和幼體。在許多動物中，性選擇有助於普通選擇，它保證最健壯、適應力最強的雄性可以多留後代。性選擇還能使雄體獲得與其他雄體鬥爭、對抗的有用性狀。根據一般的遺傳形式，這些性狀可遺傳給同性別的後代或者雌雄兩性後代。

根據下一章的內容和例證，可以去判斷自然選擇是否眞的能使各類生物適應它們的生活條件和場所。目前我們已經知道自然選擇是怎樣引起滅絕的。地質學可以顯示，自然選擇在世界歷史上滅絕所發揮的作用是多麼的巨大。自然選擇導致性狀趨異，因爲生物在構造、習性和體質上越分異，一個地區所能容納的生物數量就越多；對任何小地區的生物和在外地歸化的生物進行觀察，就可以證明這一點。因此，在任何物種後代的變異過程中，在一切生物努力增加個體數量的鬥爭中，後代的性狀越分異，它們就越能獲得更好的生存機會。於是在同種內，用以區別變種的小差異，一定會逐漸擴大爲區別同屬內物種的大差異，甚至發展爲區別屬的更大的差異。

每一綱的大屬中，那些分散的、廣泛分布的常見物種最易變異，而且能把使它們在本土占優勢的長處傳衍給變異了的後代。如前所述，自然選擇可導致性狀趨異和使改良不大的中間類型大量滅絕。世界上各綱內無數生物之間的親緣關係和它們彼此間所具有的明顯差異，都可以用以上的原理加以解釋。令人稱奇的是，一切時間、空間內的動植物，竟然都可以歸屬於不同的類群，在群內又相互關聯。也就是說，同一物種內的變種間關係最密切，同一屬內各物種間的關係較疏遠且關聯程度不等，它們構成生物的組（section）和亞屬；異屬物種間的關係則更疏遠些；各屬之間的關係親疏不等，它們形成亞科、科、目、亞綱和綱。上述情況隨處可見，看慣了就不會感到新奇了。任何綱內總有若干附屬類群，不能形成單獨的行列，它們圍繞著某些點，這些點又環繞另一些點，如此等等，以致無窮。如果物種都是單個被上帝創造出來的話，上述分類情況則無法解釋；這種情況，只有透過遺傳，透過圖表中所顯示的造成滅絕和性狀趨異的自然選擇的複雜作用，才能得以解釋。

同一綱內生物間的親緣關係，可以用一株大樹來表示，我認爲這個比喻很能說明問題。綠色生芽的樹枝，代表現存的物種；過去年代所生的枝條，代表那些長期的、先後繼承的滅絕物種。在每一生長期內，發育的枝條竭力向各個方向生長延伸，去遮蓋周圍的枝條並使它們枯萎。這就像在任何時期的生存競爭中，一些物種和物種群征服其他物種的情況一樣。在大樹幼小時，現在的主枝曾是生芽的小枝；後來主枝分出大枝、大枝分出小枝。這種由分枝相連的舊芽和新芽的關係，可以代表所有已滅絕的和現存的物種在互相隸屬的類群中的分類關係。當大樹還十分矮小時，它有許多繁茂的小枝條，其中只有兩三枝長成主枝幹，它們一直支撐著其他的樹枝並存在至今。物種的情況也是如此，那些生活在遠古地質時期的物種中，能夠遺傳下現存的變異後代的，確實寥寥無幾。從大樹有生以來，許多主枝、大枝都枯萎、脫落了，這些脫落的大小枝幹，可以代表那些今天已沒有遺留下存活的後代、而僅有化石可作考證的整個的目、科和屬。有時，也許看到一條細而散亂的小枝條，從大樹根基部蔓生出來，由於某種有利的條件，至今枝端還在生長，這就像我們偶然看到如鴨嘴獸或肺魚那樣的動物一樣，牠們可以透過親緣關係，哪怕是以微弱的程度，去連接兩條生物分類的大枝。顯然，這些低等生物是因爲生活在有庇護的場所，才得以從激烈的生存競爭中存活下來的。這棵大樹不斷地生長發育，從舊芽上發出新芽，使強壯的新芽能生長出枝條向四處伸展，遮蓋住許多柔弱的枝條。我想，代代相傳的巨大生命樹也是如此，它用枯枝落葉去填充地殼，用不斷滋生的美麗枝條去覆蓋大地。

第五章　變異的法則

環境改變的影響

我在前面提到，在家養狀況下生物的變異十分常見，而且多種多樣，而在自然狀況下變異的程度卻稍差些。我在闡述這些變異時，使人覺得它們好像是偶然發生的，顯然這種理解是錯誤的。然而，我們又不得不承認，對各種變異所發生的具體原因我們的確毫無所知。有些學者認爲，個體之間的差異或在形態構造上的微小變化，正如孩子與其父母之間的微小差別那樣，是由於生殖系統的機能所致。然而，事實表明，家養狀況下所出現的變異和畸形，要比自然狀況下更加頻繁，而且分布廣的物種要比分布狹窄的物種更易變異。由此可以看出，變異性通常與每種生物歷代所處的生活環境有關。在第一章裡，我曾試圖說明，環境的變化既可直接影響生物體的全部或部分，也可間接影響其生殖系統。在生物界中，存在著兩種引起變異的因素，一種是生物體本身，一種是外界環境，兩者之中以前者更爲重要。環境變化的直接結果，可使生物產生定向或不定向變異。在不定變異中，生物體構型呈可塑狀態，其變異性很不穩定。而在定向變異中，生物易於適應一定的環境，並且使所有個體或差不多所有個體，都以同樣的方式發生變異。

環境變化因素，如氣候、食物等等，對生物變異作用的大小，是很難確定的。但我們有理由相信，隨著時間的推移，我們會發現，環境的作用效應實際上比我們根據明顯證明所觀察到的效應要更大。另一方面，我們也可有把握地斷言，在自然界中各類生物之間所表現出來的構造上無數複雜的相互適應，絕不能僅僅簡單地歸因於外界環境的作用。下面的幾個例子表明，環境條件已產生了某種輕微的一定變異作用。福布斯（E. Forbes）認定，生長在南方淺水中貝類的色彩，均較生長在北方或深水中的同種個體色彩鮮豔，當然這也未必完全如此。古爾德（Gould）相信同種鳥類，生長在陸地空曠大氣中的，要比靠近海岸或海島上的色彩更爲鮮豔。而沃拉斯頓確信近海濱環境，對昆蟲的顏色也有影響。穆根－唐頓（Moquin-Tandon）曾列舉一大串植物以證明，生長在近海岸的植物，其葉片肉質肥厚，而生長在別處的則相反。這些現象之所以有趣，就在於它們的定向性，即生活在同樣環境條件下的同一物種的不同個體，常常呈現出相似的特徵。

如果變異對生物用處不大，我們就很難確定，這種變異有多少起因於自然選擇的累積作用，有多少是由於生活環境的影響所致。同種動物越靠近北方，其毛皮就越厚。然而，我們很難搞清，造成這種毛皮差異，到底歸因於自然選擇對皮毛溫暖動物體的變異積累作用，還是嚴寒氣候的影響。很顯然，氣候對家養四足獸類的毛皮品質會有直接影響。

許多例子可以表明，生活在不同環境條件下的物種，能產生相似的變種；也有些生活在相同環境條件下的物種，卻產生了不相似的變種。此外，一些物種雖然在惡劣的氣候條件下生存，但仍能保持純種或根本不發生變異。這些事實使我意識到周圍環境條件對變異的直接影響，比起那些我們尚不知曉的生物本身的變異趨勢，其重要性要小些。

就某種意義而言，生活環境不僅能直接或間接地引起變異，而且也可對生物進行自然選擇。因爲生活環境能決定哪個變種得以生存。但是當人類是選擇的執行者時，我們就可明顯地看出上述兩種變化因素的差別，即先有某種變異發生，爾後人類再按照自己的意願將其變異朝著一定的方向積累。後一作用相當於自然狀況下適者生存的作用。

用進廢退與自然選擇，飛翔器官與視覺器官

根據第一章所列舉的許多事實，我毫不懷疑家畜的某些器官因經常使用而會加強、增大，因不用而減縮、退化；並且這些改變可以遺傳給後代。但在自然狀況下，因為我們不知道祖先的體型，所以就沒有用來比較長期連續使用或不使用器官的標準。然而，許多動物的構造是能以不常使用而退化作為最適當的解釋的。正如歐文教授所說，自然界中最異常的現象，莫如鳥之不能飛翔了。然而有幾種鳥的確是這樣。南美洲大頭鴨的翅膀幾乎與家養的愛爾斯柏利鴨（Aylesbury duck）一樣，只能在水面上拍動牠的翅膀。據康寧漢先生（Mr. Cunningham）所說，這種鴨在幼時會飛，成年後才失去飛翔能力。因為在地面覓食的大型鳥類，除逃避危險之處，很少用到翅膀。所以，現今或近代生長在海島上的幾種鳥類，翅膀都不發達，可能是島上沒有捕食的猛獸，因不用而退化了。鴕鳥是生活在大陸上的，牠不能靠飛翔來逃避危險，而是像許多四足獸類那樣用蹄腳來有效地防禦敵害。我們相信鴕鳥祖先的習性與鴇類相似，但隨著鴕鳥的體積和體重在連續世代中增大，腳使用得多，翅膀則用得少，終於變得不能飛翔了。

克爾比（Kirby）說過（我也觀察到過同樣的事實），許多雄性食糞蜣螂的前足跗節常會

斷掉。他就所採集的十七塊標本加以觀察，所有的個體都不見其痕跡。有一種蜣螂（*Onites apelles*），因其前足跗節常常斷掉，所以已被描述爲不具跗節了。其他屬的一些個體，雖有跗節，也發育不良。埃及人奉爲神聖的甲蟲蜣螂，其跗節也是發育不良的。目前還沒有明確的證據證實肢體偶然殘缺能否遺傳。但我們也不能否認布朗西卡（Brown-Séquard）所觀察到的驚人例子：豚鼠手術後的特徵能夠遺傳。因此，蜣螂前足跗節的完全缺失或在其他屬中的發育不良，並不是肢體殘缺所造成的遺傳，而是由於長期不使用而退化的結果，這種解釋也許最爲恰當。因爲許多食糞類的蜣螂，在生命的早期都失去了跗節，所以，這類昆蟲的跗節應是一種不重要或不大使用的器官。

在某些情況下，我們往往把全部或主要由自然選擇引起的構造變化，誤認爲是不使用的緣故。沃拉斯頓先生發現，棲居在馬德拉群島的五百五十種甲蟲（目前所知道的更多）中，有二百種因無翅而不能飛翔。在本地特有的二十九個屬中，至少有二十三個屬也是如此。世界上許多地方的甲蟲，常常會被風吹入海中葬身碧波。而沃拉斯頓所觀察的馬德拉甲蟲，在海風暴起時能夠很好地隱蔽，直到風平浪靜時才出來；在無遮蔽的德塞塔（Desertas）島，無翅的甲蟲要比馬德拉本土多。此外，沃拉斯頓很重視某些必須飛翔的大群甲蟲，在馬德拉幾乎未見蹤影，而在其他地方卻數量很多。上述幾件事實使我堅信馬德拉許多甲蟲不能飛的原因，主要是由於自然選擇的作用以及翅膀不使用造成的退化作用。翅膀退化喪失了飛翔能力，可以使甲蟲避免被風吹入海中的危險；而那些喜愛飛翔的甲蟲則相反。

在馬德拉，還有些昆蟲不在地面覓食，如取食花朵的鞘翅目和鱗翅目昆蟲。牠們必須使用翅膀。據沃拉斯頓推測，這些昆蟲的翅膀非但沒有退化，反而更加發達，這是自然選擇的結果。當新昆蟲來到海島時，自然選擇作用可使昆蟲的翅膀退化或發達，而翅膀的發育程度能夠決定該昆蟲的後代是必須與風鬥爭，還是靠少飛或者不飛得以生存。

鼴鼠和若干穴居齧齒類動物的眼睛，都不發達，有些甚至完全被皮毛遮蓋，這可能是不使用而逐漸退化的緣故，當然自然選擇也參與了作用。南美洲有種穴居的齧齒類叫櫛鼠（tuco-tuco），牠的穴居習性較鼴鼠強。一個常常捕獲此類動物的西班牙人告訴我，牠們的眼睛常常是瞎的。我曾有過一頭活著的這類動物，經解剖檢查，得知牠的眼瞎是因發炎所致。眼睛時常發炎，對任何動物都是有害的。然而，地下生活的動物，則不需要眼睛。因此，這類動物的眼睛因不用而變小，眼瞼皮併合，其上生長叢毛，這樣對牠們更有利。如果是這樣，自然選擇則對不使用的器官發生了作用。

眾所周知，生活在卡尼奧拉（Carniola）和肯塔基（Kentucky）洞內的幾種動物，雖然分屬幾個不同的綱，但牠們的眼睛都是瞎的。有些蟹類，牠們雖然喪失了雙眼，但眼柄卻依然存在，就像望遠鏡的玻璃片已經消失但鏡架還存在的情形。生活在黑暗中的動物，眼睛雖然無用，但不會有什麼害處。因此，眼睛喪失的原因可以認為是不使用而退化的結果。西利曼教授（Prof. Silliman）在離洞口半英里的地方（並不是洞內的最深處），捕獲兩隻盲目動物——洞鼠（Neotoma），並發現牠們兩眼具有光澤，而且很大。他告訴我，若讓該鼠在逐漸加強光線的環境中生活，大約一個月以後，牠們便可朦朧地看見周圍環境了。

很難想像，還有比相近氣候條件下石灰岩深洞中更相似的生活環境了。根據舊觀點，瞎眼動物是分別從歐美各山洞創造出來的，可以預料這些動物的構造和親緣關係都應十分相近。若我們將兩處洞穴內的動物群相比較，情況卻並非如此。僅就昆蟲而言，喜華德（Schiödte）曾經說過，「我們不能用純粹的地方性觀點來解釋這所有現象，猛獁洞和卡尼奧拉各洞雖有少數相似的動物，也只表明歐洲與北美動物區系之間存有一定的相似性而已。」依我看來，我們必須假定美洲動物都具有正常的視力，後因若干世代慢慢遷入肯塔基洞穴深處生活而改變了習性，正如歐洲動物遷入歐洲洞穴內生活一樣。有關這種習性的漸變，我們也有若干的證據。如喜華德所說：「我們把在地下生活的動物，看作是受鄰近地方地理限制的動物群的小分支。牠們遷入地下在黑暗中生活，並逐漸適應了黑暗環境。然而，最先遷入地下生活的動物，與原動物群差別不大。牠們首先要適應從亮處到暗處的環境轉變，然後再適應微光，最後則完全適應黑暗環境，牠們的構造也因此變得十分特殊。」我們應該理解喜華德這些話是針對不同種動物，並非同種動物。一種動物遷到地下最幽深的地方生活，經過若干世代，牠的眼睛會或多或少地退化，而自然選擇又常常引起其他構造的變化，來補償失去的視覺器官，如觸角或觸鬚的增長等等。儘管存在這些變化，但我們仍能看出美洲大陸動物與美洲穴居動物，歐洲大陸動物與歐洲穴居動物之間的親緣關係。據達那教授（Prof. Dana）所說，美洲某些穴居動物的情況也是如此。歐洲洞穴內的昆蟲，有些與周圍種類關係密切。如果依照牠們是被上天獨立創造出來的觀點，我們就很難合理地解釋兩大陸上盲目的穴居動物與本洲其他動物之間的親緣關係了。根據歐美兩大陸上一般生物間的關係，我們還可以推測兩大洲幾種洞穴動物的關係是相當密切的。有一種盲目埋葬蟲，多數在離洞穴很遠的陰暗岩石上生活。因此，該屬內穴居種類視覺器官的消失，似乎與黑暗環境無關。因爲牠們的視覺器官已經退化，更容易適應於洞穴環境。據墨雷先生觀察，盲目的盲步行屬（*Anophthalmus*）也具有這種顯著的特徵。該屬昆蟲除穴居處，還未在他處發現過。現今在歐美兩洲的洞穴裡，有不同種類的動物，可能是這些動物的祖先在視覺喪失之前，曾廣布於兩大陸上。不過，現在多數都已滅絕，只留有隱居洞穴的種類。有些穴居動物是非常特別的，但並不足爲奇，如阿加西斯（Agassiz）說過的盲魚及歐洲的爬行動物——盲目的盲螈（Proteus）（現代生物學已將牠劃歸兩棲類——譯者注）。我唯一感到驚奇的是古代生物的殘骸保存的不多，也許是由於棲居在黑暗環境裡的動物稀少，彼此競爭不激烈的緣故。

適應性變異

植物的習性是遺傳的，如開花時間、休眠時期、種子發芽所需要的雨量等等。我在這裡要簡略談一談適應性變異。對同屬內不同種植物來說，有的生長在熱帶，有的則生長在寒帶。如某一個屬的所有物種，確是從一個親種傳衍下來的，那麼適應性變異就必定會在長期的傳衍過程中發生作用。眾所周知，每一物種都能適應本土氣候，但寒帶或溫帶的物種則不能適應熱帶氣候。相反，也是如此。同樣，許多多肉植物也不能適應潮溼氣候。我們可以從以下的事實看出，人們往往過高地估計一種生物對所在地氣候的適應程度。如我們事先並不了解新引進的植物，能否適應這裡的氣候，以及從不同地區引進了的動植物，能否在這裡健康成長。我們有理由相信，在自然狀況下，物種間的生存競爭，嚴格地限制了它們的地理分布，這種生存競爭與物種對特殊氣候的適應性很相似，或前者的作用更大些。儘管生物對氣候的適應程度很有限，但我們仍可證明一些植物能適應不同的氣候環境，即適應性變異或氣候馴化。胡克博士曾從喜馬拉雅山脈的不同高度，採集了同種松樹和杜鵑花的種子，經在英國種植後，發現它們具有不同的抗寒能力。思韋茨先生（Mr. Thwaites）告訴我，他在錫蘭島也看到同樣的事實。華生先生曾把亞速爾島生長的歐洲植物帶到英國進行觀察，結果也類似。此外，我還可以舉出一些例子。關於動物，我們也有若干事實證明：有些分布很廣的類型，在一定的歷史時期，曾從溫暖的低緯地帶遷徙到寒冷的高緯地域生活。當然，也有反向遷徙的類型。然而，我們並不了解這些遷徙動物是否嚴格適應牠們原生的氣候環境，以及牠們在遷徙之後能否較原鄉更適應新居地的氣候環境。

我們之所以推斷家畜最初是由未開化人類培育出來的，一方面是因為牠們對人類有用，另一方面是因為牠們能在家養狀況下繁殖，並不是因為牠們可以被運到更遠的地方去。因此，家畜都具有在不同氣候條件下生存、繁衍的能力。據此，我們可以論證現代自然狀況下生活的動物，有許多類型能夠適應各種氣候環境。然而，我們不能把前面的論題扯得太遠，因為家畜可能起源於多種野生種。例如，家犬可能具有熱帶和寒帶狼的血統。鼠和鼷鼠並不是家畜，但牠們常常被帶到世界各地。牠們的分布範圍，目前已超過任何其他的齧齒類。牠們既適應北方法羅群島寒冷的氣候環境，也能在南方馬爾維納斯群島及許多熱帶島嶼上的生活。多數動物對特殊氣候的適應，可以被看作是動物天生就容易適應氣候的能力。基於此點，人類和家畜都具有對各種不同氣候環境的忍受能力。

已滅絕的大象和犀牛，都能忍受古代的冰川氣候；而現存的種類，卻具有在熱帶和亞熱帶生活的習性。這是生物本身的適應性在特殊情況下所表現出來的例子。

物種對特殊氣候的適應程度，是取決於生活習性，還是對具不同構造的變種的選擇作用，或是上述兩者的共同作用，這是一個不易搞清楚的問題。根據類推法及從許多農業著作中和中國古代全書的忠告中得知，動物從一地區運往其他地區時必須十分小心。因此，我相信習性對生物會有若干影響。人類並非一定能成功地選擇出特別適應於生物本身生存環境的品種和亞品種，我認爲這一定是由於習性的原因。另一方面，自然選擇肯定也傾向於保存那些生來就最能適應居住環境的個體。據多種栽培植物論文的記載，某些變種較其他變種更能忍受某種氣候。這種觀點在美國出版的有關果樹著作中得到了進一步證實，他們並據此推薦哪些變種更適宜在北方或南方生長。由於許多變種都是在近代育成的，因此，它們本身的差異並不能歸因於習性的不同。菊芋（*Jerusalem artichoke*）的例子曾被提出作爲物種對氣候變化不發生適應性變異的證據。因爲菊芋在英國不能以種子進行繁殖，所以不能產生新變種。它的植株總是那樣柔弱。同樣，菜豆（kidney-bean）的例子也常常被人們引證，而且很有說服力。毫無疑問，如果有人要做這樣的實驗：提早播種菜豆，並使其大部分爲寒霜凍死，然後從少數生存的植株上收集種子，再行種植。每次都留心，以防止偶然雜交，如此經過二十代後，才能說這個實驗做過了。我們不能假定一些菜豆幼苗的本身沒有差異，因爲曾有報告談及一些幼苗較其他幼苗更具抗寒能力。我自己就看到過一些明顯的事例。

綜上所述，我們可以得出結論：生物的習性和器官的用進廢退，都對生物體構型及構造變異有著重要的影響。這些影響和自然選擇一起發生作用，有時並為其所控制。

相關變異

相關變異是指生物體各部分在生長和發育過程中彼此聯繫密切，如果一部分發生輕微變異，隨著自然選擇的積累，必然有其他部分發生變異。相關變異是一個極其重要的問題，也是了解得最少、最容易使各種截然不同的事實互相混淆的問題。我在下面將談到單純的遺傳會常常表現出相關變異的假象。動物幼體或幼蟲的構造，如果發生變異，動物成體的構造自然會受到影響，這是相關變異最明顯的實例。動物身體上若干同源構造，在胚胎早期，構造相同，所處的環境又大致雷同，似乎最易發生相同的變異。我們可以看到身體的右側和左側，變異方式往往相同；前足和後足，甚至頸與四肢都同時發生變異，因為一些解剖學家認為下顎與四肢是屬於同源構造。我毫不懷疑，變異的方向會或多或少地受自然選擇所控制。例如，曾有一群雄鹿，僅在一側長角，倘若這對雄鹿的生活用處很大，自然選擇就會使它長久保存下來。

有些學者講過，同源構造有結合的趨勢。這在畸形的植物中可以看到。正常構造中，同源部分結合最常見的例子就是諸花瓣結合成管狀。生物體中的硬體構造，似乎能影響相鄰軟體部分的形狀。某些學者認為，鳥類骨盆的形狀不同能引起其腎臟形狀的顯著差異。還有些學者認為，人類產婦的骨盆形狀，由於壓力會影響嬰兒頭部的形狀。據斯雷格爾（Schlegel）所說，蛇類的體形和吞食方式可決定其幾種重要器官的位置和形狀。

這種相關變異的性質，我們並不十分清楚。小聖伊萊爾曾強調指出，我們還不能解釋有些畸形構造爲什麼常常共存，而有些卻很少共存。以下是幾個相關變異的奇特例子：就貓而言，體色純白而藍眼的，與耳聾有關；體呈龜殼色的，與雌性有關。在鴿子中，足長羽的，與外趾間蹼皮有關；剛孵出的幼鴿絨毛之多寡，與將來羽毛的顏色有關，以及土耳其裸犬的毛與其齒之間的關係。上述這些奇妙的關係一定包含同源的影響。從毛與齒相關的觀點來看，哺乳動物中皮膚特別的鯨目與貧齒目的牙齒異常，並非出於偶然。但是，正如米瓦特（Mivart）先生所說這一規律也有許多例外。所以，它的應用範圍不大。

據我所知，菊科和傘形科植物在花序上內外花的差異，更易於說明相關變異規則的重要，而與用進廢退及自然選擇作用無關。眾所周知，雛菊邊花與中央花的差異，往往伴隨著生殖器官而部分或完全退化。有些種子的形態和紋飾也有差別，這也許是因爲總苞對邊花的壓力或是它們彼此間具有壓力的結果。某些菊科邊花種子的形狀就足以說明這一點。胡克博士告訴我，在傘形科植物中，花序最密的種往往內外花差異最大。我們可以設想，邊花得以發育是靠生殖器官送給養料，這樣可以造成生殖器官發育不良。但是，這並不是唯一的原因。因爲在一些菊科植物中，它們的花冠雖然相同，但其內外花的種子卻有差別。這些差別可能與養料流向中心花和邊花的多寡有關。至少我們知道，在不整齊的花簇中，那些距花軸最近的花，最易變成整齊花了。關於這一點，我再補充一個事實以作爲相關變異的實例：在許多天竺葵屬（*Pelargonium*）植物中，如果花序的中央花上邊兩花瓣失去濃色的斑點，那麼所附著的蜜腺也會完全退化；如果兩花瓣中只有一瓣失去斑點，所附著的蜜腺就不會完全退化，只是縮得很短而已。

就花冠的發育而言，斯普林格爾（Sprengel）先生的觀點是可信的。他認爲邊花的作用是引誘昆蟲，這對植物花的受精是極爲有利和必須的。倘若如此，自然選擇可能已經發揮作用了。就種子而言，它們在形狀上的差異並不總是與花冠的不同有關，因而沒有什麼益處可言。但在傘形科植物中，上述的差異卻顯得十分重要。該科植物的種子，有在外花直生而在內花彎生的，老德．康多爾先生往往根據這些特徵來確定該科植物的主要分類標準。因此，分類學家認爲極有價值的構造變化，可能完全受變異和相關法則所支配。但據我們的判斷，這對物種本身沒有任何用處。

一群物種所共有的、遺傳下來的構造，也常常被人們誤認爲是相關變異的作用所致。因爲它們的祖先可能透過自然選擇獲得了某種構造上的變異，而且經過數千代後，又獲得了其他不相關的變異。如果這兩種變異能同時遺傳給不同習性的所有後代，那麼我們就會考慮它們在某些方面必有內在的聯繫。此外，還有其他相關變異的例子，顯然是自然選擇作用的結果。例如，德．康多爾觀察過，不開裂的果實，在裡面從未見過具翼的種子。我對此現象的解釋是：除非果實開裂，否則種子就不會因自然選擇的作用而逐漸長翼。只有在果實開裂的情況下，適於被風吹揚的種子，才有相對更大的生存機會。

生長的補償與節約

老聖伊萊爾和歌德幾乎同時提出了生長補償法則或生長平衡法則。依照歌德的說法：「為了要在某一方面消費，自然就不得不在其他方面節約。」我認為此種說法對一定範圍內的家畜是適用的。如果養料過多地輸給某一構造或某一器官，那麼輸給其他構造或器官的養料勢必會減少，至少不會過量。所以，要養一頭多產奶、同時身體又肥胖的牛是困難的。同一甘藍變種，不能既長有茂盛而富於營養的菜葉，又結出大量含油的種子。種子發生萎縮的果實，其體積就會增大，而品質也會得到相應的改進。頭上戴有大叢毛冠的家雞往往都長有瘦小的肉冠。而那些顎鬚多的家雞，肉垂則很小。生長補償法則很難普遍應用於在自然狀況下生長的物種。然而，許多優秀的觀察者，特別是植物學家都相信該法則的眞實性。我不想在此列舉任何實例，因為我很難用方法來區分哪一構造只是由於自然選擇作用而發達的，而另一相關構造卻因自然選擇作用或因不使用而退化的；也難搞清某一構造的養料被剝奪，是否由於相鄰構造的過度生長所致。

我認為前人所列舉的補償實例以及其他若干事實，都可用一個更普遍的規律來概括，即自然選擇常常使生物體各部分不斷地趨於節約。生物本身原來有用的構造，隨著生活環境的改變，而變得用處不大時，此構造就會萎縮，這對生物個體是有利的，因為這樣可以使養料消費在更有用的構造上。據此，我才能理解當初觀察蔓足類時曾使我驚奇的事實：一種蔓足類若寄生在另一蔓足類體內而得到保護時，牠的外殼或背甲幾乎完全消失。這種相似的例子還很多。例如，四甲石砌屬（*Ibla*）的雄性個體就是這樣，寄生石砌屬（*Proteolepas*）的個體，更是如此。所有其他蔓足類的背甲都發育得很好，都是由頭部前端三個重要的體節組成，並具有大的神經和肌肉。而寄生的石砌屬，因寄生和被保護的緣故，頭的前部都顯著退化，僅在觸角的基部留有痕跡。對於每一物種的後代來說，節省了不用的大型複雜構造是十分有益的。因為每種動物都生活在生存競爭的環境中，牠們仍以節省的養料來供給自己，以獲得更好的生存機會。

任何構造成為多餘時，自然選擇作用都會使它廢退，但不會引起其他構造的相對發育。反之，自然選擇使某一器官特別發育時也不需要鄰近構造的退化作為補償。

多重構造、退化構造及低級構造易於變異

小聖伊萊爾曾注意過，在物種和變種中，同一個體的任何構造或器官（如蛇的脊椎骨、多雄蕊花中的雄蕊等），如果重複多次，它重複的次數就容易變異；反之，同樣的構造或器官，如果重複次數較少，就會保持恆久。小聖伊萊爾及一些植物學家們進一步指出，多重構造也是最易發生變異的，歐文教授稱這為「生長的重複」，並認為是低級生物所具有的特徵。因此，在自然界中，低級生物比高級生物更易變異。關於這一點，我們與博物學家的意見是一致的。這裡所謂的低級是指生物的一些構造很少因特殊功能而專用。一般是同一構造或器官具有多種功能，這樣就易於發生變

異。因爲自然對這種器官的選擇不及對專營一特殊功能的器官嚴格，就像用途很廣的刀子，可以有多種形狀，但用於某一特殊目的刀子，必須具有特殊的形狀。因爲自然選擇只有在對生物有利的情況下才發生作用。

一般認爲，退化構造易於高度變異，我們以後還要討論這個論題。這裡我僅補充一點，即退化構造的變異是由於不使用的緣故，使自然選擇對這些變異無法實施作用。

發育異常的構造極易變異

幾年前，沃特豪斯關於發育異常的構造極易高度變異的論點曾引起了我的極大注意。歐文教授也得出了類似的結論。要使人們相信上述結論的眞實性，就必須列舉我所蒐集到的一系列事實，但我不能在這裡一一列出，我只能說這個結論是一個普遍的規律。我已考慮過可能發生錯誤的種種原因，但已設法避免。必須了解，這一規律並不適用於任何生物構造，只有在與近緣物種同一構造相比較時，異常發育的構造才能應用這一規律。例如，蝙蝠的翅，是哺乳動物中最異常的構造。但這一規律在這裡並不適用，因爲所有的蝙蝠都長有翅。如果某一物種與同屬其他物種相比較，而具有顯著發育的翅膀時，這一規律才可應用。此外，第二性徵無論以何種方式出現，這一規律的應用都是十分有效的。亨特（Hunter）所用的第二性徵是指雌性或雄性的性狀，與生殖作用無直接關係。這一規律對雌雄兩性均可適用，但對雌性則應用得很少，因爲它們的第二性徵往往不明顯。第二性徵無論以什麼方式出現，都最易變異，我毫不懷疑這一點。不過，這一規律的應用範圍不僅限於第二性徵，而且在雌雄同體的蔓足類中也證實了這一點。我在研究該目動物時，特別注意沃特豪斯的結論，並發現這一規律在這裡幾乎完全適用。我將在另一部著作中，列出所有很好的例子。這裡我僅舉一個例子，用以說明此規律可廣泛應用。無柄蔓足類的厴甲，從各方面來講都是非常重要的構造，在不同的屬中，它們差別極小。但在四甲藤壺屬（*Pyrgoma*）的幾個種中，這些同源的厴甲卻呈現出很大的差異，它們的形狀完全不同，而且在同種的不同個體之間，也有很大的差異。所以，我們毫不誇張地說，這些重要的器官在同種內的各變種間所呈現的差異，超過了異屬的種間差異。

我曾仔細觀察過某一地區同種個體的鳥類，牠們的變異極小。上面所講的規律似乎在鳥綱中非常適用，但在植物中還沒有得到證實。植物的變異性並非很大，這樣對植物變異的相對程度是難以比較的。如果是這樣，我就會動搖對此規律眞實性的信心。

如果我們看到某一物種的任何構造或器官發育顯著，便會認爲它對該物種是十分重要的，這也正是這種構造最容易發生變異的原因。爲什麼會這樣呢？根據各物種被獨立創造出來的神創論觀點，各物種的所有構造都像我們現在所看到的一樣，對此我們則無法解釋。但依照各群物種是從其他物種傳下來並透過自然選擇發生了變異的觀點，我們就會獲得一些有益啟示。讓我先說明幾點。如果我們對家畜的構造或個體不加以注意，不加以選擇，那麼這部分構造（例如金雞的冠）或整個品種就不會有一致的性狀，可以說這個品種已趨於退化。在殘跡器官、很少有特殊目的特化的器官或在多型性生物群裡，我們可以看到類似的情況。因爲在這種情況下，自然選擇沒有或沒有完全發揮作用。所以，生物體還保持變動不定的狀態。我們應該特別注意那些家畜的構造，由於連續選擇而現今已變化得很快，實際上這些構造也是最容易發生變異的。在對同品種鴿的個體觀察中可以發現，翻飛鴿的喙、信鴿的喙與肉垂、扇尾鴿的姿態與尾羽等等，牠們的差異很大，而這些正是英國養鴿家目前主要關注的幾項構造。要培育一隻短面翻飛純種鴿是非常困難的。因爲牠們的許多個體都不符合純種鴿的標準。我們可以確切地說，有兩方面的力量一直在較量，一方面是驅使物種回到非完善狀態，以使物種本身產生的新變異；另一方面是要保持物種的純潔性。雖然後者終究要占主導地位，但從優良短面翻飛鴿品種中，仍能有育出普通粗劣翻飛鴿的可能。總之，在對物種保純的同時，可以有許多新的變異發生。

現在讓我們看一看自然界中的情況。任何物種的構造，如果較同屬其他物種發育得更顯著的話，我們就可以說，該構造自從本屬各物種的共同祖先分出以來，已經發生了巨大的變異，並且經歷的時間不會很長，因爲一個物種很少能延續生存到一個地質紀以上。異常的變異常是指透過自然選擇能積累對物種有利的、異常的和持久的變異。發育異常的構造或器官都具有很大的變異，這些變異在不甚久遠的時期內可保持很久。按照一般的規律，這些器官比那些長時期內未發生變異的器官有更大的變異性。我深信事實就是這樣，一方面是自然選擇，另一方面是趨於返祖和變異，兩者之間的鬥爭經過一段時間會停止下來，發育最異常的器官也會穩定了，對這一點我深信不疑。所以，一種器官，無論發育得怎樣異常，都會以同樣的方式遺傳給許多變異了的後代。如蝙蝠的翅膀，依照我們的理論，它必須在長時期內保持相同的狀態，這樣就不會比其他構造更易發生變異。

只有在變異是近期發生的，而且是非常巨大的情況下，我們才能看到所謂高度「發生著的變異性」仍舊存在。因為這時還未按所需要的方式和程度對生物個體進行選擇，以及對返祖傾向的個體進行取捨，因而變異性很難穩定下來。

種級特徵較屬級特徵更易變異

上一節所討論的規律，也可適用於本題。眾所周知，種級特徵較屬級特徵更易變異。現舉一個簡單的例子來進一步說明。在一個大屬的植物中，有幾種開藍花，有幾種則開紅花。花的顏色只是物種的特徵。人們對藍花種變成開紅花的種或紅花種變成藍花種的現象並不為怪。但若屬內的所有物種都開藍花，這種顏色便成為屬的特徵。屬的特徵發生變異則是一件不同尋常的事。我之所以選這個例子，是因為許多博物學者所提出的解釋在這裡不能應用。他們認為種徵較屬徵更多變異的原因，是由於在生理上，種徵沒有屬徵顯得重要。我認為這種解釋是片面的，或只是部分合理的。因此，這一點我在後面分類的一章中還要談到。至於引用證據來證實種徵較屬徵更易變異，純屬多餘。不過關於重要的特徵，我已在自然史著作中多次提到。有人很驚奇地談及一些重要器官或構造性質，在大群物種中是穩定的，而在親緣關係密切的物種中卻差異很大，甚至在同物種的個體之間，也常會發生變異。這一事實表明，屬級特徵降為種級特徵時，雖然其生理重要性不變，但它卻是易於變異的了。同樣的情況也可應用於畸形。至少小聖伊萊爾深信，一種器官在同群的不同物種中表現得差異越大，在個體中就越易發生畸形。

依據物種是分別被創造出來的觀點，顯然無法解釋同屬內各物種間，構造上彼此相異的部分爲什麼較彼此相同的部分更易變異。但按照物種只是特徵明顯、固定的變種的觀點來看，我們就可以預計在近期內變異了的、彼此有差異的那部分構造，還將繼續變異。或者換句話說，同屬內所有物種在構造上彼此相似，而與近緣屬在構造上有所差別的特徵，稱爲屬的特徵。這些特徵應該來自於同一個祖先，因爲自然選擇難以使不同的物種以同樣的方式發生變異，來適應不同的生活環境。所謂屬的特徵是指在各物種由共同祖先分出之前就已具有的特徵，這些特徵經歷了數代沒有變異，或僅有少許變異，時至今日它們可能也不會再變異了。相反，同屬內各物種間彼此不同的各點稱爲種的特徵。這些特徵從各物種的共同祖先分出以後，就常會發生變異，致使各物種間彼此有別；即使到了目前，仍在變異之中，至少應比那些長時期保持不變的生物構造更易發生變異。

第二性徵易起高度變異這已爲博物學者所公認，在此，我無需詳述。在一群生物中，各物種所呈現的第二性徵差異，常較其他構造的差異要大，這也爲人們所公認，並可用比較第二性徵明顯的雄雞之間與雌雞之間的差異量來說明。第二性徵易於變異的原因，我們並不清楚。但我們能夠了解第二性徵之所以不能像其他特徵那樣穩定和一致，是因爲性選擇積累的緣故。性選擇一般不及自然選擇嚴格，它並不能引起死亡，只是使占劣勢的雄性少留些後代而已。不管第二性徵易變異的原因如何，由於它們極易變異，性選擇就有了廣闊的作用範圍，並可使同群內各物種在這方面的差異量較其他方面要更大些。

同種兩性間第二性徵的差異，常常表現爲同屬各種間相同構造的差異。我想舉出我表中開頭的兩個例子來加以說明。甲蟲足部跗節的數目，是多數甲蟲所具有的特徵，但是在木吸蟲科中，正如韋斯特伍德所說，跗節的數目變異很大，即使在同種的兩性之間也有差別；翅脈是土棲蜂類最重要的特徵，這一特徵在大部分土棲蜂類中並無變化，但某些屬內的各種之間，以及同種的兩性之間卻出現了差異。上述兩個例子中的差異性質很特殊，它們的關係也絕非出於偶然。盧伯克爵士（Sir J. Lubbock）最近指出，有些小型甲蟲的例子，都能爲這一規則做極好的說明。他說：「在角鏢水蚤屬（*Pontella*）中，性徵主要透過前觸角和第五對附肢表現出來，而種間的差異也主要表現在這些器官的差異上。」這種關聯，對我下面的觀點有著實際意義。我認爲同屬內的所有物種與各物種雌雄兩性的個體一樣，都來自於一個共同的祖先。這個祖先或它的早期後代，在某些構造上發生了變異，並很可能爲自然選擇和性選擇所利用，以使它們更適應於自然環境，並可使同種的雌雄兩性彼此更加和諧或使雄性個體在與其他雄性的競爭中取勝而獲得雌體。

綜上所述，物種的特徵（區別各物種的特徵）較屬的特徵（屬內一切物種所共有的特徵）更易於變異；一群物種所共有的特徵（無論構造如何發育異常）都較少變異；第二性徵的變異性很大，並在近緣的物種中差異亦大，第二性徵的差異和普通的物種間的差異一般都能透過生物的相同構造表現出來。上述種種規則都是密切相關的，這主要是因爲同一群物種都來自於一個共同祖先，並且透過遺傳得到了很多相同的物質；與遺傳已久而未曾變異的構造相比，近期內發生變異的構造更易變異；隨著時間的推移，自然選擇已或多或少地完全抑制返祖和進一步變異的趨勢；性選擇沒有其他選擇那樣嚴格；同一構造的變異能爲自然選擇和性選擇所積累，因此，它既可作爲第二性徵，又可作爲一般特徵。

不同的物種會呈現類似的變異，所以一個變種常常會具有其近緣種的特徵或重現其祖先的若干特徵。對這些主張，我們透過觀察家養品種便可以容易了解。鴿子中的特殊品種，在隔離很遠的地域內，所分化出的亞變種中有頭上生倒毛的，足上長羽毛的，這些特徵都是原始岩鴿所不曾有過的。因此，這些特徵就是兩個或兩個以上品種所呈現的類似變異。球胸鴿常有十四或十六根尾羽，可以認爲是一種變異，這種特徵也是另一品種即扇尾鴿所具有的正常構造。上述這些類似變異，都是由於幾個鴿品種從一個共同的祖先遺傳了相同的構造和變異趨勢，受到了相似的未知因素的影響所致，這一點我想不會有人懷疑。在植物界裡，也有類似變異的例子，如蔓菁（*Brassica rapa*）和蔓菁甘藍（*Brassica napus var. napobrassica*）膨大的莖部（俗稱爲根）。幾位植物學家都認爲這兩類植物來自於同一祖先，經過栽培而成爲兩個變種。但假如這種看法是錯誤的，這便成爲兩個不同種所呈現的類似變異的例子了。此外，普通的蕪菁也可作爲類似變異的例子。如果依照每一物種都是被獨立創造出來的觀點，人們勢必要將這三種植物具有粗大莖的相似性，歸因於三次獨立而密切相關的創造作用，而不歸因於來自一個共同祖先或以同樣方式變異的結果。勞丁先生曾在葫蘆科中發現很多類似變異的例子，許多學者在穀類中也發現了類似的情況。最近，華爾什先生曾詳細討論過昆蟲類似變異的現象，並將其概括在他的「均等變異法則」之中。

然而，在鴿子中還有另外一種情況，就是在各個品種中，都有石板藍色的品種不時出現，牠們的翅膀上有兩條黑帶，白腰，尾端有一黑條，外尾近基部呈白色。所有這些都具有岩鴿遠祖的特徵。因此，我認爲這無疑是一種返祖現象，並不是新出現的類似變異。我們由此可以相信以下結論：在兩個顏色各異品種的雜交後代中，上述岩鴿遠祖的特徵顏色頻繁出現，說明牠們僅僅受遺傳法則雜交作用的影響，而外界條件並未起作用。

有些特徵在失去許多世代或數百世代後還能重現，無疑是很奇異的事。但是，當一個品種僅一度與另一品種雜交，它的後代則在以後的許多世代（有人說十二代或二十代）中都會偶爾具有外來品種的某些特徵。一般的說法是，來自同一個祖先的血，在經歷了十二世代後，其比例爲2048:1。人們相信返祖現象是對外來血殘留部分的保留。對一個未曾雜交過的品種來說，它的雙親雖然已經失去了祖代的某些特徵，但正如前面所說，這些特徵的重現會或多或少地遺傳給無數的後代，儘管我們所看到的事實並非完全如此。一個品種中，已經失去的特徵在許多世代後重現，最合適的解釋是：失去了數百世代的特徵，並不會爲某一個個體突然獲得，而是這種特徵在每一世代都潛伏存在著，碰到了有利的條件才可再現。例如，在巴巴鴿中，很少見有藍色的品種，但是在每一世代中，都有產生藍色品種的潛在因素，並可透過無數世代遺傳下去，這種遺傳與無用或殘跡器官的遺傳相比，在理論上可能性會更大。不過，殘跡器官的再現，有時的確是由這種遺傳造成的。

我們假定同屬內的所有物種都來自一個共同的祖先，那麼這些物種就隨時會以類似的方式發生變異，並致使兩個或兩個以上物種所產生的變種彼此相似，或一物種的某一變種與另一物種在某些特徵上有些相似。按照我們的觀點，這另一個物種只是一個特徵顯著的永久變種而已。僅由類似變異所產生的特徵，其性質並非重要。因爲一切功能上重要的性狀特徵的保存，需依物種的不同習性，並透過自然選擇來決定，而且同屬的物種偶爾也會重現遠祖的特徵。可是我們對任何自然生物群的祖先情況不明，所以也無法辨別重現特徵和類似變異的特徵。例如，如果我們不了解親種岩鴿是不具毛腿的和倒冠毛的，我們就不能斷定家養品種中這些特徵的出現，到底是返祖現象，還是類似變異的結果。不過，我們可以從色帶的數目來推斷，藍色羽毛的出現是一種返祖現象。因爲鴿子的色帶與這種色澤有關，而色帶又不能在一次簡單的變異中一起出現。特別是不同顏色的品種雜交時，常出現藍色與若干色帶的品種，這更使我深信上述推斷。在自然狀況下，我們雖分不清哪些是祖代特徵的重現，哪些又是新的、類似的變異，但根據我們的理論，會發現一物種變異著的後代具有同群其他物種相似的特徵，這一點是無可懷疑的。

變種與同屬其他物種的特徵相像，這是識別變異物種的困難所在。另外，在兩個可疑物種之間，還存在著許多中間類型，這表明在變異時它們已經獲得了其他類型的某些特徵。當然，我們絕不會把這些極相似的生物列爲是分別被創造出來的物種。然而，特徵穩定的構造或器官偶爾也會發生變異，並在某種程度上變得與近緣種的同一構造或器官相似，這是類似變異的最有力證據，我蒐集了許多這樣的例子，但限於篇幅，不能在此列舉。我只能反覆地說，這樣的事實的確存在，而且很值得注意。

現在我要舉一個奇異而複雜的例子，此例發生在家養狀況下或自然界中同屬的若干物種內，這是一個生物的重要特徵不受影響及返祖現象的實例。驢腿上有時有明顯的橫紋，與斑馬腿上的條紋相似。有人認定幼驢腿上的條紋最爲明顯，據我的考察，這是事實。驢肩上的條紋有時成雙，並在長度和輪廓上有很多的變異。據記載，有一頭未患白膚症的白驢，其脊背上和肩上都未見條紋，而這種條紋在深色驢身上有時也不明顯，甚至完全消失。據說在騫驢肩上可以看到成雙的條紋。布里斯先生曾見過一塊具有明顯肩紋的野驢標本，儘管這種肩紋牠本應沒有。普勒上校（Col. Poole）告訴我，這種野驢幼駒的腿上都有明顯的條紋，而在肩上的條紋卻很模糊。斑驢（quagga）的上體常具明顯的斑馬狀條紋，而在腿上卻沒有。但在阿薩．格雷博士繪製的標本圖上，卻在斑驢後足踝關節處，有極顯著的斑馬狀條紋。

關於馬，我已在英國收集到許多不同品種和不同顏色，並有肩上生有條紋的例子；在腿上生有條紋的暗褐色和鼠褐色的馬也不少見，在栗色馬中也有一例。暗褐色的馬有時在肩上生有條紋，在一匹赤褐色馬的肩上，我也看到過條紋的痕跡。我兒子對褐色比利時拖車馬進行了仔細觀察，並爲我畫了一張草圖，該馬的雙肩上各有兩條並列的條紋，腿部也有條紋。我親眼見過一匹灰褐色德文郡小馬的雙肩各長有三條平行的條紋。威爾斯小馬（Welsh pong）也曾被人們描述過在肩上生有三條平行的條紋。

印度西北部的凱蒂華馬（Kattywar breed）一般都生有條紋，但據普勒上校講，他曾爲印度政府檢查過該品種的馬，此馬脊背上、腿上和肩上都生有條紋，有時在肩上有兩條或三條條紋，甚至在面部的兩側偶爾也有條紋。如果馬身上具有條紋，則被認爲是純種馬。不過，這種條紋在幼驢身上明顯，在老馬身上有時則完全消失。普勒上校也見過灰色和赤褐色的凱蒂華馬在初生時都有條紋。根據愛德華茲所給的報告，我認爲英國賽跑馬脊背上的條紋在幼時比成年時更常見。我自己最近養了一匹小馬，牠是由赤褐色雌馬（土耳其雌馬和法來密斯雄馬的後代）和赤褐色英國賽跑馬所在。這匹幼駒在產下一週時，在身體後部的四分之一處和前額都生有無數極窄的暗色斑馬狀條紋，而腿部的條紋並不明顯。所有這些條紋隨後不久便完全消失了。在此，我不想詳細討論。但我可以說，在一些國家我已蒐集了各種馬的腿紋和肩紋的例子，這些國家包括西自英國，東至中國，北起挪威南至馬來半島。在世界各地，具有這種條紋的，以暗褐色和鼠褐色的馬最多。暗褐色的顏色範圍頗廣，包括黑褐色到近乳酪色之間的所有顏色。

史密斯上校（Col. H. Smith）曾就這個問題寫過論文，他認爲馬的這些品種特徵，來自於若干祖種，其中的一個祖種就是暗褐色、具條紋的。他也相信上述馬的外表特徵，都是由於古代曾和這暗褐色馬種雜交而產生的。對此論點，我們可以反駁，因爲那些壯碩的比利時拖車馬，威爾斯矮種馬，短腿的挪威馬和瘦長的凱蒂華馬，牠們都生活在世界相隔甚遠的區域，倘若牠們都必須曾與一假想的祖種雜交，顯然是不可能的。

現在，讓我們看一看馬屬中幾個物種的雜交情況。波林（Pollin）認定，驢和馬所生的騾子，在其腿部常常具有明顯的條紋。據戈斯先生（Mr. Gosse）所說，在美國某些地區，十分之九的騾子在腿部都有條紋。我曾見過一匹騾子，腿上的條紋非常多，足以使任何人都相信牠是斑馬的雜種。在馬丁先生（Mr. Martin）所著的馬書中，也繪有一幅這種騾子圖。我還見過驢與斑馬所生雜種的四張彩圖，牠們在腿上的條紋比身體其他部分的明顯，其中一幅具有兩條並列的肩紋。莫登爵士（Lord Morton）所畜的有名雜種，爲栗色雌馬與雄斑驢所生。牠和栗色雌馬與黑色阿拉伯雄馬所生純種的後代在腿上的條紋，都比純種斑驢明顯得多。此外，還有一個值得注意的例子。格雷博士曾繪畫過驢與騫驢所生的雜種圖（他告訴我，他還知道另一件這樣的例子）。圖中所示的雜種在四條腿上都生有條紋，並與德文郡褐色馬及威爾斯小馬一樣，在肩部還生有三條短條紋，甚至在面部的兩側也生有斑馬狀的條紋。我們知道，驢只是偶然在腿上生有條紋，而騫驢在腿上沒有條紋，更沒有肩紋。就面部條紋而言，我深信這雜種面部每一條斑紋的出現都並非偶然。我曾爲此事問過普勒上校，凱蒂華馬的面部是否有條紋，他的回答是肯定的。

對於以下幾項事實，我們該怎樣解釋呢？我們可以看到，馬屬中的不同品種，由於簡單變異，而在腿上長有斑馬狀條紋或在肩上出現和驢一樣的條紋。在馬屬中，這種條紋是以在暗褐色品種中出現的可能性最大——暗褐色接近該屬其他物種普遍所具有的顏色。條紋的出現並不伴生形態上的任何變化或其他新特徵的出現。我們還看到這種條紋出現的趨勢，在不同物種所產的雜種中，表現得更爲強烈。現在，看一看幾個鴿種的情況。這幾個品種是由一個祖種（包括兩三個亞種或地理種）傳下來的，該祖種體呈藍色，並具一定的條紋或其他標誌。如果任何鴿種由於簡單的變異，而體呈藍色時，上述條紋及其他標誌就會重新出現，但形態和其他特徵都不會有任何變化。若具不同顏色的最原始的、最純的鴿種進行雜交，其後代最容易重現藍色和條紋及其他標誌特徵。我曾說過，重現祖先特徵的合理解釋是：每一世代的幼體，都有產生久已失去特徵的趨勢，而且由於未知原因，這種趨勢有時會占優勢。我們在前面已經談到，在馬屬的若干物種中，幼馬較老馬身上的條紋更明顯或更常見。我們若把各種家鴿——其中有些保持純種達數百年之久——認爲是種，那麼馬屬內的物種也與之相似。我敢大膽地追溯到千萬代以前，存在著一種具有斑馬狀條紋的動物（或許在其他方面有著不同的構造），牠就是今日的家養馬（不論是來自一個或多個野種），驢、野驢、斑驢和斑馬的共同祖先。

「馬屬內各物種是被上帝獨立創造出來的」，持這種觀點的人必將主張，每一物種被創造時就有一種趨勢，就是在自然界或家養狀況下，按照一種特殊的方式進行變異，以使創造出來的物種像馬屬中其他物種一樣具有條紋；而且，每一物種被創造時還有一種極強的趨勢，即這些物種與世界各地的物種雜交後，它們的後代並不像其父母，而與同屬中的其他物種相似，即多具條紋。假如承認這種觀點，就等於否認了眞正的事實，而去接受虛假的或不可知的原因，這種觀點使上帝的作用只是模仿和欺騙。假若接受這種觀點，我只能與老朽無知的神創論者們一起來相信，貝類化石從未生存過，它們只是從石頭中被創造出來，以模仿今日生活在海邊的貝類而已。

摘要

我們深深地感到對變異的法則知之甚少。我們能解釋各構造變異原因的，還不到百分之一。但我們應用比較的方法可以看出，不論是同種中各變種的較小差異，或是同屬中各物種的較大差異，似乎都受著同樣的法則支配。環境的改變通常造成變異性的不穩定，有時也產生直接的和定向的變異，並隨著時間的推移，這些變異將會更加顯著。不過對於這一點，我們還沒有充分的證據。生活習性能產生特殊的構造，經常使用的器官能增強，不用的器官會減弱或縮小，這些結論在許多場合都是非常適用的。同源構造往往發生相同的變異，並有彼此結合的趨勢。硬體構造及外部構造的改變，有時能影響相鄰軟體部分或內部構造。特別發育的構造，可以從相鄰構造汲取營養；而多餘的構造，可以被廢退。個體生命早期的構造變化，可能會影響以後的構造發育。雖然我們還不了解許多相關變異事實的性質，但它們無疑是會發生的。重複構造在重複次數和構造特徵方面易於變異，也許因爲這部分構造很少因特殊功能而專用的緣故。因此，它們的改變，不受自然選擇的支配。也許是由於同樣的原因，低級生物較高級生物有更多的變異。殘跡器官易於變異，自然選擇對它們的改變也無法實施作用。種徵較屬徵更易變異。所謂種徵是指區別同一屬內各物種的性狀特徵，這些特徵從各物種的共同祖先分出以後，就常常發生變異。屬徵是指遺傳已久而沒有發生變異的特徵。我們從觀察中推知，在近期變異了的、彼此有差別的部分構造，還將繼續變異。這個推論也適用於整個群體，我曾在第二章中談到過。我們發現，在某地有許多同屬的物種，這表明以前在這裡曾發生過很多的變異和分化，並有新種的形成。因此，平均而論，現在我們在這裡發現各物種會有很多的變種。第二性徵易於高度變異。同屬內各物種呈現的第二性徵差異常較其他構造的差異要大。同種兩性間第二性徵的差異常常表現爲同屬各物種間相同構造的差異。與近緣種相同構造比較，發育異常的器官構造極易高度變異，因爲自該屬形成以來，它們就發生了巨大的變異，而且這種變異是長期的、緩慢的，自然選擇還沒有足夠的時間來抑制變異的趨勢和阻止變異的進程。一物種具有特別發育的器官，並已成爲許多變異後代的祖先（據我們看來，這過程進行得極緩慢，需時極久），自然選擇必定使這器官的特徵保持不變，不論發育如何異常。許多物種，若是從一個共同祖先繼承下來大致相同的結構，並處在相似的環境條件下，便容易發生類似的變異，有時還可以重現祖先的某些特徵。雖然返祖現象與類似變異不能引起重要的新改變，但是這些變化也可增進自然界的美麗和協調的多樣性。

在後代與親代之間都存在著微小的差異，每一差異，必定有它的起因。我們有理由相信：一切與物種習性相關的、在構造上重要的變異，都是由有利變異緩慢積累而成的。

第六章　本學說之難點及其解釋

在本章之前，讀者早就遇到了許多疑難問題。其中有些還是相當難的，以致現在令我一想到它們還不免有些躊躇。然而，以我看來，其大部分難點都只是表面的。而那些眞正的難點，也不會使這一學說受到致命的影響。

這些疑難和異議，可歸納爲以下幾點：

第一，如果物種是由其他物種經過細微的漸變演化而來的，那麼，爲什麼我們並沒有處處見到大量的過渡類型呢？爲什麼自然界的物種，如我們見到的那樣區別明顯，而不是彼此混淆不清呢？

第二，一種動物，例如具有蝙蝠那樣的構造和習性，能由與其構造和習性極不相同的其他動物漸變而來嗎？我們能夠相信自然選擇既可以產生很不重要的器官，如只能用作驅蠅的長頸鹿的尾巴，又可產生像眼睛那樣奇妙而重要的器官嗎？

第三，本能可由自然選擇作用而獲得和改變嗎？蜜蜂築巢的本能，確實發生在被精深數學家發現之前，對此我們該如何解釋呢？

第四，我們要怎麼解釋種間雜交不育或產生的後代不育，而種內變種雜交育性卻很正常的現象呢？

這裡先討論前兩個問題，下一章討論一些雜題，接著用兩章分別討論本能和雜種性質。

過渡變種的缺乏

因爲自然選擇只保存有利於生存的變異，所以在生物稠密的地方，每種新的類型都有取代並最終消滅比自己改進較小的祖先類型和在競爭中較爲不利的其他類型的趨勢。因此，滅絕和自然選擇是同時進行的。所以，如果我們把每一物種看作是由某種未知類型繁衍而來的話，那麼通常在這一新種形成和完善的過程中，其親本種和過渡變種便被消滅了。

按此理論，無數過渡類型一定曾經存在過。那麼，我們爲什麼沒有發現它們大量地埋於地殼裡呢？在「論地質紀錄之不完整」一章中討論這一問題會更爲方便些。在這裡只聲明，我相信這一問題的答案，主要在於地質紀錄比一般想像的還要不完全得多。地殼是一個龐大的博物館，但這種自然收集是不完整的，並且在時間上空缺很大。

如果現在若干個親緣極近的物種棲息在同一地區，這時我們本應該能看到許多過渡類型，然而事實並非如此。讓我們舉一個簡單的例子，當我們從大陸的北部向南旅行時，一般在各段地帶都會發現，近緣的或代表性物種顯然占據著自然條件幾乎完全相同的位置。這些代表性物種經常相遇，而且混合存在；並且隨著一個物種的數量越來越少，另一物種的數量則會越來越多，最終一個物種替代了另一物種。但是，倘若我們把混合地帶的這些物種做一對比，便會發現，像從各物種棲息的中心地帶取來的標本一樣，它們在每一構造細節上都顯示出彼此不同。根據我的學說，這些近緣種是由一個共同的親本種傳衍而來的；在演化的過程中，每一物種都已適應了各自地域的生活條件；並且已經取代和消滅了它原來的親種類型以及連接它過去與現在之間的所有過渡變種。因此，儘管這些過渡變種必定曾經存在過，也可能以化石的狀態埋藏在那裡，但是我們不應期望今天在各地都能大量地見到它們。然而，在具有中間生活條件的種間交接區，爲什麼我們現在見不到密切相連的中間變種呢？這一疑難在很長時期內使我頗爲困惑，但是我認爲這基本上是能夠解釋的。

根據一個地域現在是連續的，便認爲過去它也一直是連續的，做這樣的推論時應當極爲愼重。地質學使我們相信，即使在第三紀末期，大多數陸地還被分隔爲許多島嶼。區別明顯的物種可能是在這樣的島嶼上分別形成的，因而不可能有中間地帶的中間變種。由於氣候和地貌的變化，現在連續的海域，在不久以前，一定遠不如現在這樣的連續和一致。但我不願借此來迴避這一難點，因爲我相信，許多完全不同的物種原本就是在嚴格連續的地域形成的。但我並不懷疑，以前分隔而現在連續的地域，在新種形成中，尤其是在自由交配和漫遊動物的新種形成中，起著重要的作用。

在觀察現今分布廣闊的物種時，我們常會發現，它們在一個大的範圍內分布的數量相當大，而在其邊緣，就會逐漸變得越來越稀少，直至絕跡。因此，兩個代表種之間的中間地帶，與它們各自占有的區域相比，往往是狹窄的。在登山時，我們可以看到與德．康多爾觀察到的同樣事實：有時相當明顯，一種普通的高山種類突然便絕跡了。福布斯在用拖網探察深海時，也曾注意到同樣的事實。這些事實，肯定會使那些視氣候和生活的自然條件爲生物分布的決定因素的人感到奇怪，因爲氣候與高度或深度的變化，都是難以覺察的漸變著。但是，我們得明白，幾乎每一物種在它的中心區域，倘若沒有其他競爭物種，其數量便會極大地增加。我們也得明白，幾乎每種生物不是捕食其他生物，便是被其他生物所捕食。總之，每種生物都以最重要的方式與其他生物直接或間接地相聯繫。於是我們便知道，任何地方的生物分布範圍絕不會是只取決於難以覺察的逐漸變化的自然條件，而主要決定於其他物種的存在。這些物種或是它生活所必需的，或是它的敵害，或是它的競爭者。既然這些物種已經是界限分明，不會相互混淆，那麼任何一個物種的分布範圍，將由其他物種的分布所決定，其界限也十分明確可辨。每一物種在其分布邊緣存在的數量已經減少，加之由於天敵和它所捕食的生物數量的波動以及季節的變化，極易使生活在邊緣地帶的個體完全覆滅，因此，種的地理分布界限就變得越加明顯了。

棲息於連續地域的近緣種或代表性物種，一般各自都有一個大的分布區。在這些分布區之間，存在著比較狹窄的中間地帶。在中間地帶，這些物種的個體突然變得越來越稀少。由於變種和物種之間沒有本質上的區別，因此這一規律對兩者都可適用。如果我們以一個棲息地域非常之大且正在變化著的物種為例，那麼勢必有兩個變種分別適應於兩個大的地區，而第三個變種適應於狹窄的中間地帶。這個中間變種，由於棲息地狹小，其數量必然也較少。實際上，據我了解，這一規律是廣泛適用於自然狀態下的變種的。在藤壺屬中，明顯可辨的變種和中間類型的變種的分布，便是我見到的這一規律的顯著例證。華生（Watson）先生，阿薩．格雷博士和沃拉斯頓先生給我的資料表明，當介於兩個變種之間的中間變種存在時，通常它的數量要比它所相連接的兩個變種少得多。如果我們相信這些事實和推論，並承認連接兩個變種的中間變種，一般要比其相鄰的變種數量少的話，那麼我們現在便能理解，中間變種之所以不能長期存在的原因，這就是它們常常比它原先連接起來的那些類型滅絕和消失得早的原因。

如前所述，任何一個數量較少的類型要比數量較多的類型滅絕的機會更大，並且在這種特定的條件下，中間類型極易受到它兩邊存在的近緣類型的侵害。但還有更爲重要的深層次的原因：假設經過進一步的演變，兩個變種變爲兩個明顯不同的物種。在這種演化的過程中，個體較多且棲息地較大的兩個變種，必然比生活在狹小的中間地帶、數量較少的中間類型的變種具有更大的優勢。因爲在任何時期，個體多的類型比個體少的類型都有更多的機會產生出更有利於自然選擇的變異。因此，數量大的普通類型，在生存競爭中，便會壓倒和取代稀有的類型，因爲後者的變化和改進總是比較緩慢的。我認爲同樣的原理可以解釋在第二章所講的情況，即每一地方的優勢種要比稀有種平均出現顯著特徵的變種要多。透過下面的例子可闡明我的意思。假設某種綿羊有三個變種，一個適應於廣大的山區，一個適應於比較狹窄的丘陵地區，而第三個適應於廣闊的平原；並假定這些地區的居民以同樣的決心和技能，透過人工選擇來改良牠們的種群。在這種情況下，擁有大量羊群的山區和平原居民，比狹小的中間丘陵地帶擁有較少羊群的居民，有更多有利的選擇機會。他們羊的品種改良的速度，也要比擁有較少羊群的丘陵地區居民的品種改良得快。結果，改良了的山區或平原的品種會很快取代改良較少的丘陵品種；於是，兩個原來數量較多的品種便會彼此銜接，而已被取代了的中間丘陵地帶的變種便不復存在了。

總而言之，我相信物種會成爲界限分明的實體，而且在任一時期，都不會與各種變異著的中間環節構成一種混亂狀態。這是因爲：

第一，由於變異是一個緩慢的過程，新變種的形成非常緩慢。自然選擇只有在有利變異個體產生後，並且在該地區的自然結構中的一個位置被一個或多個有利變異個體較好地占據之後，才能發揮作用。這種新位置的產生決定於氣候的緩慢改變或新個體的偶然遷入。也許原有生物的某些個體經逐漸演化產生了新的類型，新舊類型彼此作用與反作用，是新的位置形成的更重要的因素。所以，在任一地區、任一時間，我們只能見到少數幾個物種在構造上表現出比較穩定的輕微變異，並且我們的確看到了這一情形。

第二，現今連續的地域，在距今不遠的時期，往往是彼此分隔的。在這些分隔的地方，許多類型，特別是需交配繁殖和漫遊甚廣的動物，也許已經各自變得十分不同，足以成爲代表性物種了。在這種情況下，幾個代表性物種和它們共同祖先種之間的中間變種，以前一定在各分隔的地區存在過，但是在自然選擇的過程中，這些中間變種已被取代而滅絕，所以就不會再看到它們了。

第三，如果在一個完全連續地域的不同地區，已經形成了兩個或多個變種，那麼，中間類型的變種，起初也許在中間地帶已經形成，只不過它們存在的時間一般較短。由於已經講過的原因（近緣種、代表種以及已認可的變種實際分布的情況），這些在中間地帶的中間變種，要比它們連接的那些變種數量小。僅此原因，中間變種便很容易偶然滅絕；並且，在自然選擇引起的進一步變異的過程中，它們被其所連接的類型擊敗和取代幾乎是必然的。由於後者的數量大，總體變異多，透過自然選擇進一步地改進，必然獲得更大的優勢。

第四，如果我的學說是正確的，不是從某一個時期而是從全部時期來看，那麼，把同一類群的所有物種連接起來的無數中間變種肯定曾經存在過。但是，正如多次提到的那樣，自然選擇往往具有消滅親本類型和中間連接類型的傾向。因此，它們以前存在的證據，只有在化石中才能找到。然而，地殼保存的化石，如我們在後面的章節中將要論證的那樣，是極不完整和斷斷續續的紀錄。

具有特殊習性和構造之生物的起源和過渡

反對我的觀點的人曾問道：例如，一種陸棲性食肉動物如何能夠轉變爲水棲性食肉動物？其過渡狀態如何生活？要證明現在仍存在著從嚴格的陸棲到水棲動物之間的各級中間類型的食肉動物並不困難。由於每種中間類型的動物都是透過生存競爭而生存著。很顯然，牠一定對牠在自然界中所處的位置適應得很好。看看北美洲的水貂（Mustela vison），牠的腳有蹼。牠的皮毛，短腿和尾巴的形狀都很像水獺。夏天，這種動物在水中捕食魚類，但在漫長的冬季，牠離開冰水，像其他鼬鼠一樣，捕食鼠類和其他陸地動物。假若反對我的人問另一種情況，一種食蟲的四足獸怎麼能夠轉化爲飛翔的蝙蝠，這個問題就難回答得多。

這同其他場合一樣，對我很不利。因爲，從我所收集的眾多顯著實例中，我只能在近緣物種中拿出一兩個過渡習性和結構的例子；並且在同一物種內的多樣化的習性中，只能舉出暫時的或永久習性的例子。依我看來，對任何一個像蝙蝠這樣特殊的例子，似乎得列出一長串過渡類型的例子，方可給以較滿意的解釋。

試看一下松鼠科的情形。從只具微扁平的尾巴的松鼠，到如理查森（J. Richardson）爵士所說的身體後部比較寬且雙側皮膚比較鬆弛的松鼠，直到鼯猴之間的極其精細的中間等級的實例。飛鼠的四肢，甚至尾巴的基部都與寬大的皮膚連為一體，發揮著降落傘的作用，可使飛鼠在一樹與另一樹之間進行空中滑翔。其滑翔距離之遠令人吃驚。我們相信，各種松鼠的特定結構在其棲息地區都是有益的，能夠使牠們逃避飛禽走獸的捕食，更快地覓食，而且還能減少偶然跌落摔傷的危險。但是不能根據這一事實便認為，每種松鼠的特徵構造，在一切可能的條件下，都是所能想像出來的最完美的構造。假若氣候和植被發生變化，假設與其競爭的其他齧齒類或新的捕食牠的獸類遷入，或原有獸類的變異，若牠們的構造不能以相應的方式改進，我們相信：至少有一些類型的松鼠其數量會減少，甚或滅絕。特別是在生存環境變化的條件下，便不難理解，那些腹側膜變得越來越大的個體被繼續保存下來的原因，其每一步的變化大都是有益的，都得到了傳衍。由自然選擇過程的累積效應，終於形成了一種完全的鼯猴。

現在看一看鼯猴（*Galeopithecus*），即所謂飛狐猴，以前被列為蝙蝠類，現在卻認為牠屬於食蟲類。牠那極寬大的腹側膜，從顎角起一直伸展到尾巴，並包含了具有長爪的四肢，膜內還生有伸張肌。雖然現在並沒有連接鼯猴與其他食蟲類構造的適於在空中滑翔的各級過渡構造的動物，然而不難設想，這類連接的中間類型在以前曾經存在過，而且每種連接體都以不完全滑翔的松鼠那樣的方式逐漸出現。各級中間構造對這些動物自身都曾經是實用的。現在我們可以進一步相信，連接鼯猴趾和前臂的膜，由於自然選擇已大大地伸長了。同理，就飛翔器官看來，這種過程便可能將食蟲類的動物轉變爲蝙蝠。某些蝙蝠的翼膜，從肩端一直伸展到尾部，並把後肢也包含在內。我們從牠們身上可以看到，原先適於空中滑翔，而不是飛翔的器官的痕跡。

如果大約有十二個屬的鳥類已經滅絕，誰還敢貿然推測，下列這樣的鳥還會存在呢？像短翅船鴨（Tachyeres brachypterus），翅膀的功能只能用作拍擊的鳥；如企鵝，翅膀在水中作爲鰭而在陸地上作爲前腿的鳥；如鴕鳥，翅膀作爲風篷的鳥；以及像無翼鳥，翅膀沒有功能的鳥。然而上述各種鳥的構造，在其面臨的環境條件下，對牠們都是有利的，因爲每種鳥必須在鬥爭中求生存。但這樣的構造，未必在所有條件下，都是最好的。更不可由這些論述便推論，這裡所提到的翅膀構造的任何一個等級便表示了鳥類實際獲得全飛翔功能過程中所經歷的各階段的構造。實際上，它們可能是由於不使用的結果。但是它們卻表明至少可能有多種過渡的方式。

看到在像甲殼動物（Crustacea）和軟體動物（Mollusca）這類水中呼吸的動物中，有少數類型可以適應陸地生活；也看到飛禽、飛獸、各式各樣的飛蟲以及古代飛行的爬行類動物；便會推想，借助於鰭的猛擊而稍稍上升，旋轉在空中滑翔很遠的飛魚，也可能會演變爲翅膀完善的飛行動物。若果眞如此的話，誰還能夠想像到，牠們在早期的過渡狀態曾是大洋中的居民呢？誰又會想到，牠們起初的飛行器官，如我們所知，是專門用來逃避其他魚類的呑食呢？

當我們看到適於任一特殊習性而達到高度完善的構造，如鳥用於飛行的翅膀，我們必須記住，具有早期各級過渡構造的動物，很少能生存到現在，因爲牠們已被由自然選擇變得更完善的後繼者所取代。我們可進一步斷言，適應於極其不同生活習性的構造之間的過渡類型，在早期很少大量產生，也很少出現許多次級類型。再回到我們想像中的飛魚的例子。因此，眞正能飛的魚，似乎大概直到牠們的飛翔器官達到高度完善的階段，使牠們在生存競爭中具有壓倒其他動物的優勢時，才從許多次級類型中發展起來，才具有在陸地上和水中以多種方式捕捉多種動物的能力。因此，要在化石中發現各級過渡構造類型的機會總是很小的，因爲牠們曾經存在的數量本來就少於那些在構造上充分發達的種類。

現在再舉兩三個例子，來說明同一物種不同個體的習性的改變和趨異。無論是習性的改變或趨異，自然選擇都容易使動物的構造適應於其改變的習性，或專門適應數種習性中的某一種習性。然而，我們難以確定，究竟是習性的變化先於構造的變化，還是構造的輕微變化引起了習性的改變。但這對我們無關緊要。兩者大概往往是幾乎同時發生的。關於習性改變的實例，只要提到英國的昆蟲習性改變的情況就足夠了。許多英國昆蟲現在卻以外來的植物爲食，或專門靠人工食物生活。關於習性趨異，可以舉出無數的例子。我在南美洲時，常常觀察一種大食蠅霸鶲（Saurophagus sulphuratus），牠像隼一樣，在某地的高空盤旋一陣之後，又飛至另一地的上空。在其他時間，牠卻像食魚貂一樣，靜待在水邊，然後猛然鑽入水中，向魚撲去。英國的大山雀（*Parus major*），幾乎像旋木鳥一樣在樹枝上攀行，有時又像伯勞似的啄小鳥的頭部，來殺死小鳥。我多次看到或聽到牠擊打紫杉枝上的種子，像鳾鳥似的把種子打開。赫爾恩（Hearne）在北美洲曾看到黑熊在水裡游泳幾個小時，像鯨魚一樣張大嘴巴捕捉水中的蟲子。

有時，我們會見到，有些個體所具有的一些習性與同種和同屬其他個體所固有的習性很不同。於是我們便想，這樣的個體或許將能形成新種；這種新種會具有異常的習性，其構造也會或多或少地發生改變。在自然界的確有這種實例。還能舉出一個比啄木鳥能攀登樹木並在樹皮縫中覓食蟲子的適應性更加動人的例子嗎?然而在北美洲，有些啄木鳥主要吃果實。而另一些生有長翅的啄木鳥，卻在飛行中捕食昆蟲。拉普拉塔（La Plata）平原幾乎不長一棵樹，那裡的草原撲翅鴷（*Colaptes campestris*，是一種啄木鳥），其兩趾朝前，兩趾向後，舌長而尖。牠的尾羽細尖而堅硬，雖不如典型的啄木鳥那麼堅硬，卻足以使牠在樹幹上做直立的姿勢。牠有一個挺直而強有力的嘴，雖不如典型的啄木鳥的嘴那樣筆直而強有力，但也足以在樹木上鑿洞。因此，這種鳥全部基本構造仍屬啄木鳥，甚至在那些不重要的特徵上，如顏色、粗糙的音調、起伏的飛翔等，也明顯地表現出與英國普通啄木鳥有密切的親緣關係。不但從我的觀察，而且從阿薩拉的精確觀察中就可以斷定：在某些開闊的地區，牠不爬樹，而是把巢築在堤岸的洞穴中！然而在別的一些地方，據哈德遜（Hudson）先生講，就是這種鳥，卻常出入於樹林，並在樹幹上鑿洞爲巢。我還可以舉一個這一屬鳥習性改變的例子，即德沙蘇爾（De Saussure）描述的墨西哥啄木鳥，牠在堅硬的樹木上啄洞，以貯藏橡子果。

海燕是最具空棲性和海洋性的鳥類。但是在火地島（Tierra del Fuego）恬靜的海峽間，有一種叫倍拉驤（*Puffinuria berardi*）的鳥，牠的一般習性，驚人的潛水能力，游泳和飛翔的方式，都會使人把牠誤認爲是一種海雀或一種鸊鷉。儘管如此，牠實際上是一種海燕。但是，涉及其新的生活習性的許多機體部分，卻已發生了顯著的改變。而拉普拉塔的啄木鳥，其構造只發生了輕微的變化。河鳥，就連最敏銳的觀察家透過對牠的屍體檢查，也絕不會懷疑牠是半水棲習性的鳥類。然而，這種鳥在起源上卻與鶇科相近，靠潛水生存。在水下用爪抓住石子，並鼓動牠的雙翅。膜翅類（Hymenopterous）是昆蟲的一個大目，除盧伯克爵士發現的細蜂屬（*Proctotrupes*）的習性是水棲的外，其餘全是陸棲的。細蜂屬的昆蟲經常進入水中，潛水用翅而不用腳，在水面下能逗留四小時之久。然而，牠在構造上卻沒有隨著這種異常的習性而改變。

相信生物一被創造出來，就是今天這個樣子的人，當他們遇到一種動物所具有的習性與其構造不一致時，一定會感到驚奇。還有什麼比鴨和鵝用作游泳而形成的蹼足更明顯的例子呢？然而生活於高原地區具有蹼足的鵝卻很少接近水邊。除奧杜邦（Audubon）外，沒有人看見過四趾有蹼的軍艦鳥降落在海面上。與此相反，鷿鷉和大鴇，牠們僅在趾的邊緣上長有膜，但卻是顯著的水棲鳥。還有什麼比涉禽（Grallatores）的鳥類，爲了涉足沼澤，在浮於水面的植物上行走而形成長而無膜的足趾更明顯的例子呢？但是這一目內的苦惡鳥和秧雞的習性則大不相同。前者幾乎和骨頂雞一樣是水棲性鳥類，後者幾乎和鵪鶉或鷓鴣一樣是陸棲鳥類。像這樣的事例，還可以舉出許多，都是習性已經發生了改變而相應的構造卻沒有變化。斑脅草雁蹼足雖然在構造上還未變化，但可以說牠幾乎已成爲殘留器官了。至於軍艦鳥足趾間深凹的膜，則表明構造已開始變化。

信奉生物是經多次分別被上帝創造出來的人會說，這類情況是造物主故意讓一種類型的生物去取代另一類型的生物。但以我看來，我只不過是從維護其尊嚴的角度，把他們的觀點重述了一遍而已。相信生存競爭和自然選擇學說的人都會承認，各種生物都在不斷地力圖增加其數量，並承認，如果一種生物無論在習性上或在構造上，即使發生很小的變化，便會優於該地的其他生物；它就能占領其他生物的領地，不管這一領地與它原來的領地有多麼的不同。所以，他們對下列的事實：長蹼足的斑脅草雁卻生活於乾燥的陸地，有蹼足的軍艦鳥卻很少接觸水，長有長趾的秧雞卻生活於草地而不是沼澤，某些啄木鳥卻生活在幾乎不長樹木的地方，鶇和膜翅目的一些昆蟲卻可以潛水以及海燕卻具有海雀的習性等，便不足爲奇了。

極完美而複雜的器官

像眼睛那樣的器官，可以對不同的距離調焦，接納強度不同的光線，並可校正球面和色彩的偏差，其結構的精巧簡直無法類比。假設它也可以透過自然選擇而形成，那麼我坦白地說：這聽起來似乎是極度荒謬的。當最初聽說太陽是停止的，地球繞著太陽轉時，人類曾經宣稱，這一學說是錯誤的。所以，像每個哲學家所熟知的古諺，「民聲即天聲」，在科學上卻是不可信的。理性告訴我，如果可以顯示，由簡單而不完善的眼睛到複雜的完備的眼睛之間存在著的無數中間等級，且每一等級對動物都是有益的（實際上確實如此）；進一步假設，眼睛是可變異的，且其變異是可遺傳的（事實的確如此）；如果這樣的變異對生活在環境變化中的任何動物都是有利的；那麼，雖然我們很難用自然選擇的學說來論證極複雜而完善的眼睛的形成過程，但我相信，卻不至於能否定我的學說。一根神經如何變得對光有感覺，和生命是如何起源的問題一樣，與我們這裡討論的問題無關。不過我可以指出，一些最低等的生物體內雖找不到神經，卻具有感光的能力。因此，它們原生質中的某些感覺物質會聚集起來發展爲神經，從而賦予了這種特殊感覺的能力，這似乎並非是不可能的。

在搜尋任何動物器官不斷完善過程中的中間過渡類型時，我們本該專門觀察它的直系祖先，但這幾乎是不可能的。於是我們便不得不去觀察同類群中其他種或屬的動物，即同祖旁系的後裔，以便了解可能存在的逐級變化情況，也許還有機會看到一些傳衍下來而沒有改變或改變很小的中間類型。但是，不同綱內動物的相同器官的狀況，偶爾也可能提供該器官所經歷的演化步驟。

可以稱之爲眼睛的最簡單的器官，是由一根被色素細胞圍繞並爲半透明皮膚覆蓋的感光神經所組成，而沒有任何晶狀體或其他折光體。然而根據喬登（M. Jourdain）的研究，甚至還可追索出更低級的視覺器官，它只是著生在肉膠質組織上的一團色素細胞的聚集體；雖沒有任何神經，卻分明發揮著視覺器官的作用。上述這樣簡單性質的眼睛，缺乏清晰的視覺能力，只能辨別明亮與黑暗。根據喬登的描述，在某些海星中，包圍神經的色素層上有小的凹陷，裡面充滿著透明的膠狀物質，表面向外凸起，如高等動物的角膜，他認爲這種結構不能成像，僅能聚合光線，使牠們更容易感光。光線的聚集是成像型眼睛形成的一步，也是最重要的一步。因爲只要具有裸露的感光神經末梢，在一些較低等的動物中，它埋於身體的深部，而在有些動物中，它接近於表面，當它與聚光構造的距離適中時，在它上面便可形成影像。

在關節動物（Articulata）這一大綱裡，人們見到最簡單的視覺器官是僅被色素覆蓋的單根感光神經。這種色素有時形成一種瞳孔，但缺乏晶狀體或其他光學裝置。至於昆蟲，現已知道，巨大複眼的眼膜上的無數小眼形成了眞正的晶狀體，而且這種視錐體包含著奇妙變化的神經纖維。但是在關節動物中，這些視覺器官趨異很大，穆勒將其分爲三大類和七亞類，此外還有包括第四大類聚生單眼。

如果我們回想一下上面極簡要地介紹的這些事實，即低等動物眼睛構造變化之多，差異之大和中間類型之繁多；如果我們還記得，現存生命的形式與已滅絕的相比，其數量是何等的小，那麼相信自然選擇作用會將一根神經，即被色素包圍和被透明膜覆蓋的簡單裝置演變成爲如任何一種關節動物所具有的那樣完備的視覺器官，就不會有多大困難了。

讀完此書，便會發現：大量的事實只能用對變異進行自然選擇的學說，才能得到圓滿的解釋。於是，我們就應當毫不猶豫地進一步承認甚至像鷹的眼睛那樣完美的構造，也只能是這樣形成的，儘管對其演變的過程並不清楚。有人曾反對說，既要改進眼睛，還要把它作爲完備的器官保存下來，同時還必須產生許多變化，認爲這是自然選擇不可能做到的。但正如我在論述家養動物變異的著作中所指出的那樣，如果變異是極細微的漸變，便沒有必要假設它們都是同時發生的。正如華萊士（Wallace）先生所說的，「如果一晶狀體所具有的焦距太短或太長，便可透過曲度或密度的改變而得到改進。如果曲度不規則，光線則不能聚於一點，那麼只要增加曲度的整齊性，便可得到改善。所以，虹膜的收縮和眼肌的運動，對於視覺並不是最重要的，它們只不過是在眼睛演化過程中某一階段的補充和完善而已。」在動物界最高級的脊椎動物中，我們可以從極簡單的眼睛開始，如文昌魚的眼睛，僅由一個透明皮膚小囊和一根蓋有色素的神經組成，再沒有別的裝置。在魚類和爬行類中，如歐文所說，「屈光構造的諸級變化範圍是很大的。」根據權威人士菲爾紹（Virchow）的卓見，甚至人類，其美麗的晶狀體也是在胚胎期由表皮細胞集聚形成的，位於囊狀皮褶中；而玻璃體則是由胚胎的皮下組織形成的；這是具有重要意義的事實。然而，要對如此奇異而並非絕對完美無缺的眼睛的形成做出公正的結論，就必須以理性戰勝想像。但我已深感這是極其困難的。所以把自然選擇的原理延伸到這樣遠時，我能理解爲什麼會使別人在接受這一理論時感到猶豫不決。

人們免不了要將眼睛和望遠鏡相比較。望遠鏡是人類以最高的智慧，經長期不斷地研究而得以完善的。因此，我們很自然地推論，眼睛也是由類似的過程形成的。這種推論是否太主觀了呢？我們有權假設「造物主」也是以和人類一樣的智力來工作的嗎？如果我們一定要把眼睛和光學儀器做比較的話，就應該想像到眼睛有一層厚的透明組織，其空間裡充滿著液體，下面有對光敏感的神經。並假設這層組織的各部分的密度都在不斷地慢慢發生著變化，結果造成各層的密度和厚度不同，各層間的距離也彼此不同，各層表面的形狀也慢慢地發生改變。我們還必須進一步假設，有一種力量，就是自然選擇作用或最適者生存，它一直密切注視著這些透明層中發生的每一個微小的改變，並把在不同條件下，以任何方式或任何程度上所產生的每一個與眾不同的有利變異都能仔細地保存下來。我們還必須假定，這些被保留的新產生的動物都可大量地增殖，直到產生更好的新動物類型後，舊的類型便被消除。在現存的生物中，變異會導致微小的改變，繁殖會使牠們的數量增至極大。而自然選擇會準確無誤地挑選每一個有利的改進。這種自然選擇過程會持續千百萬年，每年又都作用於千百萬不同類型的個體，難道我們還不相信，這樣形成的活的光學儀器不會優於玻璃儀器嗎？難道我們還要相信「造物主」的作品會優於人類的作品嗎？

過渡的方式

假如可以證明，任何複雜的器官，不可能透過大量的、連續的和細微的改進而形成，那麼我的學說便會徹底被粉碎。然而，我卻找不到這樣的例證。無疑，許多現存的器官，我們並不知道它們過渡的中間諸級類型。尤其是當我們考察那些非常孤立的物種時，根據本學說，它周圍原有的許多過渡類型大都已經滅絕了。我們再拿一個綱內所有動物共有的一個器官來說吧，它原來形成的時期一定非常遙遠，此後該綱的各種動物才發展起來。因此，要揭示該器官早期經過的各級過渡類型，就必須觀察那些早已滅絕了的非常古老的原始類型。

當我們要斷言，一種器官的形成不可能經過某種中間過渡類型時，必須十分謹慎。在低等動物中，可以舉出大量的關於同一器官執行著完全不同功能的例子。例如，在蜻蜓的幼蟲和泥鰍（Cobites）中，消化道同時具有呼吸、消化和排泄功能。水螅（Hydra）可將身體內層翻向外面，用其外表面進行消化，而用胃進行呼吸。原來明顯具有兩種功能的器官，若在行使一種功能中獲得了優勢，則自然選擇便可使該器官的全部或一部分在不知不覺中逐漸特化，從而大大地改變了它的本能。已知許多植物經常同時產生不同形態的花。如果僅產生一種形態的花，則該物種花的形態，便會相當突然地發生大的改變。然而，同一植株產生的兩種花形，很可能是經過許多微小而逐漸的步驟分化而來的。這些微小的步驟，在某些少數情形下，還在繼續變化著。

另外，兩種不同的器官，或兩種形態極不相同的同功器官，可以在同一個體上同時行使著同一功能。這是極爲重要的過渡方法。例如，魚類用鰓呼吸溶解於水中的空氣，同時用鰾呼吸游離的空氣。鰾由充滿血管的多個隔膜將其分隔成多個部分，並有一個鰾管來提供空氣。再舉一個植物界的例子，植物攀緣的方式有三種，螺旋狀的纏繞，用有感覺的捲鬚捲住支持物和形成氣根。這三種方式，常發現存在於不同的植物類群中，但某些少數植物的個體卻具有兩種或三種攀緣方式。在所有這些情形裡，兩種器官中的一種可能容易改變並完善。在改善的過程中，由於另一器官的輔佐，使這一器官可承擔這一功能的全部工作，而另一器官則可能改爲執行別的十分不同的用途，否則便會完全消失。

魚類的鰾是一個很好的例子，因爲它明確地向我們表明一個極爲重要的事實：原先用作漂浮的器官可以轉變爲與原來功能極不相同的呼吸器官。在某些魚類中，魚鰾對聽覺具有輔助的功能。生理學家公認，在結構和位置上，魚鰾與高等脊椎動物的肺是同源的或極其相似的。因此，不容置疑，魚鰾實際上已經轉變爲肺，即專營呼吸的器官。

按此觀點可以推論，一切具有眞正肺的脊椎動物，都是由未知的原型動物一代一代衍變而來的，這種原型動物具有漂浮器官，即鰾。正像我根據歐文對這些器官有趣的描述所推論的，我們便可以理解這樣奇異的事實，我們嚥下的每一點食物和飲料都必須透過氣管上的小孔，儘管那裡有一種完美的裝置可以使聲門緊閉，但仍有掉進聲門的風險。較高等的脊椎動物的鰓已完全消失，然而在牠們的胚胎中，頸旁的裂隙及弧形的動脈仍標誌著鰓原先的位置。可以想像現今已完全消失的鰓，也許由於自然選擇的作用逐漸被改用於不同的目的。例如，蘭度伊斯（Landois）曾指出，昆蟲的翅膀是由鰓氣管發展而來的。因此很可能，在這一大綱裡，曾經作為呼吸的器官，現已轉變為飛翔的器官了。

在考慮器官的過渡時，要記住器官的功能是可能改變的，這一點極為重要。所以我要舉另一個例子，有柄蔓足類具有兩塊很小的皮褶，我稱它為「保卵繫帶」。它分泌一種黏液，把卵黏在袋中，直到卵孵化為止。這些蔓足動物沒有鰓，但牠們的身體和卵袋的整個表面以及繫帶都具有呼吸的功能。藤壺科或無柄蔓足類則不然，牠們沒有保卵繫帶，卵鬆弛地處於袋的底部，用殼緊裹著。但在相當於保卵繫帶的部位卻有寬大多皺的膜，與袋和身體內的迴圈腔隙自由相通，所以博物學家認為這類膜具有鰓的功能。現在，我想再沒有人會對這一科裡的保卵繫帶與那一科的鰓嚴格對等提出爭議。實際上，它們之間是逐漸地轉變的。所以無需懷疑，原先作為保卵繫帶，同時也兼有輕微呼吸作用的這兩塊小皮褶，由於自然選擇，僅僅透過將它們的體積增大和使黏液腺的消失，便逐漸地把它們轉變成為鰓。有柄蔓足類比無柄蔓足類更易滅絕，如果所有的有柄蔓足類已經滅絕，誰還能想到，無柄蔓足類的鰓原本是用來防止卵被沖出袋外的一種器官呢？

另一種可能的過渡方式，是透過生殖期的提前或推遲而實現的。這是美國的科普教授（Prof.

Cope）和一些人新近提出和主張的過渡方式。現在知道，有些動物在非常早的時期，即牠們的特徵沒有完全發育成熟之前，便能生殖。如果這種過早的生育能力，在一個物種中已充分發展，則該物種發育的成年階段便可能遲早要消失。在這種情況下，尤其是幼體和成體的形態差別很大時，該物種的特徵便會發生很大的改變或退化。另外，不少動物在達到成熟之後，還在一生中不斷地改變牠們的特性。例如哺乳動物腦殼的形狀隨年齡遞增而變化很大。關於這一點，穆利（Murie）博士曾就海豹舉出了若干顯著的例子。眾所周知，鹿角分枝數隨年齡的增大而增多。一些鳥類的羽毛隨年齡的增加，其色彩變得越益精美。科普教授講，某些蜥蜴的牙齒形狀，也隨年齡的增長變化很大。據穆勒記載，甲殼類動物在成熟以後，不僅許多微小的，而且一些重要的部分，還會呈現出新的特徵。在全部的這些例子中，還可以舉出許多，如果生殖年齡延遲了，那麼該物種的特徵，至少其成年期的特徵，便會改變。在有些情況下，發育前期和早期階段很快結束而至最終消失，也並非是不可能的。至於是否物種常常透過或曾經透過這種比較突然的過渡方式而改進，我還不能斷言。然而，如果這種情況曾經發生過，那麼幼體與成體間以及成體與老年體之間的差異，最初很可能還是一步一步逐漸獲得的。

自然選擇學說的特殊難點

雖然我們在斷定任何器官不可能由許多微小的、連續的過渡類型逐漸形成的時候，必須十分謹愼。然而，我們仍不免還會有一些嚴重的難點。

最嚴重的疑難之一便是那些中性昆蟲，牠們的構造常與正常雄體和能育雌體很不相同。這種情況將在下一章討論。另一個特別難於解釋的例子是魚類的發電器官，因爲我們無法想像，這些奇異的器官，是經過怎樣的步驟形成的。這也並不奇怪，因爲我們甚至還不了解它們的功能。電鰻（Gymnotus）和電鰩（Torpedo）的發電器官，無疑是防衛的有力工具，也可能具有捕食的作用。然而，據馬泰西（Matteucci）觀察，鰩魚（Ray）的尾部也有類似的器官，產生的電卻很少。甚至被激怒時，這點電幾乎發揮不了任何防衛和捕食的作用。又據麥克唐納（Mc Donnell）博士的研究，在鰩魚的頭部附近還有一個器官，已知它不發電，卻似乎與電鰩的發電器官是眞正同源的器官。就其內部構造、神經分布以及對各種刺激的反應方式來看，一般認爲這些器官與普通肌肉非常相似。還應當特別注意，當肌肉收縮時，伴隨著一個放電的過程。拉德克利夫（Radcliffe）博士認爲「電鰩的發電器官在靜止時的發電，似乎與肌肉和神經在靜止時的充電過程完全相同。電鰩的放電，也沒有什麼特別之處，只不過是肌肉和神經活動時另一種放電形式而已」。除此之外，我們現在不可能有別的解釋。由於我們現在對這些器官的功能了解甚少，而且對這些發電魚類的始祖的習性和構造也毫不了解，在這種情況下便斷言，這些器官不可能經過有利的過渡類型而逐漸形成，就未免太冒昧了。

初看起來，這些發電器官好像給我們帶來另一個更加嚴重的難點，因爲它們見於約十二種魚中，其中好幾種魚的親緣關係相距甚遠。在同一綱中，若具有同樣器官而生活習性大不相同的生物，往往被認為它們是由同一祖先傳衍而來的。同一綱中不具備這一器官的生物，則認為是由於長期不用或自然選擇作用而喪失了這種器官的結果。因此，這些發電器官若由某一原始祖先傳衍而來，我們便會想到，所有的發電魚類彼此間都該有一定的親緣關係。但事實並非如此，地質上根本沒有任何證據會使我們相信，大部分魚類原先就具有發電器官，而牠們變異了的後代現已喪失了這類器官。然而，當我們更詳細地考察這一問題時，便會發現：在具有發電器官的若干魚類中，其發電器官在身體上的部位和構造皆不相同，如電板的排列組合的方式不一樣，而且據佩西尼（Pacini）講，這些發電器官的發電過程和方法也彼此各異。最後一點，也許是最重要的一點，即這些發電器官的神經來源也不相同。因此，在這些具有發電器官的魚類中，不能認為牠們的發電器官都是同源的，而只能說它們在功能上是相同的。所以我們便沒有理由假設它們是由同一個共同的祖先傳衍下來的。因為假若如此，它們在各方面就應當極其相像。於是，關於表面相同，實則起源於若干親緣關係很遠的物種之器官，這一疑難便不復存在了。剩下的是次要的然而仍是極難的問題，即在這些不同類群的魚中，牠們的這些器官是經過怎樣的步驟逐漸形成的呢？

在分屬於親緣相距甚遠的不同科的幾種昆蟲中，牠們身上不同部位所具有的發光器官，在我們對其還缺乏了解的情況下，卻給我們提出了一個和魚類發電器官幾乎一樣的難題。我們還可以舉出一些與此類似的例子。例如在植物中，有一種使一團花粉粒著生在具有黏液腺的足柄上的奇妙裝置，它們在紅門蘭屬（*Orchis*）與馬利筋屬（*Asclepias*）中，構造上顯然是相同的。然而，在顯花植物中，這兩屬親緣關係相距最遠，這種類似的裝置並非同源。在所有分類地位相距極遠，卻具有特殊而類似的器官的生物中，儘管這些器官的一般形態和功能相同，但總可以發現它們之間的基本區別。例如，頭足類或烏賊的眼睛與脊椎動物的眼睛異常相像，在系統發育上相距如此遠的兩類動物中，相似的部分不可能歸因於一個共同祖先的遺傳。米瓦特（Mivart）先生曾提出，這種情況也是特殊難點之一。但我並看不出有多麼困難。一個視覺器官必然由透明的組織所形成，也必須含有某種晶狀體，把物影投射到暗室的後方。除了這種表面上的相似之處，烏賊和脊椎動物的眼睛之間再沒有任何眞正相似之處。這一點，只要看一看亨森（Hensen）先生關於頭足類眼睛的精闢的研究報告就可以明白了。我不想在這裡詳加說明，僅指出其中幾點不同。較高等烏賊的晶狀體由兩部分組成，就像一前一後的兩個透鏡，這兩部分的構造和位置皆與脊椎動物的截然不同。其視網膜與脊椎動物相比，也完全不同，主要部件實際上是顚倒的，眼膜內還包含有一個大的神經節。肌肉間的關係和其他一些特點也極不相同。於是在描述烏賊與脊椎動物的眼睛構造時，甚至將同一術語究竟用到怎樣的程度，也難以確定。當然，在這兩個例子中，誰都可以否定任何一種眼睛是透過對連續的微小變異的自然選擇作用而逐漸形成的觀點。但是，一旦接受一種眼睛是自然選擇作用形成的，那麼很清楚，另一種眼睛也可能如此。按此觀點，可以預料到，這兩大類動物的視覺器官會在結構上表現出基本的不同。正如兩個人有時可以分別研究出同一發明一樣。在上述幾例中，自然選擇在爲每一生物的利益工作著，選留所有的有利變異，也可以在不同的生物中產生功能上相似的器官，而這些器官在構造上不是由共同祖先遺傳來的。

穆勒爲了驗證這一結論，極謹愼地給出了幾乎完全相同的論據。甲殼綱有好幾個科，只包括少數幾個物種，牠們具有一種呼吸空氣的裝置，適於水外生活。其中有兩個科，穆勒進行了特別詳細地研究。這兩科的關係很近，各物種的所有重要特徵幾乎完全一致或很接近。牠們的感覺器官、循環系統、複雜的胃中的毛叢的位置以及營水呼吸的鰓的全部構造，甚至用以洗刷鰓的微鉤都幾乎是完全相同的。由此可想到，這兩個科中的少數幾個陸生的物種，其同等重要的呼吸空氣器官，也應該是相同的。因爲一切其他的重要器官都十分相似或完全一致，爲什麼單讓具有同樣功能的呼吸器官的構造不同呢？

穆勒根據我的觀點，認爲構造上這麼多的密切相似，必然由共同的祖先遺傳所致。但是，上面兩科中大多數物種，以及大多數甲殼動物都是水棲性的，所以牠們共同的祖先不可能是適應呼吸空氣的。於是，穆勒在呼吸空氣的物種中，仔細檢查了其呼吸器官，發現在若干重要點上，如呼吸孔的位置，開閉的方式，以及若干其他附屬構造上，都是有差異的。假設這些不同科的動物是各自慢慢地變得日益適應於水外呼吸空氣生活的，那麼那些差異是可以理解的，甚至是可以預料的。因爲這些物種屬於不同的科，不免有某種程度上的差異，同時根據每種變異的性質依賴於生物本身和所處的環境兩種因素的原則，所以它們的變異不會完全相同。因此，自然選擇要達到相同的功能，就必須在不同的變異材料上進行工作，由此所產生的構造勢必有差別。如果根據物種是分別被創造出來的特創論，那全部事實都無法理解。這樣的論證過程使穆勒接受了我在本書中所主張的觀點，應該是很具說服力的。

另一位卓越的動物學家，已故的克拉帕雷德（Claparède）教授，應用同樣的方式推論，得到的結果相同。他指出，隸屬於不同亞科和科的寄生蟎（Acaridae）都具有毛鉤。這些毛鉤必然是分別發展而成的，因為它們不可能由一個共同的祖先傳衍而來；在不同類群中其起源各異，有些由前腿，有些由後腿，另一些由下顎或唇，還有一些由身體後部下方的附肢變化而成。

由前面事例，我們從全然沒有親緣關係或只有遙遠的親緣關係的生物中，看到外觀密切相似的器官，儘管起源不同，達到的目的和所發揮的功用卻相同。另一方面，透過多種方式可以達到相同的目的，甚至密切相近的生物也是如此，這是貫穿整個自然界的共同規律。鳥的羽翼和蝙蝠的膜翼，在構造上是何等的不同；蝴蝶的四翅、蠅類的雙翅及甲蟲的鞘翅在構造上的差別更大。雙殼類（Bivalve）的殼能開能合，但鉸合的結構，從胡桃蛤（Nucula）的一長行交錯的齒到貽貝（Mussel）的簡單的韌帶，中間有許多不同的形式。植物的種子構造精緻，有的借莢轉變成輕的氣球狀被膜來傳播；有的種子包含於由不同部分形成的果肉內，以其豐富的養分和鮮豔的色澤吸引鳥類吞食而傳播；有的長有種種鉤和錨狀物，以及鋸齒狀的芒，以便附著於走獸的毛皮上；還有生著各種形狀和構造精巧的翅和毛，以便隨微風飄揚。我還要舉一個例子，以多種方式可達到相同的結果。這一問題的確應引起注意。有些學者主張，以多種方式所形成的各種生物，幾乎好像商店裡的玩具一樣，僅僅是為了顯示花色品種不同而已，但這種自然觀念並不可信。性別分離的植物，甚至兩性花的植物，花粉也不能自然地散落在柱頭上，需借助某種外力來完成授精作用。這種外力有好幾種，有的植物的花粉粒輕而鬆散，可隨風飄蕩，僅靠機遇到達雌蕊的柱頭上，這是可想像的最簡單的方法。另一種同樣簡單卻極不相同的方法，見於許多植物，它們的對稱花分泌一些花蜜，招引昆蟲，由昆蟲把花粉從花藥帶到柱頭上。

從這簡單的階段起，我們便可認識到，不同植物爲了同一目的，以基本相同的方法，產生了無數的裝置，引起花的每一部分發生變化。花蜜可貯藏在各種形狀的花托內，雌蕊和雄蕊形態變化很大，有時形成陷阱似的形狀，有時能隨刺激性或彈性而進行巧妙的適應運動。從這樣的構造直到克魯格（Crüger）博士最近描述的盔蘭屬（*Coryanthes*）那樣異常適應的例子，不一而足。這種蘭花的唇瓣即下唇有一部分向內凹陷形成一個大的水桶狀，在它的上方有兩個角狀構造，分泌近乎純淨的水滴，不斷地滴入桶內；當桶內的水半滿時，水便從一邊的出口溢出。唇瓣的基部在水桶的上方，也凹陷成一個小窩，兩側有出入孔道，窩內有奇異的肉質稜。即使最聰明的人，如果他不曾目睹那裡發生的情形，也永遠無法想像這些構造的作用。克魯格博士曾看到許多大土蜂，成群光顧這巨大的蘭花；但牠們不是爲了採蜜，而是爲了啃食水桶上方小窩內的肉質稜；因此常常相互擁擠而跌進水桶裡。牠們的翅膀被水浸溼，無法起飛，於是不得不從那個出水口或水溢出的孔道爬出。克魯格博士曾見到許多土蜂這樣被迫洗過澡後排隊爬出的情形。這孔道很狹小，上面蓋有雌雄合蕊的柱狀體，因此土蜂用力向外爬出時，首先便把牠的背擦著膠黏的雌蕊柱頭，隨後又擦著花粉塊的黏腺。這樣，首先爬過新近張開的花的孔道時，土蜂便把花粉塊黏在牠的背上帶走了。克魯格寄給我一朵浸在酒精裡的花，其中有一隻土蜂，是在將要爬出孔道時弄死的，花粉塊還黏在牠的背上。帶著花粉的土蜂，再飛臨此花或另一朵花時，被牠的同伴擠入水桶裡，而經過孔道爬出的時候，背上的花粉塊必然首先與膠黏的柱頭接觸，並黏在其上，於是花便受精了。現在我們終於清楚了此花每一部分構造的充分功能，如分泌水的角狀體，盛水半滿的桶，它們的作用是爲了阻止土蜂飛走，迫使牠們從孔道爬出，並使牠們擦著生在適當位置上的黏性花粉塊和黏性柱頭。

另一近緣的龍鬚蘭屬（*Catasetum*）的蘭花，其花的構造雖發揮著同一作用，卻十分不同，也是相當奇妙的。蜂光顧它的花，像光顧盔蘭屬的花一樣，是爲了咬吃花瓣的；當牠們這樣做的時候，便不免與一長而尖細的，感覺敏銳的凸出物接觸，我把這凸出物叫作觸角。觸角一被碰著，就會把感覺即振動傳到一種膜上，該膜立即破裂，由此釋放出一種彈力，把黏性花粉塊如箭一般地射出，正好使膠黏的一端黏在蜂背上。這種蘭花是雌雄異株的，雄株花粉塊就這樣被帶到雌株的花上，在那裡碰到柱頭，柱頭上的黏力足以撕裂彈性絲，留下花粉進行受精。

也許有人要問，在上述及其他無數的事例中，我們如何能理解爲了達到同一目的的這種複雜的逐漸分級步驟和各式各樣的方法呢？這一問題的答案，正如前面講過的，無疑是：彼此已有稍微差異的兩個類型在發生變異時，它們的變異屬性不會完全相同，因此爲了同一目的透過自然選擇所得到的結果也不會相同。我們還應記住，各種高度發達的生物必然經過許多變化；而且每種變化了的構造都有被遺傳下來的傾向，所以每個變異不會輕易地喪失，僅會一次又一次地進一步變化。因此，每一物種的各部分構造，無論其作用如何，都是許多遺傳下來的變化的總和。透過這一過程，該物種不斷適應變化的生活習性和生活條件。

最後應該指出的是，儘管在許多情況下，要推測器官經過了哪些過渡的形式而達到現在的狀態是極其困難的。然而，考慮到現生的和已知的類型，比起已滅亡的或未知的類型要少得多，因而人們很難指出某個器官是未經過渡階段而形成的。好像爲了特殊目的而創造出的新器官，很少或從未出現過。這的確是眞的，正如自然史裡那句古老的但有些誇張的格言所指出的：「自然界沒有飛躍。」幾乎所有有經驗的博物學者的著作中都承認這一觀點，米爾恩·愛德華茲（Edwards）說得好，自然界的變異是十分慷慨的，但革新卻是吝嗇的。假如特創論是對的話，那爲什麼變異那麼多，而眞正的創新卻又如此之少呢？許多獨立生物，既然是分別創造出來以適合於自然界的特定位置，爲什麼它們的各部分器官，卻這樣普遍地被眾多逐漸分級的步驟連接在一起呢？爲什麼從一種構造變成另一種構造時自然界不採取突然的飛躍呢？依照自然選擇的理論，我們便可容易理解自然界爲什麼沒有飛躍，因爲自然選擇只能利用微小而連續的變異發生作用，她從來不採取大的突然的跳躍，而是以小而穩的緩慢步驟前進的。

自然選擇對次要器官的影響

由於自然選擇是一個使適者生存，不適者淘汰的生死存亡的過程。這就使我在理解次要器官的起源或形成時，有時感到很爲難；其難度幾乎同理解最完美和最複雜的器官的起源問題一樣，雖然這是一種很不相同的困難。

第一，由於我們對任何一種生物的全部構造所知甚少，還不能說什麼樣的輕微變異是重要的或是不重要的。在前面的一章裡，我曾舉出很次要的一些性狀，如果實上的茸毛、果肉的顏色，以及獸類皮和毛的顏色。它們或與體質的差異有關，或與昆蟲是否來侵害有關，必定能受到自然選擇的作用。比如長頸鹿的尾巴，宛如人造的蠅拂，初看起來似乎很難使人相信，它現今的功能，也是經過連續細微的變異，越來越適於行使驅蠅這樣的小功能。然而，即使如此，我們在肯定之前也應加以考慮，因爲我們知道在南美洲，家畜與其他動物的分布和生存完全決定於牠們防禦昆蟲侵害的能力。那些無論用什麼方法，只要能防禦這些小敵害侵襲的個體，就能擴展到新的牧區而獲得極大的優勢。體型較大的四足獸（極少數例外）實際上不會被蠅類消滅，而是持續地受攪擾，體力下降，結果較易生病，或在饑荒時不能那麼有效地尋找食物或逃避猛獸的攻擊。

現在不重要的器官，有些對於早期的祖先也許是至關重要的。這些器官在早先的一個時期經過逐漸的完善之後，儘管現在用途不大，仍以幾乎同樣的狀態遺傳到現存的物種；但是，它們現今構造上向任何有害的偏離，當然要受到自然選擇的抑制。看到尾巴對大多數水生動物是何等重要的運動器官，於是便可解釋爲何這麼多陸棲動物（陸生動物的肺和變化了的鰾表示牠們是水棲起源的）普遍有尾巴，而且有多種用途。在水生動物裡所形成的很發達的尾巴，後來可轉變爲各種用途，如拂蠅器、執握器，或像狗尾那樣幫助轉身；但尾巴在幫助野兔轉身上用處很小，因爲野兔幾乎沒有尾巴，卻能很快地轉身。

第二，有時我們容易誤認爲某些性狀重要，並錯誤地相信這些性狀是經自然選擇而發展形成的。我們千萬不可忽視：生活條件的改變所引起的明顯作用效果；似乎與環境條件關係不大的所謂自發變異的效果；復現久已消失性狀的傾向所產生的效果；複雜的生長規律，如相關作用、補償作用、一部分壓迫另一部分等等所產生的效果；最後，還有性選擇所產生的效果，透過這一選擇，某一性別常常獲得一些有利性狀，並能將其或多或少地傳遞給另一性別，儘管這些性狀對另一性別毫無用處。但是這樣間接獲得的構造，雖然起初對一個物種並沒有利益，以後卻可能被它變異了的後代在新的生活條件下和新獲得的習性所利用。

如果只有綠色啄木鳥生存著，而我們並不知道有許多黑色的和雜色的啄木鳥，那我敢說我們一定會以爲綠色是一種最美妙的適應，它使頻繁出沒與樹林間的鳥得以隱匿於綠蔭中而逃避敵害；因此，就會認爲這是一種重要性狀，而且是透過自然選擇作用獲得的；其實，這種顏色可能主要是由性選擇獲得的。馬來群島有一種藤棕櫚（trailing palm），由於枝端叢生著一種結構精巧的刺鉤，能攀緣聳立的最高樹木。這一構造對該植物無疑有極大用途。但是，我們在許多非攀緣的樹上也看到幾乎同樣的刺鉤，並且從非洲和南美洲生刺物種的分布情況看，有理由相信這些刺鉤的作用是用來防禦草食獸的。所以藤棕櫚的刺最初可能也是爲了這種目的而發展的，後來該植物進一步變異並成爲攀緣性時，刺鉤便被改良和利用了。兀鷲（vulture）頭上的禿皮，普遍認爲是爲了沉迷於取食腐屍的一種直接適應；這或許是對的，但也可能是由腐敗物質直接作用所致。但是，在我們做任何這樣的推論時，都應當十分謹慎，因爲我們知道吃清潔食物的雄火雞（turkey）頭皮也是這般禿頂。幼小哺乳動物頭骨上的裂縫被認爲是有助於產出的美妙適應，毫無疑問這能使生產變得更容易，也許是爲了生產所必須的。然而，幼小的鳥類和爬行類是從破裂的蛋殼裡爬出來的，而牠們的頭骨也有裂縫，所以我們可以推想這種構造最初產生於生長法則，以後才被用於較高等動物的分娩中。

我們對各種微小的變異或個體差異產生的原因根本不知道；我們只要想一下各地家畜品種間的差異——特別是在文化較不發達的地方，那裡還很少實行有計畫的選擇——就會立即了解這一點。各地未開化人所養的動物，往往必須爲自身的生存而鬥爭，並且在一定程度上受自然選擇作用，那些構造上稍有不同的個體，便會在不同的氣候下得到最大的成功。牛對於蠅類侵害的敏感性，像對被植物毒害的敏感性一樣，與體色有關，所以甚至顏色也得服從自然選擇的作用。一些觀察者確信潮溼氣候影響毛的生長，而角又與毛相關。山區品種總是與低地品種不同。在山區使用後肢較多，因此可能對後肢有影響，甚至會影響到骨盆的形狀。依據同源變異的法則，前肢和頭部也可能受到影響。骨盆形狀的改變，對子宮產生的壓力，還可能影響到胎體某些部分的形狀。我們有可靠理由相信，在高地呼吸很費力，會使胸部有增大的傾向；而胸部的增大，又會引起其他相關效應。少運動加上豐沛的食物，對整個體制的影響可能更爲重大；那修西亞斯（H. Von Nathusius）最近在他卓越的論文中指出，這顯然是豬的品種發生巨大變異的一個主要原因。可是我們對於一些已知的和未知的變異原因的相對重要性了解得太少了，無法加以討論。我這樣講，僅在於表明，儘管一般都認爲家養品種是由一個或少數親種經過許多世代才發生的。但是如果我們不能解釋牠們性狀差異的原因，那麼我們便不該過於強調還不了解的眞正物種間微小相似差異產生的眞實原因。

功利說有多少真實性：美是怎樣獲得的

前面的論述，使我對有些博物學者最近就功利說提出的異議，得再說幾句。他們反對功利說主張的所產生的構造上的每一細節，都是為了生物本身的利益。他們相信所形成的許多構造都是為了美，為了取悅於人類或「造物主」（但「造物主」超出了科學討論的範圍），或者僅是為了出新花樣。對這一點上面已經討論過。要是這些理論正確的話，我的學說就完全不能成立。我完全承認，有許多構造現在對生物本身已沒有直接的用處，並且對它們的祖先也許不曾有過任何用處，但這並不能證明它們的形成完全是為了美觀或出新花樣。毫無疑問，條件改變的明確作用，以及前面列舉各種變異的原因，不管由此獲得何種利益，都能產生效果，也許是巨大的效果。但更重要的是，要考慮到每種生物的主要部分都由遺傳而來。因此，雖然每一生物的確能適合它們在自然界的位置，但有許多構造已與現在的生活習性密切相關了。因此，我們簡直難以相信斑脅草雁和軍艦鳥的蹼足對於牠們有什麼特別的用處；猴的手臂、馬的前肢、蝙蝠的翅膀、海豹的鰭足都具有類似的骨骼構造，我們也不能相信，它們對這些動物到底有什麼特殊的用途。我們有把握地認為，這些構造都是遺傳而來的。但是蹼足對斑脅草雁和軍艦鳥的祖先，無疑是有用的，正如蹼足對於大多數現生的水禽十分有用一樣。所以，我們也會相信海豹的祖先並非長有鰭足，而是具有五趾，適於行走或抓握的腳。而且我們更可相信，猴、馬、蝙蝠的幾根肢骨，最初是依功利的原則，可能是由該全綱的某種古代魚型的祖先鰭內的眾多骨頭，經過減少而發展成的。對於外界條件的一定作用，所謂自發的變異以及複雜的生長法則等引起變化的原因，應當占多大的分量，還不能確定。但是除了這些重要的例外，我們可以斷言，每一生物的構造，現在或過去，對它的所有者而言總有某種直接或間接的用途。

至於說生物是爲了取悅於人類才被創造得美觀，這一信念曾被宣告可以顛覆我的全部學說。我首先指出，美的感覺顯然決定於心理素質，而與被鑑賞物的實質無關；並且美的觀念也不是天生的或一成不變的。例如，不同種族的男子對女人的審美標準就完全不同。如果說美的生物是完全爲了供人欣賞才被創造出來，那麼在人類出現之前，地球上的生物，就應該沒有人類出現後那麼美好。照此說來，那始新世美麗的螺旋形和圓錐形貝殼，以及第二紀（即中生代——譯者注）形成的有精緻刻紋的菊石，難道是爲了在許多年代之後人類在室內鑑賞它們而提前被創造出來的嗎？很少有比矽藻的微小矽質殼更美麗的了，難道它們也是早就創造好了，以待人類在高倍顯微鏡下觀察和欣賞的嗎？其實矽藻以及許多其他生物的美，顯然完全是由於對稱生長的緣故。花是自然界最美麗的產物，因爲有綠葉的襯托，更顯得鮮麗豔美而易於招惹昆蟲。我做出這樣的結論，是由於看到一個不變的規律，即風媒花從來沒有華麗的花冠。有好幾種植物通常開兩種花，一種是張開而有顏色的，以招引昆蟲；另一種是閉合而沒有色彩，也不分泌花蜜，從不被昆蟲所光顧。所以我們可以斷言，如果地球上不曾有昆蟲的發展，植物便不會生有美麗的花朵，而只能開不美麗的花，如我們看到的樅樹、櫟樹、胡桃樹、榛樹、茅草、菠菜、酸模、蕁麻等一樣，它們全都靠風媒而授精。同樣的論點也可以應用於果實。成熟的草莓或櫻桃，既悅目又適口，衛矛的華麗顏色的果實和枸骨葉冬青樹的猩紅色漿果都很美麗，這是任何人都不可否認的。但是這種美，只供招引鳥獸吞食其果實，以便使成熟的種子得以散布。凡是被果實包裹的種子（即生在肉質的柔軟的瓢囊內），如果果實是色彩豔麗或黑色奪目的，總是這樣散布的，這是我所推論出的規律，還未曾發現過例外。

從另一方面講，我要承認大多數雄性動物，如一切漂亮的鳥類、魚類、爬行類及哺乳類，以及各種華麗彩色的蝴蝶等，都是爲了美觀而變得漂亮的；但這是透過性選擇而獲得的。就是說，雌性喜歡連續選擇更漂亮的雄性個體，而不是爲了取悅於人。鳥類的鳴聲也是如此。我們可從一切這類情形來推論：動物界的大多數動物，對於美麗的色彩和動聽的音響，都有相似的嗜好。雌性和雄性長得一樣美麗，這在鳥類和蝴蝶中並不少見，這顯然是把由性選擇所獲得的色彩遺傳給兩性而不只是雄性的緣故。最簡單形式的美感，就是說對於某種色彩、聲音或形狀所得到的特殊的快感，最初怎樣在人類及低等動物的心理發展的呢？這確實是一個很難解答的問題。假若我們要問，爲什麼某些香氣和味道可以給予快感，而其他的卻會引起不悅之感呢？這是同樣難以解答的問題。在這一切情形裡，習慣似乎在一定程度上發揮作用；但在每個物種的神經系統的構造方面，必定還有某種基本的原因。

在整個自然界中，雖然一個物種不斷地利用其他物種的構造並獲得利益；但自然選擇的作用不可能使一個物種產生的所有變異，專供另一物種利用。然而，自然選擇卻能夠而且的確常產生出直接有害於其他動物的構造，如我們所看到的蝮蛇的毒牙、姬蜂的產卵管（透過它能把卵產在別種活昆蟲的身體裡）。假若能證明任一物種的構造的任何部分是專為另一個物種形成的，那便會徹底摧毀我的學說，因為透過自然選擇不可能產生出這類構造。雖然在論自然史的著作中可以發現許多有關這一效果的論述，但我覺得沒有一個是有分量的。響尾蛇的毒牙被認為是為了自衛和殺害獵物的；但有些作者卻認為牠的響器同時具有對牠不利的一面，即會使牠的獵物產生警戒。其實，我很難相信，貓捕鼠準備越躍時尾端的蜷曲，是為了使厄運將至的老鼠警戒起來。但更可信的觀點是：響尾蛇用牠的響器，眼鏡蛇膨脹頸部，蝮蛇在發出很響而粗糙的嘶聲時把身體脹大，都是為了恐嚇那些甚至對於最毒的蛇也會發起攻擊的鳥和獸。蛇的這些行為和母雞看到狗在逼近牠的小雞時便把羽毛豎起、兩翼張開的原理是一樣的。動物設法把牠們的敵害嚇跑的方法很多，但受篇幅的限制，不能詳述。

自然選擇絕不會使一個生物產生對本身害大於利的任何構造，因為自然選擇完全是根據各生物的自身利益而起作用的。正如佩利（Paley）所說：沒有一種器官的形成是為了給生物本身帶來痛苦或損害的。如果公平地衡量每個部分產生的利和害，那麼可以發現，從整體上來說，每個部分都是有利的。隨著時間的推移，生活條件的變遷，如果任何部分變為有害，那麼這部分就要改變，否則該生物就要滅絕，如無數已經滅絕的生物一樣。

自然選擇的作用只是有助於使每一種生物與棲息於同一地方的、和它競爭的其他生物一樣完善，或更加完善一些。我們可以看到，這就是在自然界中所得到的完善化標準。例如，紐西蘭的土著生物彼此相比都是完善的，但大批引進歐洲的動植物後，它們便迅速地被征服了。自然選擇不能產生絕對完善的生物。就我們的判斷來說，在自然界裡我們也見不到這樣高的標準。甚至像人類眼睛這樣最完善的器官，穆勒說，對光線收差的校正也不是完善的。人們不會反對亥姆霍茲（Helmholtz）的判斷，他用最有力的詞語描述了人眼奇異的能力之後，又說了以下值得注意的話：「我們發現在這種光學機構和視網膜的影像裡也存在不精確和不完善的情形。但這不能與我們剛才遇到的感覺領域內的各種不調和相比較。可以說自然界樂於積累矛盾，以改變內外界之間已存在的和諧的基礎。」如果理性使我們熱情地讚美自然界中無數不可模仿的創造的話，那麼理性還會告訴我們，某些其他的創造還是不盡完善的，縱然我們在這兩方面都易犯錯誤。如蜜蜂的尾刺由於上面倒生的小鋸齒，在刺入敵體之後，不能抽回，因此自己的內臟也被拉出，不免引起自身死亡。像這樣的結構，我們能夠認為它是完善的嗎？

如果我們把蜜蜂的尾刺看作是在其遙遠的祖先那裡就存在的一種鋸齒狀的鑽孔器具，像該大目中的許多蜂類一樣，後來為了現在的用途而發生了變異，但還不夠完善。牠的毒汁原先適作別用，如產生樹瘻，後來才變得強烈。這樣，我們大概會理解為什麼蜜蜂用牠的尾刺時就往往引起本身的死亡。若從整體看，尾刺的作用對蜜蜂的社群有利，雖然引起少數個體死亡，卻可以滿足自然選擇的整體要求。如果我們讚歎昆蟲確實神奇的嗅覺能力，許多昆蟲的雄蟲憑此可找到牠們的雌蟲；那麼，僅為了生殖便在蜂的社群中產生了數千隻雄蜂，牠們對該群並無任何用處，日後被勤勞而不育的姊妹工蜂所屠殺，我們對此也要讚歎嗎？這也許不值得讚歎。但是我們應當欽佩蜂王野蠻而本能的仇恨，這種仇恨驅使她在自己的女兒——幼小的蜂王剛剛出生時就把她們消滅了，要不然在競爭中自己就要滅亡。毫無疑問，這對於整個蜂群是有利的。不論母愛還是母恨，雖然母恨的情形十分罕見，對於自然選擇的無情的原理都是同樣的。如果我們讚賞蘭科和其他許多植物由昆蟲授粉的若干種花的巧妙構造，那麼，樅樹產生出大量的密雲似的花粉，任風飄揚，其中只有少數幾粒碰巧落在胚珠上，我們也能認爲它是同樣完善的嗎？

摘要：自然選擇學說所包括的體型一致律和生存條件律

在本章裡，我們已經把可以用來反對這一學說中的一些難點和異議討論過了。其中許多是嚴重的；但是我認爲在討論中已有許多事實得到了解釋。依據特創論的觀點，這些事實是絕對弄不清的。我們已看到，物種在任何時期，變異都不是無限的，也沒有被無數種中間過渡類型將其連接起來。一部分原因是：自然選擇的過程總是十分緩慢的，而且在任何時候只對少數類型發生作用；一部分原因是，自然選擇過程本身就是不斷排除和滅絕其先驅和中間過渡類型的過程。現存的連續地域的近緣種，往往是這一地域還沒有連接起來以及生活條件彼此不同時，就已經形成了。當兩個變種在連續地域的兩個地區形成的同時，常有適合於中間地帶的中間變種形成。但是根據已講過的理由，中間變種的數量通常要比它所連接的兩個變種都少。於是，這兩個變種，由於個體數量多，便比個體數少的中間變種具有更強大的優勢，因此，便會把中間類型排斥和消滅掉。

我們在本章已經看到，在斷言極不相同的生活習性不可能彼此轉化時，譬如蝙蝠不能透過自然選擇作用從一種最初只能在空中滑翔的動物而形成，我們必須十分謹慎。

我們已經知道，在新的生活條件下一個物種會改變它的習性，或者會具有多種習性，有些習性與它最近的種類極不相同。因此，只要我們記住，各種生物都一直在力圖使自己適應於任何它可以生活的地方，便可以理解為什麼會產生腳上有蹼的斑脅草雁，陸棲性的啄木鳥，會潛水的鶇和具有海雀習性的海燕。

像眼睛那樣完善的器官，要說是由自然選擇作用所形成的，可足以使任何人躊躇；但是不論何種器官，只要我們知道其一系列逐漸複雜化的過渡形式，而每一形式對於生物本身都是有利的，那麼，在生活條件變化的情況下，這些器官透過自然選擇，可達到任何可以想像的完善程度；這在邏輯上並不是不可能的。在我們還不知道中間狀態或過渡狀態的情況下，要斷言這些階段並不存在時，必須極其愼重，因爲許多器官的變態表明：功能上奇妙的改變至少是可能的。例如，鰾顯然已改變爲呼吸空氣的肺了。執行多種不同功能的同一器官和同時執行同一功能的兩種不同的器官，都會大大地促進器官的過渡，前者部分地或全部地轉化爲執行一種功能，而後兩者中一個在另一個的幫助下而得到完善。

我們也看到，在自然系統中彼此相距很遙遠的兩種生物裡，執行同樣功能而外表又十分相似的器官，可能是分別獨立地產生的；但當對這類器官仔細考察時，幾乎總會發現它們在構造上有本質的不同，這很符合自然選擇的原理。另一方面，整個自然界的普遍規律是以無限多樣性的構造而達到同一結果，這當然也符合自然選擇的原理。

在許多情形裡，由於我們知道得太少，便認爲生物的某一部分或某一個器官對物種的生存無關緊要，其構造上的變化也不可能透過自然選擇的過程慢慢積累起來。在許多其他的情形裡，變異可能是變異法則或生長法則的直接結果，所以與由此所得到的利益無關。但是，即使是這些構造，後來在新的條件下，爲了物種的利益，也常常被利用，並且還要進一步地變異下去，我們覺得這是可以確信的。我們還相信，從前極重要的部分，雖然已變得無足輕重，以致在目前狀態下，已不可能由自然選擇作用而獲得，但往往還被保留著，如水棲動物的尾仍存在於牠的陸棲後代中。

自然選擇作用不能在一個物種中產生出專門有利或有害於另一物種的任何構造，雖然它能夠有效地產生出對另一物種極其有用的，甚至是不可缺少的，或者對另一物種極其有害的部分、器官和分泌物。但無論如何，該構造對該生物本身總是有用的。在生物豐沛的地方，自然選擇透過棲息者間的競爭而起作用，結果，只能根據當地的特定的標準，使其在生存競爭中獲得成功。所以，通常一個較小地方的棲息者往往屈服於另一個較大地方的棲息生物。因爲在較大的地區內，個體較多，形式也更多樣，而且競爭更激烈，所以完善化的程度也就更高。自然選擇作用未必能夠導致絕對的完善，憑我們有限的認知能力，絕對的完善化，也不是隨地都可以判定的。

根據自然選擇學說，我們便能清楚地理解自然史中「自然界沒有飛躍」這一古代格言的充分涵義。如果我們僅看到世界上現存的生物，這一格言並不是嚴格正確的；但如果把過去的，無論是已知的或未知的全部生物都包括在內，再按自然選擇學說來審看，這一格言一定是嚴格正確的。

一般公認，一切生物都依照兩大規律，即體型一致律和生存條件律而形成的。所謂體型一致，就是說，凡屬同一綱的生物，不論生活習慣如何，它們在構造上基本一致。根據我的學說，體型一致可以由遺傳來解釋。著名的喬治·居維葉（Georges Cuvier）一貫堅持的生存條件的說法，可完全包括於自然選擇的原理之中。自然選擇的作用，既可使每一生物現在正在變異的部分逐漸適應於其有機和無機的生活條件，當然也可使它們在過去適應於其生活的條件。適應，在許多情況下，受到器官使用增多或不使用的幫助，受到外界生活條件直接作用的影響，而且在任何情況下都受著生長和變異規律的支配。所以實際上，生存條件律是一個較高級的法則，因爲透過以前的變異和適應的遺傳，它把體型一致律也包括在內了。

第七章 對自然選擇學說的各種異議

本章將專門討論那些反對自然選擇學說的各種雜議，以使前文的一些討論更加清晰。但無需對每個異議都加以討論，因爲其中許多是由於作者缺乏認眞的思考而提出來的問題。例如，一位著名的德國博物學者曾斷言，我的學說最脆弱的一點是：我認爲所有的生物都是不完善的。其實我說的是，所有生物對它們所處的環境來說還不是盡善盡美的。世界上許多地方的土著生物都讓位於外來的入侵者，便證明了這一情形。沒有哪種生物，縱使過去完全適應其生活條件，但當條件改變了時，如果不跟著變化，還能繼續完全適應新環境的。並且，一致公認，每個地方的物理條件和所棲息生物的種類和數量，都經歷過多次變動。

近來有位批評家，爲了炫耀他數學上的正確性而堅決主張，長壽對於所有的生物都具有巨大的利益，於是相信自然選擇學說的人，就應該將生物系統發生樹按後代壽命比祖先長的方式進行排列！我們的批評家難道沒有想到，兩年生的植物或低等動物，分布於寒冷地方時，逢冬即死，但透過自然選擇所獲得的種子或卵子，卻能年年存活嗎？蘭克斯特（Lankester）先生最近討論了這一問題，並總結說，這一問題的極其複雜性使他形成一個判斷，一般說來，壽命與各物種在體制系統等級中的標準，以及在生殖和通常活動中的能量消耗有關。而且這些條件可能主要是透過自然選擇來決定的。

有人爭辯說，埃及的動植物，就我們所知，三四千年來一直未發生變化，於是認爲世界上所有地方都可能是如此。但是，如路易斯（Lewes）所說，這種論點未免太過分了。由刻在埃及石碑上的，或保存爲乾屍狀的古代家畜來看，牠們與現在的家畜十分相像，甚至相同；然而，所有博物學者都認為，這些品種是由原始類型的變異而產生的。有許多動物，自冰河期開始以來，一直保持不變，這是一個更加有力的例子，因為牠們曾遭受過氣候的劇烈變化，並經過長途遷徙。而在埃及，據我們所知，數千年來，生活條件一直保持不變。自冰河期以來，生物很少或沒有變化的事實，用以反對那些相信天生的和必然的發展規律的人們，是有效的，然而用來反對自然選擇即最適者生存的學說，卻是沒有力量的。這一學說是指，當有利的變異或個體差異發生時，將會被保存下來，但這只有在某些有利的環境下才能實現。

著名的古生物學家布隆（H. G. Bronn），在他譯的本書德文版的後面問道：「按照自然選擇的原理，一個變種怎麼能同其親種一起生活？」如果兩者都能適應稍微不同的生活習性或環境，或許可以生活在一起。假若我們把多態種（其變異性似乎具有特別的性質）和所有暫時性的變異，如個體大小、白化症（白化症並不是暫時性的。——譯者注）等放在一旁不說，據我所知，其他較穩定的變種，一般都棲息於不同的地點，如高地與低地，乾地與溼地等。而那些流動性大的和自由交配的動物的變種，似乎通常都各自侷限於不同的地區。

布隆還認為，不同的物種，絕不是在單一性狀上，而是在許多方面都有區別。於是他便問，體制上的許多構造如何同時透過變異和自然選擇作用而改變的呢？但是，我們無需設想每一生物的各部分都同時發生變化。如前所述的，能很好適應某種目的的最顯著的變異可能是連續變異的。它們很輕微，且起初在一部分，然後在另一部分，由如此不斷地變異而逐步獲得。由於這些變異都是一塊兒傳遞的，所以使我們看起來好像是同時發生的。然而，對上述問題的最好回答，當首推那些家畜品種，牠們是爲了某種特殊的人類需求靠人工選擇的力量而改變形成的。試看賽跑馬和拉車馬，格雷伊獵犬和獒，牠們的整個身軀，甚至心理特徵都已改變了。但是，如果我們能夠查出牠們變化史的每一步驟（至少最近的幾個步驟是可以查出的），那麼我們將看不出巨大的和同時的變化，而只能看出首先是這一部分，然後是另一部分輕微的變化和改進。甚至在人類只對某種性狀進行選擇時，如栽培植物時，我們會看到，無論是花、果實或葉子，都已發生了巨大變化，則幾乎所有的其他部分也必然隨之發生微小的變異。這可以部分地用「相關生長」，部分地用所謂「自發變異」的原理來解釋。

更嚴重的異議是由布隆和布羅卡（Broca）提出的，即許多性狀對生物本身似乎毫無用處，因而這些性狀不可能受到自然選擇的影響。布隆列舉了不同種山兔和鼠的耳和尾的長度，許多動物牙齒上琺瑯質的複雜皺褶，以及多種類似的情形作爲例證。關於植物，奈格利（Nägeli）在一篇精闢的文章中已討論過了。他承認自然選擇作用很大，但他主張植物各科間的差異主要在形態性狀上，而這類性狀對於物種的利益似乎無關緊要。於是，他相信生物有一種內在的傾向，使它朝著進步和更完善的方向發展。他特別指出了組織中細胞的排列以及莖軸上葉子的排列，不可能受到自然選擇作用。此外，還有花的各部分的數目，胚珠的位置，以及在傳播上沒有任何作用的種子形狀等等。

上面的異議頗有力量。儘管如此，第一，當我們判定什麼構造對物種現在有用或以前曾經有用時，還應十分謹慎。第二，我們必須記住，一部分發生變化，其他部分亦會發生改變，其原因尚不明了。比如，流到一部分去的養料的增加或減少，各部分間的相互壓迫，先發育的部分對後發育的影響等等，以及其他導致許多我們毫不理解的相關神祕情形產生的原因。爲簡便起見，這些作用都可包括於生長律之內。第三，我們還必須考慮生活條件的改變所產生的直接的和確定的作用以及所謂自發變異的作用。在自發變異中，環境的性質顯然發揮著極次要的作用。芽變，如普通薔薇上出現的苔薔薇，或桃樹上出現的油桃，都是自發變異的極好例子。但即使在這些情況下，如果我們記住昆蟲類的一小滴毒液在產生樹癭上的力量，我們便不應該太肯定，上面所說的變異不是由於環境改變，而使樹液的性質發生局部變化所致。每一微小的個體差異，以及偶然發生的較顯著的變異，必有其充分原因。如果這種不明的原因持續地發生作用，那麼該物種的一切個體都會產生類似的變化。

現在看來，在本書的最初幾版中，對於自發變異的頻率和重要性，可能估計得太低了。但我們也不可能把對於每個物種生活習性適應得這樣微妙的一切構造，都歸於這個原因，我不相信這一點。對適應得很好的賽跑馬和格雷伊獵犬，在人工選擇的原理尚未了解之前，曾使一些前輩的博物學者深感驚異，我不相信這也能用自發變異來解釋。

上述的一些論點，還值得舉例來說明。關於假定的許多構造或器官缺乏功用的問題，無需多舉，甚至在最熟悉的高等動物中的許多構造十分之發達，以致於無人懷疑其重要性。但是它們的功用至今還未確定，或僅在最近才被確定。布隆舉出若干鼠類的耳朵和尾巴的長度，作爲構造上沒有特殊功用卻呈現了差異的例子。雖然是不重要的例子，但我可以指出，據薛布林（Schöbl）博士的研究，普通鼠的外耳上具有很多以特殊方式分布的神經，它們無疑是作爲觸覺器官用的。因此，耳朵的長度十分重要。我們還將看到，尾巴對某些物種來說是一種十分有用的把握器官，因而其功用就要受到長度的影響。

關於植物，因爲已有奈格利的論文，我將僅做以下說明。人們會承認蘭科的花有多種奇異的構造。幾年前，人們還認爲這沒有什麼特別功能，只不過是形態上的差異而已。但現在知道，這些構造透過昆蟲的幫助，對受精是十分重要的，並且可能是經自然選擇獲得的。過去，人們一直不知道二型性和三型性植物的雌蕊和雄蕊長度不同、排列各異有什麼作用，但現在搞清楚了。

在植物的某些整個類群中，胚珠是直立的，在別的類群中則是倒掛的。也有少數植物，在同一子房內一胚珠直立而另一胚珠倒掛。這種現象，初看似乎只是形態上的差別，而沒有生理功能意義。但是，胡克博士告訴我，在同一子房內，有些只有上方的胚珠受精，有些只有下方的胚珠受精。他認爲這大概取決於花粉管進入子房的方向。

屬於不同目的若干植物，經常產生兩種花：一種是普通結構的開放花，另一種是關閉的不完全花。有時，這兩種花的結構差別很大，然而在同一植株上也可以看出它們是逐漸地相互轉變而來的。普通的開放花可以異花受精，並由此保證獲得異花受精的利益。然而關閉的不完全花也是十分重要的，因爲它們只需極少的花粉，便可以穩妥地產生大量的種子。如前所述，這兩種花的構造往往大不相同。不完全花的花瓣幾乎總是發育不全的，其花粉粒的直徑也小。有一種桂芒柄花（*Ononis columnae*：*Ononis pusilla*，英國植物。——譯者注），其五本互生雄蕊均已退化。在堇菜屬（*Viola*）的好幾個物種裡，三本雄蕊退化，其餘二本雄蕊，雖仍保持著原有的機能，但卻很小。一種印度堇菜（因爲我從未見到其完全的花，故其學名無法知道），三十朵花中，有六朵花的萼片從正常的五片退化爲三片。據朱西厄（Jussieu）的觀察，金虎尾科（Malpighiaceae）中的一部分物種，關閉的花有更進一步地變異，即和萼片對生的五本雄蕊都已退化，只有與花瓣對生的第六本雄蕊是發達的；而這些物種的普通花，卻沒有這一雄蕊存在，其花柱發育不全，子房由三個退化爲二個。雖然自然選擇的力量足以阻止某些花的開放，並可使閉合起來的花中多餘的花粉量減少，但是對上面所講的各種特殊變異，是難以由此來決定的，而應該認爲是受生長律支配的結果。在花粉減少和花閉合起來的過程中，某些部分在功能上的不活動，亦包括於生長律之內。

我們必須意識到生長律的重要作用，所以我要再舉另外一些例子，以示同一部分或同一器官，由於在同一植株上的著生部位不同而有所不同。據薩奇特（Schacht）觀察，西班牙栗樹和某些冷杉樹的葉子，在近乎水平的和豎立的枝條上，其分杈的角度有所不同。在普通芸香及其他一些植物中，中央或頂端的花常先開，其萼片和花瓣皆爲五個，子房也爲五室，而其他部位的花，卻概以四陣列成。英國的五福花屬（*Adoxa*），其頂花一般只有二個萼片，而其他部分的花則是四數的，周圍的花除萼片數爲三外，其他部分皆是五數的。在許多菊科（Compositae）、傘形花科以及若干其他植物中，其周圍花的花冠，遠比中央花的花冠發達，而這大概與它們生殖器官的退化相關聯。還有一件前邊已講到的更奇妙的事實，即周邊的和中央的瘦果和種子在形狀、顏色及其他性狀上，往往也大不相同。在紅花屬（*Carthamus*）和一些其他菊科植物中，只有中央的瘦果具有冠毛；而在豬菊苣屬（*Hyoseris*）中，同一頭狀花序上生有三種不同形狀的瘦果。據陶施（Tausch）的觀點，傘形科的某些植物，外花的種子是直生的，而中央花的種子是倒生的；德．康多爾認爲這一性狀，在其他物種中，在分類上十分重要。布朗（Braun）教授提及紫堇科的一個屬，其穗狀花序下部的花產生卵形的、有棱的、含一粒種子的小堅果，而上部的花則結披針形的、二個蒴片的、含二粒種子的長角果。在這幾種情形裡，除了可吸引昆蟲的十分發達的小邊花外，自然選擇不能起什麼作用，或只能起十分次要的作用。所有這類變異，都是由於各部分的相對位置及其相互作用的結果。幾乎無可置疑，若同一植株上的全部花和葉，如在某些部位上的花和葉一樣，都享受相同的內外條件，那麼它們都會以同樣的方式變化。

在無數其他的情形中，我們發現，那些被植物學家認爲具有高度重要屬性的構造變異，只發生在同一植株的某些花，或發生在同一外界環境中密集生長的不同植株上。因爲這些變異對植物似乎沒有特殊的用途，所以它們不會受到自然選擇作用的影響。由於我們對這些變異的原因知之甚少，甚至不能像上一類例子中將其歸因於相對位置一樣，而將它們歸於任何類似的原因。這裡我只想舉幾個例子。在同一植株上開有四數的或五數的花，是極爲常見的，無需舉例。但是，在花的部件數目較少的情況下，其數目上的變異也較爲罕見，所以我想談談下面的情況。據德．康多爾講，大紅罌粟（*Papaver bracteatum*）的花，具有二個萼片四個花瓣（這是罌粟屬的普通類型），或三個萼片六個花瓣。在許多植物中，花瓣在花蕾中的折疊方式，是一種十分穩定的形態學性狀，但阿薩．格雷教授說，溝酸漿屬的一些物種，其花瓣的折疊方式，像喙花族的和像本屬的金魚草族的方式的機會幾乎相同。希萊爾（Aug. St. Hilaire）曾舉出以下例子：芸香科（Rutaceae）具有單一子房，但本科的花椒屬（*Zanthoxylon*）中的某些物種的花，卻發現在同一植株上，甚至在同一圓錐花序上，既有含一個也有含兩個子房的。半日花屬（*Helianthemum*）的蒴果，有一室的，也有三室的；但變形半日花（*H. mutabile*）則「在果皮與胎座之間，有一個稍微寬廣的薄隔」。根據馬斯特斯（Masters）博士的觀察，肥皀草（*Saponaria officinalis*）的花既具有邊緣胎座的，又具有游離的中央胎座的。希萊爾在油連木（*Gomphia oleæformis*）分布區域的近南端處，發現兩種類型，起初他毫不懷疑地認爲是兩個不同的種，但後來他看到，它們生長在同一灌木上，於是他便補充說：「在同一個體上的子房和花柱，有時生在直立的莖軸上，有時卻生在雌蕊的基部。」

由上所述，我們可知，許多植物形態上的變化，都可歸因於生長律和各部分間的相互作用，而與自然選擇無關。但是奈格利的學說認爲，生物有朝著完善或進步發展的內在傾向，那麼在這等顯著變異的情形中，能夠說這些植物是在朝著較高級的發展狀態前進嗎？恰恰相反，僅從同一植株上花的各部分不同或差別很大這一事實，我便可推斷，這類變異，不管在分類上有多麼重要，而對於植物本身卻是無關緊要的。一個無用部分的獲得，絕不能說成是提高了生物在自然界的等級。對於上述的不完全的、閉合花的情形，無論用任何新的原理來解釋，它必然是一種倒退，而不是進步；許多寄生的和退化的動物，亦是如此。我們對引起上述特殊變異的原因雖不了解，但是，如果這種未知的原因是在幾乎一致地、長期地發生作用，我們便可推論，其結果也會是幾乎一致的；並且在這種情況下，該物種的所有個體會以相同的方式發生變異。

上述對物種生存無關緊要的性狀所發生的任何輕微的變異，都不會透過自然選擇的作用被積累和增大。一種經長期連續選擇而發展起來的構造，一旦對物種無效時，便易於發生變異。如我們知道的殘跡器官那樣，因爲它已不再受原來的選擇力量所支配。但是，如果由於生物和環境的性質引起了對物種生存無關緊要的變異，則這些變異可以，而且顯然常常以幾乎原樣的狀態，遺傳給無數在其他方面已變異了的後代。對許多哺乳類、鳥類或爬行類，是否生有毛、羽或鱗，並不十分重要；然而毛已幾乎傳給了一切哺乳類，羽已傳給所有鳥類，鱗也傳給了一切眞正的爬行類。一種構造，不論它是什麼構造，只要是許多近似類型所共有的，我們就把它看作是在分類上具有高度的重要性，結果往往假定它對物種具有生死攸關的重要性。所以我便傾向於相信，我們所認爲屬於形態上重要的差異，如葉的排列、花或子房的區別、胚珠的位置等等，最初大多是以不穩定的變異而出現的，以後或遲或早透過生物的和周圍環境的性質，或透過不同個體間的互交，才變得穩定的。它們不是自然選擇作用的結果。由於這些形態性狀不影響物種的利益，所以它們任何細微的變化，便不受自然選擇的支配和積累。於是我們便得出一種奇異的結論，即：那些對物種生存無關緊要的性狀，對於分類學家卻是最重要的。但是，在我們以後討論分類的遺傳學原理時，會知道它絕不像初看時那樣地矛盾。

雖然還缺乏有效的證據，以證明生物具有一種朝著進步發展的內在傾向，但如我在第四章中試圖指出的那樣，這是透過自然選擇連續作用的必然結果。關於生物發展的高低標準的最好定義，是各部分專門化或分化所達到的程度；而自然選擇就是促使各部分朝著專門化或分化的目標前進的，所以能夠使各部分更有效地行使它們的功能。

傑出的動物學家米瓦特先生，最近把我和別人反對由華萊士先生和我所提出自然選擇學說的所有異議蒐集起來，並且以高超的技巧和力量加以說明。那些異議一經這樣整理，便形成了一種可怕的陣容，由於米瓦特並未計畫把那些和他結論相反的各種事實和推論都列出來，所以讀者要權衡雙方的證據，就必須在推理和記憶上付出極大的努力。在討論特殊情形時，米瓦特又把生物各部分增強使用與不使用的效果忽略不談，而這一點我一直認爲它十分重要，並在我著的《動物和植物在家養下的變異》一書中，進行了詳細的討論，自信爲任何其他作者所不及。同時，他還常常認爲，我忽視了與自然選擇無關的變異。相反，在上述一書中，我蒐集了很多確切的例子，其數量超過了其他任何我所知道的著作。我的判斷並不一定可靠，但是細讀米瓦特的書後，把他的每一部分與我在同一題目中所講的加以比較，使我更加堅定地相信，本書所得的結論具有普遍的眞實性，當然，在這樣複雜的問題上，難免產生一些局部的錯誤。

米瓦特先生所提的全部異議，有些已經討論了，有些將要在本書內加以討論。其中已打動了許多讀者的一個新觀點是：「自然選擇不能解釋有用構造的初始階段。」這一問題和常常伴隨著機能變化的性狀的級進變化密切相關。例如，在前章有兩節所討論的由鰾到肺的轉變。儘管如此，我還想在這裡對米瓦特先生所提的一些問題做詳細的討論。由於受篇幅的限制，我只能選擇最有代表性的幾個問題，而不能對所有問題都加以討論。

長頸鹿，極高的身材，很長的頸、前腿和舌，牠的整個構造框架，非常適於取食較高的樹枝。因此牠可以獲得同一地區其他有蹄類不可及的食物。這在饑饉時期，對長頸鹿是大有好處的，南美洲的尼亞塔牛（Niata cattle）的情況表明，構造上很小的差異，在饑饉時期，也會對保存動物的生命產生巨大的差別。這種牛與其他牛一樣地吃草，但由於牠的下頜凸出，逢到不斷發生乾旱的時節，便不能像普通牛和馬一樣，可以吃樹枝和蘆葦等食物，此時，若主人不飼餵，則會死亡。在未討論米瓦特的異議之前，最好再講一下自然選擇在通常情形中是如何發生作用的。人類已改變了一些動物，而並沒有照顧到其構造上的某些特點，例如對賽跑馬和格雷伊獵犬，只把跑得最快的個體加以保存和繁育；對鬥雞，只選鬥勝者加以繁育。在自然狀態下，對於初始階段的長頸鹿也是一樣，在饑饉時期，那些取食最高的，哪怕比其他個體高一或二英寸的個體，都會被自然選擇所保存，因爲牠們會遊遍整個地區搜尋食物。在同一物種的個體之間，身體各部分的相對長度，往往都有細微的差別，這在許多自然史的著作中都有論述，並給出了詳細的度量。這些由生長律及變異律所引起比例上的微小差別，對於大多數物種是沒有絲毫用處的。但是這對初期階段的長頸鹿，考慮到牠當時可能的生活習性，卻是另一回事，因爲那些身體的某一部分或某幾部分比普通個體稍長的個體，往往就能生存下來。存活下來的個體間交配，產生的後代，或可獲得相同的身體特徵，或具有以同樣的方式再變化的趨勢。而在這些方面較不適宜的個體，便易於滅亡。

在自然狀態下，自然選擇可保存一切優良個體，並讓它們自由交配，而把一切劣等個體消滅掉，不必像人類那樣有計畫地隔離繁育。這種自然選擇的過程長期連續地作用，與我稱之爲人工無意識的選擇過程完全一致，並且無疑以極其重要的方式與肢體增強使用的遺傳效應結合在一起，我想不難使一種普通的有蹄類逐漸轉變爲長頸鹿。

對此結論，米瓦特先生提出兩點異議，一點是：身體的增大顯然需要食物供給的增多。他認爲：「由此產生的不利，在饑荒時期，是否會抵消由此所獲得的利益，便很成問題。」但是現在非洲南部確有大量的長頸鹿生存著。還有某些世界上最大的，比牛還高的羚羊，在那裡也爲數不少。那麼，就體形大小而言，我們爲什麼還懷疑，曾經歷過像目前一樣嚴重饑荒的中間過渡類型原先在哪裡存在過呢？長頸鹿在體形增高的各個階段，就使牠能夠取食當地其他有蹄類不能吃到的食物，這對初始階段的長頸鹿肯定是有利的。我們也不要忽視這一事實，即身體的增大可以防禦除獅子外幾乎所有的猛獸。就是說，對於防範獅子，牠的頸也是越長越好，如賴特（Wright）所說的，可以作爲瞭望台之用。所以貝克（Baker）爵士說，要偷偷地走近長頸鹿，比走近任何其他動物都更困難。長頸鹿也可用牠的長頸，猛烈地搖動生有斷樁形角的頭，作爲攻擊或防禦的工具。一個物種的生存不可能僅由任一優勢所決定，而是由其一切大大小小優勢的聯合作用所決定的。

米瓦特先生然後問（這是他的第二點異議），如果自然選擇有這麼大的力量，如果高處取食有這樣大的利益，那麼爲什麼除了長頸鹿和稍矮一些的駱駝、羊駝（guanaco）和後弓獸（macrauchenia，是一種已經滅絕的哺乳動物）以外，沒有任何其他的有蹄類，能獲得那樣長的頸和那樣高的身材呢？又爲什麼有蹄類的任何成員沒有獲得長吻呢？因爲在南美洲，從前曾經有許多群長頸鹿棲息過，回答這一問題並不困難，而且可透過一個實例便能給以最好的解答。在英格蘭，凡是長有樹的草地上，我們都能見到被修剪爲同等高度的矮的樹枝茬，它們是由馬或牛咬吃過的。比如，生活在那裡的綿羊，如果獲得稍長的頸，那麼它還會有什麼優勢呢？在各地，幾乎肯定有一種動物比其他動物取食都高，而且幾乎同樣肯定，只有這種動物，能夠透過自然選擇的作用和增加使用的效果，爲了取更高的食物的目的使頸加長。在南非洲，爲了吃到金合歡屬及其他植物的上層枝葉，所進行的競爭必然發生在長頸鹿之間，而不是在長頸鹿和其他有蹄類動物之間。

在世界其他地方，屬於此目的的許多動物，爲什麼沒有獲得長頸或長吻的問題，不可能解答清楚。然而，期望明確解答這一問題，就如同期望明確解答人類歷史上某些事件爲什麼發生於某一國而不發生在另一國的問題一樣，是沒有道理的。我們並不了解決定每一物種數量和分布的條件是什麼，我們甚至不能推測，什麼樣的構造變化，對於它在某個新地域的增殖是有利的。但是，我們大體上可以看出影響長頸或長吻發展的各種原因。有蹄類動物，要取食相當高的樹葉，由於其構造極不適於爬樹，勢必增大牠們的軀體。我們知道在某些地區，例如南美洲，雖然草木繁茂，卻很少有大型四足獸。而在南非洲，大型獸之多，無可比擬。爲何如此，我們不知。爲什麼第三紀後期比現在更有利牠們的生存？我們也不知道。無論原因如何，但我們可以知道，某些地區和某些時期，總會比其他地區和其他時期，更加有利於像長頸鹿那樣巨大的四足獸發展。

一種動物爲了獲得某種特別的構造，並得到巨大地發展，許多其他的部分幾乎不可避免地也要發生變異和共適應。雖然身體各部分都有輕微地變化，但是必要的部分並不一定總是按照適當的方向和適當的程度發生變異。就不同物種的家畜而言，我們知道：牠們身體的各部分變異，其方式和程度各不相同，而某些物種比其他物種更容易變異。即使的確產生了適宜的變異，自然選擇不一定會對它們起作用，而形成顯然對該物種有利的結構。例如，一個物種在某地區的個體數量，如果主要是由食肉獸的侵害，或內部和外部寄生蟲等的侵害情況來決定的（情況確常常如此），那麼，對於該物種在取食上任何特殊構造的變異，自然選擇所發揮的作用便很微小甚或大大地阻礙這種變異的發展。而且，自然選擇是一種緩慢的過程，因此要產生任何顯著的效果，有利條件必須長期持續不變。除了這些一般的和不大確切的理由之處，我們實在不能解釋，為什麼世界上許多地方的有蹄類，沒有獲得很長的頸或用其他方式來取食較高的樹枝。

許多作者都曾提出了和上面性質相同的問題。在每種情形中，除了剛講過的一般原因外，可能還有種種原因，會妨礙透過自然選擇作用獲得對某一物種認為是有利的構造。有一位作者問，鴕鳥為什麼沒有獲得飛翔的能力呢？但是，只要略加思索便可知道，要使這樣龐大的沙漠鳥類在空中飛翔所需的力量，所消耗的食物量該是何等的巨大。海島（距大陸極遠的島嶼。——譯者注）棲息有蝙蝠和海豹，但沒有陸棲的哺乳類。然而，這些蝙蝠中有些是特殊的物種，牠們一定從很早以前就一直生活在海島上。因此，萊爾爵士曾問：為什麼這些海豹和蝙蝠不在這些島嶼上產生出適合於陸地上生活的生物呢？並且還提出了一些理由來解答。但是若可能的話，海豹首先會轉變為相當大的陸棲食肉類動物，而蝙蝠首先變為陸棲的食蟲動物；對於前者，島上缺乏被捕食的動物；對於蝙蝠，倒是可以地面上的昆蟲為食，但是牠們早已被先移居到大多數海島上來的數目繁多的爬行類和鳥類大量地吃掉了。只有在某些特殊的情況下，自然選擇才會使構造的級進變化，在每一階段都對變化著的物種有益。一種嚴格的陸棲動物，最初只在淺水中偶爾獵取食物，然後逐漸進入小溪或湖，最後才可能變為敢進入大海的、澈底的水棲動物。但是海豹在海島上找不到有利於牠們逐漸重新轉變爲陸棲動物的條件。至於蝙蝠，如前面講的，牠們翅膀的形成，也許最初像鼯猴一樣，在空中由一樹滑翔到另一樹，以逃避仇敵，或避免跌落。可是一旦獲得眞正的飛翔能力後，至少爲了上述的目的，絕不會再變回到效力較低的空中滑翔能力上去。蝙蝠的確也可像許多鳥類一樣，由於不使用，會使翅膀變小，或完全失去；但在這種情況下，牠們必須首先獲得只用自己的後腿在地面上迅速奔跑的能力，以便可與鳥類或其他的地上動物競爭；但是這種變化對蝙蝠特別不適合。上述這些推想只是爲了表明，構造的轉變，要對每一階段都有利，實在是一樁極其複雜的事情；同時在任何一種特定的事例中，沒有發生構造轉變，毫不爲奇。

最後，不止一個作者問道，既然智力的發展對一切動物都有利，那爲什麼有些動物的智力比其他動物的智力發達得多呢？爲什麼猿類沒有獲得像人類那樣發達的智力呢？對此可以說出各種原因，不過都是推想的，並且不能衡量它們的相對可能性，所以在此不予討論。我們不要期望有確切的解答，因爲還沒有能解答比此更簡單的問題，即在未開化的人中，爲什麼一族的文明水平會比另一族的高，這顯然意味著智力的提高。

我們再來看米瓦特先生的其他異議。昆蟲爲了保護自己，使自己與許多物體相似，如綠葉、枯葉、枯枝、地衣、花朵、棘刺、鳥糞以及其他活昆蟲，關於最後一點，以後再講。這種相似往往唯妙唯肖，不只限於體色，而且延及形狀，甚至支持自己身體的姿態。以灌木爲食的尺蠖，常常把身子翹起，一動也不動，活像一根枯枝，這是一種模擬的極好例子。而模擬像鳥糞那樣物體的例子是少見的和特殊的。對這一問題，米瓦特先生說：「根據達爾文的學說，生物具有一種永恆的不定變異的傾向，而且由於微小的初始變異是多方向的，那麼這些變異勢必彼此抵消，且開始形成的是不穩定的變異。如果這是可能的話，那麼就難以理解，這麼極其微小的初始的不穩定的變異怎麼達到與葉子、竹子或其他物體充分相似，可爲自然選擇所利用和長久保存的地步。」

但是，在上述的一切情形中，這些昆蟲的原來狀態往往和牠們所處環境中的一種常見的物體，則無疑有一些約略的和偶然的類似性。考慮到各式各樣的昆蟲的形態和顏色以及周圍無數的物體，這種說法並不是完全不可能的。這種大體的相似性，對於最初的開端是必須的，因此我們便可理解，爲什麼較大的和較高等的動物（據我所知，有一種魚是例外），爲了保護自己而沒有能和一種特殊的物體相似，只是與周圍的表面上，而且主要是在顏色上的相似。假設有一種昆蟲，原先偶然出現與枯葉或枯枝有某種程度的相似，並且在多方面起了輕微變化，那麼在這些變異中，只有能使這種昆蟲更加像枯枝或枯葉的，因而有利於避開敵害的變異會被保存下來，而其餘變異就被忽略而最終消失。或者，如果某些變異使昆蟲更加不像所模仿的物體，也會被消除掉。對於上述的相似性，如果我們不用自然選擇的作用來解釋，而僅用不穩定變異來解釋，那麼米瓦特先生的異議確實是有力的，但事實並非如此。

華萊士先生舉了一個擬態的例子，一種竹節蟲（*Ceroxylus laceratus*）很像「一枝生滿鱗苔的棍子」，這種類似是如此眞切，致使當地的達雅克人（Dyak）竟堅持認爲這棍上的葉狀贅生物是眞正的苔。米瓦特先生對這種「登峰造極的擬態妙技」感到難以理解。對此非難，我看不出有何力量。捕食昆蟲的鳥類和其他天敵，牠們的視力可能比我們更敏銳，所以昆蟲任何程度的擬態，只要能瞞過敵害的眼睛，便有被保存下來的趨勢。因此這種擬態越完美，對昆蟲則越有利。試考慮一下竹節蟲這一類群昆蟲種間變異的性質，這種昆蟲表面的無規則變異以及或多或少地具有綠色，不是不可能的。在每一類群的生物中，幾個物種間不同的性狀最容易變異；而屬的性狀，即該屬各物種共同的性狀，則最穩定。

格陵蘭鯨魚是世界上最奇異的動物，最大的特徵是牠的鯨鬚或鯨骨。鯨鬚生在上頜的兩側，各有一行，每行大約有三百鬚片，很緊密地對著嘴的長軸橫排著。在主行鬚片之內還有些副行。所有鬚片的末端和內緣都磨損成爲硬的鬚毛，遮蔽著整個巨大的顎，作爲濾水之用，由此獲取這種巨型動物賴以爲生的微小生物。格陵蘭鯨魚的最長鬚片可達十英尺，十二英尺，甚至十五英尺。但不同物種的鯨，其鬚片的長度等級不同。據斯科雷斯比（Scoresby）說，有一種鯨魚的中間鬚片長四英尺，另一種長三英尺，還有一種僅長十八英寸的，而在長吻鰮鯨中，其長度只有九英寸左右。鯨骨的性質也隨物種而異。

關於鯨鬚，米瓦特先生說，當它「一旦達到有用的大小和發展程度時，自然選擇才會在這有用的範圍內促進它的保存和增大。但是達到這一有用範圍的開始狀態是如何得到的呢？」在回答時，是否可以問，具有鯨鬚的鯨魚的早期祖先的嘴，爲什麼不能像鴨嘴那樣具有櫛狀片呢？鴨與鯨魚相似，透過濾去泥和水而取食的，所以這一科有時又被稱爲篩口禽類（Criblatores）。我希望不要誤認爲我說的是，鯨魚祖先的嘴確實和鴨子的嘴構造相似。我只是想表明這並非是不可思議的。也許格陵蘭鯨魚巨大的鬚片，是最初從櫛狀片經過了許多微小的漸進步驟發展而成的，每一步驟對該動物本身都是有用的。

琵嘴鴨（*Spatula clypeata*）嘴的構造，比鯨魚的嘴更爲巧妙複雜。根據我檢查的標本，在其上頜的兩側各有一行由一百八十八枚富有彈性的薄櫛片組成的櫛狀構造。這些櫛片對著嘴的長軸橫生，斜列成尖角形。它們都由顎生出，靠一種韌性膜附著於顎的兩側。位於中央附近的櫛片最長，約爲三分之一英寸，凸出邊緣下方約〇．一四英寸長。在它們的基部，另有一些斜著橫排的隆起，構成一個短的副行。在這幾方面，都與鯨魚的鯨鬚相似。但是在鴨嘴的端部卻大不相同，因爲鴨嘴的櫛片是向內傾斜，而不似鯨魚向下垂直的。琵嘴鴨的整個頭部，雖不能和鯨相比，但和鬚片僅九英寸長的，中等大小的長吻鰮鯨相比，約是牠頭長的十八分之一。如果把琵嘴鴨的頭放大到這種鯨頭那麼長，則牠的櫛片便有六英寸長，相當於這種鯨鬚長度的三分之二。琵嘴鴨的下頜也有櫛片，長度與上頜的相等，但較細；這些與鯨魚的下頜大不相同，鯨魚的下頜沒有鯨鬚。另一方面，牠的下頜的櫛片頂端磨損爲細鬚狀，卻又和鯨鬚異常相似。鋸海燕屬是海燕科的一員，牠也只在上頜上生有很發達的櫛片，伸出頜緣之下，這種鳥的嘴在這一點上和鯨魚的嘴相類似。

根據薩爾文（Salvin）先生給我的資料和標本，我們可以就濾水取食的適應，從高度發達的琵嘴鴨的嘴的構造，經過湍鴨（*Merganetta armata*）並在某些方面經過鴛鴦，一直追蹤到普通家鴨，其間並沒有大的間斷，家鴨嘴內的櫛片比琵嘴鴨的要粗糙得多，並且牢固地附著在頜的兩側，每側大約五十枚，也並未伸過嘴緣的下方。它們的頂端呈方形，邊上鑲有半透明的堅硬組織，似乎具有磨碎食物的功用。下頜邊緣上橫生著無數微微隆起的小細稜。這種嘴作爲過濾器來說，雖然遠不如琵嘴鴨的嘴，但是我們都知道，家鴨經常用它濾水。薩爾文先生告訴我，還有一些別的物種，它們的櫛片更不如普通鴨的發達，但我不知道是否把它們做濾水之用。

現在來談此科內的另一類動物。埃及雁（Chenalopex）的嘴和普通家鴨的嘴極相似，不過牠的櫛片沒有那麼多、那麼彼此分明、那麼向內凸出。但據巴特利特（Bartlett）先生告訴我，這種雁「像家鴨一樣，用牠的嘴把水從口角排出」。但是牠的主要食物是草，吃草的方式和普通家鵝一樣。家鵝上頜的櫛片比家鴨的要粗糙得多，每側二十七個，近乎彼此混生，上部末端成齒狀結節。顎部也布滿堅硬的圓形結節。牙齒在下頜邊緣呈鋸齒狀，比鴨嘴更凸出、更粗糙、更銳利。家鵝的嘴不濾水，而完全用於撕裂或切斷草類。牠的嘴十分適於這種用途，幾乎比任何其他動物更能靠近根部切斷草類。聽巴特利特講，還有一些鵝種，牠們的櫛片更不如家鵝發達。

可見在鴨科中，一種具有普通鵝那樣結構的嘴，僅適於吃草的物種，或一種甚至具有更不發達櫛片的嘴的物種，透過小的連續變異，也許會轉變為像埃及雁那樣的物種，進而轉變為像普通家鴨那樣的物種，最後轉變為像琵嘴鴨那樣的物種，而具有幾乎完全適應於濾水的嘴。這種禽除了嘴端的鉤尖之外，嘴的其他部分幾乎不能啄食或撕碎食物。我還可補充一點，家鵝的嘴，也可能不斷透過微小的變異，而演變為像同一科的秋沙鴨（Merganser）那樣，具有凸出而帶回鉤的牙齒，其作用卻大不相同，是用來捕捉活魚的。

回頭再談鯨魚。無鬚鯨魚（*Hyperoodon bidens*）缺乏有效的眞正牙齒。但據拉塞佩德（Lacepède）說，牠的頷是粗糙的，具有小而不等的堅硬的角質尖頭。因此，可以假設，某些原始的鯨類，頜上也生有類似的角質尖頭，不過排列得稍微整齊一些，像鵝嘴上的結節一樣，用以幫助攫取和撕裂食物。假若如此，那麼便難以否認，這類角質尖頭，可能透過變異和自然選擇，演變爲像埃及雁那樣的十分發達的櫛片，具有捕物和濾水兩種功能，然後再演化爲像家鴨那樣的櫛片。這樣連續演變，直到產生像琵嘴鴨那樣的櫛片，形成專供濾水用的構造。從櫛片長達長吻鰮鯨鬚片的三分之二這一階段起，現在我們可以看到的一些中間過渡類型，可使我們過渡到格陵蘭鯨魚的巨大的鬚片。沒有絲毫理由懷疑，古代鯨魚器官演化的每一步驟像鴨科現在的不同物種的嘴的逐級進化一樣，對處於發展進程中器官功能正在緩慢變化的生物，都是有用的。我們必須記住，每一種鴨都處在劇烈的生存競爭中，而且牠身體的每一部分構造必定都能很好地適應牠的生活條件。

比目魚科（Pleuronectidae）以身體不對稱著名，牠們靠一側躺下休息，大部分物種是靠左側，但也有一些靠右側的，間或也有相反的個體出現。下側面，即臥著的一側，初看起來與普通魚的腹面相似，呈白色，在許多方面都不如上側的發達，側鰭往往較小。牠的眼睛尤爲特別，都長在頭的上側。在幼小的時候，兩眼左右兩側相對，整個身體完全對稱，兩側顏色也相同。不久之後，下側的眼睛便慢慢地繞著頭部移到上側，但並不是以前認爲的那樣直接穿過頭骨的。顯然，如果下側的眼睛不是沿頭移動的，在魚以習慣的姿勢靠一邊躺臥時，便不能使用這隻眼睛。下側的眼睛也易受到底部沙子的磨損。比目魚體形扁平和不對稱的構造，對於牠的生活習性，適應得極爲巧妙。這種情況在好些物種，如鰨、鰈等中都極爲普遍。由此獲得的主要利益，似乎在於能防避敵害，而且易於在海底取食。然而據喜華德（Schiödte）講，本科許多不同的物種「從孵化後形態沒有任何明顯改變的庸鰈（*Hippoglossus pinguis*），直到完全側臥的鰨爲止，其逐漸過渡的類型，可以列一長系列的物種」。

米瓦特先生對這種情形提出質疑說，比目魚眼睛位置的突然自發轉換是難以令人置信的。對此，我也有同感。他又說：「如果這種轉移是逐漸的，那麼在一隻眼睛向頭的另一側轉移的過程中，極小的位置變化，對生物究竟有何利益可言，實在難以搞清。這種剛開始的轉移，與其說有利，毋寧說有害。」可是在馬姆（Malm）一八六七年所發表的傑作中，他已找到了這一問題的答案。當比目魚很幼小且身體還對稱時，牠們的兩眼尚分立於頭的兩側，由於身體過高，側鰭過小，又沒有鰾，所以不能長久保持直立姿勢。於是不久便疲倦，側身掉入水底。在側臥情況下，據馬姆的觀察，那下側的眼睛往往向上轉動，以便看上面的物體。由於轉動眼睛用力很大，使眼睛緊抵著眼眶的上側。結果使兩眼間的額部的寬度暫時縮小，這是可以清楚地看見的。一次，馬姆看到一隻幼魚將其下眼提高和下壓所經過的角距可達七十度左右。

我們應當記住，幼年時的頭骨具有軟骨性和可屈性，所以易受肌肉運動的牽制。而且我們知道，高等動物，甚至在早期的幼年之後，如果因疾病或某種意外事故，使皮膚或肌肉長期收縮，也會使頭骨形狀改變。如果長耳兔的一隻耳朵向前或向下垂，耳朵的重量就能牽動這一邊的所有頭骨向前傾斜，我還對此繪過一幅圖。馬姆說，鱸魚、鮭魚和好幾種其他的對稱魚，其新孵化的幼魚偶爾也有側臥於水底的習性。他還觀察到，這時牠們牽動下方的眼睛向上看，致使頭骨出現彎斜，然而這些幼魚不久就能保持直立姿勢，所以不會由此產生永久性的效果。但比目魚則不同，由於年齡越大，身體越扁平，向一邊側臥的習慣越甚，因此對於頭的形狀和眼的位置便會產生永久性效果。用類推的方法可以判斷，這種扭曲的傾向，無疑可透過遺傳原理被逐漸加強。喜華德與某些博物學者相反，他相信，比目魚甚至在胚胎期已不十分對稱。假若如此，我們就能理解，爲什麼有些物種的幼魚習慣於向左倒下休息，而另一些物種的幼魚卻習慣右側著地休息。馬姆爲了證實上述觀點，又說：不屬於比目魚科的北極粗鰭魚（*Trachipterus arcticus*）的成體，也是左側著底而臥，而且在水中斜向游泳，據說這種魚頭的兩側有點不相像。我們的魚類學大權威岡瑟（Günther）博士在摘述馬姆的論文之後，加以評論：「作者對比目魚科魚的異常狀況，給了一個非常簡明的解釋。」

由此可見比目魚的眼睛由頭部的一側移向另一側的最初階段，米瓦特先生認爲這是有害的，但這也可歸因於側臥於水底時眼睛盡力向上看的習性，而這種轉移的最初階段無疑對個體和該物種都是有利的。有好幾種比目魚，嘴向下側面彎曲，頭的無眼的一側上的顎骨比另一側的要強而有力，據特蕾奎爾（Traquair）博士推想，這是爲了便於在水底取食。我們可以把這種事實歸因於使用效果的遺傳所致。另一方面，包括側鰭在內的整個下半身比較不發達的狀態，可以解釋爲是不使用的結果。雖然耶雷爾（Yarrell）認爲下側鰭的縮小，對魚是有益的，因爲「下側鰭的活動空間要比上側大的鰭活動空間小得多」。斑鰈（plaice）兩顎骨上半邊僅有四到七個牙齒，但下半邊卻有二十五到三十個牙齒，在此比例中，上半邊較少的牙齒數，也可由不使用來解釋。從大多數魚類和許多其他動物的腹部都沒有顏色的情況看來，我們有理由推斷，比目魚的下側，無論是左側還是右側，沒有顏色，都是由於缺乏光線的緣故。但是如鰨魚上側很像沙質海底的奇異斑點，如波歇（Pouchet）最近指出的，有些種類具有根據周圍表面而改變牠們顏色的能力，或者如大菱鮃（turbot）身體上側具有的骨質結節，卻不能推測是由於光的作用引起的。在這裡，自然選擇大概在發揮作用，正像自然選擇使這些魚類一般的體形和許多其他特徵適應於牠們的生活習性一樣。我們必須記住，如我以前所主張的，各部分增強使用或不使用的遺傳效果，都會由自然選擇的作用所加強。因為朝著正確方向發生的一切自發變異會這樣被保存下來，這和任何部分的增強使用和有利使用的效果被最大限度地繼承下來的那些個體會被保存下來是一樣的。在每種特定的情形中，到底有多少應歸因於使用的效果，多少應歸於自然選擇的作用，似乎是不可能確定的。

我可再舉一例來說明，一種構造顯然應該把它的起源歸功於使用或習性的作用。某些美洲猴的尾端，已變成一種極完善的攫握器官，並可作為第五隻手來用。一位甚至在每個細節上都完全贊同米瓦特先生論點的評論家，關於這種構造說：「不論這種攫握傾向始於什麼年代，要說那些最初稍微有點攫握傾向的個體，就會有助於牠們獲得生存和繁育後代的機會，是令人難以相信的。」但是，這樣的信念，並非必要。習性幾乎意味著能夠由此獲得或大或小的利益，習性很可能足以行使這種作用。布雷姆（Brehm）曾看到一種分布於非洲的長尾猴（Cercopithecus）的幼猴，一方面用雙手抓著母猴的腹面，同時還用牠的小尾巴鉤著母猴的尾巴。亨斯洛（Henslow）教授飼養過一種歐洲田鼠（*Mus messorius*），這種鼠的尾巴在構造上沒有攫握的功能，但是他常常看到牠們用尾巴繞著放在籠子裡的一叢小樹枝，以此幫助牠們攀爬。我還從岡瑟博士那裡得到了一個類似的報告，他曾看見一隻鼠用尾巴把自己掛起。假若這種歐洲田鼠有更嚴格的樹棲習性，那麼牠的尾巴會就像同一目內某些其他種類一樣，也許在構造上已具有攫握性。考慮到非洲猴的尾巴在幼猴期具有這種習性，那麼爲什麼後來卻未能變爲攫握的工具呢？這是難以講清的。但是很可能這種猴的長尾巴，在巨大的跳躍時，用作一種平衡器官比用作攫握器官更有用。

乳腺是哺乳綱一切動物所共有的，也是牠們生存不可缺少的，所以牠們必定在極其久遠的時代就已經發展了。而有關乳腺的發展經過，我們的確一點也不知道。米瓦特先生問：「能夠想像任何一種動物的幼仔，偶然從牠的母親膨脹的皮腺上吸了一滴不甚滋養的液體，便能死裡得救嗎？即使一個動物是如此，那麼有什麼可能使這種變異永久存在呢？」顯然，這一問題提得並非合理。大多數進化論者都承認哺乳動物都是一種有袋類動物的後裔，果眞如此，則乳腺最初一定是在有袋類動物的育兒袋內發展的。在海馬屬（*Hippocampus*）的魚中，卵的孵化和幼體一定時期的哺育就是在這種性質的袋中進行的。一位美國的博物學者洛克伍德（Lockwood）先生根據他對海馬幼魚發育的觀察，相信牠們是由此袋內皮腺的分泌物來養育的。哺乳動物早期的祖先，幾乎在牠們可被稱爲哺乳動物之前，其幼體難道不可能用類似的方式來養育嗎？而且在這種情況下，那些分泌帶有乳汁性質的，並且在某種程度或方式上是最有營養的液汁的個體，比那些分泌液汁較差的個體，終究會養育更多數目的營養良好的後代。因此，與乳腺同源的皮腺，便會被改進或變得更有效。根據廣泛應用的特化原理，袋內特定部位的腺體會較其餘的腺體變得更爲發達，於是便形成了乳房。但是開始缺乏乳頭，就像我們在最低等的哺乳動物鴨嘴獸中所見到的一樣。究竟是什麼作用使得特定部位的腺體變得比其餘的更特化，是否部分地由於生長的補償作用，使用的效果，或是自然選擇的作用，我還不敢斷定。

如果幼仔不吃這種分泌物，乳腺的發展便沒有什麼用處，自然選擇也不會對它的發展發揮什麼作用。要理解哺乳動物的幼仔，如何本能地懂得吸乳，不比理解未孵化的雛雞，如何懂得用特別適應的嘴輕輕敲破蛋殼，或剛出蛋殼幾小時後，怎樣懂得啄吃穀粒，更困難。對這些情形最可能的解釋是，這種習性起初是年齡較大的個體透過實踐獲得的，其後便傳遞給年齡較小的後代。但是據說幼小的袋鼠並不吸乳，只是用嘴緊貼著母親的乳頭，全靠母獸將奶汁射進幼仔無能的、半成形的口中。對此問題，米瓦特先生說：「假若沒有特別的設施，小袋鼠一定會因射入氣管的乳汁而窒息。但是，特別的設施是有的，牠的喉頭很長，一直通到鼻管的後端，因此便能夠使空氣自由進入肺臟，而乳汁可安全地從這加長了的喉頭兩邊透過，到達位於其後的食管。」米瓦特先生然後問：自然選擇如何除去成年袋鼠（和大多數其他哺乳動物，假若牠們的祖先是一種有袋類的話）中「這種至少是完全無益又無害的構造呢」？可以這樣答覆：發聲對許多動物是極其重要的，只要喉頭通入鼻管，便不能用全力發聲。並且弗勞爾教授對我說，這種構造對於動物吞咽固體食物，是大有妨礙的。

現在我們略談一下動物界中比較低等的門類。棘皮動物（如海星、海膽等等）具有一種引人注意的器官，稱為叉棘。生長良好的叉棘呈三叉鉗形，即由三個鋸齒狀的臂組成。三個臂精巧地搭配在一起，位於一個可以伸屈的，由肌肉牽動的柄的頂端。這些鉗子可牢固地鋏住任何東西。亞歷山大·阿加西斯曾看到，一種海膽（echinus）快速地把排泄物的細粒由一個鉗子傳到一個鉗子，沿身體上特定的幾條線路傳遞下去，以免弄汙了牠的外殼。但是除了移去各種汙物以外，無疑叉棘還有其他的用處，其中之一顯然是防衛。

關於這些器官，米瓦特先生又像以前許多次的情況那樣，問：「這樣的構造，在其最初的萌芽階段能有什麼用處呢？而這種最初的萌芽是怎樣保護了一個海膽生命的呢？」他又補充說：「縱使這種鉗狀物的作用是突然發展的，如果沒有自由運動的柄，這種作用也不可能是有利的。同樣，如果沒有鋏物的鉗，這種柄也是無效的。然而這些複雜而協調的構造，不可能由細微的而僅是不定的變異使其同時逐漸形成，如果否認這一點，就等於肯定了一種驚人的自相矛盾的謬論。」在這一點上，米瓦特先生好像是自相矛盾的，而某些海星確實具有基部固定不動的，但卻具有鋏物功能的三叉棘，容易理解，至少它們的部分功能是作爲一種防衛的工具。對此問題，承蒙阿加西斯給我提供很多資料，十分感激。他告訴我，有些別的海星，三支鉗臂中一支已經退化成爲其餘兩支的支柱。另外，在其他屬裡發現第三支鉗臂已經完全失去。根據佩雷爾（Perrier）先生的描述，斜海膽屬（*Echinoneus*）動物的殼上有兩種叉棘，一種和刺海膽屬（*Echinus*）的叉棘相似，一種和猥團海膽屬（*Spatangus*）的相似。這類事實總是令人感興趣的，因爲它們給人們提供了一個器官顯著的突然過渡的方式，即可透過一個器官的兩種狀態之一的消失來實現。

關於這些奇異器官演化的步驟，阿加西斯根據自己的和穆勒先生的研究推斷，海星和海膽的叉棘被認爲是變化了的棘。這可以從牠們個體發育的方式，從不同物種和不同屬的完整的一系列的逐級變化，即從簡單的顆粒棘到普通棘，直到完全的三叉棘，而推斷出來。逐級演變甚至涉及普通棘和具有石灰質支柱的叉棘與殼體連接的方式。在某些海星屬中，可以發現，正是那些必要的連接表明，叉棘不過是變化了的分支棘。所以我們已經知道了一種固定的棘，它具有三個等距離的，鋸齒形的，可動的分支，連接在牠們的近基部處，在同一個棘的更高一些的地方，還有三個可動的分支。如果上面的三個可動的分支在一個棘的頂端，實際便成為一種簡陋的三叉棘了，這種情況可以在具有三個較低分支的同一個棘上看到。所以叉棘的鉗臂與棘的能動的分支，在本質上是等同的，這是清楚無誤的。一般公認，普通棘發揮著防衛作用，如果這樣，那就沒有理由懷疑那些具有鋸齒的而且能動的分支的棘也具有同樣的功用。而且一旦三個分支接合在一起作為抓握或鋏鉗的工具，則就更加有效了。所以，從普通固定的棘到固定的叉棘所經過的每一個過渡形式都是有用的。

有些海星屬的這類器官，並不是固定的或著生在不動的支柱上，而是著生在能伸屈的具有肌肉的短柄上。這樣的構造，除了防禦之外，也許還有其他的功用。海膽類中，由固定的棘變到連接於殼上而成為能動的棘，所經歷的步驟是可以弄清的。可惜限於篇幅，對阿加西斯先生關於叉棘發展的有意義的觀察資料，不能在此做更充分地摘述。據他說，在海星的叉棘和棘皮動物另一類群海蛇尾類的鉤刺之間，可以找到一切可能的中間過渡類型。在海膽類的叉棘與同一大綱的海參類（Holothuriae）的錨狀針骨之間，也可發現同樣的情形。

某些稱之為植蟲或苔蘚蟲的群體動物，具有一種奇異的器官，叫鳥頭體。各種苔蘚蟲的鳥頭體的構造很不相同。在發育最完善的情況下，它們與兀鷲的頭和嘴出奇地相像，著生在頸上並能動。我見過一種苔蘚蟲，同一枝上的所有鳥頭體，常常同時前後運動，歷時約五秒鐘，同時張大下顎，呈九十度的角，並且它們的運動引起了整個群棲蟲都發生顫動。如果用一根針去觸它的顎時，針便會被牢牢地咬住，該枝也會因此而搖動。

米瓦特先生引用此例，主要是由於他認爲像苔蘚蟲的鳥頭體和棘皮動物的叉棘這類器官，在「本質上是相似」的，難以設想自然選擇的作用在動物界相距這樣遠的門類中使這類器官得到發展。但僅對構造而言，我看不出三叉棘和鳥頭體之間的相似性。鳥頭體卻更像甲殼類的螯，而米瓦特先生也可能同樣合適地舉出這種相似性，甚至認爲它們與鳥的頭和嘴的相似性，作爲特別的難點。巴斯克（Busk）先生、史密特（Smitt）博士和尼采（Nitsche）博士都是仔細研究過這一類群的博物學者，他們都認爲鳥頭體與單蟲體以及組成植蟲的蟲房是同源的，蟲房能動的唇或蓋相當於鳥頭體的下顎。但巴斯克先生並不知道單蟲體和鳥頭體之間現存的任何過渡類型，所以不可能設想透過什麼樣的有用的過渡類型使這個能變爲那個，不過我們不能因此便認爲這樣的過渡類型從來就沒有存在過。

由於甲殼類的螯在某種程度上與苔蘚蟲類的鳥頭體相似，二者都是作爲鉗子來用的，所以值得指出，至今還存在著一長系列有用的過渡形式。在最初和最簡單的階段，其肢的末端一節向下閉合時要嘛抵住寬闊的倒數第二節的方形頂端，要嘛抵住整個一側，這樣便能抓住碰到的物體。但是，這種肢仍然是一種運動器官。下一階段，我們發現，那寬闊的倒數第二節的一個角稍微有些凸起，有時還帶有不規則的牙齒，末端一節向下閉合時便抵住這些牙齒。隨著這種凸起的增大，它的形狀以及頂節也都有微小的變化和改進，於是使這種鉗變得越來越完善，最終一直演變爲像大螯蝦的螯一樣有效的工具。凡此一切過渡階段，實際上都是可以追蹤出來的。

苔蘚蟲除了鳥頭體外，還有一種稱爲震毛的器官，一般由一些能運動而易受刺激的長剛毛組成。我曾觀察過一種苔蘚蟲，其震毛微微彎曲，外緣鑲有鋸齒；而且同一苔蘚蟲體上的所有震毛常常同時運動；因此，牠們的一枝，如長槳似的，從我的顯微鏡的物鏡下飛快地擦過。如果把一枝面朝下放著，震毛便糾纏在一起，於是牠們便竭力掙脫，使牠們彼此分開。一般設想這些震毛具有防護功用，並且如巴斯克先生說的，可以看到它們「慢慢地靜靜地在苔蘚蟲的表面擦過，當牠們伸出觸毛時，便會把對有害於蟲房中嬌嫩的棲息者的東西擦掉」。鳥頭體與震毛相似，也許起著防護的功用，但是牠們還可以捕殺小動物。人們相信，被殺死的小動物在單蟲體觸毛所及的範圍之內便可被震毛沖擦掉。有的苔蘚蟲的物種既具有鳥頭體又具有震毛，而有的物種則只有震毛。

在外觀上還要比剛毛（即震毛）與像鳥頭似的鳥頭體之間差別更大的兩種東西，是不容易想像出來的。然而它倆幾乎肯定是同源的，而且是由一個共同的根源，即單蟲體及其蟲房，發展而來的。因此我們可以理解，如巴斯克先生告訴我的，這些器官在某些情形下是如何逐漸地形成各自的狀態的。膜胞苔蟲屬（*Lepralia*）有幾個物種，牠們的鳥頭體能動的顎十分凸出，而且與剛毛極其相似，以致只能根據上邊固定的嘴才可以決定它們實質上是鳥頭體。震毛可能是由蟲房的唇片直接演變而來的，未經過鳥頭體的階段。但是它們經過此階段的可能性似乎更大，因爲在轉變的早期階段，含有單蟲體蟲房的其他部分不可能立即消失。在許多情況下，震毛的基部有一個帶溝的支柱，似乎相當於固定的鳥嘴狀構造，但也有些種不具備這種支柱。這種震毛發展的觀點也很有趣，因爲假定所有具有鳥頭體的物種都已滅絕，那麼最富想像力的人也絕不會想到，震毛原來也是一種類似鳥頭式的器官的一部分，或像不規則的盒子或兜帽狀器官的一部分。看到差異這樣大的兩種器官，竟會從一個共同的起源發展而來，的確有趣。因爲蟲房的可動的唇片對於單蟲體起著保護作用，便不難相信，由唇片首先能變爲鳥頭體的下顎，然後轉變成長剛毛，其經歷的一切過渡類型，同樣會以不同的方式和在不同的環境下行使保護作用。

在植物界，米瓦特先生只提到兩種情況，就是蘭花的構造和攀緣植物的運動。關於蘭花，他說：「對於它們構造起源的解釋，全然不能令人滿意，——對於其構造初期的，最微小的開端的解釋，極不充分，因爲這些構造只有在相當發達時才有效用。」由於對此問題我在另一著作中已做了詳細的討論，在這裡僅對蘭科植物花的最顯著的特性，即花粉塊，略加詳細地討論。高度發達的花粉塊由一團花粉粒，連接花粉團的具有彈性的柄即花粉塊柄，和連接此柄的一小塊極膠黏的物質所組成。由於花粉塊有黏性物質，昆蟲便可將其由一花轉送到另一花的柱頭上去。某些蘭花植物，其花粉塊沒有柄，花粉粒僅由許多細絲連結在一起。但由於這種情況不只限於蘭科植物，故在此無需考慮。然而我卻要提及蘭科植物中最低等的杓蘭屬（*Cypripedium*），因爲我們從它可以看到，這些細絲最初可能是怎樣發展起來的。在一些別的蘭科植物中，這些細絲黏著於花粉團的一端，這就是花粉塊柄最初形成的痕跡。即使在花粉塊柄已相當長和高度發達的蘭科植物中，花粒塊柄也是這樣起源的，因爲我們有時還可以在發育不全的花粉粒團裡，發現埋藏於其中央的堅硬部分，這便是很好的證據。

關於花粉塊的第二個主要特徵，即附著在柄端的那一小塊黏性物質，可以舉出它經過的許多過渡形式，且每種形式都對植物有用的例子。其他目的植物的大多數花，柱頭分泌很少的黏性物質。在某些蘭科植物中，分泌的黏性物質相似，但在三個柱頭中，只有一個分泌的量特別多。這個柱頭，也許由於分泌過盛，而成爲不育的了。當昆蟲採蜜時，便擦去一些黏性物質，同時也就帶走了一些花粉粒。從這種與大多數普通花差別不大的簡單情形起，經過那些其花粉團連接在一個很短的獨立花粉塊柄上的物種，直到那些其花粉塊牢固地附著在黏性物質上且不育的柱頭於是便有了很大變異的物種，其間存在著無數的過渡類型。在最後一種情況中，花粉塊已是最高度發達和完善的了。只要對蘭花親自仔細研究的人，便不會否認上述一系列過渡類型的存在——從一團花粉僅由一些細絲聯繫在一起，其柱頭和普通花的柱頭差別不大起，到高度複雜的花粉塊，奇妙地適應於昆蟲的傳粉。而且他也不會否認在那幾個物種中的所有過渡類型，都巧妙地適應了使各種昆蟲能夠讓每種花的一般構造都得到受精。也許還可以進一步追問，花的柱頭如何變得有黏性。但由於我們對任何一類生物的整個發展史都不了解，這種問題，因爲沒有希望得到解答，所以問也無用。

現在該討論攀緣植物了。從簡單地纏繞一個支柱的植物，到我稱之爲爬葉的植物，再到有捲鬚的植物，可以排成一長系列。後兩類植物的莖大都（雖非全部）失去了纏繞能力，儘管它們保留著旋轉的能力，但這種能力也是捲鬚所賦予的。從爬葉植物到有捲鬚的植物之間的一些過渡類型極其接近，其中某些植物簡直可以任意列於兩類之一。在由單純的纏繞植物上升到爬葉植物的過程中，增加了一種很重要的特性，即對接觸的感應性，透過這種感應性，無論是花柄或葉梗，還是它們演變成的捲鬚，受到刺激後都能彎曲圍繞並抓住所接觸的物體。凡是讀過我論述這些植物的研究論文（即《攀緣植物的運動和習性》）的人，我想都會承認，在單純的纏繞植物和具有捲鬚的攀緣植物之間，所有這許多在功能上和構造上的過渡類型，都是對各物種十分有利的。例如，纏繞植物演變爲爬葉植物，顯然對於纏繞植物是十分有利的；而且，任何一種具有長葉梗的纏繞植物，一旦葉梗稍微具有一點爬葉植物所必須的對接觸的感應性，便可能發展爲爬葉植物。

由於纏繞是攀緣支柱的最簡單的方法，也是攀緣植物系列中最下級的形式，那麼自然要問：植物最初是如何獲得這種能力的，此後自然選擇才能使其改進和增強。纏繞的能力，第一，依賴於莖幼嫩時的極度可繞性（但這也是許多非攀緣植物共有的一種特性）；第二，依賴莖枝以同一順序逐次沿著圓周的各點不斷彎曲。依靠這種運動，莖枝才能向各個方向彎曲一圈一圈地纏繞下去。莖的下部一旦碰到物體而停止纏繞時，而莖的上部仍然彎曲盤旋，於是必然會纏繞著支柱繼續上升。每一個嫩莖在初期生長之後，便停止盤繞運動。由於在許多親緣相距甚遠的不同科的植物裡，都是單個的種或屬具有盤繞能力，而變爲纏繞植物的。因此它們必定是獨立地獲得這種能力的，而不可能是從一個共同的祖先遺傳來的。所以我可預言，在非攀緣植物中，稍具這種運動傾向的植物，也並非不常見，並且這就爲自然選擇提供了作用和改進的基礎。我在做此預言時，只知道一個不完全的例子，即輕微地和不規則旋轉的毛籽草（Maurandia）的幼嫩花梗，很像纏繞植物的莖，但這種習性並沒有被該植物所利用。其後不久穆勒便發現了一種澤瀉（Alisma）和一種亞麻（Linum），二者並不是攀緣植物，且在自然系統中相距甚遠，它們的嫩莖雖然旋轉得不規則，卻明顯地可以旋轉。並且他說，他有理由猜測某些別的植物也有這種情形。這種輕微的運動對於我們所討論的植物，看來並沒有用處。無論如何，這些植物至少沒有採用這種方式攀緣，這一點是我們所關心的。儘管如此，我們還可以看出，如果這些植物的莖已經具有可繞曲性，如果在它們所處的環境下，這種特性有利於它們攀高，那麼這種輕微地不規則地旋轉的習性，便可能會被自然選擇作用所增強和利用，直到它們轉變爲十分發達的纏繞植物。

關於葉柄、花梗和捲鬚的感應性，幾乎同樣可用於說明纏繞植物的盤繞運動。由於大量的物種，分屬於一些大不相同的類群，都賦予了這種感應性，因此在許多還沒有變爲攀緣植物的物種中，應當看到這種性能的初期狀態。事實就是這樣：我看到上述毛籽草的幼嫩花柄，往往向所接觸的一側微微彎曲。摩倫（Morren）在酢漿草屬（*Oxalis*）的好幾個物種裡發現，如果葉和葉柄被輕輕地、反覆地觸碰，或搖動植株，葉和葉柄便會運動，尤其是在烈日下曝晒之後。我對該屬其他幾個物種反覆觀察的結果也是如此。其中有些運動是很明顯的，但在嫩葉中看得最清楚，而在另一些物種中卻極微弱。更重要的一個事實是，根據權威學者霍夫曼斯特（Hofmeister）所說，一切植物的幼莖和嫩葉被搖動後都能運動。至於攀緣植物，我們知道，只有在生長的初期階段，其葉柄和捲鬚才有敏感性。

幼期的植物和正在生長中的器官，因觸碰或搖動而產生的微弱的運動，恐怕在機能上對它們不可能有什麼重要性。但是植物對付各種刺激所具有的運動能力，對植物本身顯然是十分重要的，例如植物對於光的向性和較爲罕見的背性，以及對地心引力的背性和較罕見的向性等。動物的神經和肌肉受到電流或由於吸收了馬錢子鹼的刺激而引起的運動，可稱爲偶然的結果，因爲神經和肌肉並不是爲了專門感受這些刺激的。對於植物似乎也是如此，由於對某些刺激具有運動的能力，所以它們受到觸碰或搖動的刺激後，便會以偶然的方式產生運動。因此，我們不難承認在爬葉植物和具捲鬚的植物的情形中，透過自然選擇作用所利用和增加的就是這種傾向。但是根據我的研究論文中所列舉的各項理由，這種情況只有對那些已經獲得了盤曲能力的植物才能發生，並且由此逐漸地使它們變爲攀緣植物。

我已盡了最大的努力來解釋一種普通植物如何變爲一種攀緣植物的，即透過不斷地增強植物最初所具有的輕微的、不規則的、開始並無用處的盤曲運動的傾向而逐步實現的。這種最初的運動以及由觸碰或搖動引起的運動，都是運動能力的偶然結果，並且是爲了其他的和有利的目的而被獲得的。在攀緣植物逐步發展的過程中，使用的遺傳效果是否幫助了自然選擇的作用，我還不敢斷定；但是我們知道，某些週期性的運動，如植物的所謂休眠，卻是由習性所支配的。

對於一位老練的博物學家精心挑選的、用以證明自然選擇學說不能解釋有用構造的初期階段的一些事例，我已給予了足夠的、也許是過多的討論。並且我已指出，如我希望的那樣，在這一問題上並沒有多大的難點。然而，由此卻給我提供了一個很好的機會，使我能夠對往往伴隨機能變化的構造演變的各個階段，得以略加補述。而這一問題在本書的前幾版中，卻沒有做過詳細的討論。現在，我把上述的問題做簡要地回顧。

關於長頸鹿，在某些已經滅絕了的能觸及高處的反芻類動物中，凡是頸和腿等都最長，而可取食略高於平均高度的枝葉的個體，便被不斷地保存下來；而那些不能取食那樣高的食物的個體、則被不斷地淘汰，這樣便可足以形成這種奇異的四足獸了。但是所有這些部分的長期使用和遺傳的作用結合在一起，也必定曾大大地增進了各部分的互相協調。關於模擬種物體的許多昆蟲，我們不能不相信，昆蟲與某一普通物體的相似，在每種情形中都曾是自然選擇發生作用的基礎，此後經過對這種擬態又更加擬態的微細變異的偶然保留，才使這種擬態漸臻完善。只要昆蟲不斷地發生變異，只要越來越完善的擬態可使牠們逃避目光敏銳的敵害，這種作用便不會停止。在某些種鯨魚裡，顎上具有生長不規則角質小尖的傾向，這些角質尖首先變成為像家鵝那樣的櫛片狀結節或齒，而後變成為像家鴨那樣的短形櫛片，再變為像琵嘴鴨那樣完善的角質櫛片，直到最後成為像格陵蘭鯨魚口中那麼巨大的鬚片。所有這些有利變異的保存，似乎全都在自然選擇作用的範圍之內。在鴨科裡，櫛片起初被用作牙齒，以後部分地用作牙齒，部分地用作過濾器，而最後幾乎完全當作過濾器用了。

就我們所能判斷，習性和使用，對上述如角質櫛片或鯨鬚這等構造的發展，很少或沒有起作用。另一方面，如比目魚下側的眼睛向頭的上側的轉移，以及某些哺乳動物具有攫握功能的尾的形成，卻幾乎完全是長期使用以及遺傳的結果。至於高等動物乳房的起源，最合理的設想是，有袋類的袋內表面最初布滿著皮腺，可分泌一種營養液，透過自然選擇作用使這些皮腺在功能上得到改善，並使其集中在一定的區域內，於是便形成了乳房。要理解某些古代棘皮動物用作防衛的分支刺，怎樣透過自然選擇作用而變為三叉棘的，也比較容易；而要理解甲殼動物原先僅用作移動的肢的末端一節和倒數第二節，怎樣透過微小的有用的變異而發展成爲螯的，則較爲困難。苔蘚蟲的鳥頭體和震毛，使我們知道，外觀上極不相同的器官卻可來自同一根源，而且透過震毛，我們便可以理解，震毛發展的各相繼階段可能有怎樣的用處。對於蘭科植物的花粉塊的起源，我們可由最初連接各花粉粒的細絲起，追溯其黏集成爲花粉塊柄的全過程。也同樣可以追溯出由黏性物質演變到附著於花粉塊柄游離末端而形成膠黏體所經歷的各個步驟。由普通花的柱頭分泌的黏性物質與膠黏體都具有雖不完全一樣，但大致相同的功用。所有這些演化類型對於相應的植物都是顯著有利的。至於攀緣植物，剛在前面講過，無需重述。

常有人問：自然選擇既然如此有力，爲什麼顯然對某物種有利的這樣或那樣的構造，反而沒有被該物種獲得呢？期望對這類問題有一個確切的回答是不合理的，因爲我們既不知道每一物種過去的歷史，也不知道現今決定它們數量和分布的條件。在大多數情形中，只能舉出一般的理由，但在某些少數情形中，卻可給出具體的理由。要使一個物種適應新的生活習性，許多相應的變異幾乎是不可缺少的，而那些必要的部分卻往往不會以正確的方式或適當的程度發生變化。一些破壞性的力量肯定能阻止許多物種數量的增加。這種情況與某些構造無關，即使這些構造看起來好像是對該物種有利的，使我們誤以爲它們是透過自然選擇獲得的。在這種情況下，由於生存競爭不依賴於這類構造，這類構造便不可能透過自然選擇而獲得。在許多情形中，一種構造的發展，需要複雜的、長久持續的特殊條件，而所需的這些條件很難同時發生。我們往往錯誤地認爲，凡是對物種有利的任一種構造，在一切情況下都是透過自然選擇作用而獲得的，這種想法與我們所能理解自然選擇作用的方式正好相反。米瓦特先生並不否認自然選擇有一些效力，但他認爲我用它的作用所解釋的那些現象，「例證還不夠充分」。對他的主要論點，我們剛才已討論了，其他的論點以後再討論。依我看來，他的這些論點似乎很少有例證的性質，與我所主張的自然選擇的力量，以及經常指出的有助於自然選擇作用的別的力量相比，就顯得沒有什麼分量了。我必須補充一點，我在這裡所用的事實和論點，出於同樣的目的，有些已經在最近出版的《醫學外科評論》上的一篇論文中討論過了。

現今，幾乎所有的博物學者都承認某種形式的進化，而米瓦特先生卻相信，物種的變化是由於「內在的力量或傾向」引起的。然而這種內在的力量究竟是什麼，卻又全無所知。所有的進化論者都承認物種具有變化的能力；但依我看，除了普通變異性的傾向之外，似乎沒有再主張任何內在力量的必要。普通變異性的傾向，在人工選擇的幫助下，已經產生了許多適應良好的家畜品種，而且它在自然選擇的幫助下，經過逐漸變化的步驟，會同樣好地產生自然的族或物種。最終的結果，我上面已經講過，一般是生物構造的進步，但在某些個別的情況下，卻是構造的退化。

米瓦特先生進一步認爲，新種可「突然出現，而且由突然變異而產生」。還有一些博物學者附和這一觀點。例如，他設想已滅絕的三趾馬（Hipparion）和馬之間的差異是突然發生的。他認爲，鳥類的翅膀「除了透過具有顯著而重要性質的比較突然的變異而發展起來的以外，其他任何方式的形成都令人難以相信」。顯然他把這一觀點也擴展到了蝙蝠和翼手龍翅膀的形成。這一結論意味著進化系列中存在著巨大的斷裂或不連續性。依我看，這是極不可能的。

任何相信緩慢而逐漸進化的人，當然都會承認物種的變化也可以是突然的和巨大的，有如我們在自然界，或甚至在家養情況下所見到的任何個別的變異一樣。但是由於馴養和栽培條件下的物種要比它們在自然狀況下更易發生變異，因此在自然狀態下，不可能像家養條件下那樣，經常產生巨大而突然的變異。家養下的變異，有些可歸因於返祖遺傳。這些重現的性狀，許多最初也可能是逐漸獲得的。還有更多的巨大而突然的變異，一定稱為畸形，如六指人、安康羊和尼亞塔牛等，由於它們與自然種的性狀相差太大，因此與本問題關係不大。除了上述的突然變異之外，其餘的少數突然變異，如果見於自然狀態，充其量形成了與其親本類型密切相關的可疑種。

我懷疑是否自然物種會像家養物種那樣突然地偶然發生的變異，我也完全不信米瓦特先生所說的它們是以奇異的方式變化，其理由如下。根據我們的經驗，在家養的生物中，突然而極顯著的變異，往往是單獨地而且要相隔很長的時間才發生一次。如果這類變異發生於自然狀態下，如前面講的，由於偶然的破壞性因素和後來個體間的互交作用，而易於丟失。即使在家養狀況下產生的這種突然的變異，如果沒有在人的精心照管下，給以特別的保護和隔離，也會同樣被丟失的。因此，如果一個新種會以米瓦特先生所說的那種方式突然出現，那麼，幾乎有必要相信，有不少奇異的個體，也會在同時同地出現。然而這是和一切推理相違背的。就像人類無意識選擇的情形中的一樣，如果根據逐漸進化的學說，即透過逐漸保存那些向著任何有利方向變異的大量個體和不斷淘汰那些向相反方向變異的大量個體，這一難點便可以避免了。

幾乎無可懷疑，許多物種都是以極其漸變的方式進化的。許多自然大科裡的物種甚至屬，彼此是這樣密切地類似，以致它們中有不少都難以區別。在每個大陸上，從北向南，由低地到高地，我們都會遇到許多很接近的或者有代表性的物種。就是在不同的大陸上，我們有理由相信它們先前曾是連接的，也可以看到同樣的情形。但是在做這些敘述時，我不得不把以後要討論的一些問題在這裡先提一提。看一看遠離大陸周圍的島嶼，島上的生物，能上升到可疑種的生物能見到多少呢？如果我們觀察過去的時代，而且把剛剛消逝的物種與該地區的現生種相比較，或者把埋存於同一地層的不同亞層中的化石物種相比較，也會發現同樣的情形。顯然，許多化石物種與現生種或近期滅絕的物種關係是極密切的，很難說這些物種是以突然的方式發展起來的。不要忘記，如果我們觀察的是近緣物種，而不是明顯不同物種時，便可發現大量的極細微的過渡型構造，它們能將很不相同的構造彼此連接起來。

許多大的生物類群中的事實，只有根據物種逐漸進化的原理才可以理解。例如這一事實：大屬內的物種比起小屬內的物種，在彼此關係上更為密切，而且變種的數目也更多。大屬內極為密切的物種又可聚集為許多小簇，像變種圍繞著種的情況一樣。還有一些類似於變種的其他情況，已經在第二章說明了。根據同一原則，我們能夠理解，為什麼種的性狀比屬的性狀更易發生變異，為什麼以異常的程度或方式發展形成的構造要比該物種別的構造更易變異。在這一方面，還可以舉出許多類似的事實。

雖然許許多多物種的產生所經歷的步驟，幾乎肯定不比產生那些區別微小的變種所經歷的步驟大，但還可以認為有些物種是由一種不同的和突然的方式發展起來的。不過要證實這一點，還應該有強有力的證據。用一些模糊的並且在若干方面錯誤的類比，如賴特先生所舉的那樣，來支持突然進化的觀點，例如無機物質的突然結晶，或具有刻面的球體上的一個小面落到另一小面等，這些類比幾乎沒有討論的價值。然而有一類事實，如在地層內新的明顯不同的生命形式的突然出現，初看起來似乎能支持突然發展的信條，但是這種證據的價值，完全取決於地球史的遠古時代的地質紀錄的完整性。如果地質紀錄像許多地質學者正確斷言的那樣，是支離破碎的，那麼，新類型似乎是突然形成的說法，便毫不爲奇了。

如果我們不承認生物演變會如米瓦特先生所主張的那樣巨大，如鳥類或蝙蝠的翅膀是突然產生的，或三趾馬突然變成普通馬，那麼突然變異的觀點，對於地層內相繼環節的缺乏，也不會提供任何啟示。但是對於這種突然變化的信念，在胚胎學上卻提出了強有力的反對。眾所周知，鳥和蝙蝠的翅膀，馬或其他四足獸的四肢，在胚胎早期都沒有什麼區別，其後經過不可覺察的微細步驟而分化了。各種胚胎學上的相似性，以後我們可以看到，是由於現存物種的祖先，在幼年期之後才發生變異，而在相當大的年齡時，才將它們新獲得的性狀傳遞給它們的後代。因此，其胚胎幾乎不受影響。這可作爲物種過去存在情形的紀錄。所以，現在的物種在它們胚胎發育的早期階段，往往與同一綱的古代已滅絕的生物類型相似。根據這種胚胎學上相似性的觀點，動物會經歷上述那樣巨大而突然的轉變都是不可信的，何況在胚胎狀態下，不具有任何突然變異的痕跡，而其構造上的每一變化細節，都是經不可覺察的微小步驟而逐漸發展起來的。

凡是相信某種古代生物是透過一種內在的力量或傾向而突然轉變爲如具有翅膀的動物，那麼，他就不得不違反一切推理，而假設許多個體是同時發生變異的。他也不能否認，這類構造上突然而巨大的變化是與大多數物種顯然經歷的變化極不相同的；他進而還得認定，對自身所有其他部分以及對周圍條件做出美妙適應的許多構造，也都是突然產生的。那麼，他對於這種複雜而奇異的相互適應，便不能做任何解釋了。他還得假設，這些巨大而突然的轉變都沒有在胚胎上留下任何痕跡。依我看來，這一切假定都遠離了科學的領域，而完全走進了神祕的王國。

第八章　本能

許多本能是如此之不可思議，以致它們的發展在讀者看來大概是足以推翻我整個學說的難點。在此，我先聲明，我不打算討論智力的起源，正如未曾討論生命本身的起源一樣。我們要討論的，只是同綱動物的本能和其他智力的多樣性問題。

我不想給本能下任何定義。容易證明，這一名詞通常包含若干不同的智力行爲。當人說到本能驅使杜鵑遷徙，並把卵產在其他鳥類的巢內時，誰都理解這是什麼意思。一種行爲，人們需要經驗才能做到，而由一種動物，尤其是缺乏經驗的幼小動物，並不知道爲了什麼目的，卻能按照同樣的方式完成某一功能時，一般被稱爲本能。但我能夠證明，這些性狀無一個具有普遍性。正如胡貝爾（Huber）所說，這常常是少許的推理和判斷在發揮作用，即使自然系統中的低級動物也是如此。

弗．居維葉（Frederick Cuvier）和好幾位較老的形而上學者，曾把本能和習性加以比較。我認爲這種比較，對完成本能行爲時的心理狀態，提供了一個精確的觀念，但未必涉及它的起源。許多習慣行爲是在無意識中進行，而且不少是與我們的意志相反！然而意志和理性卻可能使它們改變。在某一特定時期，習性容易受到其他習性以及身體狀態的影響。習性一旦獲得，便可終生保持不變。我們可以指出本能與習性之間的其他若干類似之點。像反覆唱一首熟悉的歌曲，直觀上看，也是一種短的有節奏的行爲接著另一個行爲。如果一個人在唱歌或背誦死記硬背的東西被打斷時，通常便不得不從頭開始，以重新找到習慣性的思路。胡貝爾發現一種毛蟲也是這樣，牠可以建造一種很複雜的繭床。如果一隻毛蟲在建造其繭床已到了構造的第六階段時，把牠取出，放入只完成到第三階段的繭床裡，牠僅重築第四、第五和第六階段的構造。但是，如果把一個建造到第三階段的毛蟲從繭床取出，放入已經完成到第六階段的繭床中，這時由於牠爲牠的繭床已做了不少工作，而並未由此得到任何利益，令牠十分失措。於是爲了完成牠的繭床，似乎不得不在第三階段開始，去試圖完成實際上已經完成了的工作。

如果我們假定任何習慣性的行爲都是可遺傳的，可以證明有時的確可以發生這種情況，那麼一種習性和一種本能之間原來存在的相似便變得如此密切，以致無法加以區別。如果莫札特（Mozart）①不是經過少許練習在三歲時便會彈鋼琴，而是根本沒有練習，居然就能彈奏一曲，那眞可以說他是出於本能了。但是，假定大量的本能由某一代中的習性而獲得的，然後透過遺傳傳遞給後代，那就大錯特錯了。可以清楚地證明，我們所熟悉的最奇妙的本能，如蜜蜂和許多蟻類的本能，不可能是由習性而獲得的。

普遍承認，本能對於在其所生活的條件下的每一物種的生存，具有同肉體構造同樣的重要性。在生活條件改變了的情況下，本能的輕微變異至少對物種可能是有益的。如果可以證明，本能的確可以變化，不論如何微小，那麼，在自然選擇可以保存本能的變異，並不斷將其積累到任一有利的程度這一問題上，我認爲便沒有什麼疑難。我相信，所有最複雜的和最奇妙的本能都是這樣起源的。由於身體構造的變異，是由使用和習性引起和增強的，是由不使用而縮小或丟失的，所以我並不懷疑本能也是如此。但我相信，在許多情況下，習性和自然選擇對所謂本能的自發變異的作用相

① 奧地利天才的作曲家。

比，習性的作用是次要的。自發的本能變異，同樣是由引起身體構造上產生微小偏差的未知原因所引起的變異。

自然選擇，除了透過將許多微小而有利的變異緩慢逐漸地積累外，便不可能產生出任何複雜的本能。所以像身體構造上的情形一樣，我們在自然界裡並不能找到，獲得每一種複雜本能所經歷的實際過渡類型——因爲這些類型，只能見於各物種的直系祖先中——但是我們應該從旁系系統中找到這些類型的一些證據；或者至少能夠證明某些過渡類型的存在是可能的。我們肯定能做到這一點。關於動物的本能，除在歐洲和北美洲外，還很少觀察過，並且對已滅絕物種的本能，更是毫無所知。在這種情況下，對於導致最複雜本能形成的中間過渡類型，能夠這樣廣泛地被發現，將使我感到十分驚奇。同一物種的生物，在一生的不同時期，或一年的不同季節，或被置於不同的環境下等等，都可能具有不同的本能，這種現象有時會促進本能的變化。在這種情況下，自然選擇作用便會將某種本能保留下來。並且我們可以舉出自然界中存在著同一物種內本能多樣性的實例。

和身體構造的情形一樣，每一物種的本能對該物種本身是有利的。就我們所能判斷，它從來沒有專爲其他物種的利益產生過，這也符合我的學說。據我了解，一種動物的行爲顯然是專爲另一種動物利益的一個最有力的例子，便是胡貝爾首先觀察到的，蚜蟲自願爲螞蟻分泌甜汁。牠們出於自願，可由下列事實證明。我把一株酸模植物上與一群約十二隻蚜蟲在一起的所有螞蟻捉走，並在數小時內不准螞蟻接觸這些蚜蟲。此後，我確實覺得蚜蟲該要分泌了，便用放大鏡注視著牠們，竟未發現一個分泌的。於是我用一根毛髮，儘量像螞蟻用觸角觸動牠們那樣地，去輕輕地觸動和拍打蚜蟲，也沒有一隻分泌。隨後我讓一隻螞蟻去接近牠們，從螞蟻急切地奔跑的方式看，似乎牠已清楚地意識到已經發現了多麼大的一群蚜蟲，於是牠開始用觸角撥蚜蟲的腹部，先是撥這一隻，然後撥下一隻，每隻蚜蟲一感覺到觸角，便立即舉起牠的腹部，分泌出一滴澄清的甜液，螞蟻便急忙把它吞食了。即使是十分幼小的蚜蟲也表現出同樣的行爲，表明這種行爲是本能的，而不是經驗所致。根據胡貝爾的觀察，蚜蟲對螞蟻肯定沒有任何嫌惡的表示。如果沒有螞蟻在場，蚜蟲最終不得不排出牠們的分泌物。但是，由於這種分泌物極其黏稠，將其除去無疑對蚜蟲的活動是有利的，因此，牠們的分泌也許並非只爲了螞蟻的利益。雖然還沒有證據可以證明任何一種動物所進行的某種活動是完全爲了另一物種的，然而每一物種卻力圖利用其他生物的本能，像利用其他物種較弱的身體構造一樣。因此某些本能也不能認爲是絕對完善的。由於並無必要詳細討論這一點及其他類似之點，故在此可以省略不談。

由於自然狀態下本能可發生一定程度的變異，以及這類變異的遺傳，是自然選擇作用所不可缺少的，所以應該儘可能多舉一些例子，但受篇幅所限，不能如願。我只能斷言，本能一定是可變的。例如遷徙的本能，不但在遷徙的範圍和方向上有變異，甚至可以完全喪失這一本能。鳥巢也是如此，它部分地因所選擇的位置，棲息地區的自然條件和氣候而發生變異，但變異往往是由我們全然未知的原因所引起的。奥杜邦曾就一種鳥在美國的南部和北部所築的巢不同，舉出了好幾個顯著的例子。曾有人問：既然本能是可變的，那麼爲什麼「在蠟質缺乏時，沒有給蜂賦予使用別種材料的能力呢」？但是，蜂還能夠用別的什麼自然材料呢？我見過，牠們可以用加有硃砂而變硬的蠟或加了豬油變軟的蠟進行工作。奈特曾觀察到，他的蜜蜂並不積極採集樹蠟，而去用他塗於去皮樹木上的一種蠟和松脂的黏結物。最近，有人發現，蜜蜂不去尋找花粉，而喜歡採用一種十分不同的叫燕麥粉的物質。如巢中的雛鳥對任何敵害的恐懼，必然是一種本能。透過經驗，以及透過親眼看到其他的動物懼怕這種敵害，可以使這本能增強。荒島上棲息的各種動物，像我在別處指出的，對人類的懼怕卻是逐漸獲得的。甚至在英國，我們可以看到這樣的事例，大型鳥類比小型鳥類更害怕人，因爲大型鳥最易遭到人類的殘害。我們可以穩妥地把大鳥更怕人歸於這個原因。因爲在荒島上，大鳥並不比小鳥更懼怕人。喜鵲在英國對人很警惕，但在挪威卻與人相處得很好，有如小嘴烏鴉在埃及那樣。

有許多事實可以證明，在自然狀態下出生的同種動物的精神性能差別很大。還有若干事實也可以證明，野生動物某些偶然的、奇特的習性，如果對該物種有利，透過自然選擇的作用，可以形成新的本能。但是我清楚地意識到，這些缺少具體事實的一般敘述，在讀者的腦海中只能產生極淡薄的印象。但我只能重複我的保證，我不會說缺乏可靠證據的話。

家畜的習性或本能之遺傳變異

只要稍微考慮一下家養下的幾個例子，便可加強對自然狀態下的本能可能，甚至確實會發生遺傳變異的認識。由此我們可以看到，對習性和所謂自發變異的選擇，在改變家養動物的精神性能上所起的作用。家畜精神性能變化之大是眾所周知的，例如貓，有的生來就是捉大鼠的，有的生來就是逮小鼠的，我們知道這種特性是遺傳的。據聖約翰（St. John）說，有一隻貓常把獵鳥捕回家來，另一隻則喜歡捕捉野兔或家兔，還有一隻卻在沼澤地行獵，幾乎每夜都要捕捉丘鷸和沙錐。可以舉出許多奇異而眞實的例子，來說明與一定的心態或一定的時期有關的各種性情、嗜好以及怪癖都是遺傳的。讓我們來看一看我們熟悉的各種狗的例子。無可懷疑，第一次把很幼小的嚮導獵犬帶出去，牠們有時不但可引導，甚至還會援助其他的狗。這種動人的例子，我曾親眼見過。尋回犬確實在某種程度上可以遺傳銜物的特性，牧羊犬不在羊群中而在羊群周圍環跑的傾向一定也可以在不同程度上遺傳。我不理解這些行爲，爲什麼沒有經驗的小狗，個個會以幾乎相同的方式去完成，而且每個品種在不知道這樣做的目的時，又急切地樂意去完成——幼小的嚮導獵犬並不知道牠的作爲是在幫助主人，正像菜白蝶不知道爲什麼要把卵產在甘藍的葉子上——我實在是看不出這些行爲在本質上與眞正的本能有什麼區別。如果我們再觀察一種狼，當牠還很幼小而沒有受過任何訓練時，牠一旦嗅到獵物，便停立不動，有如塑像，然後以一種特殊的步態慢慢地爬過去；而另一種狼遇到鹿群，卻不直衝過去，而是環繞追逐，將其趕到遠處。我們必然會將這些行爲稱爲本能。稱之爲家養下的本能確實遠不如自然狀態下的本能穩定，它們所受的選擇也遠不嚴格，而且是在較不固定的生活條件下，且相對短的時期內被遺傳下來的。

狗透過不同品種間的雜交，便可很好地顯示出這些家養下的本能、習性和癖性的遺傳是多麼強，並且牠們配合得是多麼奇妙。我們知道，用鬥牛犬和格雷伊獵犬雜交，前者的勇敢頑強性可對後者影響多代；牧羊犬與格雷伊獵犬雜交，前者的所有後代都會獲得獵野兔的傾向。這些家養下的本能，當用雜交的方法試驗時，便和自然本能相似，都能按照同樣的方式奇妙地混合在一起，並且能在很長時期內表現出雙親本能的痕跡。例如勒羅伊（Le Roy）描述過一隻狗，牠的曾祖父是一隻狼，使牠不時表現出野性祖先的痕跡，即聽到呼喚時，牠不是以直線走向主人。

家養下的本能有時被認爲是，完全由長期連續的和強迫養成的習性遺傳而來的行爲，但這不符合實際。從來沒有人想到去教，或者可能教過翻飛鴿子翻飛。據我觀察，從未見過翻飛的幼鴿也可以進行翻飛。我們可能相信，曾有過一隻鴿子表現出這種奇異習性的微小傾向，並且在後繼的世代中對具有這種傾向的最優個體進行長期連續的選擇，乃形成像現在那樣翻飛的鴿子。據布倫特（Brent）先生告訴我，格拉斯哥附近有一種家養翻飛鴿，若不顛倒飛則飛不到十八英寸高。如果未曾有過一隻天然具有指示獵物傾向的狗，那麼便可懷疑，是否有人能想到訓練一隻狗來指示獵物的方向。我們知道自然出現這種指向傾向的現象偶然可以發生，我便見到一隻純種狗就是如此。這種指示獵物方向的動作，如許多人所認爲的，大概只不過是動物準備撲向獵物前的一種停頓姿態的延長而已。當這種初期指向的傾向一旦出現時，人類在以後的各世代中有計畫的選擇和強制訓練的遺傳效果，便會很快培養出這種指向狗。由於每個人都試圖獲得那些最善於指向和捕獵的狗，而本意不在改良品種，因此無意識選擇仍在繼續進行。另一方面，在某些情況下，僅習性便足夠了。幾乎沒有任何動物比小野兔更難馴化的了，也很少有任何動物比小家兔更易馴服的了。但是我很難設想，難道對家兔經常進行的選擇，僅僅是爲了溫順嗎？因此，我們必須把從極野性的到極馴服的遺傳變異，至少大部分應歸因於習慣和長期連續的嚴格圈養。

自然本能在家養下可以丟失，最明顯的例子是某些品種的雞變得很少或乾脆不孵卵了，即牠們根本不願意坐在牠們的卵上。僅由於司空見慣，使我們看不出家畜的心理變遷是多麼巨大和持久。狗對人類的親暱已成了本性，這已無可置疑。所有的狼、狐、豺以及貓屬的物種，縱使在馴養後，仍喜歡攻擊雞、羊和豬。從火地島和澳洲等地帶回家的小狗，其野性是無法矯正的，這些地方的土著人並不飼養這些家畜。另一方面，已經開化了的狗，甚至在十分幼小的時候，也沒有多大必要去教牠們不要攻擊家禽、羊和豬等！毫無疑問，牠們偶爾也會發出攻擊，但會遭到鞭打，如果還不改，牠們便會被處死。這樣，習慣和某種程度的選擇，透過遺傳，便同時使我們的狗失去了野性。另一方面，完全出於習慣小雞失去了牠們原先怕狗和貓的本能。赫頓告訴我，由一隻家雞撫養的原雞（印度野生雞，*Gallus bankiva*）的雛雞，起初時野性很大。在英國由母雞撫養的小雉雞也是如此，但是小家雞並未失去一切恐懼，只是不怕貓和狗而已，因為如果母雞發出危險的警告聲，在牠翼下的小雞（尤其是小火雞）便紛紛逃出，躲藏於周圍的草或灌叢裡。這顯然是一種本能，正如我們在野生地棲的鳥中所見到的一樣，目的是為了讓牠們的媽媽能夠飛走。但是家養的小雞所保留的這種本能，已變得毫無用處，因為母雞的飛翔能力，由於不使用而已基本喪失了。

因此我們可以斷言，動物在家養後，可能獲得一些新的本能，也可喪失一些原有的自然本能。這一部分是由於習性，一部分則由於人類對特殊的精神習性和行為，在後繼各世代中進行連續選擇和積累的結果。而這些特殊的精神習性和行為的最初出現，我們常出於無知而稱之為是意外的事。

在某些情形下，只是強制性習慣便足以產生可遺傳的心理變化，而在另一些情形下，強制性習慣卻又不起作用，一切都是由於有計畫的和無意識選擇的結果。但是在大多數情況下，習性和選擇可能共同發生作用。

特殊本能

透過分析幾個實例，大概就能澈底理解在自然狀態下，自然選擇作用是如何改變本能的。我只舉三個例子，即：杜鵑在別的鳥巢內產卵的本能；某些蟻類養奴隸的本能；以及蜜蜂築房的能力。後兩種本能，通常被博物學家很恰當地認爲是一切已知本能中最奇異的本能。

杜鵑的本能　一些博物學者設想，杜鵑把卵產在別的鳥巢裡的本能，其直接的原因是，牠不是每天產卵，而是隔兩三天產一枚卵。因此，如果牠自己築巢和孵卵，那麼開始產的卵，得待一個時期才能孵，使得同一巢內會有不同齡期的卵和雛鳥。如果是這樣，那麼產卵和孵化便會耽誤很長時間。特別是雌鳥遷徙得很早，勢必就要由雄鳥單獨餵養最初孵出的小鳥。而美洲的杜鵑就是處於這種困境，因爲牠既要爲自己築巢，同時還要產卵和孵育相繼出殼的雛鳥。有人說美國杜鵑偶爾也把卵產於別種鳥的巢內，贊成和否認這種說法的都有。但是我最近從愛荷華的梅麗爾（Merrell）博士那裡聽到，他有一次在伊利諾州看到，一隻小杜鵑與一隻小松鴉同棲息在藍松鴉的巢內，而且這兩隻小鳥的羽毛幾乎都已生滿，所以鑑別不會有錯。我還可以舉好幾個不同的鳥類，也偶爾把卵產到其他鳥巢內的例子。現在讓我們假設，歐洲杜鵑的古代祖先也具有美洲杜鵑的這一習性，也會偶爾在別的鳥巢內產卵。如果由於這偶然的習性，透過能使老鳥早日遷徙或透過其他因素而有利於老鳥，假若由於利用另一物種的錯誤本能，而能使其幼鳥比牠們的雌性親鳥哺養得更爲強壯，因爲母鳥必須同時照顧不同齡期的卵和小鳥，勢必受到牽累，因此母鳥和被誤養的小鳥都會得到益處。只要由此類推，我們可以相信，這樣育成的幼鳥，透過遺傳易於具有牠親鳥的偶然而反常的習性，便有把卵產於其他鳥類巢中的傾向，使牠們的幼鳥孵育得更加成功。透過這種自然的連續過程，我們相信便會產生杜鵑的這種奇特的本能。最近，穆勒以充分的證據確定，杜鵑偶爾也會把卵產在空地上，並在那裡孵化和哺育雛鳥。這種稀有的事實，可能是一種久已喪失的原始築巢本能的重現。

有人反對說，我並未注意到杜鵑的其他有關的本能和適應性，說它們必然是相互關聯的。但是在所有的情形中，只在一個單獨的物種中對一種已知的本能的推測，是毫無用處的，因爲迄今還沒有可供比較的事實。直到最近我們所知道的只有歐洲杜鵑和非寄生的美洲杜鵑的本能。現在，由於拉姆齊（Ramsay）先生的觀察，我們知道了有關三種澳洲杜鵑的一些情況，這三種杜鵑也將卵產於其他鳥類的巢內。有關杜鵑這種本能，主要有三點：第一，普通杜鵑，除了很少例外，都在一個巢中產一枚卵，這樣可使碩大而貪食的幼鳥獲得豐沛的食物。第二，其卵相當小，不比雲雀的卵大，而雲雀只有杜鵑的四分之一大小。我們由非寄生的美國杜鵑產的大卵的事實可以推知，小卵確是一種適應性特徵。第三，小杜鵑孵出後不久，便具有一種本能和力量，以及恰當的背部形狀，能將牠的義兄弟擠出巢外，使其凍餓而死，這曾被大膽地稱爲仁慈的安排。因爲這樣既可使小杜鵑得到充足的食物，又可使義兄弟在感覺尚未發達之前便無痛苦地死去！

現在來看澳洲的杜鵑，雖然牠一般在一個巢中只產一枚卵，但在同一巢中產二枚或三枚卵的也不少見。古銅色杜鵑卵的大小變化很大，長度從八賴因到十賴因。假若產的卵比現在的更小，對該物種更有利，因爲這更易使代養母鳥受騙，或更可能使孵化期縮短（據說卵的大小和孵化期的長短之間存在著正相關），那麼便不難相信，由此可形成產卵越來越小的品種或種，因爲小型卵孵化和養育都比較安全保險。拉姆齊先生說，有兩種澳洲杜鵑，當牠們在沒有掩蔽的巢裡產卵時，特別喜歡選擇那些巢內卵的顏色與自己卵的顏色相似的鳥巢。歐洲的杜鵑顯然表現出一些與此本能類似的傾向，但也有不少例外，牠把自己暗灰色的卵產於具有鮮藍綠色卵的籬鶯巢內。如果歐洲杜鵑總表現出上述本能，那麼在那些假設一起獲得的所有本能中，無疑還應加上這一種本能。據拉姆齊先生講，澳洲古銅色杜鵑卵的顏色變化極大，所以自然選擇對卵的顏色的作用，如同對卵大小的作用一樣，也會把任何有利的變異保存和固定下來。

至於歐洲杜鵑，在孵化出殼後三天之內，養父母自己的雛鳥通常都被逐出巢外，因爲小杜鵑這時還處於最無能的狀態。所以古爾德（Gould）先生以前傾向於相信，這種排逐行爲是出於其養父母的。但是，他現在已得到了一個可靠的報告，有人確實看見，一隻小杜鵑在還未睜開眼甚至連頭都不能抬起時，便能把牠的義兄弟排出巢外。觀察者把排出的一隻雛鳥重新放入巢中，結果又被擠出。至於獲得這種奇怪而可憎本能的方法，如果對於小杜鵑出生後很快就能儘可能多地獲得食物具有很重要的作用（事實也可能如此），那麼我認爲，在連續的世代中杜鵑逐漸獲得爲排逐能力所需要的盲目慾望、力量以及構造，是不會有什麼特別困難的。因爲具有這種最發達的習性和構造的小杜鵑，將會得到最安全的養育。獲得這種特殊本能的第一步，也許是年齡和力氣稍大一些的雛鳥無意識的亂動，以後這種習性得到了發展，並傳遞給年齡更小的後代雛鳥。我看這種本能的獲得，不會比其他鳥類的幼鳥在出殼前獲得破殼的本能更困難，或者如歐文所說，幼蛇爲咬透堅韌的蛋殼，上顎獲得暫時的銳齒更困難。如果身體的各部分在各齡期都易於單獨地發生變異，而且這些變異具有在相應的或更早的齡期被遺傳的傾向，這是無可爭議的問題，那麼幼體的本能和構造肯定和成體的一樣，能夠緩慢地改變，這兩種情形一定與自然選擇的全部學說存亡與共。

牛鸝屬（*Molothrus*）是美洲鳥類中變異甚廣的一屬，和歐洲的椋鳥（Starling）相似，其中某些物種像杜鵑一樣具有寄生的習性，並且牠們表現出在完善牠們本能的過程中的有趣的級進情形。哈德遜先生，一個傑出的觀察家說，栗翅牛鸝（*Molothrus badius*）的雌鳥和雄鳥，有時成群混居，有時配對生活。牠們或者自己築巢，或者強占某種別的鳥類的巢，偶爾還會把陌生者的雛鳥拋出巢外。牠們或在據爲己有的巢內產卵，或很奇怪地在這巢的頂上爲自己另造一巢。牠們通常孵自己的卵和撫養自己的幼鳥。但哈德遜先生說，牠們也可能偶爾具有寄生的習性，因爲他曾看到這種鳥的幼鳥追隨著不同種的老鳥，喧鳴著要求老鳥餵食。牛鸝屬的另一種鳥，紫輝牛鸝（*M. bonariensis*）的寄生習性比上述栗翅牛鸝更爲發達，但仍不完善。已知這種鳥具有在別種鳥巢裡產卵的固定不變的習性。但值得注意的是，有時數隻鳥合築一個共同的巢時，其巢築得既不規則又不乾淨，而且位置也選得極不合適，如築在大薊的葉子上。然而哈德遜先生認爲，牠們從來不會完成自己的巢。牠們在別種鳥的同一巢內產的卵多達十五至二十枚，結果可能孵化的卵很少或根本沒有。此外，牠們還有在卵上啄孔的怪習性，無論是牠們自己產的還是所強占的巢中的養父母產的卵，牠們一概都啄。牠們也將許多卵丟棄在光地上，由此造成報廢。第三個物種，北美洲的單卵牛鸝（*M. pecoris*），卻已獲得像杜鵑那樣完美的本能，因爲牠在寄養的巢內從不產一個以上的卵，所以保障了幼鳥的哺育。哈德遜先生是一位堅決不相信進化論者，但是他對於紫輝牛鸝的不完全的本能，似乎大有觸動，於是便引證我的話，並問：「是否我們必須把這些習性，認爲不是天賦的或特創的本能，而認爲是一種普遍的定律即過渡形成的小小結果呢？」

有多種鳥，如上所述，偶爾會把卵產在別種鳥的巢裡。這種習性在雞科內並非不普遍，並且有助於闡明鴕鳥奇特的本性。在鴕鳥科裡，好幾隻雌鳥一起先在一個巢中產幾枚蛋，然後再於另一巢中產幾枚蛋，而這些蛋由雄鳥孵化。這種本能也許可以由下述事實來解釋，即雌鳥產的蛋很多，而且像杜鵑一樣，每隔兩三天才產一枚。然而美洲鴕鳥的本能和紫輝牛鸝的情況類似，還未達到完善的地步，因爲牠們把大量的卵散產在平地上，因此在我打獵的一天中，便撿到不下二十枚遺棄和破損的蛋。

許多蜂是寄生的，而且習慣於把牠們的卵產入別種蜂的窩內。這種情形比杜鵑更爲奇異，因爲不僅牠們的本能，而且牠們的構造也都隨寄生習性而發生了改變。由於牠們不具備採集花粉的器具，如果牠們要爲自己的幼蜂貯備食物，那麼這種器具是必不可少的。形似胡蜂的泥蜂科（Sphecidae）中，有幾種亦是寄生的。法布爾最近提出令人信服的理由，儘管小唇沙蜂（*Tachytes nigra*）通常自己挖穴爲自己的幼蟲貯存癱瘓了的捕獲物，然而當牠們發現其他泥蜂儲有食物的現成的巢時，也會加以利用，成爲臨時的寄生者。這種情形與牛鸝和杜鵑相同。我認爲如果一種臨時的習性對物種有利，同時被害的蜂類，也不致因巢和儲藏物被無情地奪去而滅絕。這便不難理解，自然選擇能夠使這種臨時的習性變成永久性的。

養奴本能　這種奇怪的本能，是由胡貝爾首先在紅蟻〔*Formica* (*Polyergus*) *rufescens*〕中發現的，他是比他著名的父親更優秀的一位觀察家。這種螞蟻完全依賴奴隸而生活，要是沒有奴隸的幫助，該物種在一年之內就一定要滅絕。雄蟻與可育雌蟻都不做任何事，工蟻即不育雌蟻，雖然在捕捉奴隸時極爲英勇，但也不做其他工作。牠們不會造自己的窩，也不會哺育自己的幼蟲。當舊窩不適合，不得不遷徙時，也得由奴隸決定，並且實際上由奴隸們用牠們的顎把主人銜走。主人們是如此無能，以致當胡貝爾把三十個關在一起，沒有一個奴隸，儘管供給牠們最喜愛的豐沛的食物，爲刺激其工作又放入了牠們自己的幼蟲和蛹，但牠們仍然什麼都不做，甚至不能自行取食，許多螞蟻就此餓死。胡貝爾然後引入一隻奴蟻，即黑山蟻（*F. fusca*），奴蟻立即開始工作，飼餵和搶救那些倖存者，並築造幾個蟻房，照顧幼蟲，把一切整理得井井有條。還有什麼能比這些確實有據的事實更奇異的呢？假若我不知道任何別的養奴的螞蟻，便無法想像，如此奇異的本能，到底是怎樣發展完善起來的。

另有一種血蟻，也是由胡貝爾首先發現的一種養奴的蟻類。這種螞蟻分布於英國的南部，大英博物館的史密斯（Smith）先生曾研究過牠的習性。承蒙史密斯先生給我提供了有關此問題和其他問題的資料，在此深表感激。雖然我充分相信胡貝爾和史密斯先生的資料，但我仍抱著懷疑的態度來研究這一問題。像這樣異乎尋常的養奴本能，任何人對其存在有所懷疑是可以理解的。因此，我想較詳細地談一談我所做的觀察。我曾掘開十四處血蟻的巢穴，並發現所有的巢穴中都有少數奴蟻。奴蟻原社群中的雄蟻和可育的雌蟻，只見於牠們自己固有的社群中，從未在血蟻的巢中發現過。奴蟻是黑色，身體還沒有牠們紅色主人的一半大，所以兩者外形差異甚大。當巢稍受擾動時，這些奴蟻們便不時出來，如牠們的主人一樣地焦急，一樣地防衛巢穴。如果巢穴受損很大，幼蟲和卵都暴露出來時，奴蟻和主人一齊奮力工作，把牠們轉移到一個安全的地方。因此，很清楚，奴蟻感到像在自家一樣，相當舒適和滿足。在連續三年的六七月間，我在薩里和薩塞克斯，曾對好幾個巢都觀察過好幾個小時，但從未見到一個奴蟻出入巢穴。這兩個月內奴蟻很少，因此我想在奴蟻多的時候，牠們的表現可能不同。但是史密斯告訴我，他曾於五月、六月及八月間在薩里和漢普郡注意觀察了蟻巢，觀察時間長短不等。雖然八月分奴蟻數量很大，但也從未看到牠們出入巢穴。因此他認爲牠們是嚴格的持家奴隸。而牠們的主人，經常可以見到把營巢的材料和各種食物搬進巢內。然而，在一八六〇年七月，我遇見一個奴蟻很多的蟻群，我看見有幾個奴蟻和牠們的主人一起離開巢穴，沿著同一條路向著距巢約二十五碼遠的一株高的歐洲赤松行進，牠們一起爬上樹去，大概是爲了尋找蚜蟲或胭脂蟲。胡貝爾曾多次觀察過，他說，在瑞士，奴蟻們往往和主人一起營造巢穴。早晚門戶開放，只由奴蟻們管理。胡貝爾還明確地指出，奴蟻的主要職務是尋找蚜蟲。兩個國度中的主奴兩蟻的普通習性會存在這麼大的差別，大概僅僅由於在瑞士捕捉的奴蟻數量比在英國多的緣故。

有一天，我剛好看見血蟻遷居，看到主人們小心地銜著奴隸搬遷，眞是有趣的奇觀，並不是由奴隸搬運紅蟻主人。另一天，二十個左右的血蟻在同一地點徘徊，顯然牠們不是尋找食物，這引起了我的注意。牠們逼近一個獨立的奴蟻（黑蟻）群，卻遭到猛烈地抵抗，有時候三個奴蟻揪住一個養奴血蟻的腿不放，血蟻兇殘地殺死這些小抵抗者，並把牠們的屍體搬到二十九碼遠的巢內作爲食物，但是牠們想掠奪奴蟻的蛹來培育成奴隸的行爲卻被制止了。於是我在另一個奴蟻的巢內，挖出了一團黑蟻的蛹，放在了該戰場附近的一處空地上，這些暴君便迫不及待地把它們抓住並拖走，暴君們也許以爲牠們終究在最後的戰鬥中獲勝了。

同時，我又把另一物種，黃蟻的一小團蛹放在同一地方，其上還有幾隻附著在巢的碎片上的小黃蟻。如史密斯先生所述，黃蟻有時也會被用作奴隸，儘管非常少見。這種蟻的身體雖然很小，但卻驍勇異常。我曾見過牠們兇猛地攻擊其他蟻類。一次，我發現一塊石頭下有一獨立的黃蟻群，處於養奴血蟻的巢下，這使我十分驚奇，當我偶然擾動了這兩個巢時，這些小黃蟻便以驚人的勇敢去攻擊牠們的大鄰居。當時我好奇地想確定血蟻是否能夠辨別被捕作奴隸的黑蟻蛹與很少被捕捉的小而勇猛的黃蟻蛹。顯然牠們的確能立即加以區別，因爲牠們一看到黑蟻的蛹便馬上將其抓住，而遇到黃蟻的蛹，或甚至遇到黃蟻巢上的泥土時，便驚慌失措，回頭便跑。但是，在大約一刻鐘之後，待所有的小黃蟻離開之後，牠們才鼓足勇氣，把蛹搬回。

一天傍晚，我去觀察另一種血蟻，發現許多血蟻，銜著黑蟻的屍體和無數的蛹，正在歸巢（說明不是遷徙）。我跟著一長列滿載戰利品的蟻隊逆向追蹤，大約有四十碼之遙，到了一石南叢莽下，才看見最後一隻血蟻，銜著蟻蛹出現。但我未能在石南叢中找到被破壞了的蟻巢。然而這巢一定就在附近，因爲有兩三隻黑蟻極度張惶地衝出來，有一隻嘴裡還銜著一枚自己的卵一動不動地停在石南的小枝頂上，並且對被毀的家表現出絕望的神情。

這些都是有關養奴的奇異本能的事實，無需我來證實。這些事實使我們看到，血蟻的本能習性和歐洲大陸上的紅蟻的本能習性，是何等的不同。紅蟻不會造巢，不能決定遷徙，不爲自己和牠們的幼蟲採集食物，甚至不會自己取食，完全依賴大量的奴蟻而生活。而血蟻則不同，牠們的奴蟻很少，在初夏則更少。牠們自己決定築巢的時間和地點，遷移時主蟻還把奴隸銜著走。瑞士和英國的奴蟻似乎是專門侍候幼蟻的，主人單獨出外掠奴。在瑞士，主蟻和奴蟻共同工作，築巢和搬運築巢的材料；主奴共同地，但主要是奴蟻在照料牠們的蚜蟲，並進行所謂的擠乳；主奴也共同爲本群採集食物。在英國，主蟻們單獨出外採集築巢材料和食物，供自己、奴蟻及幼蟲食用。所以英國的奴蟻爲主人所服的勞役，要比瑞士的少得多。

血蟻的這種本能到底是經由怎樣的步驟起源的，我不想妄加臆測。但是，我見到不養奴蟻的蟻類，如果其他蟻種的蛹散落在牠們巢的附近，也會被銜入巢內，這種原是貯作食物的蛹，可能在巢內發育爲成蟲。這樣，由無意中養育的外來蟻類，便會遵循牠們固有的本能，做牠們所能做的工作。如果牠們的存在，對捕獲牠們的蟻種確實有利，如果掠捕工蟻比生育工蟻也更有利，那麼，這原是蒐集蟻蛹作食用的習性，便可由自然選擇作用而強化，並變爲永久性的、非常不同的養奴目的。這種本能一旦獲得，即使甚至遠不如我們所見到的英國血蟻的作用廣，英國血蟻比瑞士血蟻受奴蟻的幫助更少，自然選擇作用也會增強和改變這種本能。我們常常假設每一變異對物種有益的話，自然選擇作用可使這種本能達到像紅蟻那樣卑鄙的完全依靠奴隸來生活的蟻種。

蜜蜂築巢的本能 對此問題我不想在此詳加討論，只想把我得到的結論簡略地談一談。凡觀察過蜂房的，對於它的精巧的構造如此巧妙地適應它的目的，除非是笨人，無不給以熱情的讚賞！我們聽數學家說，蜜蜂實際上已解決了一個深奧的數學問題，牠們所造的適當的蜂房形狀，既可最大限度地容納蜜量，又儘可能少地消耗貴重的蠟質。曾有人說，即使熟練工，用合適的工具和計算器，也很難造出眞實形狀的蠟房來，但是這卻是由一群蜜蜂在黑暗的蜂箱內造成的。不管你認爲是什麼本能，初看起來似乎不可思議，牠們怎麼能造出所有必要的角和面，或者甚至怎樣能覺察出蜂房造得是否正確。但是疑難並不像初看起來那麼大，我認爲，這一切美妙的工作，由幾個簡單的本能就可以說明。

我研究此問題是受了沃特豪斯先生的影響。他指出，蜂房的形狀與接鄰的蜂房的存在密切相關。下面的觀點大概只能認爲是對這一理論的修正。讓我們看一看偉大的級進原理，看看大自然是否向我們揭示了它的工作方法。在一個簡短系列的一端，是土蜂，牠們用自己的舊繭來貯蜜，有時在繭上加有蠟質短管，而且也會造成分隔的，很不規則的圓形蠟質蜂房。在這一系列的另一端，則是蜜蜂的蜜房，雙層排列。眾所周知，每個蜂房都是六稜柱體，六個面的底緣斜傾地連接成由三個菱形組成的倒錐體。這些菱形都具有一定的角度，在蜂巢的一面，構成一個蜂房錐體底面的三條邊，正好形成反面三個連接的蜂房的底部。在這一系列裡，處於極完善的蜜蜂蜂房和簡單的土蜂蜂房之間的中間類型，是墨西哥蜂（*Melipona domestica*）的蜂房。胡貝爾曾仔細地描述和繪製過這種蜂房。墨西哥蜂的身體構造也介於蜜蜂與土蜂之間，但更接近土蜂。牠能夠營造由杜形蜂房組成的，近乎規則的蠟質蜂巢。在這些蜂房裡，孵化小蜂，另有若干大型蠟質蜂房，用以儲藏蜂蜜。這些大型蜂房接近球形，且大小幾乎相等，聚合成不規則的團塊。但是，有一點很重要，值得注意，這些蜂房彼此之間靠得很近，如果造成球形的，蜂房要靠得這麼近，便勢必彼此交叉或穿透。然而這是絕不容許的，因爲，這些蜂會在球形彼此交叉處建造起完整的蠟質的平壁。因此，每一個蜂房是由一個外部球形的和二個、三個或更多的平壁組成，平壁的個數由相鄰接的蜂房個數來決定。當一蜂房與其他三個蜂房相連時，由於其球狀蜂房大小幾乎相同，這三個平壁往往或必然組成一個稜錐體，而且這稜錐體，如胡貝爾所說，顯然與蜜蜂蜂房底部的三邊錐體大體相似。與蜜蜂蜂房相似，這裡任何一個蜂房的三個平面都是相鄰的三個蜂房的組成部分。墨西哥蜂用這種方式營造蜂房，顯然節省了蠟質，更重要的是節省了勞力，因爲相鄰蜂房間的平壁不是雙層，其厚度和外部球形部分相同，但卻構成了二個蜂房的共同部分。

考慮到這種情形，我想墨西哥蜂的球形蜂房，若能造得相互間距離一致，大小相等，以對稱的雙層排列，其結果的構造必與蜜蜂的巢一樣完美了。於是，我根據米勒（Miller）教授的資料，形成了我的見解。我寫信告訴他，這位劍橋的幾何學家認眞地看完後，認爲我的下面的表述是完全正確的。

假若畫若干相等的球，將它們的球心置於兩個平行層上，每一球心與同層環繞它的六個球心的距離皆等於或稍小於半徑乘二，即半徑乘一．四一四二一（或更小一點距離），並與另一平行層上相連接的球心距離相等。如將這兩層的每兩球的交叉面都畫出來，就會構成雙層六面柱體，其底部由三個菱形所組成的角錐體的底面相互連合而成。這些菱形和六面柱體的面所夾的角，與經過精確測量蜜蜂蜂房所得到的角度完全相同。但是韋曼教授告訴我，他曾做過許多仔細的測量，蜜蜂所做蜂房的精確度曾被過分地誇大，所以，無論蜂房的典型形狀如何，要眞的達到這樣的精確度，也是很少的。

因此，我們可以有把握地推斷，如果能夠把墨西哥蜂已有的並非很完善的本能稍微改變一下，那麼這種蜂便會營造出如蜜蜂那樣奇妙而完美的構造。我們一定能料想到，墨西哥蜂具有能夠將其蜂房營造爲眞正球狀且大小均等的能力，這是不足爲奇的，因爲我們已看到在一定程度上，牠已能夠做到這一點。同時我們還知道許多昆蟲，也能在樹木中營造很完善的圓柱形孔道，這顯然是依一個固定點旋轉而成的。我們一定也可以想像到，墨西哥蜂也有能力把牠們的蜂房排成平層的，因爲牠們已經能夠將圓柱形蜂房這樣排列。我們還可以進一步設想，這是最困難的一點，即牠們已具有一定的判斷能力，當數隻蜂同時營造數個球形蜂房時，牠能夠判斷與同伴的蜂房應該保持多大的距離。然而牠已經能夠很好地判斷這種距離，因爲牠老是將牠的球形造得在一定程度上相互交叉，然後由一完整的平面將交叉點全部連接起來。本身並非十分奇異的本能——並不比鳥類築巢的本能奇異——經這樣的變異之後，我相信透過自然選擇的作用，蜜蜂便可獲得牠那不可模擬的建巢能力。

這一理論可由實驗加以證明。我曾仿照特格梅爾（Tegetmeier）的實驗，把兩個蜂巢分開，中間放一塊長而厚的長方形蠟板，蜜蜂便隨即在蠟板上開始鑽鑿圓形的小凹穴，隨著小穴的加深，小穴變得越來越寬，直到成爲與蜂房直徑大體相同的淺盆形，看來好像眞正的一個球體的一部分。最有趣的是，當數個蜂彼此靠近而一起開始鑿蠟板時，牠們會在彼此相隔這樣的點上開始工作，在盆形凹穴達到上述的寬度（即大約有一個正常蜂房的寬度）時，這時的深度達到盆形凹穴所具有的球體直徑的六分之一，這時盆形凹穴的邊便彼此交切，或彼此穿通。這種情況一旦發生，蜜蜂便停止往深處鑿掘，並開始在盆邊交切處築起平面蠟壁，因此每一個六面柱體，便被建造在平滑的扇形邊緣上，而不像普通蜂房是建造在三邊角錐體的直邊上。

我然後把一塊又薄又狹的，其邊緣如刀刃的蠟片，塗上朱紅色，放入蜂箱內，代替以前所用的長方形厚蠟板。蜜蜂即刻在蠟板的兩面彼此相近的部位，像以前那樣，開始鑿掘盆形小穴。但由於蠟片很薄，若要鑿挖到上面實驗的深度，勢必穿透蠟片。然而蜂不會讓這種情形發生，當到適當的時候，牠們便停止鑿掘，因此，只要盆形小穴稍深一些，其底部便變爲平的。這些未被咬去而剩下薄的朱紅色蠟質平盆底，用眼睛來看，恰位於蠟片反面淺盆之間想像上的交切面處。不過在不同的部位，兩面盆形小穴之間，所遺留的菱形板有大有小，可見，在非自然的狀態下，蜜蜂的工做得並非十分精緻。儘管如此，這些蜜蜂必定是以幾乎相同的速率，從朱紅色蠟板的兩面，環繞地咬鑿和挖掘深盆形小穴，以便正好在交切面處停止工作，在盆穴間鑿下平面。

鑒於薄蠟片非常柔軟，我想在蠟片兩面工作的蜜蜂，不難覺察到咬到適當厚度時，便應停止工作。對於正常的蜂巢，依我看來，在兩面築房的蜜蜂，似乎並非總是以準確相同的速率進行工作的。因爲我曾發現，一個蜂房底部完成一半的菱形板，向另一面稍微凹進，我想這是由於在這裡工作的蜜蜂速率太快的緣故，而另一面稍微凸出，是由於在這一面的蜜蜂工作進度稍慢的結果。另一個顯著的事例是，我把這個蜂巢又放回蜂箱，讓蜜蜂繼續工作一段時間後，取出檢查，我發現菱形壁已經完成，並已完全變爲平的。這小壁極薄，要將凸起咬平，是絕不可能的，我猜想這種情形，必是在反面的蜜蜂把凸出的一方加以推壓所致，因可塑的微熱的蠟易於推壓到中間適當的位置（我曾試驗過，這是很容易的），而將其弄平。

由朱紅色蠟條的試驗我們可以看出，如果蜜蜂要想爲牠們自己建造一個薄蠟壁，那麼就要彼此相距適當的距離，以同樣的進度，儘量鑿挖成大小相等的球穴，並絕不讓它們彼此穿透，這樣便能夠造成適當樣式的蜂房。如果檢查一下正在建造的蜂巢的邊緣，便會清楚地看到，蜜蜂先在蜂巢的整個周圍，先造成一個粗糙的圍牆或邊緣，然後牠們從兩面咬鑿，總是環繞地工作，把每一個蜂房鑿深。蜂房的三面角錐體的整個底部不是同時造的；最先造的，是正在增長的最邊緣的一塊或兩塊菱形板，這要根據情況而定。並且，菱形板的上部邊緣，要等到六面的壁開始建造後，方得完成。這些敘述，與享有盛譽的老休伯先生所講的，有一些不同，但我相信自己的敘述是正確的，如果有篇幅，我可以說明這些事實是符合我的學說的。

休伯說，最初的第一個蜂房，是由側面平行的蠟質小壁掘成的。就我的觀察，這並不完全準確，因爲最初往往有一個小蠟兜，但我並不想在此詳述。我們已看到，挖鑿對於蜂房的建築發揮著多麼重要的作用，但如果設想蜜蜂不能在適當的位置，即沿著兩個毗連的球形的交切面處建造起一個粗糙的蠟壁，那便是一個極大的錯誤。我有好幾個標本清楚地表明，蜜蜂能做到這一點。甚至在增長著的蜂巢周圍的粗糙的邊緣或圍牆中，有時也可以看到若干撓曲，位置相當於未來蜂房底面的菱形壁板的位置。不過這種粗糙的蠟牆，總得從兩面咬掉許多蠟質後，才能變得精緻光滑。蜜蜂這種造房的方式是奇異的，牠們總是先造成粗糙的牆，其厚度是咬光後，最終剩留的薄的蜂房壁厚度的十至二十倍之多。要理解蜜蜂是如何工作的，不妨設想工人開始用水泥堆起一堵寬闊的牆基，然後從接近地面處，從兩邊削去相等的水泥，直到中間留下一堵很薄而光滑的牆爲止。這些工人總是把削下來的水泥，加上新鮮水泥，又堆在牆壁的頂上，這樣薄牆在逐漸地加高，但上面總是有一個厚大的頂蓋。因此，一切蜂房，無論是剛開始營造的還是已經完成的，都有這樣一個堅固的蠟蓋。於是蜜蜂便可在其上聚集和爬行，而不致損壞薄的六面壁。米勒教授已爲我弄清，蜂房壁的厚度差異很大，靠近巢邊緣進行的十二次量度的平均厚度爲三百五十二分之一英寸，而底部的菱形板較厚，比值接近3:2，二十一次量度所得的平均數爲二百二十九分之一英寸。採用上面這種奇特的建造方法，消耗的蠟最少，便可使蜂巢不斷地加固。

許多蜂一起工作的情況下，要理解牠們是怎樣營造蜂房的，初想起來，似乎更加困難。一隻蜜蜂往往在一個蜂房工作片刻後，便轉到另一個蜂房工作，因此如休伯所說，甚至第一個蜂房開始建造時，就先後有二十個左右的個體在此工作過。實際上，我能夠證明這一事實。在一個蜂房的六面壁上，或正在築建的蜂巢的外端邊緣上，塗上極薄的一層熔化了的朱紅色蠟。我們總是發現，這顏色被極細膩地分布開來，細膩得就像漆匠用漆刷過的一樣，這是由於蜜蜂已經把有色的蠟質微粒，從原來塗的地方，拿來加工到所有周圍正在建造的蜂房壁上的結果。這種建造工作，在許多蜜蜂間好像有一種均衡的分配，牠們都彼此間保持同樣的距離，先開掘大小相等的球穴，然後建造起，或留下來咬的，各球間的交切面。眞正奇異的是注意到牠們在困難的情形下，如有兩個蜂窩以一個角度相接觸時，常常將已建好的接觸處的蜂房拆除，並以不同的方法重建，但有時重建的和最初拆掉的形狀相同。

當蜜蜂碰到一個地方，可以站在適當位置在上面築巢時，例如有一塊木片，恰好位於正在向下方建造的一個蜂巢的正下方時，那麼這個蜂巢就不得不建造在這塊木片的上方一面。在這種情況下，蜜蜂便會在最適當的位置，鋪設新的六面體的一個壁的基礎，使其伸出其他已建成的蜂房之外。只要能使蜜蜂彼此之間，以及最後完成蜂房的壁之間，保持適當的距離就可以了，那麼蜜蜂透過鑿掘想像的球體，便可以在毗鄰兩球之間造起一個壁來。但是就我所知道的，如果那個蜂房以及與它相鄰接的蜂房的大部分都還未建成，則蜜蜂絕不會咬去和修光蜂房角的。在某些情況下，蜜蜂能在兩個剛開始的蜂房之間的適當地方，建造起一個粗糙的壁。這種能力是很重要的，因爲它涉及一個事實，即，黃蜂巢最外邊緣上的蜂房，有時也是嚴格的六邊形的，初看起來似乎可以推翻上述的理論，但我沒有篇幅來討論這個問題。我並不覺得由單一的一隻昆蟲，如一隻黃蜂的后蜂，建造六邊形的蜂房會有多大的困難。只要牠在兩三個同時動工的蜂房內外交互地工作，並且在開始建造時能使這些蜂房保持適當的距離，鑿掘球體或圓柱體，並建起中間的壁就行了。

既然自然選擇的作用，僅僅在於對構造上或本能上微小的，然而對生物所處的生活條件下卻是有利的每一變異的積累，那麼便有理由問，在蜜蜂構巢本能的變異這一很漫長和漸變的過程中，所有向著現在這樣完美構造的變異，是怎樣有利於蜜蜂的祖先的？我想回答這一問題並不困難：因爲像蜜蜂或黃蜂所造的蜂房既堅固，又大大地節省了勞力、空間和造房材料。至於蠟質，我們知道，必須獲得足夠的花蜜，這對蜜蜂往往負擔很重。據特格梅爾先生告訴我，經實驗證明，一窩蜜蜂分泌一磅蠟質，需要消耗十二至十五磅乾糖，因此一箱蜜蜂要分泌牠們造巢所需的蠟質，就必須採集和消耗大量的液體花蜜。更有甚者，許多蜂在分泌期間，許多天都不得不停止工作。儲備大量的蜂蜜，是維持一大群蜜蜂越冬所不可缺少的，並且我們知道一群蜂維持的數量越大，其蜂群越安全。因此，節省蠟質，便是大量地節省了蜂蜜和採集蜂蜜的時間，這必然是任何一個蜜蜂家族成功的重要因素。當然這一物種的成功，還可能取決於天敵或寄生物的數量，或其他各種因素，所有這些都與蜜蜂所能採集的蜜量無關。但是，如果我們假設，所能採的蜜量往往能夠決定一種與土蜂同源的蜂是否能夠在某一地方大量存在。還譬如，這群蜂要度過冬天，因此需要儲存蜂蜜，在這種情況下，毫無疑問，如果我們想像的這種土蜂的本能稍有變異，使牠造的蠟質蜂房靠在一起，並略有交切。那麼這樣便對這種土蜂有利，因爲甚至兩個鄰接的蜂房共同一個壁，也會節省一點勞力和蠟質。所以如果牠們蜂房造得越來越規則，越接近，如墨西哥蜂那樣而集成一團，則這種土蜂便可不斷地獲得越來越多的利益。因爲在這種情況下，各蜂房的介面大部分被用作鄰接蜂房的共用界壁，於是便可大大地節省勞力和蠟。另外，由於同樣的原因，如果墨西哥蜂把蜂房造得比現在更相近一些，並且在各方面更規則一些，這對於牠則是更有利的；因爲正如我們前邊講過的，這樣將使蜂房的球面完全消失，而被平面所代替；這樣墨西哥蜂將牠的蜂巢造得如蜜蜂的一樣完美。自然選擇不可能產生超越這樣完美的構造；因爲就我們所知，蜜蜂的蜂巢在節省勞力和蠟質上已達到了極端完美的地步了。

因此我相信，一切已知的最奇異的本能，比如蜜蜂的本能，可以解釋爲自然選擇保留了由較簡單的本能所產生的那些大量的、連續的、微小的有利變異。經過緩慢的過程，自然選擇能夠越來越完善地使蜜蜂在雙層上建造彼此保持一定距離的、大小相同的球體，並可沿交切面鑿掘和建造蠟壁。當然，蜜蜂並不知道牠們是在彼此保持一個特定的距離挖掘球體，正如牠們不知道六面柱體及底部菱形板的幾個角有多少度一樣。自然選擇過程的動力，在於使蜂房的構造建得具有應有的強度，適當的大小和符合幼蟲生活的形狀，同時，要實現這一點還必須儘可能多地節約勞力和蠟。凡是能夠用最少的勞力，在分泌蠟上消耗最少的蜂蜜，可營造最好的蜂房的蜂群，便可獲得最大的成功。而且還會把牠們新獲得的節約的本能，傳遞給新的蜂群，使牠們在生存競爭中亦將獲得最大成功的機會。

反對把自然選擇學說應用於本能上的理由：中性的和不育的昆蟲

對上述本能起源的觀點，有人曾提出反對說：「構造和本能的變異必定是同時發生，並且是彼此密切協調的，若一方發生變異，而另一方沒有立即發生相應的變化，則會產生致命的後果。」這種異議的力量完全是建立在構造和本能上的變化都是突然發生的這一假設上的。現以前章談到的大山雀爲例加以說明。這種鳥常在樹枝上用雙足夾住紫杉的種子，用喙去啄，直到啄出核仁。自然選擇透過保留喙在形狀上的一切有利而微小的變異，使喙越來越適應於啄破這類種子，直到形成一種如鳾那樣地適應這種目的的完美構造的喙。與此同時，由習性，或強制，或嗜好的自發變異，使這種鳥日漸成爲一種食種子的鳥。用自然選擇學說這樣進行解釋，還會存在什麼特別的困難呢？在本例中，設想先有習性或嗜好的緩慢變化，然後透過自然選擇，喙才慢慢地發生相應的變化。而設想大山雀的足由於和喙相關聯，或由於其他未知的原因而變大，這種變大的足可能使這種鳥攀爬的能力越來越強，直至獲得像鳾那樣顯著的攀爬能力和本能。在本例中，設想是由於構造的逐漸變化導致了本能習性的改變。再舉一個例子：東方島嶼上的雨燕（swift），完全由濃縮的唾液造巢，很少有比這種本能更奇異的了。有些鳥類用泥巴築巢，相信其中混有唾液。北美洲一種雨燕，我看到，用唾液將小枝黏結起來築巢，甚至把碎枝屑沾上唾液來造巢。那麼，透過對分泌唾液越來越多的雨燕個體的自然選擇，最終便可產生一種具有專用濃縮的唾液而不用其他材料造巢本能的物種，這難道是極不可能的嗎？其他的情形又何嘗不是如此？然而必須承認，在許多事例中，我們實在還無法推測，究竟是本能還是構造先發生了變異。

無疑，有許多非常難以解釋的本能可能是與自然選擇學說對立的。例如有些本能，我們不可能弄清它是如何起源的；有些本能，不知道中間過渡狀態是否存在；有些本能極不重要，自然選擇難以對它們發生作用；在自然系統上相距極遠的動物中，有些本能竟幾乎完全相同，使我們不能用出自共同祖先的遺傳來解釋，只好認爲是分別透過自然選擇而獨立獲得的。我不想在此討論這些情形，而要集中討論一個特別的難點。這一難點在我當初看來，似乎是不能克服的，並且認爲對我的全部學說的確是致命的。我所指的就是昆蟲社會裡的中性的即不育的雌蟲，因爲這些中性個體無論在本能上還是在構造上都與雄蟲和可育雌蟲大不相同，而且由於牠們不育，也不能繁殖牠們的種類。

這一問題很值得加以詳細討論，但在這裡我只想舉一個例子，即不育的工蟻。工蟻如何變成不育的，是一個難點，但不會比任何一種顯著的構造變異更難，因爲可以證明，有些昆蟲和其他節肢動物，在自然狀態下偶爾也會變爲不育的。如果這些昆蟲是群居的，每年產生若干能工作而不能生殖的個體對該社群有利的話，那麼我看這是由於自然選擇的結果，便不會有什麼特別的困難。最大的難點在於，工蟻與雄蟻和可育的雌蟻在構造上的大不相同，如胸部的形狀，沒有翅膀，有時還沒有眼睛，而且在本能上也不同。單就本能而論，工蟻和完全的雌蟻之間顯著的差異，蜜蜂便是較好的例子。若工蟻或其他中性昆蟲是一種普通的動物，我便會毫不猶豫地設想，牠的一切性狀都是透過自然選擇作用逐漸獲得的，也就是說，由於生下來的個體就具有微小而有利的變異，這種變異又由後代遺傳下來，而且後代又會發生變異，又被選擇，如此繼續不斷。但是對於工蟻則大不相同，由於牠和親本差異極大，又是絕對不育，因此牠絕不會把歷代獲得的結構上或本能上的變異傳遞給牠的後代。於是當然要問，這種情況怎麼可能符合自然選擇的學說呢？

首先，我們應當記著，無論在家養的生物，還是自然狀態的生物中，我們都有無數的例子，可以表明被遺傳的各種各樣的構造上的差別，都與一定的年齡或性別有關。我們已知有的差別，只與一種性別有關，而且只表現在生殖系統最活躍的那一較短的時期內，如許多鳥類交配季節所特有的婚羽及雄鮭的鉤顎。我們知道不同品種的公牛，經人工閹割後，角的形狀也表現出微小的不同，在某些品種中，去勢公牛角的長度與同一品種的正常公牛和母牛相比，要比其他品種的去勢公牛的角更長。因此我想在昆蟲社會裡，某些成員的任何性狀變得與牠們的不育狀態有關，並不存在多大的難點。難點卻在於理解這種相關的構造上的變異怎樣透過自然選擇的作用慢慢地積累起來的。

這一難點，雖然看來似乎不可克服，但只要清楚選擇作用不但適用於個體，而且也適用於整個家系，而且由此可得到所需要的結果，那麼這一難點便會減輕。或如我相信的，難點便會消失。養牛者希望牛的肉和脂肪交織得像大理石的紋理，具有這種特徵的牛被屠宰了。但養牛者相信可以從這牛的原種育出，結果獲得成功。這種信念是基於這樣的選擇能力，只要細心選擇什麼樣的公牛和母牛交配，會產生最長角的去勢公牛，也可能便會培育出總是產生異常長角的去勢公牛的一個品種，雖然從沒有一隻去勢公牛繁殖過自己的種類。這裡有一個更好而確切的例證，據弗洛特（Verlot）講，一年生重瓣紫羅蘭的某些變種，經長期地和仔細地選擇到適當的程度時，所產生的幼株，大部分往往開的是重瓣而不育的花，但它們也產生一些單瓣和可育的植株。這單瓣可育的植株，即該變種賴以繁衍的植株，可以比作可育的雄蟻和雌蟻，而重瓣不育的植株則可以比作同一社群中那些中性的工蟻。無論是對於紫羅蘭的這些變種，還是社會性昆蟲進行選擇以達到有利的目的，不是作用於個體，而是作用於整個家系。因此我們可以斷言，與社群中某些個體的不育狀態相關的構造上或本能上的微小變異，證明都是對該社群有利的，結果使這些獲利的可育雌體和雄體得以興盛，並且可以將產生具有同樣變異的不育成員的這一傾向傳遞給它們的可育後代。這樣的過程必定已重複了好多次，直到同一種內的可育的和不育的雌體之間產生巨大的差異，正如我們在許多社會性昆蟲中所見到的那樣。

但是我們還未接觸到這一難點的頂峰：就是在幾種螞蟻中，中性個體不但與該群中可育的雌體和雄體不同，而且牠們彼此間也不同，有時甚至達到令人幾乎不能相信的程度，由此可將其分爲兩級甚至三級。而且，這些級彼此間區別很明顯，往往缺乏漸進的象徵，彼此間的區別有如同屬中的任何兩個種，或者像同科中的任何兩個屬。例如埃西頓（Eciton）蟻的中性蟻又可分爲工蟻和兵蟻兩種，牠們的本能以及顎都極不相同。隱角蟻（Cryptocerus）的工蟻，只有一個級，頭上具有一種奇異的盾，其作用還不清楚。墨西哥壺蟻（Myrmecocystus），有一個級別的工蟻，牠們從不離開巢，而由另一級別的工蟻來餵養，並且牠們有一個發育得很大的腹部，可分泌一種蜜汁，以代替其蚜蟲的分泌物。這些蚜蟲作爲能提供食源的「乳牛」，歐洲的蟻類常把牠們看守和圈養起來。

如果我不承認這類奇異而確實的事實可以立刻摧毀我的學說時，必然會有人認爲，我對自然選擇的原理是太自負、太自信了。在比較簡單的中性昆蟲只有一個級的情形中，我相信這種中性個體與可育的雄性和雌性個體之間的差別，是由於自然選擇作用產生的。由一般的變異類推，我們便可斷言，那些連續的、微小的、有利的變異最初只發生在個別的中性個體上，並非該窩中所有的中性個體上。由於這樣的社群，它的雌體能產生最多的具有有利變異的中性工蟻，能得以倖存，才使一切中性個體最後成為具有相同變異的特徵。按照這一觀點，我們便應該在同一窩中偶爾可以發現那些表現出不同級進構造的中性昆蟲，這一點我們確實已發現。由於歐洲以外的中性昆蟲很少進行過仔細研究，這種情況甚至可以說並非罕見。史密斯先生已經證明，有好幾種英國螞蟻的中性個體彼此間在體形大小上，有時在顏色上表現出驚人的差異，而且兩種極端的類型可由同一窩的一些個體將其連接起來。我親自比較過這種完整的級進類型，有時可看到，大型的或小型的工蟻數目最多，或這兩種都很多，而中間大小的個體極少。黃蟻有較大的和較小的工蟻，而中間大小的則很少。據史密斯先生觀察，在這一物種中，較大的工蟻的單眼雖小，卻很明顯，而較小的工蟻的單眼卻是痕跡狀的。我已仔細地解剖過這類工蟻的若干標本，可以確證這些較小工蟻的單眼是高度退化的，用按體形比例縮小是不可解釋的。我雖不敢太肯定，但深信，中間大小的工蟻的單眼恰好處於中間狀態。所以在同一窩中便有兩種體形不育的工蟻，其差別不僅在體形的大小上，而且在牠們的視覺器官上，而且這些差別由少數中間狀態的個體將其連接起來。現在我還想補充，假若小型工蟻對該社群最有用，則那些可以生殖越來越多小型工蟻的雄蟻和雌蟻，必然不斷地被選擇保留下來，直到所有的工蟻皆處於較小的體型狀態為止。於是便形成了這樣一個蟻種，牠的中性個體幾乎與褐蟻屬中的中性個體一樣。儘管褐蟻屬的雄蟻和雌蟻的單眼都十分發達，而其工蟻甚至連殘跡的單眼也不復存在。

我再舉一例：我曾很有信心地期望能有機會在同一種內不同級的中性個體之間，找到它們重要構造的中間過渡類型，因此我十分高興採用史密斯先生所提供的取自西非洲驅逐蟻（Anomma）的同窩中的許多標本。我不想透過列舉實際測量的資料，而是透過一個確切的事例來說明這些工蟻之間的差異量，也許讀者更易了解些。這些差異，如同我們看到一群正在建築房屋的工人，其中有許多人高五英尺四英寸，也有許多人高十六英尺的。另外我們還必須假設，那些大個子工人的頭要比小個子的頭不止大三倍，而要大四倍，而顎近乎五倍。幾種大小不同的工蟻間，不僅其顎在形狀上，而且其牙齒在數量和形態上的差異都是驚人的。但對我們來說重要的事實是，雖然這些工蟻按體形大小可分為不同的幾級，但彼此之間的逐漸變化是難以覺察的，就連差別極大的顎的構造也是如此。我有把握談論工蟻的顎，是因為盧伯克爵士曾把我所解剖的幾種大小不同的工蟻的顎，用描圖器逐一繪了圖。貝茨（Bates）先生在他的有趣的著作《亞馬遜河上的博物學者》裡，也描述了一些類似的情形。

有我面前的這些事實，我相信自然選擇，透過作用於可育的蟻即親本蟻，便可形成一物種，習慣產體形大而具有某種形態顎的中性蟻；或習慣產體形小而具有很不相同顎的中性蟻；或者習慣於能同時產生兩群大小和構造皆很不相同的工蟻；最後一點雖是最難搞清的，但是像驅逐蟻的情形一樣，最先形成的是一個級進系列，然後由於牠們的親本得以生存，這一系列的兩極端類型產生的越來越多，終至具有中間型構造的個體不再產生。

華萊士和穆勒兩位先生曾對同樣複雜的例子分別提出了類似的解釋。華萊士的例子是，馬來亞的某些蝶類的雌體，往往表現為兩種甚或三種明顯不同的類型。穆勒所舉的是巴西的某些甲殼動物的雄體，也有兩種大不相同的類型。但這個問題無需在此討論。

現在我已經解釋了，如我相信的，在同一窩內存在著兩種截然分明的不育的工蟻，牠們不但彼此間，而且與親本之間都很大的不同，這種奇異的事實是怎樣發生的。我們可以明白，這種情形的產生對蟻類社群有用，正如分工對文明人類有用的原理一樣。不過蟻類靠遺傳的本能和遺傳的器官或工具而工作，但人類卻依賴所獲得的知識和人造的器具來工作。但我必須承認，儘管我對自然選擇作用深信無疑，然而若沒有這些中性昆蟲的事實，引導我得出這一結論，我絕不會料到這一原理竟是如此高度地有效。爲了證明自然選擇作用的力量，同時也因爲這是我的學說所遇到的最嚴重的難題，因此我對這種情形討論得稍多，但還很不夠。這種情形也十分有趣，因爲它證明無論在動物裡還是在植物裡，任何變異量，都是透過積累無數微小的、自發的，而且在任何方面都是有利的變異而實現的，而沒有訓練或習性的作用。因爲工蟻即不育的雌蟻所特有的習性，無論經歷了多麼長的時期，也不可能影響專事繁殖後代的雄蟻和可育雌蟻。我感到很奇怪，爲什麼迄今沒有人用這種中性昆蟲的明顯實例，去反對眾所熟知的拉馬克所提出的「獲得性遺傳」的學說。

摘要

我已盡力在本章簡略地闡明了家畜的智力性能是變異的，而且這些變異是可遺傳的。我又力圖更簡要地闡明本能在自然狀態下也會發生輕微的變異。本能對任何動物都極爲重要，這是無人爭辯的。因此，在變化的生活條件下，自然選擇作用可將任何有用的微小的本能上的變異積累到任何程度，並沒有什麼眞正的困難。在許多情形中，習性或器官使用和不使用可能在起作用。我不敢說本章所舉的事實大大地加強了我的學說，但是據我判斷，卻沒有任何困難的情況能夠摧毀我的學說。另一方面，本能也不總是絕對完美無缺的，而是易出錯誤的。儘管動物可以利用其他動物的本能，但沒有一種本能是專爲其他動物的利益而產生的。自然史上的格言「自然界沒有飛躍」不但適用於身體構造，同樣也適用於本能。這句格言可簡單明瞭地解釋上述的觀點，否則便不能解釋。所有這些事實都進一步鞏固了自然選擇的學說。

還有幾個有關本能的事實，也加強了這個學說，如親緣很近的不同物種，棲息於世界上相距很遠的地方，生活在遠不相同的生活條件下，卻往往保持著幾乎相同的本能這一常見的事實。例如，根據遺傳的原理，我們可以理解，爲什麼南美洲熱帶的鶇，會和英國的鶇一樣的奇特，用泥來塗抹牠們的巢；爲什麼非洲和印度的犀鳥（Hornbill），具有同樣奇異的本能，用泥將樹洞封住，把雌鳥關在洞內，在封口處留一小孔，以便雄鳥從這裡來飼餵雌鳥及孵出的幼鳥；爲什麼北美鷦鷯（Troglodytes）和歐洲的鷦鷯一樣，都由雄鳥築「雄巢」來棲息，這是與其他已知的鳥類完全不同的一種習性。最後，這也許是不合邏輯的推理，但據我的想像，這種看法會更加令人滿意，即把這些本能，如幼小的杜鵑把義兄弟擠出巢外、螞蟻的養奴、姬蜂的幼蟲寄生在活的毛蟲體內等等，不是看作爲天賦的或特創的本能，而是看作爲導致一切生物演進的一個普遍法則——即繁衍、變異，讓最強者生存或最弱者死亡——的小小的結果。

第九章　雜種性質

博物學者們普遍認爲，種間雜交時，便專門賦予了不育的特性，以阻止物種間的混雜。初看起來這種觀點似乎很對，因爲生活在一起的物種若能自由交配，它們之間便幾乎不可能有區別。這一問題在許多方面對我們都是重要的，特別是因爲初始雜交的物種不育性和它們的雜種後代的不育性，如我以後要說明的，是不可能透過保留各種程度的、連續的、有利的不育性所能獲得的。不育性是由親本物種生殖系統中的差異所產生的一種附帶的結果。

在論述這一問題時，往往有兩類根本不同的事實被混爲一談，這就是：初始雜交時物種的不育性，以及它們產生的雜種的不育性。

純粹的物種當然具有完備的生殖器官，然而當種間雜交時，往往不產生後代或產生很少的後代。而雜種則不同，它們的生殖器官在功能上是無效的，這可從植物和動物的雌性生殖質的狀態上清楚地看出，雖然它們生殖器官本身的構造，在顯微鏡下看來仍是完善的。前一種情形中，形成胚胎的雌、雄生殖質都是完善的；在後一種情形中，它們不是完全不發育，便是發育不完全。這種區別，在必須考慮這兩種情形共同的不育原因時，便顯得十分重要。由於往往把這兩種不育看作是一種特別的天賦，超過了我們理解能力的範疇，因此它們的區別很可能被忽視了。

變種，往往被認爲是由一個共同的物種傳下來的不同形式，不同變種間雜交的可育性，以及它們混種後代間雜交的可育性，根據我的學說，是與種間不育性具有同等重要的意義，因爲它們似乎成爲變種和物種間一個顯著的區別。

不育性的程度

首先來看物種間雜交的不育性和它們的雜種後代的不育性。凱洛依德（J. G. Kölreuter）和格特納（K. F. von Gärtner）這兩位忠誠而可敬的觀察家，幾乎以畢生的精力致力於這一問題的研究，凡是讀過他們幾篇研究報告和專著的，不可能不深深感到某種程度的不育性是極為普遍的，凱洛依德並把這一規律普遍化了。他列舉了十個例子，大部分作者認為屬於不同的物種，但他發現其中有兩種，一起雜交後是相當可育的，於是他以快刀斬亂麻的手段，毫不猶豫地把它們列為變種。格特納也將這一規律同樣地普遍化了，而他對凱洛依德的十個例子中的完全可育性提出質疑。但是為了表明在這些和許多其他的例子中，存在著任何程度的不育性，他不得不仔細地統計種子的數目。他總是把兩個物種初始雜交所產生的最大的種子數以及它們雜種後代產生的最大種子數，與自然狀態下兩種純粹的親本種所產生的平均種子數進行比較。但是這導致他產生嚴重錯誤，原因是：被雜交的植物必須取掉雄蕊，並且更重要的是必須將其隔離，以防止昆蟲帶來其他植物的花粉。但是格特納進行實驗的植物，幾乎全是盆栽的，並將其全放在他家的一間房子裡。無疑這些做法常常會損害植物的可育性。因為對他給出的大約二十種已去雄的植物，用它們自身的花粉進行人工授精，除了一切難於操作的豆科植物外，其中一半植物的可育性受到了一定程度的損害。而且格特納對某些植物，如普通紅花海綠（*Anagallis arvensis*）和藍花海綠（*Anagallis coerulea*），這些被最傑出的植物學家認爲是變種的植物，經反覆進行雜交，發現它們都是絕對不育的。因此我們便會懷疑，是否許多物種雜交時，會像他認爲的那樣，眞的是如此的不育。

事情確是如此，一方面，各物種雜交不育性程度各不相同，而且其間的遞變差異是難以覺察的；另一方面，純種的可育性，是這樣地容易受到不同環境的影響，以致爲了各種實踐上的應用，很難說出完全可育的終端與不育的開端在何處。關於這一點，我想再也沒有比這兩位最有經驗的觀察家凱洛依德和格特納所提出的證據更好的了。他們對某些完全一樣的類型，卻得出了恰恰相反的結論。關於某些可疑的類型究竟應列爲種還是變種的問題，將我們這兩位最傑出的植物學家所提出的證據，與不同的雜交工作者根據可育性所提出的證據，或同一觀察者根據不同年分所做的實驗提出的證據加以比較，也是很有啟發的。可惜因篇幅有限，我在此不能詳加說明。由此可以表明，無論是不育性還是可育性，都不能明確地區分種和變種。從這方面得來的證據越來越少，並且與從其他體質和構造上的差別所得出的證據一樣地可疑。

關於雜種在後繼世代中的不育性，雖然格特納謹慎地防止了一些雜種與其任一親本種的雜交，這樣把它們培育了六代或七代，其中一個甚至到了十代，但是他肯定地說，雜種的可育性從未提高，反而往往是大大地降低。對於這種可育性的降低，開始可能注意到的是，當雜種的兩個親本種都在構造或體質上具有任何偏差時，便往往以擴增的方式傳遞給後代，並且雜種植物的兩性生殖質在某種程度上已受到影響。但我相信，在幾乎所有這些例子中，育性的降低是由另外一種原因，即由於交配親本的親緣太近所引起。我已做過很多實驗，也蒐集了大量的事實，表明：一方面，偶爾與一不同的個體或變種雜交，能增強其後代的生活力和育性；另一方面也表明：親緣很近的交配能使其後代的生活力和育性降低。這一正確的結論，我是無法懷疑的。實驗者們很少培育出大量的雜種，並由於其親本種，或其他近緣的雜種一般都生長在同一植物園內，所以在開花季節，必須嚴格地防止昆蟲的傳粉。如果把雜種隔離，則每一世代便會自花授粉。因此便可能使它們原本由於起源於雜種而已降低的可育性，受到損害。格特納反覆提到的一個引人注意的敘述：甚至對育性較差的雜種，如果用同類雜種的花粉進行人工授粉，儘管由操作常常帶來不良影響，但其育性有時卻明顯地得到提高，而且逐代不斷地提高。這一敘述加強了我的上述信念。在人工授精的過程中，隨機取自另一朵花的花粉，同來自本朵花的花粉，參與授精的機會是均等的（據我自己的經驗，可知如此）。因此兩朵花的雜交，儘管往往可能是在同一植株上，卻由此受到影響。此外，無論何時進行複雜的實驗，都應該像格特納那樣仔細地取掉雜種的雄蕊，這便可以保證每一世代用不同花的花粉雜交，這不同的花或是同一植株，或者來自雜種性質相同的另一植株。因此，人工授精的雜種的育性代代增高，而與自發地自花受精的結果恰好相反，我認爲這種奇怪的事實可以解釋爲，是由於避免了過於近緣雜交的結果。

現在讓我們來看第三位最有經驗的雜交工作者赫伯特牧師所得的結果。他在其結論中強調，有些雜種，和它的純種親本的育性一樣，是完全可育的。有如凱洛依德和格特納強調不同物種之間存在不同程度的不育是普遍的自然法則一樣，他實驗所用的有些植物與格特納用的完全相同。但他們的結果卻不同，我想這部分地可解釋爲，由於赫伯特具有極熟練的園藝技能和一個由他掌握的溫室的緣故。在他的許多重要的陳述中，在這裡我只想舉出一項爲例，即：「在長葉文殊蘭（C. capense）的一個莢內的每個胚珠上授以捲葉文殊蘭（C. revolutum）的花粉，產生了一個在它自然授精情形下我們從未見過的植株。」因此，我們在這個例子中，看到了兩個不同的物種初始雜交時，也會產生完全的或甚至比通常更完全的育性。

文殊蘭屬的這個例子卻使我聯想到另一個奇妙的事實，這便是半邊蓮屬、毛蕊花屬、西番蓮屬的某些物種的植株，易於被不同物種的花粉受精，而同株的花粉卻不能使之受精，雖然這些同株花粉是完全可育的，因爲它們可使不同株或不同種的植物受精。希得伯朗教授在朱頂紅屬（*Hippeastrum*）和紫堇屬（*Corydalis*）裡，斯科特（Scott）先生和穆勒先生在各種蘭科植物中，都發現一切植株都具有這種特殊的情形。因此，一些物種的某些異常個體，某些物種的所有個體，實際上更易雜交，因爲這些植株都不容易被同株花粉受精！現舉一個例子，一種朱頂紅（*H. aulicum*）的一個球莖上有四朵花，赫伯特用它們自己的花粉授精了三朵，然後用由三個物種雜交所得的一個複合雜種的花粉使第四朵花受精。其結果爲：「前三朵花的子房很快就停止生長，幾天後完全枯萎，而由雜種受精的莢果，則生長旺盛，並迅速達到成熟，結出的種子良好，易於生長。」赫伯特先生將類似的實驗做了多年，所得的結果總是相同。這些例子表明一個物種育性的高低，有時取決於何等細微而不可捉摸的原因。

園藝工作者的試驗，雖缺乏科學上的精確性，但也值得注意。眾所周知，在天竺葵屬、倒掛金鐘屬（*Fuchsia*）、蒲包花屬（*Calceolaria*）、矮牽牛屬（*Petunia*）、杜鵑花屬等屬內的物種之間，曾進行過十分複雜方式的雜交，而所產生的這些雜種，有許多都可大量結籽。例如赫伯特肯定地說，由兩個一般習性大不相同的物種，皺葉蒲包花（*C. integrifolia*）和車前葉蒲包花（*C. plantaginea*）得到的雜種「卻完全能夠自身繁殖，就像是來自智利山上的一個自然物種一樣」。我曾苦心探究過杜鵑花屬某些複合雜種的育性程度問題。我可以確定地說，其中不少是完全可育的。諾布林（Noble）先生告訴我，他曾把小亞細亞杜鵑植物（*Rhododendron ponticum*）和北美山杜鵑（*R. catawbiense*）的雜種嫁接在他所栽培的砧木上，產生的雜種「可結出我們能夠想像的大量種子」。雜種若處理得適當，如格特納所認爲的那樣，則雜種的育性在每一後繼世代都會不斷地降低，那麼這一事實必然會引起園藝工作者們的注意。園藝工作者們把同一雜種培植於廣大的園地上，這才是適當的處理，因爲這樣便可借昆蟲的媒介作用，使若干個體間可以彼此自由地交配，從而防止了極近的近親交配帶來的有害影響。只要檢查一下杜鵑花屬的那些較爲不育的雜種的花，任何人都會立即相信昆蟲媒介作用的效力，因爲這些花不產生花粉，但卻會發現在它們的柱頭上存在著從其他花帶來的大量花粉。

對動物所進行的仔細實驗，遠比植物的爲少。如果我們的分類系統是可靠的，就是說，如果動物各屬間的區別像植物各屬間的一樣明顯，那麼我們便可推論出，在自然系統上區別較大的動物，比植物更易雜交。但是我認爲，其雜種本身則更加不育。然而應該記住，由於沒有幾種動物在圈養條件下能正常繁殖的，因此便沒有很好地進行過幾個實驗。例如，用九種不同種的鳴雀和金絲雀雜交，然而由於這些雀沒有一種在圈養下能正常生育，所以我們便不可能期望這些鳥之間的當代雜交，或牠們的雜種是完全可育的。此外，至於較為可育的雜種動物在後繼世代中的育性問題，我幾乎連一個例子也不知道：由不同的親本同時建立起相同雜種的兩個家系，以便避免由過近的雜交引起的不良效應。相反，動物的同胞兄妹間的交配在每一世代中卻常常發生，這卻與一切育種家反覆不斷地告誡的情況相反。在這種情況下，雜種固有的不育性會繼續提高，這是毫不為奇的。

儘管我還未聽說過任何被充分證實的完全可育的雜種動物的例子，但我卻有理由相信，凡季那利斯羌鹿（*Cervulus vaginalis*）和列外西羌鹿（*Reevesii*）之間的雜種，以及東亞雉（*Phasianus colchicus*）和環雉（*P. torquatus*）之間的雜種都是完全可育的。考垂費什（Quatrefages）說，在巴黎已經證明，兩種野蠶（*Bombyx cynthia*和*arrindia*）的雜種自行交配八代之久仍然可育。最近又有人斷言，像野兔和家兔這樣不同的兩個物種，若放在一起也能得到雜種後代，並且用後代與任一親本種交配，親種後代都是高度可育的。歐洲的普通鵝與中國鵝（*A. cygnoides*）是很不同的兩個種，一般都被列為不同的屬內。然而在英國，牠們的雜種與任一親本種的交配，往往是可育的，並且在一個唯一的例子中，雜種間的相互交配是能繁殖的。這是艾頓先生的成果，他培育的兩隻雜種鵝是來自同一父母本的、不同的孵化窩別。由這兩隻雜種鵝，他又育出了一窩八隻雜種鵝（是原先純種鵝的孫代）。然而在印度，這些雜種鵝可育性一定更高，因為兩個傑出的鑑賞者布里斯先生和赫頓大尉告訴我：印度各地都成群地飼養這種雜種鵝，而且養雜種鵝更營利，而純種親本鵝已不復存在，可知這些雜種鵝必定是高度或完全可育的。

至於我們的家畜，不同品種間相互雜交，都是相當可育的。然而家畜中，有許多是由兩個或兩個以上的野生種雜交繁衍而來的。根據這一事實，我們便可斷言：要嘛那些土著的野生親本種開始便可雜交產生完全可育的雜種，要嘛雜種是在後來家養條件下變爲可育的。後一種情況首先是由帕拉斯（Pallas）提出的，似乎是最可能的，也是難以懷疑的。例如，幾乎可以肯定，我們的狗是由好幾種野生動物繁衍而來的，大概除了南美洲某些土生的家狗，所有的家狗相互交配都是相當可育的。但類似的推理使我產生了很大的懷疑：是否這幾種野生的物種起初在一起就能正常的繁殖，就能產生相當可育的雜種。最近我又獲得了一個明確的證據，即印度瘤牛與普通牛雜交的後代，互相交配是完全可育的。據呂提梅爾對這兩種牛骨骼的觀察結果，發現有重要的不同。據布里斯觀察，牠們在習性、聲音、體質等方面也都不同，所以必須認爲這兩種牛是眞正不同的物種。家豬的兩個主要的品系情形也與此類似。因此，我們要嘛必須放棄種間雜交普遍不育這一信念，要嘛必須承認動物種間不育不是一種不可消除的特性，而是在家養條件下能夠除去的一種特性。

最後，考慮到動植物種間雜交的所有這些確鑿的事實，便可得出下面的結論：物種間雜交的和雜種的某種程度的不育性是一種極普通的現象，但另一方面根據我們現在知道的情形，卻不能認爲這是絕對普遍的。

支配雜種不育性的規律

我們現在要略加詳細地考慮支配初始雜交的和雜種的不育性規律。我們的主要目的是想看一看，這些規律是否一定賦予了物種不育性，以防止物種間雜交而混淆不清。下面的結論主要是從格特納可稱道的植物雜交工作中得出來的。我曾費了不少心思來確定這些結論對於動物究竟能適用到什麼程度。儘管我們對雜種動物了解甚少，但我驚奇地發現，同樣的規律竟是如此普遍地適用於動植物界。

已經說過，初始雜交的和雜種的可育性程度，都是由零逐漸地變化到完全可育的。令人驚奇的是，這種逐漸的變化可由很多奇妙的方式表現出來。但是在此我只能給出這些事實的概要。如果把某一科植物的花粉置於另一科植物的柱頭上，則所產生的影響無異於無機的灰塵。從這種絕對不育性爲零算起，把不同物種的花粉放於同一屬的某一物種的柱頭上，便會在所結種子的數量上產生一個完整的逐漸變化的系列，直到幾乎完全可育甚至完全可育。在某些異常的例子中，像我們已經看到的，出現超常的育性，即超過了自身花粉授精所產生的育性。雜種也是如此，有些雜種，即使用其純種親本的花粉，也從未產生過，而且大概也絕不會產生一顆可育的種子。但在有些例子中，卻可以看出可育性的最初痕跡，若授以純種親本的花粉，便可使這朵雜種的花比未經如此授粉的花凋謝得早些。眾所周知，花的早謝是初期受精的一種徵兆。我們有從這種自交極度不育性的雜種起，到產生越來越多種子的，直到完全可育雜種的各種事例。

凡是很難雜交又很難產生後代的兩個物種，一旦產生雜種，則雜種一般是很不育的。有兩種事實：種間難於雜交和產生的雜種不育，一般被混爲一談，但這兩者之間的平行性絕不是嚴格的。對此我有許多例子，如毛蕊花屬，兩個純粹物種間的雜交異常容易，並可產生大量雜種後代，然而這些雜種是顯著不育的。與此相反，有些物種之間很少能夠雜交，或者極難雜交，但若一旦產生了雜種，雜種卻非常可育。甚至在同一屬內，例如在石竹屬（*Dianthus*）內，這兩種相反的情形都同時存在。

無論是初始雜交的可育性還是雜種的可育性，比之純種的可育性，更易受不良條件的影響。但是初始雜交的可育性本身也是可變的，因為當相同的兩個物種在同樣的環境下雜交，其可育的程度並非總是相同，這部分地取決於隨機選取的用於做試驗的個體的體質。對於雜種也是如此，同一蒴果的種子，在同樣條件下培育出的幾個個體，它們的育性程度往往變化很大。

分類系統上的親緣關係一詞，是指物種之間在構造上和體質上的總體相似性。物種間雜交的和由它們產生的雜種的育性，主要是由它們分類系統上的親緣關係決定的。一切被分類學家列為不同科的物種之間，從來不會產生雜種；反之，親緣關係極近的物種間一般說來容易得到雜種，這便清楚地證明了這一點。但是分類系統上的親緣關係和雜交的難易性之間的一致性，並非絕對是嚴格的。可以舉出許多例子來說明，非常近緣的物種間不能雜交，或極難雜交；反之，很不同的物種間卻容易雜交。在同一科內，也許在同一屬內，如石竹屬內，許多物種間卻極易雜交。而另外一屬，如麥瓶草屬（*Silene*）內，在極其接近的種間雜交，雖經不懈地努力，卻未產生一個雜種。甚至在同一屬內，也會遇到同樣不同的情形，例如菸草屬（*Nicotiana*）的許多物種幾乎比其他任何屬的物種之間更易雜交；然而格特納卻發現智利尖葉菸草，雖並非是特別不同的一個物種，卻極難雜交，曾用菸草屬的八個物種的花粉試驗，皆未使其受精；也不能使其他物種受精。類似的事實還可以舉出很多。

對任何可識別的性狀，沒有人能指出，究竟什麼樣的差異類型或多麼大的差異量，才能足以防止兩物種間的雜交。但卻可以發現，習性和一般表型差異很大，而且花的各部分，甚至花粉、果實、子葉等都極其顯著不同的植物，是能夠雜交的。一年生和多年生植物，落葉和常綠植物，生長在不同地點而且適應於極其不同氣候的植物，也常常是容易雜交的。

兩物種間的互交，我解釋爲這種情形：例如，先以母驢和公馬雜交，再用母馬與公驢雜交，於是便說這兩個物種已經互交了。進行互交的難易性上，常常可能存在著極大的差異。這類情形十分重要，因爲它們可以證明，任何兩個物種的雜交能力，往往和它們在系統上的親緣關係完全無關，也就是說，除了它們生殖系統上的差異外，與它們構造上或體質上的任何差異無關。相同兩個物種間的互交結果不同，凱洛依德很早以前就發現了。現舉一例，長筒紫茉莉（*Mirabilis longiflora*）的花粉很容易使紫茉莉（*M. jalapa*）受精，而且所產生的雜種是充分可育的。但是，凱洛依德用了八年時間做了二百多次反交，企圖用紫茉莉的花粉使長筒紫茉莉受精，卻澈底失敗了。還可以舉多個同樣顯著的例子。瑟倫（Thuret）在某些海藻，即墨角藻屬（*Fuci*）裡，曾觀察到同樣的事實。另外，格特納發現，互交的難易程度不同是極爲普遍的。他甚至在親緣很近的植物，如一年生紫羅蘭（*Mathiola annua*）和無毛紫羅蘭（*M. glabra*），被許多植物學家認爲僅是不同變種的植物之間，也曾觀察到這種情形。還有一個值得注意的事實，便是由互交產生的雜種，儘管是由兩個完全相同的物種合成的，不過是一個物種先作爲父本而後作爲母本而已，雖然它們在外部性狀上很少有差異，然而在育性上一般都有差異，有時差異還很大。

由格特納的工作還可得出幾條其他奇妙的規律。例如，有些物種具有特別能與其他物種雜交的能力；而同屬中另一些物種卻具有特別能使它們的雜種後代與它們相像的能力；但是這兩種能力不一定總伴隨在一起。有的雜種，不具有通常的雙親的中間性狀，而總是與其中的一個親本十分相像；而且這類雜種，雖在外表上極像它們純粹的親本種，但除了極少數例外，都是極端不育的。此外，在那些通常具有雙親中間構造的雜種之間，有時也會產生出一些例外的和異常的個體，它們與純粹的親本種之一十分相像；而且這些雜種幾乎總是完全不育的。這些事實表明，一個雜種的育性可能完全與它和任一純粹親本外表的相似性無關。

現在綜合考慮上述的幾個支配初始雜交的和雜種可育性的規律，我們便會看到，凡被認爲是眞正不同的物種之間進行雜交時，它們的育性是由零逐漸變化到完全可育，或在某些條件下，甚至超過完全可育；它們的育性，除了很易受到環境條件優劣的影響外，本身也是可變的；育性的程度，無論是在初始雜交中還是在由此雜交所產生的雜種中，絕不會總是相同的；雜種的育性，和它們在外觀上與任一親本的相似程度無關；最後，任何兩物種初始雜交的難易程度，並非總是決定於它們系統上的親緣關係或彼此相似的程度。最後這一點是，兩個物種互交的結果常常不同；因爲把一個物種或另一物種作爲父本或母本，在雜交的難易上，一般都有差別。此外，有時存在著很大的差別。此外，互交所產生的雜種往往在育性上也各不相同。

那麼，這些複雜而奇妙的規律是否表明了賦予物種的不育性，只是爲了阻止它們在自然界中變成混淆不分嗎？我認爲沒有。因爲假若避免物種混爲一體對各物種都是同等重要的話，那麼爲什麼各種不同物種之間雜交，所產生的不育程度的差別會如此之大呢？爲什麼同一物種的個體間，可育的程度還會是可變的呢？爲什麼一些易於雜交的物種，雜交產生的雜種卻極爲不育；而另一些物種極難雜交，卻產生完全可育的雜種呢？爲什麼同樣兩個物種之間互交的結果會常常有如此之大的不同呢？甚至還可以問，爲什麼還允許雜種產生呢？既然賦予物種產生雜種的特殊的能力，而又要透過不同程度的不育，制止雜種進一步繁殖，並且這種不育程度又與雜種親本初始雜交的難易程度並無多大的關係，這似乎是一種奇怪的安排。

相反，上述的規律和事實，據我看來，卻清楚地表明，初始雜交的和雜種的不育性，僅是附隨於，或者取決於它們的生殖系統中未知的差異。這種差異具有如此特殊的和嚴格限定的性質，以致在同樣的兩個物種的互交中，一物種的雄性生殖質，雖然能完全地作用於另一物種的雌性生殖質，但反過來卻不能起作用。最好透過一個例子，才能較充分地解釋我所謂的不育性是其他差異所附屬的，而不是特賦的一種性質。例如，一種植物能夠嫁接或芽接到另一種植物上，這對於它們在自然狀態下的生存並不重要。我敢斷定沒有一個人會設想，這種能力是特賦的一種性質，但卻會承認這是由這兩種植物生長律上的差異而產生的。有時從樹木生長的速率、木質硬度、樹液流動週期以及樹液性質等上的不同，我們可以知道爲什麼一種植物不能嫁接在另一種植物上的原因，但是在很多情形下，我們卻說不出任何原因來。兩種植物，並不會因它們大小差異懸殊，或一個是木本而另一個是草本，或一個是常綠的而另一個是落葉的，以及所適應的氣候極不相同，便能夠永遠阻止它們嫁接在一起。和雜交的情況一樣，嫁接的能力也是受系統上的親緣關係所限制的，因爲還沒有人能夠將屬於十分不同科的樹嫁接成功的。而相反，親緣接近的物種，以及同一種的不同變種，雖不一定統統能夠，但常常能夠嫁接成功。但與雜交一樣，這種能力絕不會完全由系統上的親緣關係所決定。儘管對同一科內許多不同屬的植物已經嫁接成功，但在另一些情況下，同一屬內一些不同的物種，卻不能彼此嫁接。例如，梨樹嫁接到不同屬的榲桲樹上，反比嫁接到同一屬的蘋果樹上容易得多。甚至梨樹的不同變種，嫁接於榲桲樹上的難易程度也不相同。杏和桃樹的不同變種在某些李子樹的變種上的嫁接，也是如此。

格特納發現，同樣兩個物種的不同個體雜交，其結果有時也會有很大的不同；塞奇雷特（Sageret）相信，對於同樣兩個物種的不同個體的嫁接，也是如此。正如在互交中，兩種雜交的難易程度常常很不相同；有時在相互嫁接中也是這樣。例如，普通鵝莓（gooseberry）不能嫁接在醋栗上；而醋栗，雖然困難，但卻能夠嫁接於普通鵝莓上。

我們已經知道，生殖器官不健全的雜種的不育和生殖器官健全的兩個純種之間難於雜交的不育，是兩回事，然而這兩類不同的情況，卻在很大程度上是類似的。在嫁接中也有類似的情況，索因（Thouin）發現刺槐屬（*Robinia*）的三個物種，在本根上可大量結籽，它們若嫁接於第四種刺槐上，也不太難，但由此卻不能結籽。相反，花楸屬（*Sorbus*）的某些物種，若被嫁接於別種花楸樹上時，結的果實是本根上的兩倍。這一事實使我們想到了朱頂紅、西番蓮等屬的不尋常的情形，這些植物由不同物種的花粉受精所結的種子，要比由本株花粉受精所結的種子，多得多。

由此可見，雖然枝幹癒合的嫁接和雌雄生殖質的結合，在生殖作用上存在著明顯而巨大的差別，但由不同物種嫁接和雜交所得的結果，卻大致類似。既然我們把支配樹木嫁接難易的奇異而複雜的規律，認爲是伴隨於它們營養系統間的一些未知差異而產生的，那麼我們就應當相信，決定初始雜交難易更複雜的規律是伴隨著它們生殖系統間的一些未知的差異而產生的。在這兩個系統中的差異，如所預料的，在一定程度上是遵循分類系統上的親緣關係法則的。系統的親緣關係，可用來表明一切生物之間各種相似和相異的情況。這些事實似乎都沒有表明，不同物種雜交或嫁接上困難的大小，是一種特別的天賦；雖然在雜交中，這種困難對物種形態的維持和穩定具有重要的意義，而在嫁接的情況下，這種困難對它們的生存利益並不重要。

初始雜交不育性和雜種不育性的起因

在過去一個時期，我曾和其他人一樣，以爲初始雜交以及雜種的不育性，可能是透過自然選擇作用把可育性的程度逐漸減低而慢慢獲得的；並以爲輕微的育性減低，像任何其他變異一樣，在一個變種的某些個體和另一變種的某些個體雜交時，能自發地產生。現在看來，情況並非如此。對兩個變種或初始種，若能使它們彼此不混雜，顯然對它們都是有利的。根據同樣原理，人們若對兩個變種同時選擇時，就應該把它們隔離。第一，可以看出，棲息在不同地域的物種間雜交，往往是不育的；那麼，使這些隔離的物種相互雜交而不育，對這些物種顯然沒有什麼利益可言。因而，雜交不育不可能透過自然選擇而產生。這也許表明了，如果一個動物與某一同胞種可以產生不育，那麼它必然與其他物種也會產生不育。第二，在互交中，第一種生物的雄性生殖質對第二種生物完全不起作用，而與此同時，第二種生物的雄性生殖質卻能使第一種生物大量受精，這種情形既違反特創論又違反自然選擇的學說，因爲生殖系統這種奇異的狀態，對雙方生物幾乎都沒有任何利益。

在認爲自然選擇可能在使物種彼此不育方面發揮作用時，便會發現，其最大的難點在於從輕微減少的不育性到完全不育性之間，還應存在著許多逐漸演化的步驟。一個初期種，當與它的親本種或某一其他變種雜交時，如果使其具有某種輕微程度的不育，那麼便可認爲這對一個初期種是有利的，因爲這樣便可少產生一些不純的和退化的後代，以減少它們的血統與正在形成過程中的新種相混合。但是，誰要是不怕麻煩來思考這些步驟，即從最初程度的不育性，透過自然選擇而逐漸提高，達到許多種共同具有的，以及已分化爲不同屬和不同科的物種所具有的高度不育性，他便會發現這一問題是異乎尋常的複雜。經過深思熟慮之後，我認爲透過自然選擇作用似乎不可能產生不育。現以任何兩個物種雜交可產生少數不育的後代爲例，偶然賦予一些個體稍微高一些的不育性，並由此向完全不育逼近了一小步，這對於那些個體的生存究竟有什麼好處呢？如果認爲自然選擇的學說在此可起作用的話，那麼這種提高必定在許多物種裡會不斷地發生，因爲許多物種彼此是相當不育的。至於不育的中性昆蟲，我們有理由相信，牠們在構造和育性上的變異是透過自然選擇作用慢慢地積累起來的，由此使該社群間接地獲得比同種其他社群更大的優勢。但是一個不營社群生活的動物與其他某一變種雜交，若使牠稍微不育，那麼牠本身由此並沒有獲得任何利益，也不會間接地給同一變種的其他個體帶來什麼好處，而使牠們更能夠保存下來。

但是，沒有必要再詳細地討論這一問題了，因爲對於植物，我們已經確鑿地證明：雜交物種的不育性必定是由與自然選擇無關的某種原理引起的。格特納和凱洛依德業已證明，在含有許多物種的屬內，不同物種間雜交，根據結子的數量，可形成一個由逐漸變小直到不結一粒種子的系列，但後者可受某些其他物種花粉的影響，使其子房膨大起來。很顯然，要選擇比那些業已不結子的個體更爲不育的個體，是不可能的。因此，這種極端的不育性，只是影響了胚胎，因而是不可能透過選擇作用獲得的。而且由於支配各種不育程度的規律在動植物界是如此一致，所以我們便可推斷不育性的起因，無論它是什麼，在一切情形下，都是相同的或近乎相同的。

現在我們來較仔細地探討一下物種之間所存在的，那些可引起初始雜交和雜種不育的差異之可能的性質。在初始雜交中，顯然有好幾種原因，決定著雜交和獲得後代的難易程度。有時由於雄性生殖質的一種天然因素，使其不可能達到胚珠。例如具有太長雌蕊的植物，使花粉管不能到達子房，就是如此。也已經觀察到，當把一物種的花粉放在另一遠緣物種的柱頭上時，雖然花粉管可以伸出，但不能穿透柱頭表層。此外，雄性生殖質雖可到達雌性的生殖質，但卻不能使胚胎發育。瑟倫對墨角藻所做的實驗，似乎也有這種情形。這類事實和爲什麼某些樹不能嫁接在另一些樹上一樣，不可能給以解釋。最後一種情況是，胚胎可能發育，然後早期死亡。這一情況還未引起足夠的注意，但根據在雉和家雞的雜交上頗有經驗的休伊特（Hewitt）先生告訴我他所做的觀察。我相信胚胎早期死亡，是初始雜交不育的一個十分常見的原因。最近薩爾特（Salter）先生給出了他的一個實驗結果，由雞屬三個不同的種和牠們的雜種之間的各種雜交產生了約五百枚卵，其中大多數都已受精。其中大部分受精卵，要嘛其胚胎發育到中途死亡，要嘛雖發育接近成熟，而雛雞不能啄破卵殼。在孵出的雛雞中，在最初幾天或最遲到幾個星期內死亡的便占五分之四以上。「沒有任何明顯的原因，雖然只是由於生命力的緣故。」因此，由這五百枚卵中，只育成了十二隻雞。對於植物，雜交的胚胎往往會以同樣的方式夭折。至少已經知道，由很不同的物種產生的雜種，有時是衰弱和矮小的，而且會早期死亡。關於這類事實，馬克斯．威丘拉（Max Wichura）最近提供了雜種卵的一些顯著的例子。在此值得注意的是孤雌生殖的某些情況。未受精的蠶蛾的卵，其胚胎像不同物種雜交的胚胎一樣，在早期發育後隨即死亡。在沒有了解這些事實以前，我一直不願相信雜種的胚胎常會早期死亡，因爲雜種一旦產生，如我們看到的騾子的一般情形一樣，往往是健壯而長壽的。然而雜種在牠出生前後，所在的環境有所不同，若出生和生長在雙親生活的地方，其環境條件往往對牠們是適宜的。但是，一個雜種只有一半的屬性和體質是來自母本的。因此在出生之前，還在母本的子宮內，或在母本所產生的卵或種子內被養育的時候，可能已處於不適宜的條件之下，於是就易於在早期夭折。尤其是一切極其幼小的生物，對於有害的或不正常的生活狀態，是極其敏感的。但是總的看來，胚體早夭的原因，更可能在於原先受精作用中的某些缺陷，致使胚胎不能完全發育，這比它此後所處的環境條件更爲重要。

至於兩性生殖質發育不完全的雜種之不育性，情況則頗爲不同。我曾不止一次地列舉大量事實，以說明動植物若離開它們的自然條件，它們的生殖系統便極易受到嚴重的影響。實際上這也是動物馴化的一個極大的障礙。在由此誘發的不育性和雜種的不育性之間，有許多相似之點。在這兩種情況中，不育性和一般的健康狀況無關，而且不育的個體往往長得碩大或極爲茂盛。在這兩種情形中，不育性的程度都不同，一般情況下雄性生殖質最易受到影響，但有時也有雌性生殖質受影響更大的。此外，在這兩種情形中，這種不育的傾向在一定程度上與物種在系統上的親緣關係有關，因爲，由同樣異常的條件可使整個類群的動物或植物全部變爲不育；並且整個類群的物種都有產生不育雜種的傾向。另一方面，有時一個類群中的一個物種可以抵抗巨大的環境條件變化，而不影響其育性；並且在一個類群中，亦有某些物種會產生異常能育的雜種。若未經試驗，沒有人可以斷定，任何一種特定的動物能否在圈養狀態下繁殖，或任何一種外來植物在栽培條件下能否正常結子。也沒有人在未做試驗前可以斷定，同一屬的任何兩個物種雜交後，是否會產生或多或少不育的雜種。最後，若生物連續數代都處於非正常的環境條件下，那麼這些生物就易產生變異。它們的生殖系統已受到特別的影響似乎是產生這一現象的主要原因之一，雖然它在此的影響不如對在不育發生時的影響大。對於雜種也是一樣，因爲，如每一個實驗工作者所觀察的，它們的後代在後繼的世代中也很易發生變異。

由此可知，當生物處於新的異常條件下時，當由兩個物種勉強地雜交產生雜種時，生殖系統都以很相似的方式蒙受影響，而與一般的健康狀態無關。在前一種情況下，生物的生活條件受到了擾亂，雖然往往影響很小，使我們不可覺察；在後一種情況下，外界條件雖保持不變，但由於雜種是由兩種不同的構造、體質以及生殖系統混合而成的，所以其體制受到了擾亂。由於雜種是由兩個不同體制組合而成的，因此在其發育上，週期性活動上，以及不同部分和器官對另一體制的部分和器官或對生活條件的相互關係上，不產生某種擾亂是幾乎不可能的。如果雜種間可自行交配生殖，它們便可把同樣組合的體制一代一代地傳遞給它們的後代。因此，它們的不育性，雖然有某種程度的變化，但不會消失，甚至還有增高的傾向，這是不足爲奇的。不育性的提高，如以前解釋的，是由於過近的近親繁殖所引起的普遍後果。上述的雜種不育性是由兩種體質合二爲一所引起的觀點，受到了威丘拉的大力支持。

然而，必須承認，依據上述的或其他的觀點，我還無法理解有關不育性的一些事實。例如，互交產生的雜種，其育性並不相等；或如，偶然地或例外地與任一親本種極爲相似的雜種，其不育性卻有所增高。我不敢說上述的論點已接觸到問題的根源。爲什麼一種生物在異常的條件下會變得不育？對此還不能提出任何解釋。我前邊企圖說明的，只不過是在兩種情形中的某些類似之點，不育性就是其共同的結果，只不過在一種情形中是由於生活條件的擾亂引起的，在另一種情形中，是由於二種體制組合爲一的擾亂而引起的。

同樣的平行現象也適用於類似的、但卻很不相同的一些事實。生活條件的輕微變化，對於所有的生物都是有利的，這是一種古老而近乎普遍的信念，它是建立於大量的證據上，我在別處已給出了相關證據。我們知道農民和園丁就是這樣做的，他們常常把不同土壤和不同地方的種子及塊莖之類，相互交換，然後再換回來。在動物病後恢復的過程中，幾乎任何生活習性上的變化，對於牠們都會帶來很大的利益。此外，無論是對於植物還是動物，都有最明確的證據表明，同一物種內具有一定程度差異的個體間的雜交，可使後代的生命力和育性增強；與此相反，最近的親屬之間連續數代的近交，即是生活條件保持不變，幾乎總是引起身體變小，衰弱或不育。

因此，一方面，生活條件的稍微改變對一切生物都會帶來益處，而另一方面，輕微的雜交，即經歷稍微不同的生活條件的，或已有微小變異的同一物種的雌雄個體之間的雜交，會增強後代的生命力和育性。但是，像我們已經看到的，凡是長期習慣於自然狀態下某種一致的環境的生物，一旦處於變化十分大的環境時，如在圈養下，便常常變得不大生育。而且我們還知道，兩種類型的生物，如果血緣上相差很遠，或具有種級差異時，則雜交產生的雜種，幾乎總會具有某種程度的不育。我充分相信，這種雙重的平行關係，絕非是出於偶然，也絕非是一種錯覺。凡是能夠解釋，為什麼大象和許多其他動物在牠們本地若只是在不完全圈養的條件下，便不能繁殖，那麼便自然可以解釋，雜種為什麼如此普遍不育的根本原因；同時也能夠解釋，為什麼常常處於新的和不一致的條件下的某些家畜的品種在雜交時卻相當可育。雖然它們是由不同的物種傳下來的，而這些物種在最初雜交時，大概可能是不育的。上述二組平行的事實似乎由某種共同的未知的紐帶連結在一起，這種紐帶在本質上是和生命的原理有關的。根據斯賓塞（Spencer）先生說的，這一原理是，生命決定於或存在於各種力量的不斷作用和反作用，這些力量在整個自然界中，總是趨向於平衡的；當任何變化輕微地擾亂了這一平衡時，生命力便會有增強作用。

交互的二型性和三型性

這裡對此問題進行簡要討論，便會發現對雜種性質的理解將有所補益。屬於不同目的若干植物，表現出兩種類型，即二型性，它們數量大體相等，並且除生殖器官外，沒有任何不同；一種類型的雌蕊長、雄蕊短，另一種類型雄蕊長、雌蕊短；而且兩種類型的花粉粒的大小也不同。至於三型性植物，在雌蕊和雄蕊的長短上、花粉粒的大小和顏色上以及在其他方面也有三種不同的類型；並且每一類型都有兩組雄蕊，所以三種類型共有六組雄蕊和三種雌蕊。這些器官彼此在長度上是如此勻稱，兩種類型的一半雄蕊與第三種類型的雌蕊的高度恰好相同。我曾已闡明，也已被其他觀察者所證實，要使這些植物得到充分的可育，那麼用一種類型對應高度的雄蕊上的花粉對另一種類型的柱頭授精是必要的。所以對於二型性的物種，有兩種結合，是合理的，是充分可育的。而另兩種結合，是不合理的，是多少不育的。對於三型性物種，則有六種結合是合理的，即充分可育的；而有十二種結合是不合理的，即多少不育的。

若各種不同的二型性和三型性植物進行不合理的授粉時，即用與雌蕊高度不相配的雄蕊上的花粉授粉時，便可以觀察到其不育性的程度變化很大，一直到絕對的、完全的不育；恰好與不同物種雜交中的情形相同。由於在後一種情形中，不育的程度決定於生活條件的適宜程度，因此我認為對於不合理的結合，也是如此。眾所周知，若將不同物種的花粉放於一花的柱頭上，隨後，甚至過相當長的一段時間後，把自身的花粉再放到這個柱頭上，它的作用優勢是如此強有力，通常可以殲滅外來花粉的作用。這也適於同一物種的不同類型的花粉。當把合適的花粉和不合適的花粉放在同一柱頭上時，前者比後者具有更強大的優勢。我透過對好幾朵花的授粉以確證這一點，首先進行不合適的授粉，二十四小時後，再用一個具有特殊顏色的變種的花粉，進行合適的授粉，結果所有的秧苗都表現爲與其類似的顏色。這表明，合適的花粉，儘管在二十四小時之後才施用，仍能完全破壞或阻止先前施用的不合適花粉的作用。又如相同的兩個物種進行互交，有時可得到很不同的結果，三型性植物也產生同樣的情況。例如，紫色千屈菜（*Lythrum salicaria*）的中花柱類型，用短花柱類型的長雄蕊上的花粉進行不合適授粉，卻極易受精，而且可產生許多種子。但是當用中花柱類型的長雄蕊上的花粉來使短花柱類型的植株受精時，卻完全不能產生種子。

在所有這些方面，以及在還可補充的其他方面，同一物種的不同類型間的不合適結合，表現的方式與兩種不同物種雜交中的情況完全相同。這使我對由幾種不合適的結合產生的許多幼苗，仔細地觀察了四年。其主要結果是，這些稱爲不合適的植株，都不是充分可育的。我們能夠由二型性的物種培育出長花柱型和短花柱型的不合適的植物，也可由三型性的植物培養出所有三種不合適的類型。培育出的這些類型都能夠以合適的方式很好地彼此結合。若做到了這一點時，那麼這些植物所產生的種子便不可能比它們雙親在合適受精時所產生的種子多，便顯然可以理解了。但情況並非如此，這些植株都具有不同程度的不育；有些是如此極端的和無法矯正的不育，以致在四年中未曾產生過一粒種子，甚至一個空蒴。當這些不合適的植株，彼此進行合適地結合時，它們的不育性完全與雜種相互雜交時雜種的不育性，是嚴格一致的。從一方面來看，若一雜種與任一純親本種雜交，其不育性往往大爲降低；若一種不合適的植株同一種合適植株受精，其結果也是如此。像雜種的不育性與它的兩個親本種初始雜交的難易性並非總是平行的一樣，某些不合適的植物具有不尋常大的不育性，但產生它們的那一種結合的不育性卻不一定很大。來自同一蒴果的雜種之間的不育性程度存在著固有的差異，對不合適的植物，顯然也是如此。最後，許多雜種花繁而持久，而其他的不育性較大的雜種，不但開花很少，而且格外弱小，各種二型性和三型性的不合適後代，也產生完全相似的情形。

總之，在「不合適」植物和雜種之間，無論在性狀上還是在行爲上都極爲相同。即使認爲「不合適」的植物就是雜種，也並非過分，只不過這樣的雜種，是由同一種內的某些類型的不適當的結合而產生的，而普通雜種是由所謂的不同物種間不適當的結合產生的。我們也已看到，在初始不合適的結合與不同物種初始雜交之間，在各個方面都存在著密切的類似性。這一點，透過一個例子，也許會更加清楚；我們可假設，有一位植物學家發現了三型性紫色千屈菜的長花柱類型，有兩個很顯著的變種（實際確實如此），並決定用雜交的方法，來確定它們是否是不同的物種。那麼他也許會發現，它們所產生的種子大約只有正常數量的五分之一，並且在上述的其他方面表現出，好像是兩個不同的物種。但是要肯定此情況，他還應當把假設雜交的種子培育爲植株，那麼他便會發現，這些植株矮小得可憐並極其不育，而且在其他各方面表現得與普通雜種相同。於是他便會堅決認爲，根據一般的標準，已經確實證明了這兩個變種，與世界上任一物種一樣，是眞正的不同物種。

然而，他卻完全錯了。

上述的關於二型性和三型性植物的事實都很重要，因為第一，它們向我們表明，對初始雜交以及雜種育性下降的生理測驗，不能作為區別物種的可靠標準；第二，因為我們可以斷定，存在著某種未知的紐帶，把不合適結合的不育性與它們不合適後代的不育性連接起來，而且使我們把同樣的觀點引申到初始雜交和雜種的不育性上；第三，依我看，這一點似乎特別重要，因為我們知道，同一物種可能存在著兩種或三種不同的類型，從它們與外界環境的關係上來看，無論是在構造上，還是在體質上，都沒有什麼不同之處，然而若以某些方式結合，則是不育的。因為我們必定還記得，不育的產生，就是由於相同類型個體的雌雄生殖結合的結果，如兩個長花柱類型植株的雌雄生殖質的結合；而可育的產生，卻是兩個不同類型個體的雌雄生殖質，特定結合的結果。因此，這種情形初看起來，似乎與同種個體的一般結合以及不同物種雜交中的情況，恰好相反。然而是否真的如此，值得懷疑，但對此含糊不清的問題，我不想再加詳述。

然而從對二型性和三型性植物的分析，我們可以推斷，不同物種雜交的不育性和它們雜種子代的不育性，可能只決定於兩性生殖質的性質，而與它們構造上和一般體質上的任何差異無關。透過對互交的分析，也可使我們得出同樣的結論。在互交中，一個物種的雄性不能，或很難與第二個物種的雌性雜交，而其相反的雜交卻極易進行。那位卓越的觀察家格特納也得出了同樣的結論：種間雜交的不育性，僅僅是由於它們生殖系統上的差異所引起的。

並非所有變種雜交和其混種後代都是可育的

由於無可辯駁的論證，使我們必須承認，在種和變種之間一定存在著某種本質上的區別。因爲變種，無論彼此在外表上差異有多大，卻十分容易雜交，並可產生完全可育的後代。除了即將要講的幾個例外，我充分相信這是規律。但是，還有一些難點籠罩著這一問題，因爲面對著自然狀態下產生的變種，當向來被認爲是變種的兩種生物在一起時，若發現任何程度的不育，大多數博物學家便立即把它們列爲物種了。例如，紅色和藍色兩種海綠（pimpernel），大多數植物學家認爲是變種，據格特納說，它們之間的雜交是相當不育的。於是他便將其列爲無可置疑的物種。若我們照此循環論證下去，勢必承認自然狀態下所形成的一切變種都是可育的了。

現在我們回到家養狀態下所產生的，或假設是在家養下產生的一些變種，我們仍有一些疑點。因爲，譬如談到某些南美洲土著家狗與歐洲狗不易交配時，人人都會這樣解釋，因爲這些狗本來就是由不同的土著種傳下來的，這可能是一眞實的解釋。然而許多家養的品種，儘管外表上彼此差異很大，卻是完全可育的，例如鴿子的許多品種，或甘藍的許多品種，便是顯著的事實；尤其是當我們想到，有那麼多的物種，雖彼此極爲相像，但相互雜交時，卻都是極其不育的。然而透過下面幾點分析，便可知道家養變種的育性並不那麼出人意料。首先，可以看出，兩物種外表的差異量並不是它們彼此不育程度的可靠指標，所以對於變種的情形，外表的差異也不是可靠的指標。對於物種，其原因肯定完全在於它們生殖構造上的差異。改變家畜和栽培植物的環境條件，能夠引起相互不育的生殖系統的變化，卻是很小。這使我們有理由承認與此正好相反的帕拉斯（Pallas）的學說，即家養環境一般具有可以消除不育的傾向。因此，在自然狀態下雜交也許具有某種程度不育的物種，它們的家養後代的交配，卻會變爲完全可育的。對於植物，栽培避免了不同物種之間產生不育的傾向，但在已經提過的若干確實有據的例子裡，某些植物卻受到相反方式的影響，因爲它們已變爲自交不育，同時卻仍然保留著能使其他物種受精，或能被其他物種受精的能力。如果我們接受帕拉斯的經過長期連續的家養便可消除不育性的學說（實際上這是很難否定的），那麼，類似的長期一致的環境也可誘發不育性的傾向便成爲極不可能的了，儘管在某些情形下，具有特殊體質的物種，偶爾也會因此產生不育性。於是我相信我們能理解，爲何家養的動物中，沒有產生彼此不育的變種；爲何植物中，如我即將談到的，只見到極少數這種情形。

據我看來，該問題中眞正的困難，似乎還不是爲什麼家養變種在雜交時沒有變爲彼此不育，而是自然變種經過長久的變異，一旦足以成爲物種時，爲什麼不育性竟發生得這麼普遍。我們還遠遠不知道其眞正的原因，但是，當我們看到我們對生殖系統的正常作用和異常作用還是如此的一無所知時，便不足爲奇了。但是我們可以想像，自然物種由於要同無數的競爭者進行生存競爭，長期處於比家養變種更爲一致的環境中，這便使兩者的結果大不相同。因爲我們知道，野生動植物，當離開它們的自然環境而讓其處於人工條件下時，便會普遍使其變爲不育的；而且一直生活在自然環境下的生物，它們的生殖功能對於非自然的雜交所產生的影響，可能也是極爲敏感的。而已經馴化了的生物則不同，如由它們在家養下僅有的事實所顯示的那樣，它們對生活條件的變化已經不那麼高度敏感了，而且現在普遍可以抵抗反覆變化的環境條件，而不降低其可育性。並且可以預計家養條件下產生的變種，在與家養條件下起源的其他變種雜交時，它們的生殖力很少會受到這種雜交作用的有害影響。

至今我還沒有說到，同一物種的變種之間雜交似乎總是可育的問題。但是在下面將要簡述的幾個例子中，某種程度不育性存在的證據是無可置疑的。這種證據至少和我們相信的在許多物種中的不育性的證據一樣有效。這些證據也是反對者所提出來的，他們在其全部例子中，把可育性和不育性作爲區分物種的可靠標準。格特納把矮稈黃籽粒玉米和高稈紅籽粒玉米在他的植物園內種植了數年，並且相距很近。儘管這兩種植物都是雌雄異花，但它們之間從未發生過雜交。於是他便用一種玉米的花粉對另一種玉米的十三個花穗授粉，結果只有一個果穗結籽，而且只結了五顆籽粒。由於這些植物是雌雄異花，那麼在這種情形下的人工授粉便不可能產生損害。我相信沒有人會懷疑，這兩個玉米的變種是屬於不同的物種；而更重要的是要看到，這樣培育的雜種本身是完全可育的；因此，就連格特納也不敢貿然認爲這兩個變種就是不同的物種。

別沙連格（Buzareingues）曾對三個葫蘆的變種進行雜交，葫蘆與玉米一樣是雌雄異花。他斷定，相互受精的難易程度是由它們之間的差異程度決定的，差異越大則越不易受精。我不知道這些實驗的可信性如何，但是塞奇雷特主要根據不育性試驗的分類方法，把實驗的這幾種葫蘆都列爲變種，而且勞丁也得出了同樣的結論。

下面的情形更加值得注意，雖然初看似乎難以置信。但是，這卻是最優秀的觀察家和極其堅決的反對者格特納先生，用了多年的時間，對九種毛蕊花物種做的無數試驗所得的結果，即黃色和白色變種的雜交產生的種子，要比同一物種的同色變種雜交產生的種子少。他還進一步斷定，當用一個物種的白色變種和黃色變種與另一物種的白色和黃色變種雜交時，由同色花雜交產生的種子要比由異色花雜交產生的種子多。斯科特先生也對毛蕊花屬的物種和變種進行了試驗，雖未確證格特納關於不同物種雜交的結果，但卻發現同一物種的不同花色變種的雜交，要比同花色變種雜交結的種子少，其比例爲86:100。然而這些變種，除了花色以外，再無任何不同；而且有時由某一變種的種子可以產生出另一變種來。

凱洛依德工作的準確性，已被後來的每個觀察者所證實。他曾證明了一個值得注意的事實，即普通菸草中有一個特殊的變種，當與一極不相同的物種雜交時，比其他變種更加可育。他對公認爲是變種的五種菸草進行了實驗，他採用最嚴謹的、即互交的方法對其進行了測驗，並發現它們的雜種後代都是完全可育的。但是，若用這五個變種與另一稱爲黏性菸草（*Nicotiana glutinosa*）的物種雜交時，其中一個變種無論是用作父本還是母本，所產生的雜種的不育性都要比其餘四個變種產生的不育性低。因此這個變種的生殖系統，必然已經具有某種方式和某種程度的變異。

根據這些事實便不能再堅持變種間雜交總是相當可育的觀點了。要確定自然狀態中變種的不育性非常困難，因爲一個被信以爲眞的變種，一旦證明具有任何程度的不育性，便幾乎毫無例外地要被列爲一個物種。人們對他們的家養變種也常只注意其外部性狀，並且這些變種並沒有經歷很長時期的一致的生活環境。考慮到以上幾點，我們便會得出這樣的一個結論：雜交的可育性不能作爲區別變種和種的基本依據。種間雜交的普遍不育性，不能看作是一種特賦的或特別獲得的屬性，而可以有把握地認爲是伴隨它們雌雄生殖質中一種未知性質的變化而產生的屬性。

除育性外，雜種和混種的比較

物種雜交的後代和變種雜交的後代，除了育性之外，我們還可進行其他幾方面的比較。格特納渴望能夠在種和變種之間畫出一條明顯的界線，然而他在種間的雜種後代和變種間的混種後代之間，只能找到很少的，在我看來似乎並不十分重要的區別。相反，它們在許多重要方面卻是密切一致的。

我在這裡將極簡要地討論一下這個問題。其最重要的區別是，在第一代中，混種比雜種更不穩定。但是格特納認爲，由長期栽培的物種雜交產生的雜種，在第一代常常發生變異；而且我自己也曾看到這種事實的明顯的一些例子。格特納進一步認爲，親緣很近的物種間的雜種，要比那些顯著不同的物種間的雜種更易於變異；這表明變異性程度上的差異可以逐漸地消失。在混種和育性較大的雜種各自繁殖數代時，眾所周知，兩種後代中的變異量都是極大的。還可以舉出幾個雜種和混種長期保持一致性狀的例子。然而，混種在後繼世代中的變異性，也許要比雜種的大。

混種的變異性比雜種的大，似乎毫不爲奇。因爲混種的雙親都是變種，而且基本上都是家養的變種（很少用自然變種做實驗），這便意味著變種的變異性是近期出現的，往往還會繼續變異下去，並且還會增強由雜交作用而產生的變異。雜種在第一世代微小的變異性與在後繼世代中較大的變異性形成明顯的對照，這種奇異的事實值得注意。因爲這與我提出的引起普通變異性的一種原因有關；就是說，由於生殖系統對於變化了的生活環境極爲敏感，因此在這種情況下，便不能執行其正常的功能，產生出在各方面都與親本類型極其類似的後代。由於親本物種（除了長期培養的物種）的生殖系統未曾受過任何影響，故所產生的第一代雜種，是不變異的；但是雜種本身的生殖系統已經受到了嚴重的影響，所以它們的後代便會發生高度的變異。

現在來看混種和雜種的比較。格特納說，混種比雜種更易重現任一親本的類型。若果眞如此，肯定只不過是程度上的差異。格特納還特意強調，長期栽培植物的雜種，要比它們在自然狀態下產生的雜種易於返祖。這也許可以解釋，爲什麼不同的觀察者所得的結果大不相同。威丘拉曾用野生的柳樹做過實驗，他對雜種是否可以恢復其親本類型，表示懷疑。相反，勞丁卻以最強硬的措辭堅持認爲，雜種的返祖幾乎是一種普遍的傾向，而他的實驗對象主要是栽培植物。格特納進一步認爲，任何兩個十分相近的物種，若分別與第三個物種雜交時，所產生的雜種彼此差異很大；然而同一物種的兩個十分不同的變種，若與另一物種分別雜交，所產生的雜種卻沒有多大的差異。但是這一結論，據我所知，是建立在單個實驗的基礎上的；似乎和格特納多次實驗的結果正好相反。

在雜種和混種植物之間，格特納所能指出的，只不過是這些不重要的差異。另一方面，混種和雜種與它們各自親本相像的程度和性質，按照格特納的同樣規律，尤其在親緣接近的物種產生的雜種中，表現更爲突出。當兩個物種雜交時，有時其中一個物種具有優先將自己的特點遺傳給雜種的能力。對於植物的變種，我相信也是如此；對於動物，一種變種相對於另一變種，肯定往往也具有這種優先遺傳的能力。由互交產生的雜種植物，通常彼此都十分相像；對於互交產生的混種植物，也是如此。無論是雜種還是混種，透過在後繼世代中與任何一純粹的親本連續雜交，都會使其逐漸變爲該親本類型。

上述幾點顯然也適用於動物；但是，對於動物，這一問題便變得相當複雜，一個原因是動物具有第二性徵；特別是當兩個物種雜交，或兩個變種雜交時，一種性別比另一種性別更加具有強烈地優先遺傳本身特徵的能力。例如，那些主張驢比馬更具有優先遺傳能力的學者，我認爲他們是正確的，因此牠們的雜種騾子和駃騠都更像驢。但是公驢的優先遺傳能力比母驢更強，所以騾子，即公驢與母馬的子代，要比駃騠，即母驢與公馬的子代，更加像驢。

有些學者非常強調這樣的事實，即混種後代不具有中間性狀，而只是與一個親本十分相似；這種情形有時的確也存在於雜種中，不過我承認比在混種裡發生的要少得多。看一下我所蒐集的有關雜種動物和一個親本密切相似的事實，其相似之點似乎主要侷限於性質上近乎畸形，而且是突然出現的那些性狀。例如白化症和黑化症，缺尾或缺角，多指及多趾等，而且都與那些透過自然選擇作用逐漸獲得的性狀無關。突然完全重現任一親本性狀的傾向，也可能發生在混種裡，而且要比雜種中發生的可能性大得多，因爲混種往往是由突然產生的具有半畸形性狀的變種傳下來的，而雜種是由緩慢而自然形成的物種傳下來的。總之，我完全同意盧卡斯博士的觀點，他在分析整理了有關動物方面的大量事實之後，得出了這樣一個結論：無論雙親彼此差異大小如何，即無論是同一變種的，或是不同變種的，還是不同物種的個體間的交配，其子代像親本的規律都是相同的。

除了可育性和不育性的問題以外，無論是物種雜交的還是變種雜交的後代，在其他各方面似乎普遍存在著密切的相似性。如果我們把物種看作是上帝特別創造出來的，而把變種看作是由次級法則產生出來的話，那麼這樣的相似性便成爲令人驚訝的事實。但是這和物種與變種之間並沒有本質區別的觀點完全相符。

摘　要

足以清楚無誤地被列爲不同物種的生物之間的初始雜交，以及它們的雜種的不育性是非常普遍的，但並非全部不育。不育性具有各種程度，而且往往相差甚微，就是最細心的實驗者們，根據測驗的結果，在分類上，也會得出完全相反的結論。在同一物種的不同個體之間，不育性本身就是可變的，而且對優劣環境的作用也極其敏感。不育的程度並非嚴格地遵循系統上的親緣關係，而是受若干奇妙而複雜的規律所支配。在同樣兩個物種的互交中，不育性一般都不同，而且有時大不相同。無論是在初始雜交中，還是由此產生的雜種中，不育性的程度並非總是相等的。

在樹木的嫁接中，一物種或變種嫁接於另一種樹上的能力，決定於兩者之間營養系統上性質不明的差異。與此相同，在雜交中，一物種與另一物種雜交的難易程度，決定於兩者之間生殖系統上未知的差異。因此，再沒有理由認為，在自然界中，為了阻止物種間的雜交和混淆，而特別賦予物種各種不同程度的不育性；也沒有理由認為，為了防止樹木在森林中彼此接枝，而特意賦予它們各種各樣、程度不等的嫁接障礙。

初始雜交不育性和它們雜種子代的不育性不是經過自然選擇作用而獲得的。初始雜交的不育性似乎由好幾種情況所決定，在某些情況下主要決定於胚胎的早期死亡。雜種的不育性，顯然是由於它們是由兩種不同的生物類型組合成的，從而打亂了它們整個體制的組成而引起的。這種不育性，與純粹物種在新的和異常生活環境下受到影響而產生的不育性非常類似。凡能解釋後一不育性的人，便能夠解釋雜種的不育性。另一種平行的事實有力地支持了這一觀點。這種平行的現象是：第一，生活環境條件的輕微改變，可增加所有生物的生命力和可育性（繁殖力）；第二，處於稍微不同生活環境下的，或稍有變異的生物類型的雜交，對於它們後代的個體大小，生命力和可育性等都是有利的。所列舉的有關二型性和三型性的不合理結合的不育性和它們的不合理後代的不育性的事實，也許可以表明，在所有的情形中，可能有某種未知的紐帶，把初始結合的可育性程度和它們後代的可育性程度聯繫在一起。考慮到有關二型性的事實以及互交的結果，顯然會得出這樣的結論：物種生殖質的差異是引起雜交物種不育性的主要原因。但是，在不同物種雜交時，為什麼性生殖質如此普遍地發生程度不等的變異，從而引起它們相互不育，其原因我們還不知道。但是這似乎與物種長期處於近乎一致的生活環境有某種密切的關係。

任何兩個物種雜交的困難和它們雜種後代的不育性，在大多數情況下，即使起因不同，也應當是一致的。這不足爲奇，因爲兩者都是由雜交物種間的差異量所決定的。初始雜交的難易程度，所生雜種的可育性，以及彼此嫁接在一起的能力，儘管嫁接能力顯然是由極不同的情形決定的，但都在一定程度上與實驗所用生物在分類系統中的親緣關係的遠近相對應。這也並不奇怪，因爲系統上的親緣關係包括了各式各樣的相似程度。

已知是變種的，或足以相像到可以認爲是變種的不同類型的生物間的初始雜交，以及它們混種後代，一般都是可育的，但不像經常說的那樣，一律都是可育的。如果我們還記得，我們是多麼容易用循環論證法來確認自然狀態下的變種；如果還記得，更多的變種是在家養狀況下，僅憑對外部差異的選擇而產生的，且沒有經歷長久一致的生活環境；那麼，變種具有這樣普遍的和完善的可育性，便不足爲奇了。我們還應該特別記住，長期連續的家養具有消除不育性的傾向，因此也幾乎不可能誘發不育性。雜種和混種之間，除了育性問題之外，在其他各方面都存在著最密切的、普遍的相似性；如在變異性上，連續雜交的相互結合的能力上，對兩親本的性狀的遺傳上，都極爲相似。最後，雖然我們既不知道爲什麼動植物離開它們自然環境後就變爲不育，也不了解初始雜交和雜種不育性的確切原因，然而本章所列舉的事實，依我看來，似乎與物種原本是變種的信念是一致的。

第十章　地質紀錄的不完整

在第六章裡，我列舉了與本書立論相衝突的一些主要論點，到目前為止我已經討論了其中的大部分。但是，有一個重要難點還未能解決，那就是物種間何以如此界限分明，而沒有發現眾多過渡類型將它們彼此融合起來。在廣闊連續的大陸上，自然地理條件的逐漸變化，十分有利於過渡類型的存在，但爲何現在人們沒有發現這些過渡類型呢？對此，我曾有過說明。我著重指出，每個物種的生存，對其他生物類型的依賴程度，要勝過對氣候的依賴。所以眞正控制生存的條件，不是像溫度或溼度那樣一些不知不覺漸變的條件。我還強調指出，中間變種的數量，往往比與它們有關係的親種要少一些，所以在變異和進化過程中，常易遭到淘汰或滅絕。然而，無數中間類型未能普遍存在的主要原因還是由於自然選擇的作用。在自然選擇過程中，新的變種常會不斷地代替並且排擠了它們的親種類型。既然大量的物種滅絕了，按其比例便可推知先前肯定存在過數目龐大的中間變種。既然如此，爲何在一大套地層或某一個地層中，卻沒有發現這些中間類型的大量存在呢？地質學確實未能證實有這種微小差異的中間類型存在，這也許是反對自然選擇學說的最明顯、也是最有力的異議。不過我相信，地質紀錄的極端不完整性能夠解釋這一點。

首先，應該牢牢記住，根據自然選擇的學說，哪些類型的中間變種才是先前確實存在過的。當觀察任意兩個物種的時候，人們會不由自主地聯想直接介於各物種之間的中間類型，其實這是大錯特錯的。我們要找尋的正確的中間類型，應該是介於兩個物種和它們未知的共同祖先之間的那些類型，而這祖先在某些方面又和變異了的後代有區別。試舉一個簡單的例子：扇尾鴿（fantail）和球胸鴿（pouter pigeon）都是岩鴿（rock pigeon）傳下來的後代，如果我們能找到過去存在的一切中間變種的話，我們就會在兩種後代鴿和岩鴿之間，各自建立起一個連續的、差異極小的遞變系列。但絕不存在直接介於扇尾鴿和球胸鴿之間的中間變種，例如，找不到某個變種兼有兩種後代鴿的特徵，也就是說，不存在既有略張的尾部，又有略大嗉囊的鴿子。而且，這兩種後代鴿發生了巨大的變異。假如我們在追溯牠們的起源時，沒有其歷史演化的和其他間接證據的話，僅僅憑著牠們和岩鴿在構造上的比較，恐怕無法搞清楚牠們究竟是由岩鴿（*C. livia*）傳下來的，還是由另一種相似的歐鴿（*C. oenas*）傳下來的。

自然界的物種也是如此，如果我們所見到差別較大的生物類型，例如馬和貘（tapir），我們就沒有理由認爲，曾有直接介於馬與貘之間的中間類型存在。但我們可以設想，馬或貘與牠們未知的共同祖先之間各自都存在著某些中間類型，牠們的共同祖先在整體構造上大致與馬和貘相似，但在個別構造上可能與二者存在較大的差異，這些差異甚至可以比馬與貘間的差異還要大。因此，在所有這些情況下，除非我們同時掌握了一套幾乎完整的中間遞變類型鎖鏈，否則是不可能辨認出任何兩個物種或多個物種的共同祖先，縱使我們曾嚴格地比較了祖先與已變異後代的構造，也是枉然。

根據自然選擇的學說，假如說某一種現存的生物，可能由另一種現存的生物傳衍而來，例如馬來源於貘。在這種情況下，應該有直接的中間類型介於馬與貘之間。不過，這種情況意味著這種生物（貘）很長時期保持不變，而它的子孫在這期間卻發生了很大的變化。然而這種情況是極其罕見的，因爲生物與生物之間，子種與祖種之間的生存競爭規律，使一切情況下新的改良過的生物類型，都有排除舊的未改良類型的傾向。

根據自然選擇學說，一切現存的物種，都曾與本屬的祖種有關，它們之間的差異並不比現在我們看到的同一物種的自然變種和家養變種之間的差異更大；這些祖種，目前一般都已經滅絕了；它們同樣地和更為古老的類型相聯繫。以此類推，一直可以追溯到每一個大類的共同祖先。因此，在一切現存物種和已滅絕物種之間的中間過渡類型，必定多得讓人難以置信。如果自然選擇學說是正確的話，那麼這無數的中間過渡類型必定在地球上生存過。

從沉積速率和剝蝕程度來推測時間的進程

除了我們未曾發現這眾多中間類型的遺骸化石外，另一反對意見則認為沒有足夠的時間來完成這麼巨大的生物演化，因為所有的生物變化都是非常緩慢的。如果讀者不是一個有實踐經驗的地質學家，我將很難引導他考慮許多事實，以便使他對時間的流逝有所了解。查爾斯·萊爾爵士的偉大著作《地質學原理》（*Principles of Geology*）被後代歷史學家認為是自然科學上的一大革新。凡是讀過該書而又不承認過去的時代是極為久遠的人，請立即闔上書吧！然而僅僅是閱讀《地質學原理》一書，或是閱讀其他觀察者寫的有關各地層的專著，並且注意到每位作者對各種大小地層所經歷的時間所做的不完全的估計，也是不夠的。只有我們弄清楚發生地質作用的各種動力，研究了地面被侵蝕了多深，沉積物堆積了多厚之後，我們才能對過去地質時間的長短有深刻的認識。正如萊爾所說過的，某地區沉積層的廣度和厚度就是地殼上另一地區遭受侵蝕的結果和數量。所以，人們只有親自去考察大片重疊的地層，觀察帶走泥土的小溪流和波浪侵蝕掉的海岸懸崖等這些時間標誌，才能理解過去時間的久遠性。

我們不妨沿著不很堅硬的岩石所構成的海岸散步，隨途觀察海岸被剝蝕的過程。在多數情況下，到達海岸懸崖的海潮每天僅有兩次，爲時短暫，而且只有攜帶沙礫和碎石的波浪，才對懸崖產生侵蝕作用，因爲許多例證表明，清水對侵蝕懸崖是無效的。最終，海岸懸崖的底部被鑿空，巨大的石塊從上面墜落下來，停留在岸邊，然後一點一點被沖蝕掉，直到體積減小到能讓波浪把它們沖轉時，就更爲迅速地磨碎成鵝卵石和沙泥。然而，我們常見到在後退的海岸懸崖下，有許多被磨圓的巨石，海岸生物密布其上，說明了這種巨石很少被水磨蝕，也很難被波浪沖轉。此外，如果我們沿著剝蝕的海岸懸崖走上幾英里路時，就可以看到現在正被剝蝕的懸崖只是其中很短的一段，或是只在海角周圍，星星點點地分布著，而其餘的海岸懸崖，地表和植被的外貌特徵告訴我們，它們已經多年未受到海水的沖刷了。

然而，我們已從許多優秀的觀察家——朱克思（Jukes）、蓋基（Geikie）、克羅爾（Croll）等人以及他們的先驅者拉姆塞（Ramsay）的觀察裡，知道了地表剝蝕作用（即風化作用）比海岸邊波浪的作用更爲重要。整個陸地表面都暴露在空氣和溶解有碳酸的雨水的化學作用之下。在較寒冷的地方，還受冰霜作用。已經破碎的物質，即使在平緩的斜坡上，也會被大雨沖下來。特別是在乾燥的地方，被風捲去的碎屑之多，超出人們的想像。這些被沖下的碎屑，又被大大小小的溪流運走；湍急的河流使河床加深，並把碎屑磨得更細。在下雨的時候，即便是在緩坡地方，我們也可看見地表剝蝕的效果——混濁的水流，沿著每個斜坡而下。拉姆塞和維特克（Whitaker）先生介紹過一個令人印象深刻的觀察——威爾頓（Wealden）地區和橫貫英格蘭的巨大陡崖（escarpment）線。以前認爲它們是古代海岸，其實它們不是在海邊形成的，因爲每個陡崖都由同一種地層構成，而英格蘭的海邊懸崖則處處是由不同地層交切而成的。如果眞是這種情況的話，我們就不得不承認這種陡崖的形成，主要原因是構成它們的岩石比周圍地表岩石有更強的抗風化能力，於是當周圍地表遭剝蝕而逐漸降低時，便遺留下由堅硬岩石所構成的凸起的陡崖線。按照我們的時間觀念，沒有其他事情比用風化作用爲例來推證時間的久遠性更有說服力的了，因爲風化作用的力量是那麼小，作用又那麼慢，但卻產生了如此巨大的效應。

當有了「陸地是在風化作用和海岸作用之下緩慢地剝蝕」這樣的觀念時，再要了解過去時間的久遠性，最好的方法是一面考察廣大區域上被移走的岩石，另一面去考察沉積層的厚度。我記得曾看到火山島而大爲驚訝。此島被波浪沖蝕，四面削成高達一兩千英尺的直立懸崖；因爲當初火山噴出的熔岩流（lava-stream）是液態，凝結成緩緩的斜坡，表明了堅硬的岩層曾一度向大洋延伸得多麼遙遠。斷層的變遷可更加清晰地表明相似的風化剝蝕作用。沿著那些巨大的裂隙，地層在一邊隆起，而在另一邊陷下，其高度或深度可達數千英尺；自從地殼斷裂以來，不管地面隆起是突然發生的，還是如多數地質學家相信是由多次震動而逐漸隆起的，並無太大的差別。如今地面已完全平坦，從前巨大的斷層錯位，外貌上已無任何痕跡。例如克拉文（Craven）斷層上升達三十英里；沿著斷層面，地層垂直錯位約六百至三千英尺。拉姆塞教授曾發表文章，說在安格爾西（Anglesea）

地層下陷達二千三百英尺。他還告訴我，他對美里奧內斯郡（Merionethshire）的一個斷層陷落一萬二千英尺深信不疑。然而就是在這些地方，地表並沒留下這種巨大運動的痕跡，斷層兩邊的石堆已被夷爲平地了。

另一方面，世界各地的沉積層都是非常之厚的。我曾在科迪勒拉山（Cordillera）測量過一片礫岩，其厚度達一萬英尺。雖然礫岩的堆積比緻密的沉積岩要快些，然而礫岩是由磨蝕成圓形的卵石所構成；而每一塊卵石都標誌著耗費了很長時間，故而它們可以表示出一塊礫岩的積成是何等的緩慢。拉姆塞教授把英國各地區的連續地層的最大厚度告訴我，大多數情況是實測紀錄，其結果如下：

古生代地層（火成岩除外）	五萬七千一百五十四英尺
中生代地層	一萬三千一百九十英尺
第三紀地層	二千二百四十英尺

共計七萬二千五百八十四英尺，約合十三．七五英里。有些地層，在英國是一薄層，而在歐洲大陸上卻有數千英尺厚。而且，據多數地質學家的意見，在各個連續的地層之間，還有極長的間斷時期。所以對於英國高聳的沉積岩層，其堆積所花費的時間，也只代表了地質歷史時期的一部分。仔

細考慮這種種事實，會使我們覺得，地質歷史之久遠，實難準確把握，恰如我們無法把握「永恆」這個概念一樣。

然而，這種想法還不十分全面。克羅爾先生曾發表一篇有趣的文章，他說我們所犯的錯誤，並不是「地質時期過長」的概念，而是錯在以「年」爲計時單位。當地質學家觀察了巨大而複雜的地質現象後，再看到幾百萬年的估算數字，立刻就會斷定這個估算數字太小了，因爲二者留給他的是完全不同的印象。關於風化剝蝕作用，克羅爾先生根據某些河流的流域面積，估算出每年沖下來沉積物的數量，表明一千英尺的堅硬岩石逐漸剝蝕，需要六百萬年的時間才能把整個面積的平均水平線以上部分剝蝕掉。這似乎是一個十分驚人的結果，某些研究使人懷疑這個數字太大了，可即便將該數字減到二分之一或是四分之一的話，也還是個驚人的數字。但是，我們只有少數人知道一百萬年的眞正涵義。克羅爾曾做了以下說明：如果拿一張八十三英尺四英寸長的窄紙條，沿著一間大廳的牆壁懸掛起來，然後在一端十分之一英寸的地方做記號，這十分之一英寸代表一百年，整張紙條才代表一百萬年。我們要記住用這種計量辦法所表示的一百年，在這樣一個大廳裡，實在是渺小得微不足道，但對於本書所討論物種變異而言卻很重要。有幾位優秀的育種家，在他們的有生之年，就大大地改變了某些高等動物的特徵（而高等動物的繁殖率要比大多數低等動物的小），這樣，他們就培育了應該稱爲新亞種的動物。只有極少數的人能夠花費五十年以上的時間去仔細研究某一個品種，因此一百年時間可以代表兩個育種家連續工作的時間。我們不能認爲在自然狀態下物種的改變，可以像家畜在有計畫的選擇之下改變得那麼快。把自然狀態下物種的改變，和人類無意識選擇所產生的效果進行類比，也許更爲合適。所謂無意識的選擇，是指人類只保留那些最有用或最美麗的動物，而無意改變那個動物的品種。但是，即使這種無意識的選擇，在兩三百年時間裡，許多動物品種還是發生了很大的改變。

然而物種的改變可能更爲緩慢，在同一地域內只有少數的物種會同時發生變化。之所以如此緩慢，是因爲同一地域內的一切生物，早已彼此很好地適應了，使得自然系統中已經沒有新物種的位置。除非經過很長時間之後，由於自然條件的改變或是新類型生物的遷入，才能引起生物的改變。何況在環境改變後，一些生物適應新環境的變異或個體之間的變異，通常也不是馬上就會發生的。遺憾的是，我們無法以年代爲標準來測定改變一個物種，究竟需要多長時間。但是有關時間的問題，我們肯定還會再討論的。

古生物化石標本的貧乏

現在讓我們看看地質博物館的情況，即使是收藏最豐富的博物館，人們所見到的陳列品，也是少得可憐！人人都承認我們蒐集的化石標本極不完全。我們永遠不會忘記著名古生物學家愛德華茲·福布斯的話，即許多化石物種都是根據某個地點的少數標本，甚至單個的、而且常是破損的標本而被發現和命名的。地球上只有很少一些地方被做過地質學上的挖掘，而且沒有一處地方的發掘是詳盡的。歐洲每年都有重要化石發現，便是發掘採集不完全的例證。沒有骨、殼構造的軟軀體生物都不能保存下來。有骨骼和貝殼的生物，若是落到海底，如果沒有沉積物掩埋的話，也會腐爛而消失了。我們可能接受了一個十分錯誤的觀點，以爲整個海底都有沉積物在沉積，而且沉積的速度快得足以埋藏和保存生物的遺骸。絕大部分的海水呈現亮藍顏色，說明海水是純淨的。文獻記載下來的許多情況，是某個地層在經過長時期的間斷後，又被另一個晚期地層所覆蓋。而在沉積期間，下面的一層未受到任何磨蝕破壞。這種情況，也只有用海底長期保持不變的觀點，才能解釋得通。生物和遺體，如若被沙礫掩埋，也常會在地層上升之後，會因含有碳酸的雨水滲透而被溶解消失。生存在海邊高潮與低潮之間的各種動物，一般都難以保存下來。例如，有幾種藤壺亞科（Chthamalinae，無柄蔓足類的一個亞科）動物，遍布於全球海濱岩石上，它們個體眾多，密密麻麻地叢生著，是典型的海濱動物。雖然目前人們已經知道藤壺屬在白堊紀曾經生存過，但是至今除了在西西里島所發現的唯一生存在地中海深水裡的一種外，在整個第三紀地層裡，始終再未發現過其他種類的藤壺亞科類化石。最後，還有許多巨厚的沉積層，需要很長時間堆積而成，但全都沒有生物的遺骸，其原因何在？我們難以解釋。其中最突出的一個例子是複理式岩層（Flysch formation），它由頁岩和砂岩組成，厚達數千英尺，有的地方竟達六千英尺，從維也納到瑞士，至少綿延三百英里。然而，這麼巨厚的岩層，經過詳細的考察，除了極少數植物遺骸外，竟未發現任何其他化石。

關於中生代和古生代生存過的陸相生物，我們所得到的證據十分有限，無法多加論述。例如，除了萊爾和道森博士（Dr. Dawson）在北美洲石炭紀地層中發現過的一種陸相貝殼化石外，直到最近在中生代和古生代這兩大段時代的地層裡，尚未發現其他種類的陸相貝殼（不過剛剛在下侏羅紀地層中已發現了新的陸相貝殼化石）。至於哺乳動物的化石，只要瞧一下萊爾手冊上的歷史年表，便會比翻閱連篇詳細的資料更清楚地了解事實眞相——被保存下來的哺乳動物化石，是多麼偶然，多麼稀少啊！然而，哺乳動物化石的稀少並不足怪，因爲我們記得第三紀哺乳動物的遺骨多是在洞穴或湖泊的沉積物裡發現的，而中生代或古生代地層中卻沒有洞穴或眞正的湖相沉積地層。

但是，造成地質紀錄不完整的主要原因並非上述理由，而是由於各個地層之間存在長時間的間斷。這種看法爲許多地質學家和古生物學家（包括那些和福布斯先生一樣根本不相信物種會變化的學者）所認同。在我們看到一些著作中有關地層的圖表時，或是我們從事野外實際考察時，都難以相信各個地層不是相互連續的。但是，我們從莫企遜（R. Murchison）先生關於俄羅斯的偉大著作中，可以知道那個國家重疊的地層之間有很長的間斷，在北美洲及世界很多地方也有同樣的間斷。最有經驗的地質學家，如果他的研究範圍只侷限於這些大的地域，那他就根本不會想到，就在他家鄉地層處於沉積間斷的「空白」時期，卻在世界其他地方堆積起了大規模的、含有新的特殊類型生物的沉積物。如果我們對每一個分隔地區的連續地層不能建立起時間序列的話，那我們就可以推論，在其他地方也不能確立起這個序列。組成連續地層的礦物成分常常發生了巨大的變化，這通常暗示著周圍地區在地理上發生了巨大的變遷，因爲沉積物是從周圍地區彙集來的，這和各連續地層之間曾有極長時期沉積間斷的觀點是一致的。

我想，我們能理解各區域的地層爲什麼必定有沉積間斷，也就是說爲什麼各個地層不是緊密連續的。當我沿著南美洲數百英里的海岸考察時，最令我驚訝的是，這海岸在近期內升高了數百英尺，卻沒有見到任何近代沉積物能展延很廣而不被磨蝕掉。整個西海岸都有特殊的海相動物棲息著，但那裡的第三紀地層卻很不發育，致使這種特殊的海相動物化石，未能連續地、長久地保持下來。我們只要稍加思考，便會根據海岸岩石大量崩落和河流入海帶去的泥土來解釋這一現象——雖然有長期充足的沉積物供給，爲何沿著南美西部升高的海岸，卻沒能保留下含有近代的或第三紀遺跡的巨大地層呢？唯一的解釋是：當海岸和近岸的沉積物被緩慢而逐漸升高的陸地帶到海岸波浪沖蝕作用的範圍之內時，就會不斷地被侵蝕而沖刷掉。

我想，我們可以斷定：只有當沉積物形成極厚、極堅實或極大地堆積時，才能使它在最初抬升時和後來水平面連續上下波動時，抵抗住波浪不斷地磨蝕作用及其後地面的風化剝蝕作用。有兩種方式可以形成如此又厚又廣的沉積物：一種是在深海底形成的，在這種情況下，因深海底的生物種類與數目不像淺海那麼多，因此當這種地層上升之後，它所包含的生物化石紀錄相對於地層堆積期間生存在它周圍的生物而言，是極不完整的。第二種是在淺海底形成的，如果淺海底陸續緩慢下沉的話，沉積物就可堆積成巨大的厚度和廣度。在後一情況下，如果海底下沉的速度和沉積物的供給速度接近平衡時，那麼海洋就一直是淺的，有利於很多不同種類生物的保存。這樣，就會形成富含化石的地層，而且在它上升變爲陸地後，它巨大的厚度也足以抵抗強烈的侵蝕作用。

我確信，凡是富含化石的古代地層，都是在這種海底下沉期間形成的。自一八四五年我發表了這一看法後，就一直關心地質學的發展。使我感到驚奇的是：一個又一個的專家，在討論這個或那個巨大的地層時，都得出了一致的結論，即它們是在海底下陷期間形成的。我可以補充說明：南美西海岸唯一的第三紀地層，就是在海底下沉時堆積而成的，具有相當大的厚度，能夠抵抗住它所經受的岩石崩塌作用。不過這個地層也難以維持到今後更久遠的地質時代。

所有的地質事實都明確告訴我們，每一個地區都曾經歷了多次緩慢的上下顫動，每一次顫動所影響的範圍也很廣。結果，凡是化石豐富，廣度和厚度也足以抵抗以後各種侵蝕作用的地層，是在發生下沉的廣大地區的特定地方形成的。也就是說，只在那些下沉期間沉積物有充分的供給，足以保持海水的淺度和足以使生物遺骸在腐爛之前就已經將其埋藏和保存下來的地方形成的。相反，海底若是保持靜止不動，那麼最適宜生物生存的淺海，就不可能有很厚的沉積。在交替上升期間，沉積得更少，或者說得更確切一些，即已經堆積起來的海底地層，在上升進入海岸作用範圍內時，通常就被毀壞掉了。

上述分析主要是針對海岸和近海岸的沉積而言。在廣闊的淺海情況下，例如馬來群島的大部分，海水深度在三十或四十至六十噚（海洋測量中的深度單位）之間，當海底上升時，就可以形成大範圍的地層。同時由於海底緩緩上升，所受到的侵蝕也不至於過大。不過這種地層的厚度可能不會很大，因爲地層的上升運動，使地層的厚度要比它所形成地方的海水深度小。由於上升運動，也使地層沉積物堆積得不太堅固；它的層面上也不會有其他地層覆蓋，這樣在以後海底上下顫動時，就很容易遭受風化剝蝕和海水的沖蝕。然而，根據霍普金斯先生（Mr. Hopkins）的意見，如果某一區域在上升後尚未遭受剝蝕就已下沉，那麼它在上升時所形成的沉積層，即便不厚，也能夠得到此後新沉積物的保護而長期保存下來。

霍普金斯先生還說，他相信面積廣闊的沉積層很少會全部破壞掉的。除了少數地質學家相信現在的深成岩漿岩和變質岩曾是組成地球核心的物質以外，絕大多數的地質學家都認爲岩漿岩外層很大部分已經被剝蝕掉了。因爲這類岩石，如果沒有地層覆蓋，是很難凝固結晶的。但是，如果在深海底發生了變質作用，岩石原來的保護地層就不會很厚。如果我們承認片麻岩、雲母片岩、花崗岩、閃長岩等曾經一度被覆蓋過，那麼，對於目前這類岩石在世界很多地方大面積地裸露出來的現象，我們除了確信它們原有的覆蓋層已經完全被剝蝕了，還能再做何解釋呢？這類岩石大面積存在是不容置疑的：根據洪堡（Humboldt）的敘述，巴賴姆（Parime）的花崗岩地區，至少是瑞士面積的十九倍。在亞馬遜河南面，布埃（Boué）曾畫出一塊相當於西班牙、法國、義大利、德國的一部分及英國各島面積總和的花崗岩區域。這塊地方尚未詳細考察過，但是根據旅行家的一致證明，可知這花崗岩面積是很大的：例如根據馮．埃什維格（Von Eschwege）繪製的詳細地圖，花崗岩地區自里約熱內盧延伸至內地，直線距離達二百六十海里；我又朝著另一方向走了一百五十海里，沿途所見除了花崗岩外，別無其他：從里約熱內盧附近起直到拉普拉塔河口爲止。整個海岸長一千一百海里，我沿途採集了許多標本。經我鑑定都是花崗岩類。沿著整個拉普拉塔河北岸穿過內地，我所看到的，除了近代第三紀地層外，只有一小片輕變質岩，可能是原來覆蓋這片花崗岩區唯一剩下的部分。談到我們所熟悉的地區，例如美國和加拿大，按照羅傑斯教授（Prof. H. D. Rogers）精美的地圖，我用剪出圖紙稱重量的方法來估計各類岩石面積，發現變質岩（半變質岩除外）和花崗岩的比例為19:12.5，二者之和超過了全部晚古生代地層的面積。在很多地區，變質岩和花崗岩的實際範圍，要比它露出的部分大得多。如果把覆蓋在它上面的所有不整合沉積岩層移去的話，便可證實。而沉積岩層也不可能是結晶花崗岩的原始覆蓋物。由此可知，世界上某些地區整個沉積地層可能都被剝蝕掉了，沒有留下絲毫痕跡。

這裡，還有一點值得注意。在上升期間，陸地和附近淺海灘的面積都將擴大，經常會形成新的生物生存場所。正如前所述，新場所的一切環境條件都有利於新變種和新種生物的形成。不過，在這段時間裡地質紀錄往往是空白的。與之相反，在下沉期間，生物分布的面積和生物數目都將減少（除了大陸海岸最早分裂出的海島外）。因此，在這期間雖然有許多生物滅絕了，但少數新變種和新種生物則會應運而生。富含化石的沉積物，也是在這種下沉期間堆積而成的。

任何一套地層中都缺失眾多中間變種

由於上述的種種情況，就整體而言，地質紀錄確實是極不完整的。但是，假如我們只注意到某一個地層，那就難以理解，為什麼在這個地層裡，在始終共同生存的近緣物種之間，卻找不到與它們關係密切、遞變的中間變種呢？在同一地層的上部和下部，同一個物種出現好幾個變種的情況，倒是有過記載：例如特勞希勒（Trautschold）曾舉出菊石（Ammonites）中有此情況的一些例子；又如希爾根道夫（Hilgendorf）在瑞士連續沉積的淡水地層內發現多形扁卷螺（*Planorbis multiformis*）有十種遞變類型的奇異事情。雖然每一地層的沉積肯定需要極其漫長的年代，但對始終生存在那裡的物種而言，爲何地層中普遍沒有它們之間的遞變連鎖系列呢？對此，有幾種理由可以解釋。不過我對下面所講的理由，也不能給予恰當的評價。

雖然每一地層可以表示經歷了極其漫長的年代，但是與一個物種演變爲另一個物種所需要的時間相比，可能還是顯得短些。我知道兩位古生物學者布隆和伍德沃德（Woodward）的意見是值得我們重視的。他倆曾斷言，每個地層的平均年齡約爲物種平均年齡的兩倍或三倍。然而我們認爲還有難以克服的困難，使我們無法對這種意見做出恰當的評論。當我們在某個地層的中間部位首次看到一個物種時，就推測它不會在別的地方更早地存在了，這種做法過於輕率。還有，當我們看到某個物種在一個沉積層尚未結束就已消失了時，也會同樣輕率地假定該物種已經滅絕了。我們忘記了，歐洲的面積與世界其他地區相比是多麼之小，而整個歐洲同一地層的幾個階段也不能完全準確地相互對比。

我們可以謹慎地推測，由於氣候和其他因素的變化，所有的海相動物都曾做過大規模的遷移。所以，當我們在某個地層內首次發現一個物種，很可能它就是在那個時候剛遷入這個地區的。例如，眾所周知，有幾個物種在北美古生代地層出現的時間要比在歐洲的早，這顯然是因爲它們從北美海洋遷徙到歐洲海洋，需要相當長時間的緣故。在世界各地考察現代沉積物時，處處可以看見至今仍然生存的少數物種，在沉積岩內普遍存在著，但是在周圍的海洋裡，這些生物卻已絕跡。或者與此相反，有的物種，在周圍海域裡極其繁盛，而在沉積岩裡卻很稀少或根本沒有。探查一下冰河時期（這只是地質時期的一部分）歐洲生物實際的遷移量，同時也探查一下這個時期海陸的升降變遷，氣候的極端變化，時間的悠久歷程，是很有益處的。然而，在整個冰河期內，世界各地含有化石遺骸的沉積層，是否一直在該地區連續地沉積，很值得懷疑。例如，密西西比河口附近的海水，正處在海相動物最繁盛的深度範圍以內，但那裡的沉積物，恐怕不是在整個冰期內連續堆積起來的。因爲我們知道，在美洲的其他地方，在這一期間曾發生了巨大的地理變遷。如果在冰期的某一段時間裡，密西西比河口附近的淺水中沉積了這種地層，而在向上升起時，則因地理變遷和物種的遷移，會造成生物的遺骸在不同地層裡開始出現和消失。在遙遠的將來，如果有位地質學家研究這種地層，可能會被迷惑而做出結論，認爲那些化石生物的平均生存期比冰期短；然而，實際情況卻遠比冰期要長，因爲這些生物從冰期以前一直延續到今天。

要在同一地層的上下部分得到兩個物種之間的全部遞變類型，該地層必須持續不斷地進行堆積，其時間之長，足夠使生物緩慢的變異過程不斷進行。因此，這沉積地層肯定是極厚的，而產生變異的各個物種也必須始終生存在這同一區域內。但是我們已經知道，一套很厚而全部含化石的地層，只有在下沉時期才能堆積起來，並且所供給的沉積物的量必須與下沉量相平衡，使海水的深度大致保持不變，這樣同種海相生物才能夠在同一地點持續生存。但是，這種下沉運動將導致沉積物來源的地區也會浸泡在水中；在連續下沉運動的時期，沉積物的供給量自然也就減少了。實際上，沉積物的供給量和地面下沉量之間很難保持平衡，許多古生物學家都觀察到在極厚的沉積層裡，除了頂、底介面附近的部位，其餘部分往往是沒有生物遺骸的。

和任一地區的整套地層相似，每一個單獨地層的堆積，也常有間斷。當我們看到（也確實是經常看到的情況）某個地層內的各層次由完全不同的礦物構成時，我們就有理由去推測沉積過程或多或少是間斷的。即使我們對某一地層進行了極其詳細的考察，也無法得知這個地層的沉積，到底耗費了多少時間。許多事例表明，只有數英尺厚的岩層，卻代表了其他地方厚達幾千英尺並需要很長時期堆積的地層。一個不了解這一事實的人，將會懷疑這樣薄的地層卻代表著長久的時間過程。還有許多這樣的例子：一個地層的底部在升起後被剝蝕，再下沉，然後被同層的上面岩層所覆蓋。這些事實，表明地層的堆積期間，存在容易被人忽視的長久間斷。在另一種情況下，我們能看到最明顯的證據：巨大的樹木化石依舊像活著的時候那樣直立著，這證明了在沉積過程中，有許多很長的間斷和水平面的升降變化，要是沒有這種樹木被保存下來，大概不會有人想到這些。例如萊爾爵士和道森博士曾在新蘇格蘭發現了厚一千四百英尺的石炭紀地層，其中含有古代樹根的層位，彼此相疊，至少有六十八個不同的層面。因此，如果同一個物種的化石在某個地層的底部、中部和上部都有發現時，可能說明在整個地層沉積期間，這個物種不僅沒在同一地點生存，而且還經歷了多次的絕跡和重現。因此，如果在任一地層的沉積期間，某個物種發生了顯著的變異，是不會在地層剖面中找到所有理論上應該存在的、有細微變化的中間遞變類型的。然而那些突然變異的形體（雖然變異可能是極細微的），卻可以保存下來。

最重要的是要記住：博物學家並沒有金科玉律來區分物種與變種。他們承認各個物種間都有微小差異，但是當他們碰到任意兩個類型存在較大的差異，又缺少中間遞變類型把它們連接的時候，就會把兩者都定爲物種。由於上面所講的理由，我們難以希望在任何地層的斷面中都有中間遞變類型存在。假定B和C是兩個物種，另有第三個物種A發現於較老的下部岩層，在這種情況下，即便A確定是B、C兩者的中間類型，但若沒有過渡變種把它和B、C二者或其中之一連接起來時，人們就會簡單地將A列爲第三個不同的物種。不能忘記，我們前面說過，A可能是B、C兩者的眞正原始祖先，也不必在各方面都嚴格呈現二者的中間性狀。因此，我們有可能在同一套地層的底部和頂部找到一親種和它的幾種變異的後代，除非我們同時找到多個中間過渡類型，否則我們就無法辨認它們的血緣關係，從而把它們列爲不同的物種。

一種廣爲採用的不明智的做法是，許多古生物學家在確定種別時，只依據非常微小的差異，尤其是當這些標本採自同一地層不同層位時，他們會更輕率地將它們列爲不同的物種。一些有經驗的貝類學家，已將杜比尼（D' Orbigny）和其他學者劃分過細的許多物種改降爲變種，這種觀點爲我們提供了物種演變的理論證據。再來看看第三紀末期沉積層裡的許多貝類，多數博物學家都認爲和現代生存的物種是相同的；但是某些著名的博物學家，如阿加西斯和皮克特（Pictet）卻主張所有第三紀的物種，儘管和現存物種的差別甚微，也應該列爲不同的物種。所以在此情況下，如果我們相信這二位著名博物學家的判斷是正確的話，也就是說，我們和多數博物學家的意見相反，承認這些第三紀的物種和現代種確實不同，這樣就可以找到我們所需要的物種頻繁發生細微變異的證據了。假如我們觀察一下較長的間隔時期，即觀察一大套地層內相互連接的不同層位，我們看到其中所埋藏的化石，雖然公認是不同的種，但若和相隔更遠地層中的物種相比較，同套地層生物間的關係卻要密切得多了。所以在這裡，我們再次得到漸進演化理論所需要的物種演變的確鑿證據，關於這個問題，我將在下一章再討論。

正如前面我們已經講到過的，我們可以合理地推測：凡是繁殖迅速而遷徙少的動植物，其變種最初都發生在局部地方，直到它們在相當程度上完全變異之後，這種局部性的變種才能廣為分布，進而排擠掉它們的祖種。根據這種觀點，想要在任一地區的地層中，找出兩個物種之間的一切早期過渡類型，機會是很小的，因為連續的變異被假定為地方性的或是被限定於某一個地點。大多數海相動物都有著廣泛的分布區域。我們已經知道，就植物而言，那些分布最廣泛的種類，最常產生變種。所以分布最廣泛、遠遠超出已知歐洲的地層範圍之外的貝類和其他海相動物最易產生變種，起初是地方性變種，最後才形成新的物種。所以我們要在任一地層中找尋物種過渡階段演變痕跡的機會又大大地減少了。

最近，由福爾克納博士（Dr. Falconer）進行了一項更為重要的研究，也得出了同樣的結論。他認為每個物種變異所經歷的時間，如果以年代計算是很長的，但若與它們沒有發生變化的時間相比較，可能又是短暫的。

我們不該忘記，即便在今天，我們擁有精美的標本做研究，也很難用中間變種把兩個類型連接起來，因此要想證明兩個類型屬於同一個物種，我們只有從很多地方採集了標本後才行，然而，在化石物種的採集方面，我們卻是難以辦到的。也許我們要把兩個物種用大量細微變異的中間類型化石連接起來確實是不可能的。為了更好地理解這種不可能性，我們是否問一下自己，例如：將來某個時代的地質學家能不能證明牛、羊、馬和狗的不同品種變種，是從一個或是幾個原始祖先傳下來的呢？又例如北美海濱生存的某些海蛤，究竟是一個物種的變種，還是代表不同的物種？有的貝類學家則認爲牠們和歐洲的代表種不同，被列爲物種；而其他一些貝類學家則認爲只是變種。這些問題，未來的地質學家只有發現大量中間過渡類型的化石後，才能得出結果，而這種成功的可能性實在太渺茫了。

相信物種不會演變的學者們反覆強調地質學上找不到中間過渡類型，我們將在下一章論述這種論調的確是錯誤的。正像盧伯克爵士所說的：「每一個物種都是其他近緣類型的中間環節類型。」如果一屬內有二十個物種（包括現存的和已滅絕的），假如五分之四被毀壞了，那麼沒有人去懷疑餘下的物種之間的差異將會更明顯。如果這個屬的兩個極端類型偶然毀滅了，那麼這個屬與其他近緣屬之間的差異也就更大了。地質研究尚未發現的是：以前曾有無數中間遞變類型存在過，它們就像現代的變種一樣有細微的變異，可以把一切現存的和已滅絕的物種連接起來。雖然這是沒有指望做到的事，卻被反覆地提出來，作爲反對我觀點的最有力證據。

我們不妨用一個假設的例子把上述地質紀錄不完整的各種原因做一小結。馬來群島的面積大致相當於歐洲的面積，即從北角（North Cape）到地中海及從英國到俄羅斯的範圍內。除了美國的地層外，馬來群島的面積也和全世界所有精確調查過的地層面積總和相等。我完全同意戈德溫·奧斯丁先生（Mr. Godwin-Austen）的觀點，他認爲現代馬來群島的無數大島嶼被廣闊的淺海所隔開，這種情況可能和地層沉積時代遠古時期的歐洲相類似。馬來群島是世界上生物最繁盛的地區之一，然而，如果把曾經生存在這裡的所有物種都蒐集起來，作爲全世界自然歷史的代表，那將是何等的不完全！

然而我們仍有種種理由相信，在我們假設的馬來群島沉積地層中，該群島的陸相生物，肯定保存得極不完全。眞正的濱海動物，或是在海底裸露岩石上生存的底棲動物，能被埋藏在那裡的也不會很多，而且那些埋藏在礫石和沙子裡的生物也不能保存到久遠。在海底沒有沉積物堆積，或是沉積物堆積速度太慢不能保護生物免於腐爛的地方，都沒有生物遺骸保存下來。

類似過去中生代的地層，馬來群島那些富含生物化石的、厚度巨大到足以延續至久遠時代的地層，只有在地面下沉時期才可形成。在地面下沉的各個時期之間，都有長久的時間間隔；在間隔時期內，地面或是保持靜止，或是上升；在上升的時候，靠近陡峭海岸的化石層，一邊堆積一邊又被不息的海岸波浪作用所毀壞，且二者的速度幾乎相等，就和現在我們在南美洲海岸所見到的情況一樣。在上升時期，即使在整個馬來群島的廣闊淺海裡，沉積層也難以堆積得很厚，並且也難以被後來的沉積物所覆蓋保護，因此也就不能持續到久遠的將來。在下沉時期，可能有很多生物滅絕；在上升時期，可能有很多生物產生變異，然而這個時期的地質紀錄就更不完全了。

整個群島或其中某一部分下沉所經歷的漫長時間（同時也是沉積物堆積的時間），是否會超過一個物種平均生存的時間，實在是一個疑問。但是這兩種事件在時間上的配合，對任意兩個或多個物種之間的所有中間遞變類型的保存卻是絕對必要的條件。如果這些中間遞變類型沒有全部保存下來，那殘存的中間變種，可能會被當成許多新的、近緣的物種。每一個漫長的下沉時期，都可能被水平面的顫動所間斷，同時在這漫長的時期內，氣候也難免有輕微變化，在這種情況下，群島裡的生物將向外面遷移，於是在任何地層裡也無法保存生物變異的詳細紀錄。

這個群島的多數海相生物，現在已經超越了群島的範圍而分布到數千英里以外的區域；以此類推，我們相信最常產生新變種的，主要是這些分布最廣泛的物種，雖然它們是物種的一部分。起初這些新變種是地方性的或被限制在某一地方，但當它們擁有某種決定性的優勢或者經過進一步的變異改良時，它們就會逐漸擴散，並排擠掉它們的祖種。當這些變種重新回到它們的原產地時，由於它們與祖種的性狀已有不同（雖然差異很小），而且它們和祖種是在同一套地層的不同亞層裡發現的，所以根據許多古生物學家遵循的原則，這些變種將被列爲新的不同的物種。

如果上面所說的話在某種程度上是眞實的，我們就不能指望在地層裡找到無數個差異很小的中間類型。按照我的學說，這些中間類型能夠把所有同一群的物種（包括過去的和現存的物種）連成一條長而分支的生命鎖鏈。我們應該只期盼找到少數的生命鎖鏈，我們也確實找到了這樣的鎖鏈，鏈中的物種彼此間的關係有的較疏遠，有的較密切。然而這些鎖鏈中的物種，即使曾是關係密切的，如果在同一套地層的不同層位發現，仍然會被許多古生物學家列爲不同的物種。我不能說假話，要不是每個地層的初期和末期所生存的物種之間缺少無數中間過渡類型，使我們學說受到如此嚴重的威脅的話，我會懷疑在保存得最好的地質剖面中，化石紀錄還是那麼貧乏。

整群相關物種的突然出現

有些古生物學家，例如阿加西斯、皮克特和賽奇威克（Sedgwick）曾反覆強調某些地層中突然出現整群物種的事實，以此做主牌來反對物種演化的理論。假如同屬或同科的眾多物種果眞在同一時刻產生的話，那麼這將對以自然選擇爲依據的進化學說，確實是一個致命的打擊。因爲，按照自然選擇演化的理論，凡是同類的生物，都是從同一個原始祖先傳下來的，它們的演化必定是一個極其緩慢的過程，而且這原始祖先肯定是在變異了的後代出現之前的遙遠時期就已存在了。然而，我們往往對地質紀錄的完整程度估計過高，常會因爲某屬某科不在特定的時期出現，就錯誤地認爲它們沒有在那個時期生存過。經驗常常提醒我們，在一切情況下，肯定性的古生物證據是絕對可靠的；而否定性的證據則是沒有價値的。我們常會忘記，整個世界和那些曾詳細調查過的地層相比，是多麼廣大；我們還忘記了，某些物種群在蔓延到古代歐洲和美國的群島之前，可能在別的地方已經生存了很久並逐漸繁衍起來了。我們也沒有考慮到許多情況下，連續地層之間的間斷時期可能比每個地層沉積的時間還要長久。這麼長的間斷時期，已足夠使一親種繁衍出許多子種，而在後來形成的地層裡，這些物種成群出現，就像是突然創造出來似的。

這裡，我將回顧一下以前的話，即某種生物要適應一種新的特別的生活方式，例如要適應空中飛翔的生活，可能需要一個漫長連續的時期，這就使得它們的中間過渡類型在某一區域內留存很久，可是這種適應一旦成功，並且有少數的物種由於獲得這種適應就比別的物種有了大得多的生存優勢，那麼許多新的，變異的類型就會在較短的時間內產生出來，並迅速地傳播，遍及全世界。皮克特教授在對本書所做的出色評論裡，談到了早期的過渡類型，他以鳥爲例指出，他看不出假設的原始型鳥的前肢連續不斷的變異對鳥有什麼好處。我們可以觀察一下南極的企鵝，牠的前肢不正是處在「既不是眞正的臂，也不是眞正的翅膀」的中間狀態嗎？就是這種鳥，在生存競爭中成功地占領了牠們的地盤，繁衍了無數隻個體，也形成了許多種類。雖然我不敢推斷，在企鵝的身上我們看到了鳥翅演變所經歷的眞實的中間過渡階段。但是，我們並不難相信，翅膀的演變可能確實對企鵝變異了的後代有好處，牠們很可能先變得像呆鴨一樣能沿著海面拍打翅膀，最終便可離開海水飛入空中滑翔了。

現在我要舉幾個例子說明前面的論述，同時也要說明整群的物種會突然產生的假設會導致我們犯多麼嚴重的錯誤。皮克特在他古生物巨著中，從第一版（一八四四—一八四六）到第二版（一八五三—一八五七）之間短短的幾年裡，便對幾個動物群開始出現和最後消失時間的結論，做了較大的更改，而在第三版裡可能還要做更大的修改。我可再回顧一件眾所周知的事實，在幾年前出版的地質論文裡，一致認爲哺乳動物是在第三紀的早期突然出現的。然而，在目前已知的含哺乳動物化石最豐富的沉積物中，有一處是屬於中生代中期的；並且在靠近中生代初期的新紅砂岩中，也發現了眞正的哺乳動物。居維葉一再強調，在任何第三紀地層裡沒有猴子化石出現。然而如今，印度、南美洲、歐洲都發現了埋藏在更古老的第三紀中新世地層裡的猴類滅絕種。如果沒有在美國的新紅砂岩中找到偶然被保存下來的足印化石，有誰會想到那個時代至少有三十種似鳥的動物（其中不乏體形巨大的）存在呢？不過在這些岩層中，尚未發現似鳥動物的遺骸。不久以前，有些古生物學家主張整個鳥綱都是在始新世突然出現的。但是現在，根據歐文教授權威性的意見，我們知道在上綠砂岩層沉積期間確實有一種鳥類存在了。最近又有一種奇怪的鳥，名叫始祖鳥，長著像蜥蜴一樣的長尾巴，尾上每節有一對羽毛，翅膀上長著兩個可以活動的爪子，是在索倫霍芬的鯿狀灰岩裡發現的。幾乎沒有什麼近代的發現比始祖鳥更有力地表明瞭我們對這世界上以前的生物，知道得實在太少了。

我可以再舉一個親眼看到的、印象深刻的例子。在我的一部關於無柄蔓足類化石專著中曾說過，由於現存的和滅絕的第三紀物種數目很多；由於分布在全世界、從兩極到赤道、從高潮線到五十英尋各個不同深度的許多種生物的數目非常龐大；由於標本在第三紀地層裡保存得極完整的狀態，由於標本（甚至是一個破碎的瓣殼）很容易識別，使我做出了這樣的推論：如果中生代就已經存在無柄蔓足類動物的話，必定會保存下來並會被發現的。但是由於在這個時代的岩層裡連一個無柄蔓足類的物種也沒有找到，我就斷定這一大群動物是在第三紀初期突然發展起來的。這件事使我感到困惑，因為當時我想，又增加了一個大型物種群突然出現的例子。然而，就在我的著作即將出版的時候，一位傑出的古生物學家波斯開（Bosquet）寄給我一張他親手在比利時白堊紀地層裡採到的無柄蔓足類動物化石標本的完整圖形。這張圖深深觸動了我。無柄蔓足類屬於藤壺屬，是一種極普通、分布很廣的大屬，而該屬種的化石，在第三紀以前的任何地層中從未發現過。最近伍德沃德先生又在上白堊紀地層裡發現了無柄蔓足類另一亞科的四甲藤壺（Pyrgoma）。因此，我們目前已有充分的證據，證明這類動物在中生代曾經生存過。

經常被古生物學家提起的整群物種突然出現的一個例子，就是硬骨魚類。按照阿加西斯的說法，牠們最早是在白堊紀出現的。硬骨魚類包含現存的大部分魚類。但是，有些侏羅紀和三疊紀的類型，現在也公認是硬骨魚類，甚至還有些古生代的類型，也被一位權威古生物學家列入硬骨魚類。假如硬骨魚類果眞是在北半球的白堊紀初期突然出現的話，那是値得高度注意的事。不過，這並未造成無法解決的難題，除非有誰能夠證明，在白堊紀初期硬骨魚類也在世界其他地區突然一起出現了。目前在赤道以南地區尚未發現任何魚類化石，對此就不必多說了。在讀了皮克特的古生物學之後，才知道在歐洲好幾套地層裡僅發現了很少幾種硬骨魚化石。現在有少數幾個魚種，分布在有限的區域裡。以前硬骨魚類也有可能分布在侷限的區域裡，待到牠們在某一個海域裡發展繁盛之後，才廣泛擴散到各個海域。我們沒有權利假設，過去地球表面的海洋，與現在的情況一樣從南到北一直都是連通的。即便是在今天，假如馬來群島變成陸地，那麼印度洋的熱帶區域，將會變成完全封閉的巨大海盆，任何大群的海相生物都能在這海盆裡繁衍起來，他們最初侷限在這個範圍內，待到一部分物種能適應較冷的氣候時，就繞過非洲或澳洲的南角，到達其他更遠的海洋裡去。

考慮到這種種事實，以及我們對歐洲和美國以外其他地方地質知識的貧乏，加上近十多年來的發現引起了古生物學知識的更新，我認爲，要對全世界生物的繼承問題做出武斷的結論，似乎太過輕率了，好像一位博物學家在澳洲的荒原上只待了五分鐘，就打算討論那裡的生物數量和分布範圍一樣。

整群物種在已知最古老的含化石地層中突然出現

還有一些類似的棘手難題。我所指的是動物界的幾個主要物種，在已知的最古老的含化石岩層中突然出現的事情。前面大多數論證使我相信，同群的一切現存物種都是從一種原始祖先傳衍下來的，這同樣也適合於最早出現的已知物種。例如所有寒武紀的三葉蟲類（Trilobites），無疑是從某一種甲殼類演化而來，這種甲殼類肯定生存在寒武紀之前久遠的時代，而且和所有已知的動物全然不同。有些最古老的動物，像鸚鵡螺（Nautilus）、海豆芽（Lingula）等，和現代物種並沒多大差別。根據我們的學說，這些古老的物種不能作爲一切後來同類物種的原始祖先，因爲它們沒有任何中間性狀特徵。

因此，如果我們的學說是正確的，那麼遠在寒武紀的底層沉積之前，應當經歷了一個很長的時期，這個時期可能和從寒武紀到現在的整個時期一樣長，說不定還要更長些。在這樣長久的時期裡，生物已經遍布全世界。這裡我們又遇到一個難以對付的問題，即地球在適合生物居住的狀態下所經過的時間是否足夠久遠，似乎是有疑問的。根據湯普森爵士（Sir W. Thompson）的結論，地殼凝固時間不會小於二千萬年，也不會大於四億年，可能是在九千八百萬年到二億年之間。這麼大的時間範圍，說明這些數字是很可疑的，況且還有其他因素引到這個問題裡來。克羅爾先生估計從寒武紀到現在大約經過六千萬年。然而，自大冰期開始以來，生物的變化就很小，這與從寒武紀以來生物確實發生的多次巨大變化相比較，六千萬年似乎太短；而寒武紀以前的一億四千萬年，對寒武紀已經存在的許多生物的早期演化而言，也是不夠的。如湯普森爵士所說，在極遠古時代，自然條件的變化可能比現在更加迅速而劇烈，因此這種自然變化應該引發當時生存的生物以相應的高速度發生變異。

至於為什麼在最早的寒武紀以前的時期裡沒有找到富含化石的沉積物，我無法給予圓滿的答覆。以莫企遜爵士為首的幾個著名的地質學家，直到最近還相信我們在寒武紀底部所見到的生物遺跡，是生命的開始。其他一些鑑定權威，如萊爾和福布斯對此結論還有異議。我們不能忘記，世界上只有一小部分地區曾經精確地調查過。不久以前，巴蘭得（M. Barrande）在當時所知道的寒武紀地層下面，又發現了更低的地層，層裡含有豐富而奇特的物種。現在希克斯先生（Mr. Hicks）在南威爾斯下寒武統地層的下面，又找到富含三葉蟲、各種軟體動物和環節動物的岩層。甚至在某些最下面不含生物的岩層中，也有磷酸鹽結核和瀝青物質，從而暗示了那時候可能存在生命。在加拿大的勞倫紀（即前寒武紀——譯者注）地層裡曾存在始生蟲（Eozoon），這已是人們所公認的。加拿大寒武系的下面有三大系列地層，在最下面的地層裡曾有始生蟲發現。洛根爵士（Sir W. Logan）說過：「這三大系列地層的總厚度可能遠比從古生代底部到現在的所有後來岩石的厚度之和都大得多。這樣，即使是巴蘭得所謂的原生動物出現的遙遠時代，也就是古生代開始的時代，但若與三大系列岩層所代表的冥冥無期的時間相比較，原生動物的出現就好像最近發生的事情似的。」始生蟲是所有動物綱中最低等的，但在原生動物分類裡牠又是高級的；牠曾有無限數目的個體存在過，正如道森博士所說的，這種動物肯定以捕食其他微小生物爲主，而這些微小生物也一定是大量存在的。所以我在一八五九年所寫的關於生物遠在寒武紀以前就已經存在的推斷，和後來洛根爵士所說的話幾乎是一樣的，現在已經證明是正確的了。雖然如此，困難還是很大的，我們還是沒有充足的理由，來解釋寒武紀以前爲什麼沒有富含化石的巨厚地層。要是說那些最古老的岩層已經被侵蝕得完全消失，或是說岩層所含的化石經受變質作用而全部毀壞，似乎是不可能的，因爲倘若如此的話，我們就會在它緊鄰的上覆地層中發現一些呈現局部變種的、細小的化石殘餘。對於「越是古老的地層，遭受的侵蝕和變質作用越大」的論調，根據俄羅斯和北美廣大的寒武紀地層的紀錄，並未得到支援。

現在還無法解釋這種情況，因此這也就成爲反對本學說的一個有力論據。爲了表示這個問題今後可以解釋，我將提出下述假說。因爲歐洲和美國一些地層裡的生物遺骸的性狀，似乎不是深海動物；因爲組成地層的沉積物，有些竟達數英里厚，我們可以推測那些供給沉積物的大島或大陸，在沉積期間一直是處於現在歐洲和北美洲大陸附近。這種觀點，後來得到阿加西斯及其他人的支持。但是，我們還不了解在幾個連續地層的間斷時期裡，情況到底如何，歐洲和美國在這種沉積間斷時期裡的狀態，究竟是乾燥的陸地，還是沒有沉積物的近陸淺海底，或是廣闊的深不可測的深海底，皆不得而知。

看一看現在的海洋，其面積約是陸地的三倍，其中散布著許多島嶼；然而除了紐西蘭以外（如果紐西蘭可以稱爲眞正的海島），幾乎沒有一個眞正的海島，存在一點點古生代或中生代地層的殘片。由此我們可以推論：在古生代和中生代期間，在我們現代的大洋範圍內沒有大陸和大陸型島嶼；因爲，假如有大陸和大陸型島嶼的話，肯定就會存在由它們剝蝕、崩裂的沉積物形成的古生代和中生代地層；在這樣漫長的時期內難免會有水平面的上下顫動，起碼會有一部分地層隆起來。假如我們可以從這個事實進行推測的話，那麼今日是海洋的地方，自遠古以來就一直是海洋；相反，今日是大陸的地方，自遠古以來就一直是大陸，且從寒武紀以來肯定遭受了海平面的巨大變動。在我的一本關於珊瑚礁的書中，所附的彩色地圖提示我得出如下的結論：目前各大洋仍然是主要的下沉區域，各大群島仍然是水平面上下顫動的區域，各大陸仍然是上升區域。然而我們沒有理由設想，從一開始世界就一直是這個樣子。大陸的形成，可能是在多次水平面顫動時，上升的力量占優勢所致；但是，在漫長的時間裡，這些優勢運動的地區難道就沒有變更過？也許在寒武紀以前的遙遠時代裡，大陸曾處在現代海洋的位置，當時清澈廣闊的海洋也可能處在現在是大陸存在的位置上。

我們不能設想，如果太平洋海底現在變爲一片陸地，我們就可以找到比寒武紀更老的可以辨認的沉積層（假如它是以前沉積而成的）。因爲這種地層，可能會下沉到離地心數英里的地方，承受著上覆海水的巨大壓力，所受到的變質作用強度，可能比近地表的地層要大得多。世界上某些地區，如南美洲，有大面積裸露的變質岩層，肯定曾經歷過高溫高壓作用，我總覺得對這種地區，要給予特別的解釋。我們也許可以相信，在上述廣大地區裡，我們看到了遠在寒武紀以前的地層經歷了完全變質及侵蝕後的狀況。

本章內所討論的幾個難點是：⑴我們雖然在地層中發現了很多介於現存物種和以往曾存在物種之間的過渡類型，但是未發現能把它們相連起來的那些大量的細微變異的環節類型。⑵在歐洲的地層中，有幾個成群的物種突然出現。⑶據現在所知，在寒武紀地層以下幾乎完全沒有富含化石的地層。所有這些難點性質的嚴重性，是顯而易見的。我們看到最優秀的古生物學家們，像居維葉、阿加西斯、巴蘭得、皮克特、福爾克納、福布斯等，以及所有最偉大的地質學家，像萊爾、莫企遜、賽奇威克等，過去都曾反覆地強調物種不變的觀點。但是現在萊爾爵士已經以他權威學者的身分，轉而支持相反的觀點了，其他多數的地質學家和古生物學家，也大大地動搖了他們原有的信念。只有那些相信地質紀錄十分完整的人，確實還會反對這個學說的。就我個人而言，按照萊爾的比喻，則把地質紀錄看成是一部保存不完整的、用不斷變化的方言寫成的世界歷史；我們僅有這部書的最後一卷，所講到的也只有其中兩三個國家。在這最後一卷裡，在這裡或那裡保存了幾篇零碎的章節，每頁書只有寥寥數行文字。這不斷變化的方言的每一個字，在前後各章內意義也有些不同，這些字可以代表在連續地層裡被誤認為是突然出現的生物類型。依據這樣的觀點，上面所講的幾個難點，便可以大大地減小，甚至不復存在了。

第十一章　古生物的演替

現在讓我們看一下，有關生物在地質上演替的幾種事實和法則，究竟是和物種不變的傳統觀點相同呢，還是和物種經過變異與自然選擇，而不斷緩慢演替的觀點相一致。

一個接著一個新物種的出現，不管是在陸地還是在水裡，都是很緩慢的。萊爾曾指出，在第三紀的幾個時期裡，在這方面存在不可反駁的證據；而且每年都有新的物種發現，有助於把各個時期之間的空白塡充起來，使已滅絕的和現存的物種之間形成漸進的協調關係。在某些最新的地層中（如果以年爲單位計算，無疑屬於很古的時代），只有一兩個物種是滅絕了的，同時也有一兩個新物種，或者是地方性的在該處首次出現，或者據我們所知是在整個地球表面上首次出現。中生代的地層間斷比較多，但是，正像布隆所說，埋藏在各個地層裡眾多物種的出現和消失都不是同時的。

不同綱和不同屬的物種，其變化的速度和程度都各不相同。在第三紀較老的地層裡，在許多已滅絕的種屬中，還可以找到少數今日尙存的貝類。福爾克納曾舉出一個這種相似情況的典型例子，就是有一種現存的鱷魚和許多已滅絕的哺乳動物、爬行動物一起在喜馬拉雅山下的沉積物中被找到。志留紀的海豆芽和該屬現存的物種之間差異極少，然而志留紀其他軟體動物和一切甲殼動物，都已發生了極大的變化。陸相生物的變化速率好像比海相生物的變化速率大，這種生動的例子曾在瑞士看到過。有一些理由使我們相信，高等生物要比低等生物變化快得多，雖然這一規律也有例外情況。正如皮克特所說的，生物的變化量在各個連續的地層裡是不相同的。然而，如果我們把任何有密切關聯的地層對照一下，就會發現一切物種都經過了某些改變。當一個物種一旦在地球表面絕跡的時候，我們沒有理由相信會有同樣的類型重現。對於後一條規律，巴蘭得所謂的「殖民團體

（colonies）」是一個明顯的例外，這種「殖民團體」在某一時期侵入到較古老的地層裡，使得過去存在的動物群重新出現；然而，萊爾則說，這是從不同地區暫時遷入物種的一個情形，這似乎是令人滿意的解釋了。

這幾種事實都與我們的學說一致。學說裡不包括神創論那些一成不變的規律，即不主張某個地區內所有的生物一律突然地或者同時地或者同樣程度地發生變異。變異的過程必定很緩慢，通常在一個時期內，受到影響的物種只有少數幾個，因爲每個物種的變異性是獨立的，與其他一切物種的變異性沒有關係。至於物種所發生的變異或是個體間的差別，是否會經過自然選擇作用或多或少地積累起來，成爲永久性變異，卻要取決於許多複雜的偶然因素——取決於變異的性質是否對生物有利、自由交配的難易程度、地方性自然地理條件的緩慢變化、新物種的遷入，並且取決於和這個變異物種相競爭的其他生物的性質。所以，一個物種保持原狀態的時間要比其他物種保持的時間長得多，或者，即使有變化，改變的程度也較其他物種小，這是毫不奇怪的。在各個不同的地區，我們可以在現存生物中看到這種類似的情況；例如，馬德拉群島陸相貝類和鞘翅類昆蟲，與歐洲大陸上牠們的近親相比較，差異相當大；而該島海相的貝殼和鳥類卻沒有改變。按照前章的解釋，高等動物和牠們周圍有機的和無機的生活條件之間關係比較複雜，我們也許能夠明白爲何高等生物和陸相生物的變異，顯然要比海相生物或低等生物要快得多。當任一地區的多數生物已經發生了變異和改良的時候，我們根據競爭的原理和生物之間生存競爭的重要關係，就可以理解，不管什麼生物，若是不發生某種程度的變異和改良時，便可能難免要滅絕。所以，假如我們在一個地區內觀察了足夠長的時間，就可以明白，爲什麼一切物種遲早都要變異，因爲如不變異就要滅亡。

同一綱的各個物種，在同樣長的時期裡，發生的平均變異量近似相同。但是，由於富含化石、歷時久遠的地層的形成，取決於大量沉積物在地面下沉地區的堆積情況，所以現在的地層，幾乎都是經過長期而又不相等的時間間隔才堆積起來的，結果就造成了埋藏在連續地層內的化石物種，表現出不相等的變異量。依據這個觀點，每個地層所代表的不是一種完整的新創造，只不過像一出緩緩改變的戲劇中，偶然出現的一幕似的。

我們完全理解，爲何一個物種一經滅絕，儘管再遇到一模一樣的有機和無機的生活條件，它也絕不會再出現了。因爲一個物種的後代，雖然能夠適應另一物種的生活條件，而占據了它在自然界中的位置並排擠了它（不容懷疑，這種情況曾發生過無數次）；但是這新的和老的兩種類型絕不會完全相同，因爲它們肯定已從各自不同的祖先那裡繼承了不同的特徵，既然兩種生物本身各不相同，它們變異的方式自然也不相同。例如，假如我們所有的扇尾鴿已經滅絕了，養鴿人可能培養出一個新品種，和這種扇尾鴿幾乎沒有差異；然而，如果原種岩鴿也同樣滅絕時，我們有充分的理由相信，在自然條件下，改良過的後代鴿終會替代原種岩鴿，使之滅絕。因此，要從任何其他鴿種，或者從任何品種十分穩定的家鴿中，培育出與現存扇尾鴿相同的品種，是令人難以置信的，因爲連續的變異在某種程度上肯定有所不同，而新育成的變種，可能已經從它祖先那裡繼承了某些特有的差異。

物種的集合，即爲屬和科，它們的出現和滅絕所依據的規律，和單個物種相同，它們的變異有快有慢，變異程度也有大有小。一個物種群，一旦滅絕後就絕不能再現；這就是說，物種不論延續了多長時間，總是連續存在的。對於這條規律，我知道有些明顯的例外，可是這例外少得驚人，就連福布斯、皮克特和伍德沃德（雖然他們竭力反對我所主張的觀點）都承認這一規律是正確的！而這一規律又和自然選擇的學說完全符合。因爲同一群的所有物種，不論延續了多長時間，都是出自同一個祖先的代代相傳的改變了的後代。例如海豆芽屬，從早寒武世到現在，各個地質時期都有該屬的新物種出現，這就必然有一條連續不斷的世代順序把它們連接在一起。

上一章裡我們已經談過，成群物種有時會呈現出突然發展的假象，對此我已經解釋過了。這種事情如果是確實的話，對我的學說將是致命的打擊。不過這些事情確是例外。通常的規律是，物群的數目，先是逐漸增加，待達到最大限度時，（時間上或早或遲）又逐漸減少。如果把一屬內物種的數目與存在時間或是一科內屬的數目與存在時間，用一條線段來表示：線段的長度表示物種或屬出現的連續地層，線段的粗細表示物種或屬的多寡；然而有時這線段下端起始處會給人以假象，表現出不是尖細的而是平截的；隨後其線段上升並逐漸加粗，同一粗度往往可保持一段距離，最後在上面地層中逐漸變細而消失，表示此物種或屬逐漸減小，以致最後滅絕。某個類群的物種數目在這種情況下逐漸增加，是和我們的學說完全符合的，因爲同屬的種或同科的屬，只能緩緩地，累進地增加。變異的進行和一些近緣物種的產生，必然是緩慢和漸進的過程——一個物種最初產生二個或三個變種，這些變種慢慢形成物種，既成物種後又經過同樣緩慢的步驟產生其他變種，以此類推下去，直到變成大群，就像一棵大樹最初是從一條樹幹上抽出許多枝條一樣。

滅絕

我們在上面的論述中曾附帶地談到了物種和物種群的消失。根據自然選擇學說，舊物種的滅絕和改良過的新物種的產生，是密切相關的。認爲地球上所有生物，在前後相連續的時代裡，曾因多次災變而幾度消失的舊概念，現在已普遍放棄了，就連埃利．德．博蒙（Elie de Beaumont）、莫企遜、巴蘭得等地質學家也放棄了這種概念，依照他們平素所持的觀點，大概會自然而然地得出這個結果。與此相反，從第三紀地層的研究中，我們有各種理由，相信物種和物種群都是一個接一個地、逐漸消失的：最初是在一個地點，爾後在另一地點，最後波及全世界。但是，在少數情況下，例如由於地峽的斷裂而使許多新的生物侵入鄰海，或者由於海島的下沉，滅絕的過程可能是很快的。無論是單一的物種，還是成群的物種，它們持續的時間極不相同；正像我們所見到的，有些物種群從已知最早生命開始的時代起，一直延續到今天還存在，也有些物種群在古生代末就已經消失了。好像沒有一定的規律來決定某一種或某一屬能夠延續多長時間。我們有理由相信，整個物種群全部滅絕的進程要比它們產生的過程慢一些。假如用前面所講的粗細不等的線段來表示物種群的出現和消失時，那麼這條線段的上端逐漸變尖細的速度（表示物種滅絕的過程），要比線段的下端變尖的速度（表示該物種最初出現和早期數目的增加）緩慢。然而，在某些情況下，成群物種的滅絕，就像菊石在中生代末期的滅絕那樣，令人驚奇地突然發生了。

以前，物種的滅絕曾陷入莫名其妙的神祕之中。有的學者甚至假定，生物個體既然有一定的壽命，物種的存在也應當有一定的期限。恐怕沒有人比我對物種的滅絕感到更爲驚奇的了。當我在拉普拉塔發現乳齒象（Mastodon）、大地懶（Megatherium）、箭齒獸（Toxodon）及其他已滅絕的奇形怪狀動物的遺骸，竟然和一顆馬的牙齒埋藏在一起，而且這一奇特的動物組合又是和現代生存的貝類在最近的地質時代裡一起共存，這眞使我驚愕不已；因爲自從西班牙人把馬引進南美洲以後，馬就變成了野生的，並以極快的速度繁衍增長，分布遍及整個南美洲。於是我問自己，在這樣極其適合馬生存的環境條件下，爲什麼以前的馬就會消亡呢？然而我的驚愕是沒有理由的。很快，歐文教授就識別出這個馬齒雖然和現代生存的馬很接近，實際上卻是一種已經滅絕了的馬牙。假如現在仍有極少數量這種馬存在，大概任何博物學家也不會驚奇牠的數量之少，因爲無論在什麼地方，所有各綱都難免只有數量極少的物種存在。如果我們要問，爲什麼這個物種或那個物種的數量極少呢？我們的回答是，因爲它的生活條件中有某些不利的因素。然而究竟是什麼不利的因素，我們卻難以答出。假如那種化石馬現在仍以稀少物種的形式存在，我們根據牠與別的哺乳動物的類比，包括與繁殖很慢的象做類比，根據南美洲家馬的馴化歷史，肯定會認爲牠若處於更合適的環境條件下，不出幾年時間，便會遍布整個美洲大陸。然而，我們無法說出究竟是什麼阻止了牠的繁衍，是一種還是幾種偶然的因素起作用，是在馬有生之年的哪一個時期起作用；也不知道各因素作用的程度等。如果這些因素變得越來越不利，不管這變化多麼慢，我們的確也未覺察出來，然而這種化石馬必然會日益減少，以致最後滅絕！牠在自然界中的位置，就會被生存競爭的勝利者所取代。

有一點人們很容易忘記，就是每一種生物的繁衍，經常要受到看不見的無形的不利因素的制約。這種無形的因素足以使物種變得稀少，直到最後滅絕。人們對這個問題所知甚少，我經常聽到有人對體型巨大的怪物，如乳齒象和更古老的恐龍的滅絕表示十分驚奇，好像只要有龐大的身體，就能在生存競爭中取得勝利似的。恰恰相反，正如歐文所說，在某些情況下，由於身體龐大，需要大量的食物，反而會招致牠很快的滅絕。在印度和非洲尚無人類出現之前，肯定有若干原因阻止了現代象繼續繁衍。很有能力的分類學家福爾克納博士，相信阻止印度象繁衍的原因主要是昆蟲沒完沒了地折磨，使象趨於衰弱。布魯斯（Bruce）對於阿比西尼亞的非洲象觀察中，也得出相同的結論。在南美洲的幾個地區，昆蟲和吸血的蝙蝠確實控制了那些適宜當地水土的，體型龐大的四足獸類的生殺大權。

在較近代的第三紀地層裡，我們可以看到許多先稀少爾後滅絕的情況。同時我們也知道，由於人類作用，一些動物在某個地方或在全世界滅絕的情況也是如此。這裡，我要重述一遍我在一八四五年發表的觀點，即承認物種在滅絕之前，先逐漸變得稀少。我們對一個物種的稀少並不感到驚奇，而當它滅絕時卻又大爲驚異，這就和承認疾病爲死亡的先驅，當人有病時並不覺得奇怪，而當病人死亡時卻感到驚奇，甚至懷疑他是死於橫禍的情況一樣。

自然選擇學說是以下面信念爲基礎的：每個新變種，最後成爲一個新物種，其所以產生和延續下來，是因爲比它的競爭者占有某些優勢；而居劣勢物種的滅絕，似乎是必然發展的結果。家畜的情況也是一樣的，當培育出一個稍有改良的新變種後，最初牠要排擠掉周圍改進較小的變種，待新種大有改進後，才能傳播到遠近各地，就像我們的短角牛那樣，被運送到各個地方，取代當地原來的品種。因此，新類型的出現和舊類型的消失，不論是自然產生的還是人爲的，都是連在一起的。在一定時期內，繁盛的物種群裡產生的新物種數目要比滅絕的舊物種數目多。然而我們知道，物種並不是無限制地增加，起碼在最近的地質時代裡是如此。觀察一下近代的情況，我們可以相信，新類型的產生導致了類似數目舊類型的滅絕。

一般而言，競爭進行得最激烈的是在各方面彼此最相似的類型，這在前面已經舉例說明過。因此某物種的改良變異過的後代，通常會招致親種的滅絕；而且如果許多新類型是由某一個物種發展而來，那麼與這個物種親緣最近的物種，即同屬物種，最容易滅絕。同樣，我相信由一物種傳下來的許多新物種所組成的新屬，將會排擠掉同科內原有的屬。但是，也常有這樣的事情發生，即某一群的一個新種，取代了另一群的一個物種而使它滅絕。如果很多近似的類型是從成功的入侵者發展而來的，則必有很多類型同時被排擠並失去它們的地位，尤其是那些相似的類型，由於共同繼承了祖先某種劣性特徵而最受排擠。然而，被入侵的改良物種所取代的那些生物，不管是同綱還是異綱，總還有少數受害物種可以延續很長一段時間，這是因爲它們適應於某種特殊的生活，或者生活在遙遠而隔離的地區，逃避了劇烈的生存競爭。例如，中生代貝類的一個大屬——三角蛤屬（*Trigonia*），牠的某些物種仍殘存在澳洲海洋裡。又如硬鱗魚類（Ganoid fishes），曾是將要滅絕的一群，但其中少數物種至今在淡水中仍生存著。由此可見，一個物種群的完全滅絕，一般比它們的產生要慢些。

至於整科或整目物種的突然滅絕，例如古生代末期的三葉蟲和中生代末期的菊石等，我們肯定記得前面已講過的話，就是在連續地層之間可能有長久的間隔時間，而在這些間隔時間裡，物種滅絕的速度可能非常緩慢。此外，當一個新物種群裡的許多物種，在突然遷入某地或異常快速發展而占據了某個地區時，多數老物種就會以相應的速率而滅絕，這些被排擠而讓出地盤的老類型，通常是帶有共同劣性的近似物種。

因而，就我的看法，單一物種和成群物種的滅絕方式都是和自然選擇的學說完全吻合的。我們不必對物種的滅絕產生驚異。如果眞要驚異的話，還是對我們自己憑藉一時的想像，自以爲弄明白物種生存所依賴的各種複雜、偶然因素的做法驚異吧！每個物種都有繁衍過度的傾向，同時也經常存在著我們覺察不到的抑制作用。如果我們一時忘記這一點，那就完全無法理解自然界生物組合的奧祕。無論將來什麼時候，也就是當我們能確切地解釋爲何這一物種的數目比那一物種多，爲何這一物種能在某地區馴化而另一種不能時，才會由於我們解釋不了單一或整群物種的滅絕而感到驚異！

全世界生物演化幾乎同步發生

幾乎沒有任何一個古生物學的發現，比全世界生物幾乎同步演化的事實更令人激動的了。因此，即便是在相距遙遠的、氣候差異極大的地方，如北美洲、南美洲的赤道地區、火地島、好望角和印度半島，儘管那裡連白堊礦物的碎塊也未找到，我們卻能辨認出與歐洲白堊紀相當的地層。因為在這些遙遠的地方，某些地層裡的生物遺骸與歐洲白堊紀地層中所見到的，有明顯的相似性。這並不是說見到了相同的物種，因為在某些情況下連一個眞正相同的物種也沒有，但它們是同科、同屬、同亞屬的物種，有時只有很微小的相同點，如表面上的裝飾之類。此外，在歐洲白堊紀地層的下伏和上覆岩層中找到的生物類型（歐洲白堊紀地層中未有），在這些遙遠的地方，也按同樣的順序依次出現。在俄羅斯、西歐和北美古生代的連續地層中，好幾個權威學者都觀察到生物的相似平行發展的現象；據萊爾所說，歐洲和北美洲的第三紀沉積地層也是如此。即使我們把歐洲和北美洲共有的少數化石物種不算在內，古生代和第三紀各時代相繼出現的生物序列也有明顯的普遍的平行性，因而各個地層間的相互關係也就很容易地確定下來。

然而，這些觀察都是和全世界的海相生物有關的。對相隔遙遠的陸棲生物和淡水生物而言，我們還沒有充分的資料可以判斷它們是否有平行演變現象。我們可以懷疑它們是否有過這樣的平行演變：如果把大地懶、磨齒獸（Mylodon）、後弓獸（馬克魯獸）和箭齒獸從拉普拉塔遷移到歐洲，而不說明牠們在地質上的位置，可能沒有人會想到，牠們曾和現代仍生存的海相貝類同時存在，也曾和乳齒象、馬同時存在，因此起碼我們可以推測牠們曾經在晚第三紀時存在過。

我們說海相生物曾在全世界同時發生演變，這絕不意味著「同時」就是指同一年或同一世紀，或是含有嚴格的地質等時意義；因為若要把現代生存在歐洲的和在更新世（如果以年來計算，這是一個包括整個冰期在內的遠古時期）生存在歐洲的一切海相動物和南美洲、澳洲的現代海相動物比較，即使最富經驗的博物學家也難以辨認與南半球的動物最爲相似的，究竟是歐洲的現代動物，還是歐洲更新世的動物？還有幾位高明的觀察家認爲，美國的現代生物和歐洲晚第三紀生物之間的關係，要比它們與歐洲現代生物之間的關係更爲密切；如果這是事實的話，北美洲海岸沉積的化石地層，明顯地將要和歐洲較老（晚第三紀）的化石地層畫爲同類。然而，假如我們能夠看到遙遠的未來時，可以肯定，一切近代的海相地層，即歐洲、南北美洲和澳洲的上新世的上部地層，更新世和眞正的現代地層，由於它們都含有相當類似的化石遺骸，它們也都未發現較老的下層裡的化石類型，所以就地質學意義上講，它們都應畫爲同一時代的地層。

上面所述在世界各個相距遙遠的地方，生物發生廣義的同時演變的事實，曾使像德·萬納義（MM. de Verneuil）和達爾夏克（d' Archiac）等優秀的觀察家非常激動。他們在談到歐洲各地古生代生物的平行演變現象之後說：「如果我們對這種奇特的順序有興趣，而把注意力轉到北美洲，並在那裡也發現一系列類似的現象時，我們就可斷定，物種的一切變異、滅絕及新物種的產生，顯然不只是海流的改變或其他局部的、暫時的原因，而是由於支配整個動物界的總法則所致。」對此，巴蘭得先生也曾持完全相同的觀點。確實，如果把洋流、氣候或其他物理條件的變化，當作世界各個氣候極不相同地區生物類型發生巨大變化的原因，是很不恰當的。正如巴蘭得所說，我們必須尋找某些特殊的規律。當我們談到生物的現代分布情況，看到各地區的自然地理條件與生物本性之間只有極微小的關係時，我們便可以更清楚地理解上述觀點。

全世界生物發生平行演化這一重要事實，可用自然選擇學說進行解釋。新物種的形成，是因爲它們比舊物種有某些優勢，這些在自己地盤上已占據優勢地位的，或比其他物種有某些優勢的物種，便會產生最大數目的新變種或早期的新物種。對於這一點，我們可以從植物中找到明顯的證據：占優勢地位的植物，通常是那些最普通、分布最廣、產生變種最多的植物。這也是非常自然的現象。對於那些占優勢的、變異的、分布廣遠而已經侵入了其他物種領域的物種，必將有最好的機遇，再向外擴展，並在新的區域裡產生出新變種和新物種。向外擴展的過程往往非常慢，因爲這要依賴於諸多因素，如氣候與地理的變化，偶然的事變、物種向外擴展時對新地區各種氣候逐漸地適應等等。但是占優勢的物種，一般都會隨著時間的推移，逐漸擴散，取得分布上的成功。在分隔的大陸上，陸相生物的擴散可能比生活在連通的海洋裡的生物擴散得慢些。所以，我們可以推測，陸相生物的演替平行程度，可能沒有海相生物那麼密切，而我們發現的情況也正是如此。

因此，據我看來，生物類型的平行發展性，就是指全世界生物類型有廣義的同時演變的次序，這和新物種的形成是因爲優勢物種分布廣、變異多的原理完全吻合。這樣產生的新物種，本身就帶有優勢，因爲它們已經比曾占優勢的親種和其他物種，具備了某些更加優越的條件，因而也就會進一步向外擴展，繼續變異，再產生更新的類型。那些失敗的和給新的勝利者讓出地盤的舊類型，可能都是些近似的種群，繼承了某種共同的劣性。所以，當新的改良了的物種群分布遍於全世界時，舊的物種群則消失了。因此，各地生物類型的演替，從開始出現到最終滅絕都往往同步進行。

有關這個問題，還有一點值得注意，我有理由相信，大多數富含化石的巨厚地層，是在下沉時期內所沉積的；而不含化石空白極長的間斷時期，是在海底靜止或上升時，以及沉積的速度不足以埋藏和保存生物遺骸的時期出現的。在這極長的空白時期，我猜測每一地區的生物，肯定有大量的變異和滅絕，也有很多從其他地方遷移來的物種。我們有理由相信，廣大的地區可能受到同一個地質運動的影響，所以在世界上相同情況的地區，在廣闊空間裡可有同時沉積的地層。然而我們沒有任何理由斷定這是一成不變的情況，也不能斷定廣大地區總是受到同樣的地質運動的影響。如果在兩個地區裡有兩個地層幾乎是同時沉積（但不是絕對同時沉積），根據前面幾節所述理由，在這兩個地層裡應該找到相同的生物類型的演替情況。

我想歐洲會有這種情況。普雷斯特維奇先生（Mr. Prestwich）在有關英法兩國始新世地層的優秀專著中，曾發現兩國連續地層之間有密切的總體平行現象。但是，當他把英國的某些地層和法國的某些地層進行對比時，看到兩地同屬的物種數目雖然一致，可是具體物種類型卻有不同。除非我們假設有一海峽把兩個海隔離開來，使兩個海中有不同的動物群同時生存著，否則，就英法兩國距離之近而言，實難解釋這種差異。萊爾對第三紀晚期地層，也做了類似的觀察。巴蘭得也指明，在波希米亞和斯堪的納維亞志留紀的連續地層之間，有明顯的總體平行現象，不過他也發現了兩地物種之間有巨大差異。假如這幾個地區的地層不是絕對同時沉積的——這個地區的地層正在形成，而那個地區卻處在空白的間斷——而且，如果兩地區物種也在地層沉積期間和長久的間斷期間緩慢地交替變化著。在這種情況下，兩地區的各個地層可按照生物類型總的演替狀態，大致排列出同樣的順序，這個順序表現出絕對平行的假象。儘管如此，兩地的各地層相應的層次明顯相同，但其中所包含的物種卻不一定是完全相同的。

滅絕物種之間的親緣關係及其與現存物種之間的親緣關係

現在我們就滅絕物種與現存物種之間的親緣關係進行探討。所有的物種都可歸納到幾個大綱裡，根據生物傳衍的原理，可以解釋這一事實。根據一般規律，越是古老的物種，和現存物種之間的差異也就越大。但是，正像巴克蘭（Buckland）在很久以前講的那樣，滅絕的物種不是歸到現在類群裡，就是歸到滅絕與現存之間的類群裡去。滅絕的生物類型，可以塡充現存的屬、科、目之間的空隙，這是確實的。然而這一說法常被人們忽略甚至否定，所以舉例說明一下這個問題是有好處的。假如我們只注意到同綱裡現存的和滅絕的物種時，所得到的各自生物系列的完整程度就不如將兩者結合在整個系統裡的好。在歐文教授的論文裡，我們經常看到，對滅絕的動物用概括型（generalized forms）一詞來稱呼；在阿加西斯的論文裡，則用預示型或綜合型（prophetic or synthetic types）等詞，實際上，這些用詞所指的都是中間類型或環節類型。還有一位傑出的古生物學家高德利（M. Gaudry）以最有說服力的方式指出他在阿提卡（Attica）發現的很多哺乳類動物化石是介於現存屬之間的類型。居維葉曾把反芻類（Ruminant）和厚皮類（Pachyderm）列爲哺乳動物中差異最大的兩個目。然而根據挖掘出的許多過渡類型化石，歐文不得不更改了原有的整個分類法，並將部分厚皮類歸併到反芻亞目中去。例如，他用中間遞變類型充塡取消了豬和駱駝之間很大的間隔。有蹄類（Ungulata，或是長蹄的四足獸），現在分爲偶蹄和奇蹄兩類，而南美洲的後弓獸在某種程度上把二大類連接起來了。三趾馬（Hipparion）是現代馬和古代有蹄類的中間類型，已經沒有人再否認了。哺乳動物中最奇特的環節類型，是熱爾韋茲教授（Prof. Gervals）命名的南美洲印齒獸（Typotherium），牠不能歸納在任何一個現存的目中去。海牛類（Sirenia）是哺乳動物中很特殊的一群，現存的儒艮（dugong）和泣海牛（lamentin）最顯著的特徵是根本沒有後肢。但是據弗勞爾（Flower）教授說，滅絕的哈海牛（Halitherium）卻有骨質成分的大腿骨和「骨盆內很明顯的杯形窩絞合成的關節」。這樣，牠就和有蹄的四足獸比較近似。而就身體的其他構造方面來說，海牛類原來就與有蹄類近似。還有，鯨魚類和其他所有的哺乳動物有很大差別。但是第三紀的械齒鯨（Zeuglodon）和鮫齒鯨（Squalodon）被幾個博物學家列爲單獨一目，而且赫胥黎教授認爲牠們肯定是鯨類，「而且和海相食肉類形成相接的過渡環節類型」。

赫胥黎還曾指出，鳥類和爬行類之間的巨大間隔，也以出人意料的方式部分地連接起來了——一邊是鴕鳥和已滅絕的始祖鳥，另一邊是恐龍類中的秀顎龍（Compsognathus）——恐龍類包括了陸地上最大的爬行類。對於無脊椎動物而言，最有權威的巴蘭德說，他每天都受到啟發，雖然古生代動物的類別確實可以歸入到現存的類群中去，但在這麼老的時代裡，各類群之間的差別並不像現在那麼明顯。

某些學者反對把已經滅絕的物種或物種群，當作現在某兩個物種或物種群的中間類型。如果「中間類型」一詞的涵義，是指一個滅絕類型在所有性狀上都在兩個現存的物種或物種群之間的話，這種反對可能是有道理的。然而在實際分類系統中，有許多化石物種的確是介於現存物種之間的，還有某些滅絕的屬介於現存的屬之間，甚至還有的介於不同科的屬之間。最常見的情況——在差異很大的物種群中發生的情況，例如魚類和爬行類之間，若假定這兩個物種群現在在二十個特徵上有區別，而在古代牠們之間有區別的特徵就要少些，所以這兩個物種群之間的關係，古代的要比現代的更近些。

人們普遍相信，生物類型越是古老，它的某些特徵把兩個現存的、差異很大的物種群連接起來的可能性就越大。毫無疑問，這個規律只限於那些在地質時代中變化很大的物種群；然而要想證實這規律的正確性卻是很難的，因爲即使是現存的動物，例如美洲肺魚，也會不時地發現牠與幾個差異較大的物種有親緣關係。可是，假如我們把古代的爬行類、兩棲類、魚類、頭足類以及始新世的哺乳類，分別和各綱的現代種屬進行比較時，我們就會確信這規律是正確的。

現在我們來看一下上述的事實和推論，與生物的遺傳演化理論有多少一致的地方。由於這個問題較棘手，我們必須請讀者參閱第四章裡的圖（第一一九頁）。我們假定標有數位的斜體字母表示屬，從表示屬的字母畫出來的虛線表示屬裡的各個物種。當然這個圖形過於簡化了些，所畫出的屬和種的數目也太少，不過這對我們是無所謂的。如果圖中的橫線代表連續的地層，凡是最高橫線下面的所有類型都是已滅絕的物種。三個現存的屬，a^{14}、q^{14}、p^{14}組成一個小科；b^{14}、f^{14}是一個近緣的科或亞科；而o^{14}、e^{14}和m^{14}則組成第三個科。這三個科和許多已經滅絕的屬，都是畫在從共同的祖種(A)所分出的幾條線上的，可以組成一個目，因爲它們都從共同祖先那裡繼承了某些共同特徵。按照前面此圖所表示過的遺傳的性狀不斷產生分歧的原理，不論什麼類型的生物，越是近代的類型和它古代原始祖先之間的差異也就越大。所以，我們可以明白這條「最古老的類型和現存類型之間差異最大」的規律。但是我們不能因此而設想性狀趨異是必然發生的，這完全取決於某個物種的後代是否能在自然組合中獲得更多的不同的位置。因而，某個物種隨著生活環境的輕微改變而略有改變，並在極長的時期內保持著它原有的一般特徵，是很可能的，好像我們在志留紀所看到的某些類型一樣。圖內的f^{14}就是這樣情況的代表。

正如上面所說，所有從(A)衍傳下來的多個物種，不論是已經滅絕的還是現存的，共同組成了一個目；這個目又因有不斷滅絕的物種和遺傳性狀趨異而形成若干科和亞科；在這些科或亞科中，可以假定有些已經陸續滅絕了，有些則一直存留到現在。

再觀察一下第四章的圖，我們就會看到：如果埋藏在一套地層裡的多個已滅絕的類型，是在這套地層下部的幾個點上發現的，那麼這地層最上面的三個現存科之間的差異就會少些。例如，如果a^1、a^5、a^{10}、f^8、m^3、m^6、m^9等屬已經被挖掘出來了，那麼現存的三大科就可以密切地連結起來了，甚至可以合併成一個大科，就和反芻類和某些厚皮類的情況類似。但是有人否認滅絕屬的中間性質，反對用滅絕屬把三大現存科連接起來，這種意見有部分道理，因爲這些滅絕屬並不是直接的中間類型，而是透過許多差異很大的類型迂迴連接起來的。如果許多滅絕的類型在該圖的一條橫線上（即某個地層上）發現，例如在第六條橫線上面，而這條橫線之下（或這個地層之下）什麼類型也沒發現，這樣的話，就只有左邊a^{14}等屬和b^{14}等屬的兩個科可以合併爲一大科，原來的三個科就成了二個科，這兩科之間的差異就比原來沒有發現化石時要少些。還有，如果在最上面那條線上，由八個屬（a^{14}到m^{14}）形成了三個現存科，它們之間假定有六個主要特徵可相互區別，那麼在第六橫線所代表的地質時期，它們相互區別的特徵數目要少於六，因爲它們在進化的早期，從共同的祖先分出之後，分歧的程度要小些。因此，古老的和滅絕的屬或多或少地在性狀上介於它們已經變異的後代或旁系親族之間。

在自然界，物種群演化的過程比圖上所表示的要複雜得多，因爲實際物種群的數目要比圖上多得多，而且它們持續的時間極不相等，變異的程度也極不相同。由於我們得到的地質紀錄只有最後一卷，而且是極不完整的，因而除了極個別的情況，我們不能指望把自然界中的廣大間隔都充塡起來，使不同的科或目彼此相連。我們能指望的只是那些在已知地質時代中發生過很大變化的物種群，它們在較老的地層中相互間的差異略小些。所以，在同一物種群的各個類型中，較老類型之間的性狀差異要比現存類型的少。對此種情況，我們最優秀的古生物學家一致證明是經常發生的。

這樣，根據生物遺傳演化的學說，有關滅絕類型之間，滅絕類型與現存類型之間的親緣關係的重要事實，都得到了圓滿的解釋，而其他學說則是根本無法解釋的。

顯然，按照同一學說，在地球歷史上任何一個長的地質時期內生存的動物，在一般特徵上將是該時期以前和以後動物群的中間類型。因此，在第四章的圖中，在第六時期（第六橫線）生存的物種，是第五時期物種已變異的後代，又是第七時期變異更多的物種的祖先，所以它們的性狀特徵無疑是介入前後兩者之間的。然而，我們也必須承認有這樣一些情況發生：某些早先的類型已經完全滅絕了；在任何地區都難免有別處遷來的新類型；在連續地層之間的長期間斷中，物種可以發生大量的變異。以上述各種情況爲先決條件，每個地質時期動物群的性狀特徵肯定是介於前後時期動物群之間的。我只要舉出一個例子就可說明，即：當初發現泥盆系地層時，古生物學家們立刻辨認出這個系的化石性狀特徵是介於上覆的石炭系化石和下伏志留系化石之間的。不過，每一時期的動物群並不一定呈現出絕對的中間性，因爲在連續的地層中有不相等的間斷時間。

就整體來說，每個時代的動物群在性狀上介於前後時期的動物群之間，是無可辯駁的事實，儘管有些屬會出現例外的情況。例如，福爾克納博士曾把乳齒象和普通象類按兩種方法進行排列：第一種排列是根據牠們相互間的親緣關係，第二種排列是根據牠們生存的時代，結果二者並不吻合。具有極端性狀的物種，不一定就是最老的或最近的物種；具有中間性狀的，也不一定是中間時期的物種。但是，在某種相同情況下，假如物種最初出現和最後滅絕的紀錄是完全的（實際不會出現這種情況），我們也沒有理由相信，先後相繼產生的各種類型會有相等的延續時間。一個非常古老的類型有時可能比別的地方後起類型延續的時間更長些，特別是在隔離地區生活的陸相生物。我們可舉出一個小例子來說明這個大道理：假如把家鴿現存的和滅絕的主要品種按親緣關係排成譜系時，這種排列的順序可能和各個品種出現的順序並不吻合，和牠們的滅絕順序就更不吻合了，因爲祖種岩鴿至今仍存在，而許多岩鴿和信鴿之間的變種卻已滅絕了。鴿喙的長短是鴿子重要的性狀特徵，喙最長的極端類型信鴿要比喙最短的極端類型短嘴翻飛鴿出現的時間更早。

還有一種意見，是所有古生物學家都承認的，並與中間地層裡的生物遺骸具有若干中間性狀的觀點有密切關係的，那就是兩個連續地層裡的化石間的關係，要比相距甚遠的兩個地層裡的化石間的關係密切得多。皮克特舉了一個眾人皆知的例子，即白堊紀各個時期地層裡的生物遺骸，雖然物種不同，但大致類似。僅僅是這一事實，由於它的普遍性，似乎使皮克特教授動搖了物種不變的信念。凡是熟悉地球上現存物種分布的人，對於緊密相連的地層中不同物種非常相似的情況，絕不會用古代各地區自然地理條件相似的理由去解釋。我們要記住，生物（至少是海相生物）幾乎同時在全球發生變化，所以這些變化是在極不相同的氣候等條件下發生的。細想一下，整個冰期都處於更新世時期，氣候變化非常大，可是觀察到更新世的海相生物，所受到的影響卻是微乎其微。

緊密相連地層中的化石遺骸，雖然被列爲不同物種，但彼此間也呈現出密切的相似性。按照遺傳演化的學說，其意義是顯而易見的。因爲各個地層的堆積常有中斷。連續地層之間也存在著長期空白間斷。正如我在前章所敘述的那樣，我們不能指望在任何一兩個地層中，找到最初和最後出現物種之間的一切中間變種；不過我們可在間斷時間之後（用年爲單位計算時間是很長的，但用地質時期計算並不太長），應該能找到非常近似的類型，或是被某些學者稱爲代表種的類型，這是我們一定會找到的。簡而言之，正像我們所期望的那樣，我們已經找到了物種緩慢的、難以覺察的變異證據。

古代生物的進化狀況與現代生物的比較

在第四章裡，我們已經知道生物成熟之後各器官的分化和專門化的程度，是衡量生物進化高低與完善程度的最好標準。我們還知道，器官的專門化對每一生物都有益處，因此自然選擇就使得每一生物的構造越來越趨向專門化與完善。就這個意義上說，它們更趨向高等化了。雖然自然選擇也使許多生物保持了它們簡單而未改良的器官，以適應簡單的生活方式，甚至在某些情況下，器官會退化或簡單化。然而這種退化生物也能夠適應於它們的新生活。另外更普遍的現象是新物種比它們的祖先更優良，因爲在生存競爭中，新物種必須戰勝一切與之關係密切的老物種。因此我們可以得出結論，假如氣候條件相似的話，始新世的生物與現存生物進行競爭，前者肯定會被後者打敗或滅絕，正如中生代的生物要被始新世的生物打敗或滅絕，古生代的生物要被中生代的生物打敗或滅絕一樣。這樣，根據生存競爭中成敗的基本測驗和根據器官專門化的標準，我們就可以從自然選擇學說推論出近代類型的生物應當比古老類型的生物更加高等。事實眞是這樣嗎？大多數古生物學家都會做出肯定的答覆，儘管難以進行驗證，我們也必須承認這一回答是正確的。

自很古的地質時期以來，某些腕足類只發生了微小改變；某些陸棲和淡水貝類從我們知道牠們最初出現之後，幾乎保持原狀，然而這種情況和上面的結論並沒有眞正的衝突。正如卡彭特博士（Dr. Carpenter）的觀點，從勞倫紀（前寒武紀的某一段時期——譯者注）以來有孔蟲類（Foraminifera）的構造就沒有進化過。對這個問題不難解釋，因爲這些生物必須一直保持牠們適應簡單生活方式的構造。爲了這個目的，還有什麼比那些低等構造的原生動物更加適合呢？如果把構造的進化作爲一種必要條件，那麼上面的事實對我的學說將是致命的一擊。再例如：如果可以證明上述的有孔蟲類是勞倫紀開始的，或者上述的腕足類是在寒武紀開始的，那麼這些異議也同樣會給我的學說以致命打擊，因爲在這種情況下，這些生物尚無足夠的時間進化到當時的標準。根據自然選擇學說，凡是進化到某個特定的標準，便無需再進化了，雖然在其後各個連續時代裡它們可略有變異，以適應稍微變化的環境條件、保住它們的地位。上面所說的幾個事實的關鍵在於另外一個問題，就是：我們是否眞的知道這世界的年齡？各種生物究竟是什麼時候開始出現的？這些問題可能會引起很大的爭論。

從整體來看，生物的構造是否進化，這在許多方面都是一個異常複雜的問題。任何時代的地質紀錄都不完全，這樣也就無法追溯到遠古，於是也就難以準確無誤地證實生物的構造在已知的地球歷史中確實發生了很大的進化。即便現在，博物學家們對於同綱的各個類型，到底應該把誰列爲最高等，也存在著很大的爭議。例如，有人根據板鰓類（Selaceans）即鯊魚類有某些重要構造和爬行類一致，就把牠們看作是最高等的魚類；另外的一些人則把硬骨魚列爲最高等的魚。硬鱗魚的地位介於鯊魚和硬骨魚之間。目前，硬骨魚的數目是最多的，但以前卻只存在鯊魚和硬鱗魚兩類。在這種情況下，由於所選擇的標準不同而產生了不同的結論，或是認爲魚類的構造進化了，或是認爲退化了。要想對不同大類之間的成員進行等級高低的比較，幾乎是不可能的，誰能夠決定烏賊是否比蜜蜂高等呢？——偉大的學者馮．貝爾認爲，蜜蜂這種昆蟲「雖屬另一種類型，實際上要比魚的構造更高等」。可以相信，在複雜的生存競爭中，在本綱地位並不太高的甲殼類，一定會打敗軟體動物中最高等的頭足類；儘管這種甲殼動物沒有高度進化，但是如果用所有檢驗中最有權威性的優勝劣汰法則來衡量，甲殼類在無脊椎動物中占有很高的地位。當要判斷哪些類型的構造最爲進化時，我們不應該只把兩個時代某個綱中最高等級的成員進行比較（雖然這肯定是判斷高低的一個要素，也許是最重要的因素），我們應該把兩個時期內的一切成員，不管是高等還是低等，一起加以比較。在古代，軟體動物中最高等的頭足類和最低等的腕足類都很繁盛（現代生物學認爲腕足類應單獨列爲一個門，不包括在軟體動物門中——譯者注），而現在這兩類都大爲減少，其他具有中間構造的種類卻大大增加；因此，有的博物學家認爲從前的軟體動物比現在的進化。另一方面也有人舉出有說服力的例子，證實腕足類的數目已大爲減少，現存的頭足類數目雖然不多但結構卻比古代的頭足類進化多了。我們還應該比較兩個時期高等和低等動物在全世界所占的比例。例如，現在有五萬種脊椎動物生存著，假如已知過去某個時期只存在一萬種，那麼我們就應該把高等動物的增加（這意味著低等動物的減少）作爲世界上生物構造決定性的進化標誌。因而我們會明白，在這種極端複雜的關係下，要想對各時期一知半解的動物群，完全正確地比較牠們構造上的高低，是多麼難啊！

如果再看一下現存的動物群和植物群，我們就能對上述的困難有更明確的認識。近年來，歐洲的生物在傳入紐西蘭之後，傳衍極快並占據了許多土著生物所在的地方，由此我們肯定會相信，要是把英國所有的動植物都遷移到紐西蘭任其自由生存，其中必有許多生物隨著時間的推移而在紐西蘭完全適應，並使許多土著類型滅絕。另一方面，由於尚無一種南半球的生物曾在歐洲任一地區成爲野生種的事實，我們很可懷疑，如果把紐西蘭的所有生物遷移到英國去，它們是否也會有許多生物能夠奪取英國生物占據的地方呢？從這點來看，英國生物的等級遠比紐西蘭的生物高。然而，即便是最有經驗的博物學家，在研究兩個地區的物種時，也不會預料到這種結果的。

阿加西斯和其他幾個有才能的學者曾斷言，古代生物的胚胎與現代同綱動物的胚胎存在某種程度的相似性；而滅絕物種在地質上的傳衍情況與現存物種胚胎發育情況近似平行。這個觀點，和我們的學說完全吻合。在下一章裡，我們將說明生物的成體與胚胎有差異，是因爲變異不在胚胎發育的早期發生，而是在相應的年齡階段，遺傳因素才顯現出來之故。這個過程使胚胎幾乎保持不變，而使生物成體在傳衍的世代中不斷地逐漸增大差異。因此，胚胎好像是自然界保存下來的一幅圖畫，描繪出物種在以前變異較少時的狀況。這種觀點可能是正確的，但永遠無法證實它。例如，看看那些已知是最古老的、確實是屬於哺乳類、爬行類和魚類等綱的化石，雖然它們之間的差異比現存同類典型代表的差異要小些，但要想找到具有脊椎動物共同胚胎特徵的動物，恐怕難以奏效，除非等到在寒武紀地層的最底部找到富含化石的地層才行，但是發現這種化石層的機會是很小的。

晚第三紀同一地區同一類型生物的演替

克利夫特先生（Mr. Clift）在多年前就說過，在澳洲山洞裡找到的哺乳動物化石和該洲現存的有袋類非常相似。在南美洲，顯然也存在相同的情況，在拉普拉塔河谷幾處地方找到的巨大獸甲，和犰狳類（Armadillo）的甲片相似，這一點甚至連從未受過訓練的人也會看得出來。歐文教授曾生動地指出：拉普拉塔地區所埋藏的無數哺乳動物的化石，大都屬於南美洲類型。倫德（MM.

Lund）和克勞森（Clausen）在巴西山洞裡採集到大量骨骼化石標本，從中可以更清楚地看到這種相似關係。這些事實，都給了我深刻的印象，在一八三九年和一八四五年，我都明確提出「類型演替規律」，即「同一大陸上滅絕的物種和現存物種之間存在著奇妙的相似關係」。後來歐文教授把這規律推廣應用到歐洲的哺乳動物中，並且利用這個規律復原了紐西蘭已滅絕了的巨鳥。巴西山洞裡的鳥類化石，也有同樣的情況。伍德沃德先生也表明，這個規律同樣適合於海相貝類，只不過大多數軟體動物分布廣泛，致使這個規律不太明顯罷了。還可以列舉其他的例子，比如馬德拉地區陸相貝類的滅絕種和現存種之間的關係，鹹海裡海鹹水貝類的滅絕種與現存種之間的關係。

同一地區同一類型生物的繼承發展這一引人注目的規律，究竟意味著什麼呢？如果有人把處於同一緯度的澳洲和南美洲部分地區的氣候進行比較後，就打算用自然地理條件不同來解釋兩大洲生物的差異；或者反過來，又用相同的自然地理條件來解釋第三紀末期，各個大陸上同一類型生物的一致性，這就未免太冒失了。當然也不能設想有袋類僅產於或主要產於澳洲，貧齒類和其他美洲型動物唯獨南美洲才有，是一成不變的法則。因爲我們知道，許多有袋類在古代歐洲存在過，我在上面的文章中也曾指出，美洲的哺乳動物，從前和現在的分布情況是不相同的。以前北美洲的生物群，具有現代南美洲的特徵；以前南、北美洲生物群的關係，要比現在的更爲密切。按照福爾克納（H. Falconer）和考特雷（Cautley）的發現，我們還可以知道，印度北部和非洲所產的哺乳動物，從前比現在的關係更爲密切。在海相動物分布方面，也有一些類似的事例。

按照遺傳演化的學說，我們立刻就能解釋同一地區同類型生物持久地（而不是永久不變地）

繼承演化這一重要規律。因爲世界各地的生物，在其後連續的時間裡，都有把與它們近似但又略有變異的後代留下來的明顯傾向。如果從前兩個大陸上的生物差異本來就很大，那麼它們變異了的後代將會以同樣的方式和同樣程度發生更大的變異。然而經過很長時間後，尤其是經過巨大的地理變遷，並發生大量的生物相互遷移之後，那些弱小的類型便會讓位於入侵的優勢類型，因此生物的分布便不是一成不變的了。

有人開玩笑地問，我們是否可以假設以前在南美洲生存的大地懶及其他相似的巨大怪物，曾經遺留下牠們退化了的後代，像樹懶、犰狳、食蟻獸等等。這是絕對不能認同的。因爲這些巨大動物沒有留下後代就已全部滅絕了。不過在巴西的山洞裡，發現另外許多滅絕的物種，在個體大小和其他所有特徵上，與南美洲現存的物種非常相似，其中可能有些物種就是現存物種的眞正祖先。請不要忘記我們學說的觀點，同屬的一切物種，都是某一個祖種的後代。所以，如果在某個地層裡有六個屬，每個屬又有八個種，而在該地層之後的連續地層內，又發現六個相似的代表屬，每屬也同樣有八個種。這樣，我們就可以推斷：一般情況下，一個老屬裡只能有一個物種留下變異了的後代，形成含有幾個新種的新屬，其餘各個老屬裡的七個物種則全部滅絕而沒有留下任何後代。實際上，而更爲普遍的情況則是：六個老屬裡可以有二個或三個屬、每屬又可以有二個或三個物種會成爲新屬的祖先，其餘的老屬和物種會全部滅絕。那些不繁盛的目，如南美洲的貧齒類，其屬和物種的數目會逐漸減少，只有極個別的屬或物種能夠留下變異了的嫡系後代。

上一章與本章摘要

我已試圖說明，地質紀錄是極不完整的，地球上只有極少地方做過詳細的地質調查。只有幾個綱的生物，以化石的形式大量保存下來。現在我們博物館裡收藏的標本和物種的數目，即便只和一個地層形成所經歷的世代生物數量相比，也少得幾乎為零。在多數連續地層之間肯定存在著長期的間斷，因為只有在海底下沉時期，才會形成富含多種化石物種的、達到相當厚度的、足以能經受住未來侵蝕作用的沉積地層。在海底下沉時期可能滅絕的物種較多；在海底上升期間，物種變異較多，但地質紀錄保存得更加不完整。每個單一的地層都不是持續不斷沉積的；各個地層持續的時間可能要比物種的平均壽命短些。在任何地區或任何一個地層中，新類型的最早出現往往和生物的遷徙有重要關係。分布最廣的物種是變異最頻繁、經常產生新種的那些物種。變種最初是地方性的。最後一個要點是：每一物種的形成必須經過無數中間過渡階段。這些演變的過渡時期，如果用年代來計算是很長久的，但若與物種保持不變狀態的時間相比，則又是很短的。如果把上述種種因素綜合起來，我們就可以很好地說明，為什麼沒有找到無數的中間變種（雖然已找到許多環節類型），使所有滅絕的和現存的物種之間用差異細微的遞變類型連接起來。我們還應牢記的是，人們可能會發現兩個類型之間的任何環節類型，但若未發現整個演化鏈條，這個中間環節類型就會被當作新的物種看待，因為我們尚無任何正確的標準用來區別物種與變種。

凡是不同意「地質紀錄不完整」的觀點的人，當然也不會同意我的全部學說。因爲他會徒勞地詢問，那些曾在同一套地層的各連續層位裡，發現的近緣的或代表物種組成的無數中間過渡類型究竟在哪裡？他不會相信在連續的地層之間曾有極長的間斷時期。當他研究任何一個大的地層時（例如歐洲的地層），忽視了生物遷徙發揮著多麼重要的作用。他也會強調成群生物是明顯地突然（這往往是假象）出現的。他還會詢問：在寒武紀沉積之前，曾生存過的無數生物的遺骸又在哪裡？現在我們已經知道，在當時至少有一種動物存在過。不過，對最後一個問題，我只能根據以下的假設來回答，即現在是海洋的地區，很久以前就存在海洋了；現在能夠上升、下降的大陸地區，自寒武紀開始以來就已經存在了。而在寒武紀之前的元古界，世界的景觀和現在完全不同。至於更爲古老的大陸，組成它的地層或者已成爲變質岩遺留下來，或者仍埋沒在海洋底下。

如果克服了這些困難，其他古生物學上的主要事實，都和經過變異和自然選擇的遺傳演化學說十分吻合。因此我們可以明白，新物種爲什麼會緩慢而不斷地產生，爲什麼不同綱的物種不一定同時、同速度、同等程度地發生著變異。然而在很長時期內，所有的物種終究都產生了某種程度的變異。老類型的滅絕幾乎是新類型產生的必然結果。我們也可以明白，爲什麼物種一旦滅絕之後，就再也無法重現。物種群的數目是緩慢增加的，它們延續的時間也不相等，因爲變異的過程肯定是緩慢的，並受到很多複雜偶然事件的影響。凡是屬於優勢的大物種群裡的優勢物種，傾向於傳衍許多變異後代以組成新的亞群和新物種群。當這種新物種群形成之後，處於劣勢群裡的物種，由於從一個共同的祖先那裡遺傳了劣性，將會全部滅絕，世界上不會留下它們變異的後代。然而成群物種的完全滅絕，是個非常緩慢的過程，因爲常有少數後代居留在被保護和隔離的地方殘存下來。如果一個物種群一旦完全滅絕，就不再重現，因爲世代傳衍的鎖鏈已經斷掉了。

我們能夠明白，爲什麼分布廣而變種多的優勢類型，有以它們相似而變異的後代布滿全世界的傾向，因爲這種後代在生存競爭時，通常能打敗劣勢物種群並取而代之。所以經過很長時間後，世界上的生物就好像同時發生了變化似的。

我們也明白，爲什麼古代的和現在的一切生物總共只歸納爲很少的幾個大綱。我們還明白，由於不斷發生性狀趨異，爲什麼越是古老的類型，與現存類型之間的差異就越大；爲什麼常有古老滅絕的類型能把現存類型之間的形態學差異充填起來，使兩個物種群的關係更爲接近，甚至還可使原先認爲不同的兩個物種群合併爲一。類型越是古老，它們在現存不同物種群之間，處於中間地位的程度就越高，因爲類型越古老，就和現在差異極大的物種群的共同祖先的親緣關係越接近、性狀也就越相似。很少有已滅絕的類型直接處於現存類型之間的，而是間接地透過其他滅絕類型迂迴地介於現存類型之間。我們可以清楚地知道，爲什麼密切相連的地層中生物遺骸非常相似，是因爲世世代代的遺傳演化把它們緊緊地連結起來了。我們還能更清楚地知道，爲什麼中間地層裡的生物遺骸具有中間性狀。

在地球的歷史上，各個連續時期的生物，在生存競爭中打敗了它們的祖先，因此後代一般比祖先更高等，構造上也變得更加專門化，這就可以解釋許多古生物學家都相信生物的構造整體上是進化的原因。滅絕的古代動物在某種程度上和近代同綱動物的胚胎相似，這種奇怪的事實，按照我們的學說，可以得到很簡單明瞭的解釋。在較晚的地質時代中，同一地區、同一類型生物構造的遺傳演化已不再神祕，按照繼承原理是很容易理解的。

如果許多人相信地質紀錄不完整，或者至少可以確認這紀錄無法更加完整的話，對於自然選擇理論的主要異議就可以大爲減少，甚至消失。另一方面，我認爲一切古生物學的主要規律都清楚地指出，物種是經過普通的生殖方式產生出來的。老類型被改良過的新類型所取代，因爲改良過的新類型是變異的產物，是最適合生存的。

第十二章　生物的地理分布

當談到地球表面生物的分布時，第一件使我們驚奇的大事，就是各地生物的相似與否無法從氣候和其他自然地理條件上得到圓滿的解答。近年來幾乎所有研究這個問題的學者都得出這樣的結論。僅僅以美洲情況而言，幾乎就能證明這結論的正確性，因爲除了北極和北溫帶以外，所有的學者都認爲，美洲和歐洲之間的區別，是地理分布上最主要的區別之一。然而，如果我們在美洲廣闊的大陸上旅行，從美國的中部到它的最南端，我們會遇到各種各樣的自然地理條件：有溼地、乾燥的沙漠、高山、草原、森林、沼澤、湖泊和大河，差不多各種氣候條件應有盡有。凡是歐洲有的氣候和自然地理條件，在美洲幾乎都有同樣的情況存在，至少有適合同一物種生存需要的非常相似的條件。無疑，在歐洲可以找出幾個小地方，它們的氣候比美洲任何地方都熱，但是在這裡生存的動物群和周圍地區的動物群並沒有什麼兩樣，因爲一群動物只生存在某個稍微特殊的小塊地區裡的情況，是很罕見的。雖然歐洲和美洲兩地的自然條件總體上相似，但兩地的生物，卻很不相同。

在南半球，如果我們把處在緯度二十五度至三十五度之間的澳洲、南非洲和南美洲西部廣闊的大陸進行比較，我們會看到某些地方在所有自然條件上都十分相似，可是它們動植物群之間的差異程度，大概再也沒有別處能和這三大洲相比了。或者，我們再把南美洲南緯三十五度以南的生物和南緯二十五度以北的生物進行比較，兩地之間有十度的距離，自然條件也很不相同，然而兩地的生物都比氣候相似的澳洲或非洲的生物關係要近得多。我們還可舉出一些海相生物類似的事例來。

通常我們回顧生物的地理分布時，使我們驚異的第二件大事就是障礙物。無論是哪一種障礙物，只要能夠妨礙生物自由遷徙的，對於各個地區生物的差異都有著密切的關係。我們可以從歐洲和美洲幾乎所有的陸相生物的懸殊性狀中看出這一點。不過在兩大洲的北部卻是例外，那裡的陸地幾乎是相連的，氣候僅略有差別，北溫帶的生物可以自由地遷徙，就像現在北極的生物一樣。從處於同一緯度下的澳洲、非洲和南美洲生物之間具有極大的差異中，我們可以看到同樣的事實，因爲這三個地區之間的隔離程度是世界之最。在每一個大陸上，我們也看到了同樣的情況：在巍峨連綿的山脈、大沙漠、甚至是大河兩邊，我們可找到不同的生物。顯然，山脈、沙漠等障礙不像海洋隔離大陸那樣難以跨越，也不如海洋存在了那麼長的時間。所以，同一大陸上生物間的差異，遠比不同大陸生物間的差異要小。

再看看海洋的情況：也有同樣的規律。南美洲東西兩岸的海相生物，除了極少數貝類、甲殼類和棘皮動物是兩岸共有之外，其餘生物皆不相同。但是岡瑟博士最近指出，在巴拿馬地峽兩邊的魚類，約有百分之三十是相同的，這個事實使許多博物學家相信這個地峽以前曾是連通的海洋。美洲海岸的西邊是一望無際的太平洋，沒有一個島嶼可供遷徙的生物歇腳，這是另一種障礙物，一旦越過大洋，我們就會遇到太平洋東部各島上截然不同的動物群。所以，共有三種不同的海相動物群系（一種南美洲東岸大西洋動物群，一種南美洲西岸太平洋動物群，一種是太平洋東部諸島動物群）從最南面到最北面形成氣候相似而彼此相距不遠的平行線。可是，由於不可逾越的障礙物（大陸或是大洋）的阻隔，這三種動物群系幾乎完全不同。與此相反，如果從太平洋熱帶部分的東部諸島向西行進，不僅沒有不可逾越的障礙物，還有無數的島嶼可供歇腳；或者有連綿不斷的海岸線，一直繞過半個地球直達非洲海岸；在這廣闊無垠的空間，沒有遇到截然不同的海相動物群。雖然在上面所說的美洲東、西兩岸及太平洋東部諸島這三個動物群系中，只有少數幾種共有的海相動物。然而從太平洋到印度洋，許多魚類卻是共有的，即使在幾乎相反的子午線上——太平洋東部諸島和非洲東部海岸，也存在著許多共有的貝類。

第三件大事，其中在上面已經敘述過，儘管物種類型因地而異，但同一大陸或同一海洋的生物都有親緣關係。這是一條最普遍的規律，每一個大陸都有無數實際的例子。例如，一位博物學家從北向南旅行時，不能不被近緣而又不同物種生物群的順次更替而驚奇。他會聽到類似而不同種的鳥發出幾乎一樣的鳴叫聲，會看到鳥巢的構造雖然近似但絕不雷同，鳥卵的顏色也有近似而不相同的情況。在麥哲倫海峽附近的平原上，生存著美洲鴕屬的一種鴕鳥，叫大美洲鴕，而北面的拉普拉塔平原上則有同屬的另一種鴕鳥。這兩種鴕鳥與同緯度的非洲、澳洲存在的眞正鴕鳥或鴯鶓都不一樣。在同一拉普拉塔平原上，我們看到習性與歐洲的野兔和家兔差不多、同是嚙齒目（order of Rodents）的刺鼠（agouti）和絨鼠（bizcacha），牠們的構造是典型的美洲類型。我們登上高高的科迪勒拉山，可以找到絨鼠的一個高山種。我們觀察流水，只能看到南美型的嚙齒目的河鼠（coypu）和水豚（capybara），而看不到海狸（beaver）或麝鼠（muskrat）。我們還可舉出無數個這樣的例子。如果我們考察一下遠離美洲海岸的島嶼，不論它們的地質構造有多大的差別，它們的生物類型是多麼獨特，但那裡的生物卻都屬於美洲型。我們可以回顧一下過去時代的情況，正如上一章所講的，那時在美洲大陸上和海洋裡占優勢的物種都是美洲型。我們看到的這種種事實，與時間和空間、同一地區的海洋和陸地深深地有機地聯繫起來，而與自然地理條件無關。這種有機聯繫到底是什麼？博物學家如果不是傻瓜，肯定是會追究的。

這種聯繫很簡單，那就是遺傳。正如我們確實知道的，僅僅是遺傳這一個因素，就足以形成彼此十分相似的生物，或者是彼此相似的變種。不同地區生物之間的差異，主要是由於變異和自然選擇作用引起的改變造成的，其次可能是自然地理條件的差異發揮著一定影響力。不同地區生物變異的程度，取決於過去相當長時期內，生物的優勢類型從一個地方遷徙到另一個地方時受到了多少有效障礙，取決於原先遷入者的數量和性質，還取決於生物之間鬥爭所引起的各種變異性質的不同保存情況。在生存競爭中，生物與生物之間的關係，是所有關係中最重要的，正如我們上面經常提到的那樣。由於障礙物妨礙生物進行遷移，於是它就發揮了特別重要的作用，就像時間對於生物經過自然選擇的緩慢變異過程而起的重要作用一樣。凡是分布廣的物種，個體數量也很多，已經在它們自己擴大的地盤上戰勝了許多競爭者。當它們擴張到新地區時，就有最好的機會去奪取新的地盤。它們在新地盤裡會處於新的自然條件下，常常發生進一步的變異改良。它們將再次獲得勝利，並繁衍出成群的變異了的後代。根據這種遺傳演化的原理，我們可以理解，爲什麼有些屬的部分物種，甚至整個屬、整個科都會只侷限在某一地區分布，而這也正是普遍存在的、眾所周知的情況。

上一章已經敘述過，我們沒有證據可以證明存在著某種生物演化必須遵循的定規。因爲每一個物種的變異都有其獨立性，只有在複雜的生存競爭中，當某種變異對每個個體都有益處時，才會被自然選擇所利用，所以每個物種產生變異的程度是不一致的。如果有一些物種，在它們老地盤上彼此競爭已久，然後全體遷徙到一個新的與外界隔絕的地方，那麼它們很少有變異的可能，因爲遷徙和隔絕本身對它們沒有任何效果。這些因素只有使生物之間建立起新的關係，而且生物與周圍新環境條件關係較小的時候，才會發揮作用。正如我們上章所講的，某些生物從遠古的地質時期以來就保持了幾乎相同的性狀特徵，所以也許有某些物種經過了極遠的遷徙後，性狀特徵沒有發生重大變化甚或一點變化也沒有。

依據這個觀點，同屬的物種，顯然最初必定起源於同一地點。儘管這些物種現在散居於世界各地，相距甚遠，但它們都是從一個共同祖先傳下來的。至於那些經歷了整個地質時期卻很少變化的物種，不難相信它們都是從同一地區遷徙來的。因爲自遠古以來所發生的地理和氣候的巨大變化，使任何大規模的遷徙都成爲可能。不過在許多其他情況下，我們有理由相信，同一屬的各個物種，是在較近的時期產生的，這樣，假如它們的分布相隔很遠，就難以解釋了。同樣明顯的是，同一物種的每一個體，雖然現在分布在相隔遙遠的地區，但它們必定來自其父母最初產生的地方，因爲前面已經說過，從不同物種的雙親產生出同種的個體是難以置信的。

物種單一起源中心論

現在我們探討一下博物學家們曾詳細討論過的一個問題，就是物種是在地球表面的某一個地方、還是在多個地方起源的。同一物種怎樣從某一地點遷徙到現在所在的那些遙遠而隔離的地方，的確是極難弄清楚的。但是最簡單的觀點，即每一物種最初是在一個地點產生的觀點，卻又最能令人信服。反對這種觀點的人，也就會反對生物常見的世代傳衍和其後遷徙的事實，而不得不借助某種神奇的作用來解釋。人們都承認，在大多數情況下，一個物種生存的地方總是相連的。如果有一種植物或動物，生存在彼此相距甚遠的兩個地區，或者生存的兩地區中間隔著難以逾越的障礙時，那就是不尋常的例外了。陸相哺乳動物無法跨過大海遷徙的情況也許比其他任何生物更爲明顯，因此到目前爲止，尙未發現有同種哺乳動物分布在世界相距遙遠的地方而使我們無法解釋的情況。英國和歐洲其他地區都有同樣的四足獸類，對此沒有一個地質學家覺得有什麼難解釋的，因爲英國和歐洲一度曾是連接在一起的。然而，如果同一物種能在兩個隔開的地方產生，那麼，爲什麼我們在歐洲、澳洲及南美洲的哺乳動物中，找不到一種是共有的呢？這三大洲的生活條件幾乎是相同的，所以有許多歐洲的動植物可以遷入美洲和澳洲馴化。而且，在南北兩半球相對遙遠的地方，即南北極附近，生長著某些完全相同的原始植物。我認爲這答案是，某些植物有很多傳播方式，可以越過廣大的中間隔離地帶遷徙，而哺乳動物則無法越過這些障礙而遷徙。各種障礙物的巨大而明顯的作用，只有當在障礙物的一邊產生很多物種而無法遷徙到另一邊的時候，才可清楚地了解。有少數的科，較多的亞科和屬，更多數量屬內的部分物種，都侷限在一個地區內生存。根據幾位博物學家的觀察，凡是最天然的屬，或是各物種彼此間關係最密切的屬，其分布大都侷限在同一個區域內，即使它們占有廣泛的分布區域，這些區域也必定是相連的。如果我們觀察在生物分類系統中再降低一級，也就是降低到同一物種內的個體分布時，如若它們最初不是侷限在某一個地方出現，而是受著什麼相反的分布法則的支配時，那可眞是極端反常的怪事了！

因此，我的觀點，和其他許多博物學家的觀點相同，都認為最可能的情況是，每一物種最初只在一個單獨的地方產生，然後再依靠它的遷徙和生存的能力，在過去和現在所許可的條件下，再從最初的地方向外遷徙。毫無疑問，在很多情況下，我們尚無法解釋一個物種是如何從一個地方遷徙到另一個地方的。但是，地理和氣象條件在最近的地質時期內肯定發生過變化，這就會把許多物種從前是連續的分布區域破壞成不連續的了。因此，這就迫使我們考慮，是否有很多這種例外的連續分布的情況，它們的性質是否很嚴重，以致於會使我們放棄「物種從一個地方最初產生，其後盡可能的向外遷移」這個合理的信念。要想把現在分布於相距遙遠而隔離的同一物種的所有例外情況都加以討論，實在是不勝其煩；況且有一些例子，我們也難以解釋。但是，在上面幾句序言之後，我將對幾個最顯著的實例加以討論。首先討論相隔遙遠的山頂上和在南北兩極區域裡生存著同一物種的問題。其次，討論淡水生物的廣泛分布（放在下章討論）。最後是關於同一個陸棲物種同時在大陸上和相距該大陸數百英里外的海島上都存在的問題。對於同一物種在地球表面相距遙遠而分離的地方生存的事例，如果能夠根據「物種由一個原產地向外遷徙」的觀點來解釋的話，那麼由於我們對過去的氣候和地理變遷及生物遷移的方式等等知之甚少而為難時，那麼相信「物種最初只有一個原產地」的規律，則是較為妥當。

在討論這個問題的時候，我們還要同時考慮另一個同樣重要的問題，這就是按照我們的學說，從一個共同祖先傳下來的同一屬裡的各個物種，是否都是從某一個地區向外遷移，並且在遷移的過程中同時又發生了變異呢？如果某一地區的大多數物種，和另一地區裡的物種雖然非常相似卻又不相同時，我們要是能夠證明在過去某一時期曾經發生過物種從一個地區遷移到另一地區的事情，那就會大大鞏固我們「單一地點起源論」的觀點，因爲按照遺傳演化的學說，這種情況可以得到明確的解釋。例如，在離大陸幾百英里之外的海上，隆起形成了一個火山島，經過相當長時間之後，可能有少數物種從大陸上遷移到島上生存。雖然它們的後代已經發生了變異，但是由於遺傳的原因，仍然和大陸上的物種有親緣關係。這種情況的例子是很多的，如果按照物種獨立創生的理論，則是解釋不通的，這個問題我們以後還會討論。這一地區的物種和另一地區物種有關係的觀點，和華萊士先生的觀點沒有什麼不同，他曾經斷言：「每個物種的產生都應該和過去存在的相似物種在時間上和空間上是吻合的。」現在當然很清楚了，華萊士先生認爲的吻合，是由於遺傳演化的原因造成的。

物種是在一個地方還是多個地方產生的問題，與另一個類似的問題是有區別的，這個問題就是：所有同種的個體，都是由一對配偶或是由一個雌雄同體的個體傳衍下來的呢？還是像某些學者想像的那樣，是從同時創生出來的許多個體傳衍下來的呢？對於那些從不交合的生物（如果這種生物存在的話），每一個物種一定是從連續變異的變種傳衍而來的。這些變種，彼此相互排斥，但絕不與同種的其他個體或變種個體相混合，因而在連續變異的每一個階段，所有同一類型的個體必然是從同一個親體傳下來的。但是在大多數情況下，必須由雌雄兩性交配或偶然進行雜交而產生新的後代，這樣在同一地區、同一物種的每一個體，會因相互交配而幾乎保持一致。許多個體會同時產生變異，而且每一時期變異的全量不只是來自單一的親體。可以舉例說明我的意思：英國的賽馬和其他任何品種的馬都不相同，但牠的這種不同和優良性狀並不只是來自一對父母親體的遺傳，而是由於世世代代對許多個體不斷地仔細選擇和加以訓練的緣故。

我在上面所提出的三個事實，可能是「物種單一起源中心論」最難解釋的問題，在討論它們之前，我一定要先敘述一下物種傳播的方式。

生物傳播的方式

萊爾爵士和其他學者就這個問題已進行了很精闢的論述，我在這裡只是簡要地舉出一些比較重要事實。氣候的變化，肯定對生物的遷移有重大的影響，某一個地方，就現在的氣候條件而言，使某些生物遷徙時不能透過，然而在氣候與今不同的從前某個時期，也許曾經是生物遷徙的大路。這一問題將在下面進行較仔細地討論。陸地水平面的升降變化，對生物遷徙必定也有重大影響，例如，現在有一個狹窄的地峽，把兩種海相動物群隔離開來，然而一旦這條地峽被海水淹沒過了，或者過去已經被海水淹沒了，那麼兩種海相動物群必然會混合在一起，或者說過去就已經混合過了。今日海洋所在之處，過去可能有陸地存在，使大陸和海島連接在一起，這樣，陸相生物就可以從一個地方遷徙到另一地方。在現代生物存在期間，陸地水平面曾發生過巨大的變遷，對此沒有一位地質學家有疑問。福布斯先生認爲，大西洋的一切海島，在近期內肯定曾和歐洲或非洲相連接。同樣歐洲也曾與美洲相連接。其他學者更是紛紛假定過去各個大洋之間都有陸路可通，而且幾乎各個海島也都和大陸相連。假定福布斯的論點是可信的話，那就必須承認，在近期內幾乎沒有一個海島不和大陸相連接。這種觀點可以很乾脆俐落地解釋了同一物種分散於極遙遠地方的問題，消除了許多難點。但是，就我所做出的最合理的判斷，無法承認在現代物種存在期間，會發生如此巨大的地理變遷。我的意見是，我們雖然有大量證據表明海陸的變化極大，但並沒有證據表明我們各個大陸的位置和範圍會有這麼巨大的變遷，以致於使大陸與大陸相連，大陸與海島相連。我可以直爽地承認，過去的確曾有許多供動植物遷徙時可以歇腳的島嶼現在已沉沒了。在有珊瑚形成的海洋裡，就有這種下沉的海島，上面可有環形的珊瑚礁作爲標誌。將來總會有那麼一天，「各物種是從單一源地產生的」規律會被人們完全承認，我們也會更確切地了解生物傳播的方式，那時我們就可以安然無慮地推測過去大陸的範圍了。然而我並不相信，將來會證明我們現在完全分離的多數大陸，在近代曾經相連接或是幾乎相連接，並且還和許多現存的海島相連接（板塊構造和大陸漂移理論已證實，這種情況的確存在著——譯者注）。有幾個生物分布方面的事實——例如，幾乎每個大陸兩側的海相動物群都存在著巨大的差異——有幾處陸地和海洋的第三紀生物與該處現代生物之間有密切的關係——海島上生存的哺乳動物與距離最近的大陸上的哺乳動物之間的相似程度，部分地取決於二者之間海洋的深度（以後還會論述）等等——這些和其他類似的事實都與福布斯及其追隨者的近代曾發生過巨大的海陸變遷的觀點正相反。海島上生物的特徵及相對比例也與海島以前曾與大陸相連接的觀點相矛盾。何況所有這些海島，幾乎全是由火山岩所組成，也無法支持它們是由大陸沉沒後殘留物組成的觀點。假如它們原來是大陸的山脈，那麼，至少應該有一些海島是由花崗岩、變質片岩，古代含化石的岩石或其他和大陸山脈相同的岩石所組成，而不僅僅是由火山物質堆積而成的。

現在，我們必須就「偶然」的涵義說幾句話，也許把它稱爲「偶然的傳播方法」更爲恰當些。在這裡我只談有關植物的事。在植物學的著作裡，經常提到不適宜於廣泛傳播的某種植物，但是完全不了解這些植物透過海洋傳播的難易情況。在貝克萊先生（Mr. Berkeley）幫助我做了幾個試驗以前，根本不知道植物種子對海水的侵蝕作用有多大的抵抗力。我驚奇地發現，在八十七種植物種子裡竟有六十四種在鹽水中浸泡二十八天之後仍能發芽，還有少數種子，在浸泡一百三十七天之後仍能存活。值得注意的是，有些目的種子，受到海水的侵蝕比別的目嚴重些，例如我曾對九種豆科植物的種子做過試驗，只有一種例外，其餘的都不能較好地抵抗鹽水侵蝕。與豆科近似的田基麻科（Hydrophyllaceae）和花荵科（Polemoniaceae）的七種植物種子，經過一個月鹽水的浸泡後全部死掉了。爲了方便起見，我主要用不帶莢和果實的小型種子做實驗，它們浸泡數天後就全都沉到水底，所以無論它們是否會受到海水的侵蝕損害，都不能漂浮越過廣闊的海洋。後來我又試著用一些較大的有果實和帶莢的種子實驗，其中有些竟然在水面上漂浮了很長時間。眾所周知，新鮮木材與乾燥木材的浮力有很大差別，我想起在發洪水的時候，常有帶著果實或莢種的乾燥植物或枝條被沖到大海裡去。受這種想法啟發，我把九十四種帶有成熟果實枝條的植物進行乾燥，然後放在海水裡去實驗。結果大部分枝條很快就沉到水底，但也有小部分，當果實是新鮮的時候，只能在水面上漂浮很短時間，而在乾燥後卻能漂浮很長時間。例如成熟的榛果入水就會下沉，但是乾燥後卻可以漂浮九十天，以後種在土裡還能夠發芽。帶有成熟漿果的天門冬（Asparagus）新鮮時能漂浮二十三天，乾燥後可漂浮八十五天後仍然能夠發芽。剛成熟的苦爹菜（Helosciadium）種子，浸泡兩天後便沉入水底，但乾燥後大約能漂浮九十天，而且以後還可發芽。總計這九十四種乾燥的植物中，有十八種可以在海面上漂浮二十八天，其中包括可以漂浮更長時間的幾種。在八十七種植物種子裡面，有六十四種在海水裡浸泡二十八天之後，還保存發芽繁殖的能力。在和上述實驗的物種不完全相同的另一實驗中，九十四種成熟果實的植物種子經乾燥後，有十八種可以在海水裡漂浮二十八天以上。因此，如果根據這些不多的實驗我們可以做出什麼推論的話，那就是：在任何地區的植物種子，可有百分之十四能在海水中漂浮二十八天後，仍然保持著發芽的能力。在約翰斯頓（Johnston）的《自然地理地圖集》裡，有幾處標著大西洋海流的平均速度，爲每晝夜三十三英里，有些海流的速度可高達每晝夜六十英里。以海流的平均速度計算，某個地區的植物種子入海後，可有百分之十四漂過九百二十四英里的海面到達另一地區。在擱淺之後，如果有向陸地吹的風，還可以把它們帶到適宜的地點，還會發芽成長。

在我們的實驗之後，馬滕斯（M. Martens）也做了相似的實驗，他改進了實驗的方法，把許多種子放到一個盒子裡，投到眞正的海洋裡，使盒子裡的種子有時浸到水裡，有時又暴露於空氣中，就像眞的漂浮中的植物一樣。他一共做了九十八類植物種子的實驗，大多數和我做實驗時用的植物種類不同，他選用的多爲大果實的和海邊植物的種子，這樣或許會延長它們漂浮的時間和增加對海水侵蝕的抵抗力。另一方面，他沒有預先晒乾這些植物或是帶有果實的枝條，正如我們已經知道的，乾燥可以使某些植物漂浮的時間更長些。馬滕斯實驗的結果是，在九十八類不同的植物種子裡，有十八種漂浮了四十二天後仍不失去發芽的能力。然而，我不懷疑，暴露在波浪中的植物所漂浮的時間，會比我們實驗中免受劇烈顛簸影響的種子漂浮的時間短。因此，我們可以更加謹慎地假設：一個地區的植物，可有百分之十類型的種子在乾燥時能漂浮過九百英里寬的海面後仍保持了發芽的能力。比較大型的果實，往往比小型果實漂浮的時間更久，這眞是有趣的事實。按德·康多爾的說法，具有大型果實的植物，分布的範圍通常會受到限制，因爲它們難以由其他任何方法來傳播。

有的時候，植物的種子還要靠別的方法傳播。漂流的木材經常被波浪沖到許多海島上，甚至會被沖到最廣闊的大洋中心的島嶼上去。太平洋珊瑚島上的土著居民，專門從這種漂流植物的根部蒐集所挾帶的石塊來做工具，這種石塊竟成爲貴重的皇家稅品。我發現有些不規則形狀的石塊卡在樹根中間時，石子和樹根之間的小縫隙裡經常挾帶著小塊泥土，充塡得非常嚴密，雖然經過海上長途漂流也不會沖掉一點兒。曾有一棵生長了五十年的橡樹，其根部有完全密封的小塊泥土，取出後有三棵雙子葉的植物種子發出芽來，我確信這個觀察是可靠的。我還可以說明，漂浮在海上的鳥類屍體，有些時候沒有立刻被別的動物吃掉，這死鳥的嗉囊裡可能有許多類型植物的種子，長期保持著發芽的活力。例如只要把豌豆和巢菜的種子在海水裡浸泡幾天就會死掉，但若把它們吞食到鴿子的嗉囊裡，再把死鴿放入人工海水中浸泡三十天後取出嗉囊裡的種子，使我感到驚奇的是這些種子幾乎全部都能夠發芽。

活著的鳥類是傳播種子最有成效的動物，我可以列舉出許多事實，證明有多種鳥類被大風吹帶著飛越遠洋。在這種情況下，我們可以謹慎地估計鳥的飛行速度經常是每小時三十五英里。還有的學者估計的數字比這高得多。我從來沒有看到過，營養豐富的種子能夠透過鳥的腸子而排出，但是那些果實內有硬殼的種子，甚至能夠透過火雞的消化器官而完好無損。在我的花園裡，兩個月內我曾從小鳥的糞便裡撿出十二類植物的種子，表面上看來都是完好的，我試著種植了一些，都還能發芽。下面的事實更重要：鳥的嗉囊不能分泌消化液，正像我試驗的那樣，絲毫不會使種子的發芽能力受到傷害。這樣，鳥類在找到並吞食了大量食物之後，我們可以肯定在幾個小時甚至十八個小時內，牠所吃的穀粒尚未全部進入嗉囊，而在這段時間內，這隻鳥兒可以很容易地順風飛行到五百英里以外的地方。我們知道老鷹是以尋找飛倦的鳥兒爲食的，於是這隻鳥兒被撕開的嗉囊裡所存的種子，被這樣輕易地散布出去。有的老鷹和貓頭鷹把捕獲的獵物整個吞下，經過十至二十個小時的間隔，吐出小團食物殘渣，根據動物園所做的實驗，我知道這小團殘渣內含有能發芽的種子。燕麥、小麥、粟、加那利草（canary）、大麻、三葉草及甜菜的種子，在不同食肉鳥的胃裡停留十二至二十一小時之後，都能夠發芽。甚至有兩粒甜菜的種子，在胃裡停留了二天又十四個小時之後還發芽生長。我發現，淡水魚類吞食多種陸生和水生植物的種子，魚又經常被鳥吃掉，因而植物的種子，就可以從一個地方傳播到另一個地方。我曾經把各種植物種子裝到死魚胃裡，再把魚拿給魚鷹、鸛（stork）和鵜鶘（pelican）等鳥吃，隔了好些小時之後，這些鳥類把種子作爲小團塊的殘渣從嘴裡吐出來或是跟著糞便排泄出來。這些被鳥排出的種子裡有一些還具有發芽的能力，但也有一些種子經過鳥類的消化過程而死亡了。

有時候，飛蝗會被風吹到離大陸很遠的地方。我曾親自在遠離非洲海岸三百七十英里之外的地方捉到一隻，還聽說有人在更遠的地方也捉住過飛蝗。羅夫牧師（Rev. R. T. Lowe）告訴萊爾爵士，在一八四四年十一月，馬德拉島上空飛來大群飛蝗，其數目之多，就像暴風雪的雪片一般，遮天蔽日，蝗群一直延伸到要用望遠鏡才能看到的高處。在兩三天時間裡，蝗群一圈又一圈地飛著，漸漸形成一個直徑至少有五六英里的巨大橢球形，在夜晚時降落，高大的樹木上全被牠們遮滿了。後來，牠們就像來的時候那樣，突然在海上消失了，以後也沒有再在島上出現過。現在，非洲南部納塔爾（Natal）地區的一些農民雖然證據不足，卻都相信，大群的飛蝗常常飛到那裡，牠們所排泄的糞便中有植物的種子，致使有害的植物傳播到他們的牧場上。威勒（Weale）先生相信這種情況是眞實的，曾在信封內附寄給我一小包蝗蟲的乾糞便，我在顯微鏡下撿出幾粒種子，播種後長出了七棵草，歸類於兩個物種兩個屬。因此，像突然飛襲馬德拉島的那種蝗蟲群，很可能是幾種植物傳播的方式，這樣，它們的種子可以輕易地被傳播到遠離大陸的海島上去。

雖然，鳥類的喙和爪常常是乾淨的，但有時也難免沾上泥土。有一次我從一隻鷓鴣的腳上取下六十一喱重的乾黏土；另一次，則取下二十二喱，並在泥土中找到一塊像巢菜種子一樣大小的碎石塊。還有更有意思的事情：一位朋友曾寄給我一條丘鷸（woodcock）的腿，脛部黏著一塊九喱重的乾土，裡面包著一粒小燈心草（Juncus bufonius）的種子，播種後發了芽，開了花。布萊頓（Brighton）地區的斯韋斯蘭德先生（Swaysland）四十年來一直專心觀察英國的候鳥，他對我說，他常常乘著鶺鴒（Motacillae）、穗鵖（Wheatear）和石鵖（Saxicolae）等鳥類初到英國海濱尚未著陸之前，就把牠們打下來，有多次他看到鳥的爪上黏有小塊泥土。有許多事實可以證明，這種含有種子的小泥塊是極其普通的現象。例如，牛頓教授（Prof. Newton）曾寄給我一條受傷無法飛翔的紅腿石雞（*Caccabis rufa*）的腿，上面黏著一團泥土，約有六．五盎司重，這塊泥土曾保存了三年，後來把它打碎，放在玻璃罩內加水，竟然從土裡長出八十二棵植物來，其中有：十二棵單子葉植物（包括普通的燕麥草和一種以上的茅草），其餘七十棵是雙子葉植物，從它們的嫩葉形狀來判斷，至少有三個不同的品種。許多鳥類，每年隨大風遠涉重洋，逐年遷徙，例如，飛越地中海的幾百萬隻鵪鶉（quail），牠們會把偶然黏在喙和爪上泥土中的幾粒種子傳播出去，面對著這些事實，我們還能有什麼疑慮嗎？就這個問題，我還要在後面討論。

正如我們所知道的，冰川（冰山）有時挾帶著泥土、石頭，甚至挾帶著樹枝，骸骨和陸棲鳥類的巢等等。毫無疑問，正如萊爾所說的那樣，在北極和南極地區，冰川偶爾也會把植物的種子從一個地方運到另一個地方。而在冰河時代，即便是現代的溫帶地區，也會有冰川把種子從一個地方運到另一個地方。亞速爾群島上的植物與歐洲大陸植物的共同性，要比其他大西洋上更靠近歐洲大陸的島嶼上植物與歐洲植物的共同性高。引用華生先生的話就是：按照緯度進行比較，亞速爾群島的植物，帶著較多的北方植物特徵。我猜想，亞速爾群島上部分植物的種子，是在冰河時期由冰川帶去的。我曾請萊爾爵士寫信給哈通先生（Mr. Hartung），詢問他在亞速爾群島上是否看到過漂石，他回答說，曾見到花崗岩和其他岩石的巨大碎塊，而這些岩石是該群島原來所沒有的。因此，我們即可穩妥地推測，以前的冰川把所負載的岩石帶到這個大洋中心的群島上時，至少也把少數北方植物的種子帶到這裡。

仔細考慮上述的各種傳播方式和有待發現的其他傳播方式，一年又一年地經過了多少萬年的不斷作用，我想假如許多植物的種子沒有用這些方式廣泛地傳播出去，那倒眞成了怪事！人們有時稱這些傳播方式是偶然的，實在不確切；洋流方向不是偶然的，定期信風的風向也不是偶然的。人們應該觀察到，任何一種傳播方式都難以把種子散布到極遠的地方去，因爲種子在海水的長期作用下，就會失去它們發芽的活力，種子也不能在鳥類嗉囊或腸道裡耽擱過久。但是，利用這些傳播方式，已足能使種子透過幾百英里寬的海洋，或者從一個海島傳播到另一個海島，或者從一個大陸傳播到附近的海島，只是不能從一個大陸傳播到距離極遠的另一個大陸罷了。距離極遠的大陸上的植物群，不會因爲這些傳播而相互混合，它們將和現在一樣，各自保持著獨自的狀態。從海流的方向可知，種子不會從北美洲帶到英國，但卻可以從西印度把種子帶到英國的西海岸，只是那種子即使沒有因長期被海水浸泡而死去，也不一定會忍耐住歐洲的氣候。幾乎每年都有一兩隻陸鳥，從北美洲乘風越過大西洋，來到愛爾蘭或英格蘭的西部海岸。但只有一個方法可以使這種稀有的漂泊者傳播種子，即黏附在牠們喙上或爪上的泥土中，這是極其稀罕偶然的事。而且在這種情況下，要使種子落在適宜的土地上，生長至成熟，其機會又是多麼小啊！但是，如果像大不列顚那樣生物繁盛的島，在最近幾百年裡，已知沒有因偶然的傳播方式從歐洲大陸或其他大陸上遷來植物（此事難以證明），因而就以爲那些缺乏生物的貧瘠的海島，離大陸更遠，也不能用類似的方法傳入移居的植物時，那就大錯而特錯了。如果有一百種植物種子或動物，移居到一個海島上，儘管這個島上的生物遠遠沒有不列顛的那樣繁茂，而且能夠適應新家園、可被馴化的只是一個物種。但在悠久的地質時期裡，如果那個海島正在升起，島上尚沒有繁多的生物，這種偶然的傳播方法的效果，不能沒有根據地予以否認。在一個幾近不毛之地的島上，很少有或根本沒有害蟲或鳥類，幾乎每一粒偶然落到這裡來的種子，只要有適宜的氣候，可能都會發芽和生存的。

冰期時的傳播

由數百英里寬的低地分隔開的一些高山頂上，生長著許多完全相同的植物和動物。由於高山物種是不能在低地生存的，因而我們便難以理解，為何同一物種能生活在相距較遠而隔離的地方，因為我們還沒有關於它們能從一個地方遷徙到另一個地方的生動事例。我們看到，在阿爾卑斯山和庇里牛斯山（Pyrenees）的積雪地帶，以及歐洲最北面的地區有許多相同的植物存在，這確實是值得注意的事實。而美國的懷特山（White Mountains）上的植物和拉布拉多（Labrador）的植物完全相同，正如阿薩·格雷說的，它們又和歐洲最高山頂上的植物幾乎是一模一樣的，這更是一件值得人們注意的事情了。早在一七四七年，葛美倫（Gmelin）就這同樣的事實下過斷言，說同一物種，可以在許多相距遙遠的不同地方分別創生出來。要不是阿加西斯和其他學者提醒人們注意在冰河時代的生物分布，我們可能仍然保持著過去的觀點。冰河時期，正像我們立刻就會看到的，可以給這些事實一個簡明的解釋。我們有各種可以相信的證據，包括有機的和無機的證據，證實最近的地質時期內，歐洲中部和北美洲都曾處於北極型氣候下。蘇格蘭和威爾斯的山嶽，從它們山腰的冰川劃痕、光滑的表面和擺放在高處的漂石，表明在最近的地質時期裡山谷曾充滿了冰川。這些痕跡比著火後房屋廢墟更清楚地表明了以前的經歷，歐洲氣候變化非常劇烈，在義大利北部古冰川所遺留下的巨大冰磧石上，現在已經長滿了葡萄和玉米。在美國的大部分地區，都能看到冰川漂石和有劃痕的岩石，清楚地表明以前那裡有一個寒冷的時期。

根據福布斯的解釋，以前的冰期氣候對歐洲生物的分布，可有如下的影響：我們假設有一個新冰期，緩緩地到來，接著又像以前的冰期那樣逐漸地過去，這樣我們就更容易體會到它們的各種變化。當嚴寒來臨時，處於南方各地區的氣候，變得適宜於北方生物的生存，北方的生物必然向南遷移，占據以前溫帶生物的位置。同時溫帶的生物，也會一步一步地向南遷移，除非有障礙物將它們阻擋而死亡。這時的高山將被冰雪覆蓋，原來的高山生物，向山下遷移到平原地區。當嚴寒達到極點時，北極地區的動物群，遍布於歐洲中部，並一直向南延伸分布到阿爾卑斯山及庇里牛斯山，甚至延伸到西班牙。現在美國的溫帶地區，當時也同樣遍布北極型的動物和植物，而且和歐洲的動植物種類基本相同，因爲上面我們假設北極圈裡的生物要向南遷移，所以不論在地球的哪一處，生物類型是相同的。

當溫暖的氣候逐漸回轉時，北極型的生物可能要向北退卻，接踵而來的是溫帶地區的生物也北移。當山上的積雪開始由山腳下融化時，北極型生物便占據了這個解凍的空曠地帶。隨著溫度逐漸增高，融雪也逐漸向山上移動，北極型生物也漸漸移到高山上去，這時它們同類型的一部分生物則逐漸向北退去。因此，當溫度完全恢復爲正常時，原先曾在北美及歐洲平原的北極型同種生物，一部分回到歐洲和北美洲北部的寒冷地區，另一些就留在相距甚遠而又隔離的高山頂上了。

這樣，我們就可知道，爲什麼在相距遙遠的地區，例如北美和歐洲的高山上，會有那麼多的相同植物。我們還可以知道，爲什麼每個山脈的高山植物，和它們正北方或近似正北方的植物，有更特殊的密切關係。因爲嚴寒來臨時開始向南遷移和氣候轉暖時向北退卻，遷移的路線通常是正南或正北的。例如華生先生所說的蘇格蘭的高山植物，以及雷蒙德先生所說的庇里牛斯山的植物和斯堪的納維亞北部的植物特別相似；美國和拉布拉多的高山植物類似；西伯利亞高山上的植物和俄國北極區的相似。這些觀點，是以過去確實存在的冰期爲依據的。所以我認爲，它能非常圓滿地解釋現代歐洲和美洲的高山植物及北極型植物的分布情況。當我們在其他地區相距很遠的山頂上找到同種生物時，就是沒有別的證據，我們也可以斷定，從前這裡有過寒冷的氣候，使這些生物遷徙時透過高山之間的低地，但現在這些低地變得溫度太高，不適宜寒冷植物生存了。

由於北極型生物開始向南遷移，後來又向北退回，都是隨著氣候的變化進行的，因此在它們的長途遷徙時，沒有遇到溫度的劇烈變化，又因爲這些生物是集體進行遷徙的，致使它們之間的相互關係也沒什麼大變動。所以，按照本書反覆論證的原理，這些類型不會發生較大的改變。然而高山植物在溫度回升的時候就相互隔離了，開始是在山腳下，最後留在山頂上，但其具體情況也會有些差別，因爲並不是所有同種的北極型生物都能遺留到各個相距甚遠的山頂上且長期生存下去。況且還有冰期以前就生存在山頂上，在冰期最嚴寒時暫時被驅逐到平原上來的古代高山物種，可能與這些新遺留的北極型物種相混合，它們還會受到各山脈之間稍有不同的氣候的影響。因此，這些遺留下的物種之間的相互關係，多多少少受到了擾動，因而也很容易產生變異。實際上，它們確已發生了變異：若是以歐洲幾大山脈現今存在的所有高山動物和植物相互比較時，可以看到，雖然還有許多相同的物種，可是有些卻成爲變種，有些成爲可疑的物種或亞種，甚至有些已經成爲近緣而不同的物種，構成各個山脈特有的代表物種了。

在上述的說明中，我曾假定這種設想的冰期在剛開始時，環繞北極地區的北極型生物，是和現在我們所見到的情況十分一致。不過我們還得假定，當初地球上的亞北極和少數溫帶生物也是相同的，因爲現在生存在較低山坡和北美洲、歐洲平原上的物種，也有一部分是相同的。可能有人要問，在眞正的大冰期開始的時候，該怎樣解釋全世界亞北極生物和溫帶生物相同的程度呢？現今美洲和歐洲亞北極帶和溫帶的生物，被整個大西洋和北太平洋隔開了。在冰期中，這兩個大陸生物棲息地的位置在現今棲息地的南方，彼此之間肯定被更廣闊的大洋所隔開。所以，人們會有疑問：同一物種怎樣在冰期或在冰期之前進入這兩個大陸的？我相信問題解釋的關鍵是在冰期開始之前的氣候特徵。在晚上新世時期，地球上大多數生物種類與現在相同，我們有充足的理由相信，當時的氣候比現在溫暖。因此，我們可以假定，現在生活在北緯六十度以南的生物，在上新世時卻生活在更北方的六十六度至六十七度之間，即更靠近北極圈的地方；而現在的北極生物，那時則生活在十分靠近北極點的各個小陸塊上。如果我們觀察一下地球儀，就可看到在北極圈內，從歐洲西部，穿過西伯利亞直到美洲東部，陸地幾乎是相連接的。這種環形陸地的連續性，使生物可以在適宜的氣候下自由地遷徙。這樣，歐洲和美洲亞北極生物和溫帶生物在冰期之前是相同的假設就有了理由。

據上述種種理由我們可以相信，儘管海平面有巨大的上下顫動，但我們各個大陸的相對位置長期以來幾乎沒有任何變化。我願意引申這一觀點，以便推論更早更溫暖時期的情況。例如，較老的上新世，有大量相同的植物和動物，在幾乎連續的環極陸地上生存；臨近冰期到來之前，隨著氣候逐漸變冷，無論是在歐洲還是美洲生存的動植物，就開始慢慢地向南遷移。正如我所認為的那樣，現在我們在歐洲中部和美國所看見的它們的後代，多數已發生了變異。依據這種觀點，我們能夠理解北美洲與歐洲的生物為什麼很少是完全相同的。如果考慮到這兩個大陸相距之遠，中間又有整個大西洋相隔時，這種關係就格外令人注意。對於幾個觀察家所提出的另一個奇特事實，我們也有了進一步的理解，這就是歐美兩大洲晚第三紀生物之間的關係，比現在更為密切，其原因是晚第三紀較溫暖的時期，歐美兩大洲的北部陸地幾乎相連，作為陸橋使兩洲生物遷徙，後來因為嚴寒降臨，該處不能通行了。

當上新世溫度漸漸降低時，在歐洲和美洲生存的相同物種，很快都從北極圈向南方遷徙，這樣，兩大洲的生物之間便斷絕了聯繫。在兩大洲較溫暖地區的生物，必定在很久以前就發生了這種隔離。這些北極動植物向南遷移，在美洲必然會與美洲土著動植物混合而產生生存競爭；在另一大陸歐洲，也發生了同樣的事情。因此，一切情況都有利於它們產生大量的變異，其程度遠非高山生物可比。高山生物只是被隔離在歐洲和美洲的高山頂上和北極地區，而且時代也近得多。所以，若將歐洲和美洲兩大陸現代溫帶生物進行比較時，我們只能找到少數相同的物種。（儘管阿薩・格雷近期指出，兩洲相同種類的植物，比我們以前估計的要多）但是，我們發現每一個綱裡都有很多類型在分類上引起爭執，並被不同的博物學家要嘛列爲地理亞種，要嘛乾脆列爲不同的物種。當然也有許多非常相近的或代表性類型被博物學家們一致公認是不同的物種。

海水中和陸地上的情況一樣，在上新世，甚至在更早的時期，海洋生物幾乎一致地沿著北極圈內連續的海岸慢慢向南遷移，按照變異的學說，我們可以解釋爲什麼完全隔離的海洋裡會有很多非常相似的生物類型存在。同樣，我們也可以解釋，爲什麼在北美洲東西兩岸的溫帶地區裡，已滅絕的和現存生物之間存在密切相似的關係。我們還可解釋一些更奇怪的事情，例如地中海和日本海的許多甲殼類（如達納的優秀著作中所描述的）、某些魚類及其他海相動物都有密切的關係，而現在地中海和日本海已經被整個亞洲大陸和寬廣的海洋隔開了。

對於那些有關物種之間有密切相似關係的事實——現在和以前在北美洲東西兩岸海洋的生物；地中海和日本海的生物；北美和歐洲溫帶陸棲生物間的密切相似關係等等，都無法用創造學說來解釋。我們不認爲，這些地區的自然地理條件類似，就一定能創造出相似的物種來。因爲如果我們把南美洲的某些地區和南非洲或者澳洲的某些地區進行比較，我們就可看到在自然地理條件相似的地區裡生存著頗不相同的生物。

南北冰期的交替

現在我們必須轉而討論更直接的問題。我確信，福布斯的觀點可以廣泛應用。在歐洲，我們從不列顛西海岸到烏拉爾山脈，南至庇里牛斯山，都能見到以前冰期留下的最明顯的證據。我們可以從冰凍的哺乳動物和山上植物的性狀來推斷西伯利亞也曾受到類似的影響。按照胡克博士的觀察，在黎巴嫩（Lebanon）永久性的積雪曾經覆蓋了那裡山脈的中脊。它所形成的冰川，從四百英尺的高度直傾瀉到山谷裡。最近胡克在非洲北部的阿特拉斯（Atlas）山脈的低地，發現了冰川遺留下的大堆冰磧物。沿著喜馬拉雅山，在相距九百英里遠的地方，尚有冰川以前下瀉的痕跡。胡克博士在錫金（Sikkim）①還看到古代留下的巨大冰磧物上長著玉米。從亞洲大陸向南，直到赤道的另一邊，根據哈斯特博士（Dr. J. Haast）和赫克托博士（Dr. Hector）傑出的研究，我們知道在紐西蘭以前也有過冰川流到低地的情況。胡克博士在這個島上也發現相距甚遠的山上，長著相同的植物，說明這裡以前曾有寒冷時期的經歷。從克拉克牧師（Rev. W. B. Clarke）寫信告訴我的事實來看，好像澳洲東南角的山上也有以前冰川活動的痕跡。

再看看美洲的情況：在北美洲的東側，向南直到緯度三十六度至三十七度的地方；在北美洲的西側，從現在氣候有很大差別的太平洋沿岸起，向南直到緯度四十六度的地方，皆發現了冰川帶來

① 現爲印度的一個邦。

的冰磧物。在洛磯山上，也曾見到漂石。在南美洲的科迪勒拉山，幾乎就位於赤道上，冰川曾一度遠遠地伸展到目前的雪線以下。在智利中部，我曾調查過一個由岩石碎塊（內含大礫石）堆成的大山丘，橫在保地羅（Portillo）山谷裡。毫無疑問，那裡曾一度形成過巨大的冰磧堆積。福布斯先生曾告訴我，他在南緯十三度至三十度之間，高度約一萬二千英尺的科迪勒拉山上，發現與挪威相似的有很深擦痕的岩石和含有帶凹痕小礫石的大碎石堆。在整個科迪勒拉山地區，即使在最高處，現在已經不再有眞正的冰川了。沿著這個大陸的兩側再向南，即從南緯四十一度到大陸的最南端，我們可以看到以前冰川活動的最明顯證據，那裡有無數從很遠的地方運過來的巨大漂石。

基於下列的這些事實：由於冰川作用曾遍及南北兩個半球；由於兩半球的冰期從地質意義上說，都屬於近代的；由冰期所引起的效果來看，南北半球的冰期持續時間都很長；最後，由於在近代冰川曾沿科迪勒拉山的走向向下延伸至低地平面。我曾做出這樣的結論：全球的溫度，在冰期曾同時降低。現在，克羅爾先生在一系列優秀專著裡，試圖說明冰河氣候是各種物理原因造成的後果，而這些物理原因是由於地球軌道離心率的增加而引起的。所有的原因都導致了同一個後果——冰期形成，而其中最主要的原因，則是地球軌道的離心率對海流的間接影響。據克羅爾先生的說法，每隔一萬年或一萬五千年，冰期就會有規律地迴圈發生一次。在長久的間冰期之後，這種嚴寒由於某種偶然事件，會極端嚴酷。這些偶然事件中最重要的，就是萊爾先生所說的海陸的相對位置變化。克羅爾先生相信最近一次冰期發生在二十四萬年以前，持續了大約十六萬年，其間氣候僅有輕微變化。對於更古老的冰期，幾個地質學家則根據直接證據，相信在中新世和始新世也曾有過冰期。至於更久遠的，就無需再提了。但是克羅爾所得出的結論中，對我們最重要的就是：當北半球經受嚴寒的時候，南半球由於海流方向的改變，溫度實際上是升高了，冬季也變得溫暖了。相反，當南半球經歷冰期時，北半球的情況也是如此。這個結論，對說明冰期生物的地理分布極有幫助。對此我堅信不疑，不過，我要先列舉幾個需要解釋的實例來。

胡克博士曾經指出，在南美洲火地島的開花植物（它們在當地貧乏的植物中占據不少的部分）中，除了許多極其相似的物種之外，尚有四五十種和北美洲與歐洲的完全相同。我們知道，這幾處地方彼此相距遙遠，且處於地球相反的兩個半球上。在美洲赤道地區的高山上，有大群獨特的屬於歐洲屬的物種。加得納（Gardner）在巴西的奧更山（Organ Mountains）的植物中發現有少數歐洲溫帶屬、某些南極屬和某些安地斯山（Andean）的屬，都是山脈之間低凹熱帶地區所未有的植物。在卡拉卡斯（Caraccas）的西拉（Silla），著名的洪堡先生早就發現了歸類於科迪勒拉山特有屬的一些物種。在非洲的阿比西尼亞山上，生長著幾種歐洲特有的類型和少數好望角植物的代表類型。在好望角，可以相信有非人爲引進的少量歐洲物種，在山上也有一些不是非洲熱帶地區的歐洲代表類型。胡克博士也在最近指出，幾內亞灣內高聳的費爾南多波（Fernando Po）島高地和相鄰的喀麥隆山上，有幾種植物與阿比西尼亞山上的和歐洲溫帶的植物有密切的關係。我聽胡克說過，有幾種相同的溫帶植物已經被羅夫牧師在維德角群島上找到了。相同的溫帶類型幾乎沿著赤道橫穿過整個非洲大陸，延伸到維德角群島的山上，這是自有植物分布紀錄以來最令人吃驚的事實了。

在喜馬拉雅山和印度半島各個隔離的山脈上，在錫蘭（現稱斯里蘭卡——譯者注）高地以及爪哇的火山頂等地方，有很多完全相同的植物。或者某一地方的植物既是那一地方的代表種類，但同時又都是歐洲植物的代表類型，即各山脈之間低凹炎熱地區所沒有的植物。在爪哇高山上所採集的各屬植物的名單，竟好像是歐洲丘陵上所採集植物名單的複製品。更讓人驚奇的是，有些婆羅洲（又名加里曼丹——譯者注）山頂上生長的植物，竟然代表了澳洲的特有類型。我聽胡克博士說，這些澳洲植物有的沿麻六甲半島高地向外延伸，一些稀稀落落地散布於印度，另一些則向北延伸到日本。

米勒博士曾在澳洲南部的山上，發現過一些歐洲的物種，而在低地上也發現生長著非人為引進的其他類型的歐洲物種。胡克博士告訴我，在澳洲所發現的歐洲植物的屬可以列成一長串名單，而這些都是兩大洲之間的熱帶地區所沒有的植物。在令人稱讚的《紐西蘭植物導論》一本書中，胡克對這個大島上的植物，列舉了類似的奇特事實。因此，我們可以看到，全世界熱帶地區的高山上生長著的某些植物，和南北溫帶平原上的植物要嘛是同一物種，要嘛是同一物種的變種。然而我們應該觀察到，這些植物並不是真正的北極類型，因為按照華生所說的「從北極向赤道地區遷移時，高山或山地植物群的北極特徵實際上變得越來越少了」。除了這些完全相同的和非常類似的類型外，還有很多現在中間熱帶低地所沒有的植物屬，生長在這些同樣遙遠而又隔離的地區。

這些簡單敘述僅就植物而言，但在陸相動物方面，也有少量的類似事實。海相生物也存在類似的情況。我可以引用最高權威達納教授的敘述為例子，他說：「紐西蘭的甲殼動物和大不列顛的非常相似，而這兩地卻處在地球上正相反的位置上，這確實是一件令人驚奇的事情。」理查森爵士也說過：在紐西蘭和塔斯馬尼亞島（Tasmania）的海岸邊，有北方的魚類出現。胡克博士還告訴我，紐西蘭和歐洲有二十五種海藻是相同的，但在它們中間的熱帶海洋裡卻沒有這些藻類。

按照上面所敘述的事實，溫帶型的生物存在於下列地方：橫穿非洲的整個赤道地區，沿著印度半島直到錫蘭和馬來群島。此外，溫帶生物還不太顯著地穿過了南美洲廣闊的熱帶地區等等。可見，在以前的某個時期，無疑是在冰河期達到鼎盛的時候，有相當數量的溫帶類型生物曾遷移到這些大陸赤道地區的各個低地上生存。那時候，赤道地區海平面上的氣候，可能和現在同一緯度五六千英尺高的地方相同，說不定還要更冷些。在最嚴寒的時期，熱帶植物和溫帶植物混雜叢生著布滿了赤道地區的低地。就像胡克所描述的現代喜馬拉雅山四五千英尺高的低山坡上混生的植物一樣，只是溫帶類型可能更多一些。與此相同，在幾內亞灣裡的費爾南多波海島的山上，曼先生發現歐洲溫帶類型的植物大約在五千英尺高的地方開始出現。西曼博士（Dr. Seemann）在巴拿馬二千英尺高的山上就發現了和墨西哥類似的植物，「熱帶型植物與溫帶型植物協調地混合著」。

現在，讓我們看一下克羅爾先生做出的結論：當北半球經受大冰期嚴寒的時候，南半球實際上是暖和的。這對於現在無法解釋的兩半球的溫帶地區和熱帶高山地區植物的分布，給了某種清楚的解釋。冰期，如果以年代計算，必然極長久。但是當我們記起在幾百年時間裡，有些動植物在馴化後又擴散到多麼廣大的地區時，那麼冰期時間之長，對於任何數量生物的遷移都是足夠的。當寒冷越來越嚴酷的時候，我們知道，北極型生物便侵入了溫帶地區。按照上面所講的事實，某些較健壯的、具有優勢、分布又廣的溫帶生物必定會侵入赤道地區的低地，而熱帶低地的生物必然同時也向著南方的熱帶及亞熱帶地區遷移，因爲當時南半球是比較溫暖的。當冰期即將結束時，由於南北兩半球慢慢恢復了原來的溫度，生活在赤道低地的北溫帶生物要嘛被驅逐回原來的家鄉，要嘛就趨於滅亡，而被由南方返回來的赤道類型生物所代替。然而，肯定有些北溫帶的生物在撤退時登上了某些鄰近的高原。如果這些高原有足夠的高度，它們就會像歐洲山頂上的北極類型那樣永久地生存在那裡。即便是氣候不完全適宜，它們也能繼續生存，因爲溫度的升高肯定是很緩慢的，而植物確實也有一定適應新氣候的能力，它們會把這種抵抗冷和熱的不同的能力遺傳給後代，就證明了這一點。

按照事物的正常發展規律，在輪到南半球遭受嚴酷的冰期時，北半球則變得溫暖些，於是南溫帶的生物就侵入到赤道低地。以前留在高山上的北方類型，這時也向山下遷移而同南方類型混合在一起。當溫度回轉，南方類型必然要回到以前的家鄉去，也會有少數物種遺留在高山上，而且挾帶著某些從山上遷移下來的北溫帶類型，一起返回南方。因此，在南北溫帶地區和中間熱帶地區的高山上，會有極少數的物種是完全相同的。但是這些長期留在山上或是留在另一半球的物種，不得不和許多新類型競爭，並處在與家鄉稍許不同的自然地理條件下。所以這些物種非常容易發生變異，以致它們現在以變種或代表種形式存在，實際情況也的確如此。我們必須記住，南北兩個半球以前都經歷過冰期。只有這樣，才能用相同的原理來解釋，在相同自然條件而又相距甚遠的南北半球的溫帶地區，生存著中間熱帶沒有的、彼此又不大相同的許多物種的事實。

有一件値得注意的事實，就是胡克和德·康多爾分別對美洲和澳洲的生物研究後，都堅定地認爲，物種（不論相同的還是稍有變異的）從北向南遷移時，要比從南向北遷移得多。但無論如何，我們在婆羅洲和阿比西尼亞的山上還是看到少數南方類型生物。我推測，從北向南遷移的物種之所以占多數，是因爲北方陸地範圍比較廣，北方類型在北大陸的家鄉生存的數量較多；其結果是，經過自然選擇和生存競爭，它們就比南方類型進化的完善程度更高，或占有更優勢的力量。因此，當南北冰期交替的時候，南北兩大類型在赤道地區相混合，北方類型的力量較強，能夠保住它們在山上的地盤，以後又能和南方類型一同向南遷移，然而，南方類型卻不能這樣對付北方類型。今天仍存在同樣的情況，我們看到許多歐洲的生物長滿了拉普拉塔和紐西蘭的地面，在澳洲也是如此（程度稍弱一點），它們排擠了那裡的土著生物。另一方面，雖然有容易黏附種子的皮革羊毛及其他物品在近兩三百年以來從拉普拉塔大量運往歐洲；在最近四五十年以來，從澳洲運往歐洲的也很多；但是，僅有極少數南方類型能在北半球的某個地方被馴化。然而，在印度的尼爾蓋利山（Neilgherrie Mountains）卻出現了某些例外。我聽胡克博士說，在那裡的澳洲類型繁殖很快，已經被馴化了。毫無疑問，在最後的大冰期到來之前，熱帶高山上生長著土著高山類型植物，但是後來這些類型幾乎在各個地方，都向占據更廣闊地區、繁殖率更高的，有更大優勢的北方植物讓出了自己的地盤。許多海島上土著植物的數量，和入侵者差不多相等，或許更少些，這是它們趨向滅亡的第一階段。山嶺是陸地上的島嶼，山上的土著生物，已向北方廣大地區繁衍的生物讓位，就像眞正海島上的土著生物處處向北方入侵者讓出自己的地盤，並將繼續向由人類活動馴化的大陸型生物讓出自己的地盤一樣。

在北溫帶、南溫帶和熱帶山上的陸相動物和海相生物，都適用同樣的原理。在冰期最嚴酷的時候，洋流方向和現在的不一樣，有些溫帶海洋的生物可以到達赤道，其中可能有少數生物能夠立即順著寒流繼續向南遷移，剩下的則留在較冷的深海裡生存，一直輪換到南半球受到冰期氣候影響時，它們才得以繼續前進。就像福布斯所說的，這種情況就和現在北極的生物仍在北溫帶海洋深處個別地方生存的現象如出一轍。

我雖不能回答，現在相距遙遠的南方、北方、有時還在中間高山上生活的同一物種和近緣物種，在其分布和親緣關係上的一切難題，但都可以運用上述觀點來概要解釋；我們尚無法指出它們遷徙的實際路線；我們更不能說明，爲什麼有些物種遷徙了，而另一些卻沒有遷徙；爲什麼有些物種產生了變異並形成了新類型，而其他物種卻保持不變。我們沒有期望能夠解釋這些事實，除非我們有能力解釋下面的問題時才有可能。爲什麼某一物種在異地由人類活動馴化而其他物種則不能？或者爲什麼一個物種的分布比本鄉的另一物種廣闊二倍至三倍，數量上也多二倍至三倍呢？

尚有各種各樣的難題等待解決。例如，胡克博士所指出的同種植物在凱爾蓋朗島（Kerguelen land）、紐西蘭和弗紀亞（Fuegia）這樣相距遙遠的地方都有生存。不過按照萊爾的觀點，可能是冰山同這些植物的分布有關係。更值得注意的是，在南半球的這些地方和其他遙遠的地方，生存著雖不同種卻又完全是南方屬的生物。這些物種之間的差異很大，以致於使人難以想像它們自最後一次大冰期開始後，能有足夠的時間供它們遷徙和其後再發生如此程度的變異。這些事實似乎說明，同一屬的各個物種是從一個中心點向外輻射遷移的。我倒是傾向於認爲南半球和北半球情形一樣，在最後冰期到來之前，曾有一個溫暖時期。現在覆蓋著冰雪的南極大陸，那時候會有一個和外界隔絕又非常特殊的植物群系。我們可以假設，當最後一次冰期尚未滅絕這個植物群之前，已有少數類型借助偶然的傳播方法，經過那些當時尚未沉沒的島嶼作爲歇腳點，朝著南半球各地方廣泛地散布開了，所以美洲、澳洲和紐西蘭的南岸等地，都有稀疏分布的這種特殊類型的生物了。

萊爾在一篇十分有說服力的文章裡，用和我幾乎相同的說法，推測了全球氣候大變化對生物地理分布的影響。現在我們又看到了克羅爾先生的結論：一個半球上逐次發生的冰期，恰是另一半球上溫暖的時期。這個結論和物種緩慢演變的觀點結合在一起，可以對相同的或相似的生物散布於全球各地的事實做出解釋。攜帶著生物的洋流，在一段時期裡從北向南流，而在另一時期裡則又從南向北流，總之，都曾流過赤道地區。可是從北向南的洋流，力量比由南向北流的更大，以致能在南方自由擴散。由於洋流把它攜帶的漂浮生物沿著水平面擱淺遺留在各處，且洋流水面越高，遺留的地點也越高，所以攜帶生物的洋流從北極的低地到赤道的高地，沿著一條慢慢上升的線把漂浮的生物遺留到熱帶的山頂上。這些遺留下來的各種生物，與人類中未開化的民族相似，他們被驅逐退讓到各個深山險地生存，成爲以前土著居民生活在周圍低地的一項很有說服力的證據。

第十三章　生物的地理分布（續）

淡水生物的分布

因爲陸地的障礙使得湖泊和河流系統彼此分隔，所以人們可能會認爲淡水生物在某個地區裡不能很廣泛地分布。又因爲海洋是它們更難逾越的障礙，所以又以爲淡水生物似乎永遠也不能擴展到遙遠的地方去。然而事實恰恰相反。不僅有不同綱的許多淡水物種分布極廣，而且近緣物種也可以出人意料地遍布全球。我還記得我第一次在巴西淡水中採集標本時，看到那裡的淡水昆蟲、貝類等等，和不列顛的極其相似，而周圍陸地上的生物卻與不列顛的大相徑庭時，感到十分驚奇。

對於淡水生物廣泛分布的能力，我認爲在大多數情況下，可以這樣解釋：它們以一種對自己極爲有利的方式，逐漸適應了從一個池塘到另一個池塘，或是從一條河流到另一條河流的短距離的、頻繁的、地區內的遷移。憑藉這樣短距離遷移的能力而擴展到廣泛的地理分布，乃是必然的結果。在此，我們只能討論幾個例子，其中最難解釋的要數魚類的分布。以前我們以爲，同一種淡水魚絕不會在相距遙遠的兩個大陸上存在。可是最近岡瑟博士指出：南乳魚（Galaxias attenuatus）棲息在塔斯馬尼亞（Tasmania）、紐西蘭、福克蘭（Falkland）群島和南美洲大陸上。這是一個奇特的例子，表明這種魚可能在以前某個溫暖的時期，從南極的中心向周圍各地散布。不過這個屬裡的物種，也許會用某種未知的方法渡過寬廣的海洋。所以在某種程度上說，岡瑟的例子就算不上太稀奇了。這一屬內還有一個物種，在相距約二百三十英里的紐西蘭和奧克蘭（Auckland）群島上都棲息著。在同一個大陸上，淡水魚類的分布經常是廣泛而又毫無規律的，因爲在兩條相鄰的河流裡，有些物種是相同的，而另一些則截然相反。

淡水魚類偶爾也會以意外的方式傳播。例如，旋風可以把魚捲起吹送到很遠的地方後仍能存活；眾所周知，從水裡取出的魚卵，經過相當長的時間仍能保存活力。然而，淡水魚分布很廣的主要原因還在於近期內地平面的升降變遷，使各河流可以相互溝通所致。還例如，在洪水爆發的時候，地平面雖然沒變化，各河流卻可彼此溝通。自古以來，大多數連綿的山脈阻礙了山兩側河流的匯合，使兩側河流裡的魚類截然不同，這也導致得出與上面相同的結論。有些淡水魚類屬於很古老的類型。在這種情況下，牠們長期經歷緩慢的地理變遷，因而也就有足夠的時間和利用各種方式進行大規模的遷移。此外，岡瑟博士最近進行了一些研究後，得出魚類可以長期保持同一種類型的結論。海水魚類經過仔細的處理後，可以慢慢地習慣淡水生活。依照瓦倫西奈（Valenciennes）的說法，幾乎沒有一個類群的魚，其全部成員都只生活在淡水裡。因而屬於淡水魚類群裡的海水種，可以很容易地沿著海岸遊得很遠，然後在遠處陸地河湖中再次適應淡水生活。

某些種類的淡水貝的分布範圍很廣，其近緣物種也布滿全球。根據我們的理論，從一個共同祖先傳衍下來的物種，肯定是從一個單一的發源地產生的。起初，我對它們這樣廣的分布疑惑不解，因爲它們的卵不像是由鳥類傳播的，而且卵和成體一樣，在遇到海水時，立刻就會死亡。甚至於我也不明白，某些已經馴化的物種，怎麼能在同一地區很快地四處傳播。然而，我所看到的兩個事實（肯定還會發現許多其他的事實），會對這個問題的解釋有所啟發。我兩次看到鴨子從布滿浮萍的池塘裡突然浮出來時，背上都黏著浮萍；還曾發生過這樣的事，我把一個水族箱裡的一些浮萍，移到另一個水族箱時，無意中卻將貝類也挾帶移了過去。不過另一種媒介或許更爲有效：我把一隻鴨子的腳，掛到水族箱裡，箱內正有許多淡水貝類的卵在孵化，我發現許多極微小的，剛剛孵出的貝類爬在鴨腳上，牢固地黏附著，以致於把鴨腳拿出水面，牠們也不會脫落，雖然牠們再長大一些時自己就會脫落的。這些剛孵出的軟體動物，雖然牠們的本性是水生的，但在鴨腳上的潮溼空氣中，還可存活十二至二十個小時，在這段時間裡，一隻鴨子或鷺（heron）至少可以飛行六七百英里。若是遇到順風能飛過海洋，到達一個海島或是其他某個遙遠的地方，必然會在池塘裡或小河裡降落。萊爾告訴我，他曾捉住過一隻龍虱（Dytiscus），在牠身上黏附著一隻盾螺（Ancylus）〔一種類似蝛（limpet）的淡水貝類〕；還有一次在「小獵犬」號船上，看見了同科水甲蟲的另一物種細紋龍虱（Colymbetes），當時此船離最近的陸地爲四十五英里，如果遇到順風，恐怕沒有人能斷定，這龍虱可以吹到多遠的地方去。

有關植物方面，我們早已知道有許多淡水植物，甚至是沼澤植物的種類，無論是在大陸上還是在海島上，都分布得十分廣泛。按照德·康多爾所說的，在那些大的陸生植物的物種群裡，含有極少數的水生物種，其分布更是驚人，好像由於它們是水生的，即刻就會有廣大的分布範圍似的。我想，它們有效的傳播方式可以解釋這個事實。在前面章節裡，我曾提到鳥類的腳和喙有時會黏上少量的泥土。經常徘徊於池塘岸邊汙泥裡的涉禽類，如果突然受驚起飛，腳上多半會沾著泥土。涉禽目裡的鳥比其他類型的鳥漫遊的範圍更廣，偶爾牠們也會來到大洋中最遙遠荒涼的海島上。當然牠們不會降落在海面上，這樣腳上的泥土也就不致被洗掉。在牠們到達陸地之後，必定會飛到牠們經常出沒的天然淡水棲息地。我不相信植物學家會知道池塘裡的泥土中含有多少植物種子，我曾試著做了幾個小實驗，這裡僅舉出其中一個最典型的例子：二月分，我在一個小池塘岸邊，從水下三處不同地方取了三湯匙泥土，經過乾燥，這些泥土僅有六．七五盎司重。我把它放到加蓋的容器中，擺在書房裡六個月時間。每當長出一株植物來時，就把它拔掉，並統計數字，一共長出了五百三十七棵植物，它們屬於很多類型。而這塊黏泥的體積，一隻早餐用的杯子就可以盛下了。考慮到這些事實，我認為，假如說水鳥沒有把淡水植物的種子傳播到遠方，也沒有長著植物的小池塘和小溪流，反倒成了怪事了。淡水中某些小動物的卵，也可利用同樣的水鳥傳媒來進行傳播。

或許還有其他未知的媒介物也發揮過傳播的作用。我曾說過，淡水魚吞吃某些種類植物的種子（儘管有的種子吞下後又再吐了出來）。甚至小型的魚也可吞食相當大的種子，例如黃睡蓮和眼子菜（Potamogeton）之類。鷺和其他的鳥類，一個世紀接著一個世紀地不斷捕食魚類，牠們食後就飛到其他的河湖池塘，或是順風飛越海面。我們已經知道，種子在若干小時之後以小團塊廢物被吐出來或以糞便排泄出來，仍可保持著發芽能力。當初我看到漂亮的蓮花（Nelumbium）的種子很大，又回憶起德．康多爾關於它分布情況的敘述時，便覺得它的傳播方式，難以讓人理解。但是奧杜邦說，他曾在鷺的胃裡發現南方蓮花的種子（據胡克博士說，可能是大型北美黃蓮花）。這種鷺必然常常在胃裡裝滿了蓮子之後，又飛到遠處其他池塘，再吃一頓豐盛的魚宴。類似的推斷使我相信，牠會把適宜發芽的種子隨著糞便排泄出來。

在我們討論上述幾種傳播方法的時候，應該記住：當某個池塘或小溪流最初形成時，例如在一個剛剛隆起的小島上形成時，裡面肯定沒有生物，那時一粒種子或一個卵都將有很好的成功機會。在同一池塘裡生存的生物，不管種類怎麼少，相互間總是有某種生存競爭。不過即便以生物非常繁盛的池塘和相同面積上生存的陸棲生物比較，物種的數量還是要少些。所以，池塘裡物種間的競爭也就沒有陸棲物種間的競爭殘酷。結果，一種外來入侵的水生生物，就會比陸地上的移居者有更好的機會獲得新的地盤。我們還應該記住，許多淡水生物在自然系統上的分類地位是較低等的。所以我們有理由相信，這些生物的變異要比高等生物緩慢，這就使得水生生物有更多遷徙的時間。我們也不要忘記存在這一種可能性：許多淡水類型原來曾在廣大區域裡連續分布著，後來分布在中間地區的生物卻滅絕了。然而廣泛分布的淡水植物和低等動物，不論它們仍然保持原有類型或是發生了某種程度的變異，很明顯它們主要依靠動物，尤其是依靠具有強大飛翔能力的、可以從這一片水域飛到另一片水域的淡水鳥類來廣泛傳播它們的種子和卵。

海島上的生物

我在前面曾指出，不僅同一物種的所有個體，是由某一個地方向外遷徙而來的，就連目前在彼此相隔甚遠的地點生存著的相似物種也是由同一個地方——即它們的遠祖發源地向外遷徙出來的。按照這一觀點，我曾選擇出有關生物分布最難解釋的三類事實（前章已討論過兩類）。現在就最後一類事實加以討論。我已經列舉出種種理由，說明我不相信在現存物種的期間內，陸地的範圍曾極大地擴展，而使幾個大洋中的島嶼都連成大陸而充滿了現代陸相生物的觀點。雖然這個觀點可以消除許多解釋上的困難，但卻和有關島嶼生物的眞相不符合。在下面的論述中，我並不只侷限於生物的分布問題，同時也將討論生物的特創論和遺傳變異進化論二者孰是孰非的問題。

生存在海島上的所有生物種類的數目比大陸上同樣面積上生存的生物要少。德．康多爾認爲植物的情況是這樣的，沃拉斯頓認爲昆蟲情況也是這樣的。例如，紐西蘭有高聳的山脈，有各種各樣的地形，南北長達七百八十英里，其周邊諸島有奧克蘭、坎貝爾（Campbell）和查塔姆（Chatham）等，但是所有的顯花植物總共才有九百六十種；如果我們把這個不大的數字，和澳洲西南部或好望角的相等面積上種類繁多的生物相比較，我們一定會承認：是某種與自然條件無關的因素，使兩地物種的數目有如此巨大的差別。甚至在地勢平坦的劍橋郡，就有顯花植物八百四十七種，小小的安格爾西島上也有七百六十四種，不過有少數蕨類植物和外地引進植物的種類也包含在這兩個數字中，同時這種比較就其他方面而言，也並不十分公平。我們有證據表明，阿森松（Ascension）（位於非洲西面的大西洋上——譯者注）這個貧瘠的荒島原先只有六種顯花植物，而現在那裡已有很多移居來的物種被馴化了，就像紐西蘭和其他可以叫得出名字來的海島的情況一樣。我們有理由相信，在聖海倫娜島（St. Helena）外來馴化了的植物和動物已經把許多土著生物全部滅絕了或幾乎滅絕了。凡是信奉特創論的人，就不得不承認這樣的事實，許多適應性最強的動植物，並不是海島上原來就有的，而是人類無意之中帶到海島上的動植物。在這方面，人類的能力遠比大自然做得更充分、更完善。

海島上物種的數目雖然很少，但本地特有的種類所占的比例往往極大。例如，我們把馬德拉島上的特有的陸棲貝類，或者加拉巴哥群島上特有的鳥類數目，和任何大陸上特有的貝類或島類進行比較，然後再把島嶼的面積與大陸面積比較時，就可知道這是確實的。這種事實在理論上也是可以預料到的，因爲，就像早已說明過的那樣，物種偶然到達一個新的孤立地區之後，勢必會和那裡的新夥伴進行競爭，極容易發生變異並產生出成群的變異了的後代。然而在一個海島上，我們絕不能因爲某個綱的物種差不多都是島上特有的，就認爲其他綱的一切物種或同綱的其他部分物種也必然是特有的；這種差異性，好像部分地是因爲許多未變異的物種，曾是集體遷入該地區的，因而它們之間的自然關係就沒有什麼變動；另一部分則是由於沒有變異的物種經常從原產地遷入該地，並和島嶼上的生物進行了雜交。應該記住，這種雜交所得的後代，肯定會很強壯，所以甚至一次偶然的雜交，產生的後果之大，常常超出預料之外。我要舉出幾個例子來說明上面的觀點：在加拉巴哥群島上有二十六種陸棲鳥類，其中有二十一種（或二十三種）是島上特有的，但是在十一種海鳥中卻只有兩種是特有的，很明顯這是因爲海鳥比陸鳥更容易、也更頻繁地飛到海島上來的緣故。另一方面，百慕達群島（Bermuda）和北美洲大陸的距離，與加拉巴哥群島和南美洲大陸的距離差不多相等，而且百慕達群島上的土壤又很特殊，然而卻沒有一種島上特有的陸鳥。根據鍾斯先生（Mr. J. M. Jones）關於百慕達群島精彩的描述中知道，很多北美洲的鳥類，不時地飛到這個群島上。哈考特先生（Mr. E. V. Harcourt）告訴我，差不多年年都有一些鳥從歐洲或非洲，被風吹到馬德拉群島，該島上共有九十九種鳥，其中僅有一種是特有的，也和歐洲的一種鳥很相近；此外，另有三四種鳥是馬德拉群島和加那利群島所特有的。所以，百慕達和馬德拉兩個群島，都從相鄰的大陸上飛來了許多鳥，長期以來那些鳥彼此進行競爭，現在已經相互適應了。因此，牠們在新家鄉定居以後，仍然還會彼此牽制，使每一物種都保持自己固有的習慣和在自然界的位置，這樣牠們就不容易發生變異。還有，在原產地（大陸）沒有發生變異的原種頻繁地遷入該島與早來者進行雜交，這也阻止了變異的產生。馬德拉群島有數量驚人的特有陸棲貝類，卻沒有一種海棲貝類是該群島海域所特有的。目前我們雖然尚未知道海棲貝類是如何傳播的，可是我們能夠知道，牠們的卵和幼體，可以附著在海草、漂浮的木頭上或涉禽的腳上，以越過三四百英里的海洋，在這方面要比陸棲貝類容易得多。生存在馬德拉群島上的各目昆蟲，也有相似的情況。

有時海島上缺少某些綱的動物。牠們在自然界的位置，由其他綱動物所代替。這樣，在加拉巴哥群島上的爬行類，紐西蘭的巨型無翅鳥，都代替了或在近代曾經代替了哺乳動物的位置。雖然這裡仍將紐西蘭當作海島來討論，但是否應該這樣劃分，在某種程度上是有疑問的，因爲它的面積很大，又沒有較深的海把它和澳洲分隔開。根據紐西蘭的地質特點和山脈的走向，克拉克牧師最近主張紐西蘭和新喀里多尼亞（New Caledonia）都應該歸屬於澳大利亞。在植物方面，胡克博士曾指出，在加拉巴哥群島上，各目植物的比例與其他地方的大不一樣。所有這種數量上的差別和某些整群動植物的缺失，通常都是用海島上自然條件不同來解釋的，但這種解釋到底是否正確，卻令人懷疑。生物遷入島上的難易程度，應該和環境條件的性質是同等重要的。

有關海島上的生物，還有許多小事情應該注意。例如，有的海島上，連一隻哺乳動物也沒有，可是本島特有的植物卻長著奇特的帶鉤的種子。鉤的作用是把種子掛在哺乳動物的毛或毛皮上傳播出去的，這是最明顯的用途。因此，這種有鉤的植物種子，可能不是獸類而是由別的方法帶到島上來的，其後又經過變異成為本島特有的物種，並仍然保留著它們的小鉤，這鉤已成了毫無用處的附屬物了，就像許多島上的昆蟲，在牠們已經癒合的翅鞘下仍有退化翅膀的凸起。另外，海島上經常長著許多喬木和灌木，而和它們同屬於一目的植物，在其他地方則只有草本物種。按照德・康多爾的解釋，不管什麼原因，木本植物的分布範圍常是受到限制的。所以樹木極少可能傳播到遙遠的海島上，而草本植物不可能和生長在陸地上的許多發育完全的樹木競爭而取勝。因此，一旦草本植物在海島上定居，就會長得越來越高，超過其他草本植物而占優勢。在這種情況下，自然選擇的傾向就是增加植物的高度。因此不論植物是哪一個目，都能夠變成灌木，然後再演化為喬木。

海島上沒有兩棲類和陸棲哺乳類

關於海島上沒有整個動物目的情況，文森特（St. Vincent）先生很早以前就報導過。點綴在大洋裡的島嶼雖有很多，但從未發現有蛙、蟾蜍、蠑螈等兩棲類存在。我曾不遺餘力地驗證此說的真僞，發現除了紐西蘭、新喀里多尼亞、安達曼（Andaman）群島，或許還有薩洛蒙群島和塞席爾群島之外，這種說法是正確的。但我前面說過，紐西蘭和新喀里多尼亞是否應該列為海島，尚有疑問，至於安達曼、薩洛蒙群島及塞席爾群島是否應該列為海島，就更有疑問了。在這麼多眞正的海島上面，都沒有蛙、蟾蜍及蠑螈，絕不是能用海島的自然條件就可以解釋的。顯然，海島上還特別適宜這些動物生存，因爲蛙曾經被引進馬德拉、亞速爾和模里西斯等島，牠們在那裡大量繁殖，竟氾濫成災。但是，蛙和牠的卵一碰到海水馬上就會死亡（現在已知有一個印度種是例外），當然也就難以越過海洋傳播，所以我們可以知道爲什麼牠們在眞正的海島上不能存在。然而，要問爲什麼牠們不在海島上被創造出來，那麼按照特創論的觀點，就很難解釋了。

哺乳類提供了另一個類似的情況。我曾詳細查閱了最早的航海紀錄，沒有找到一個確鑿的實例，可以證明陸棲哺乳動物（土著人飼養的家畜除外）在離大陸或大的陸島約三百英里以外的海島上生存，就是在離大陸更近的許多海島上也同樣沒有。只在福克蘭群島（馬爾維納斯群島）上有一種像狼的狐狸。這似乎是個例外情況，不過福克蘭群島（馬爾維納斯群島）不能作爲海島看待，因爲它位於一個和大陸相接的沙堤上，離大陸僅有二百八十英里，在以前，還有冰山曾把漂石運到它的西海岸，那時可能也把狐狸順便帶了過去，就像現在北極地區常常發生的事情一樣。我們不能說，小海島就連小型的哺乳動物也養活不了，因爲在世界很多靠近大陸的小島上就有小型哺乳動物生存。而且我們幾乎說不出有哪一個小島，小型哺乳動物不能在那裡馴化並滋生繁衍的。根據特創論的一般觀點，也不能說沒有足夠的時間去創造哺乳動物。實際上，有許多火山島是很古老的，從它們經歷的巨大侵蝕作用和島上存在的第三紀地層便可證明，在這些島上有足夠的時間產生本地特有的其他綱的物種。而在大陸上，我們知道哺乳動物新種的出現和滅絕，其速度要比其他低等動物快。儘管海島上沒有陸棲哺乳動物，但飛行的哺乳類幾乎遍布每一個海島。紐西蘭有歐美其他地方都沒有的蝙蝠；諾福克（Norfolk）島，維提（Viti）群島、小笠原（Bonin）群島、加羅林和馬里亞納（Marianne）群島和模里西斯島，各自都有特殊類型的蝙蝠。也許人們會問，爲什麼所謂的創造力在這些遙遠的海島上只產生蝙蝠而不產生其他的哺乳動物呢？按照我的觀點，這個問題很容易回答：因爲沒有陸棲哺乳類能夠越過廣闊的海洋，而蝙蝠卻可以飛越。曾經有人看到蝙蝠在大白天遠遠地飛行在大西洋上空。在離開大陸有六百英里的百慕達群島，也有北美洲的二種蝙蝠定期地或偶然地訪問那裡。專門研究蝙蝠的專家湯姆斯先生（Mr. Tomes）告訴我，許多種類的蝙蝠，分布範圍非常廣泛，在大陸和遙遠的海島上都能找到牠們的蹤影。因此，我們只要推想這類到處遷移的物種，在新家鄉由於牠們在自然界中的新位置而發生變異，我們就會理解，爲什麼海島上只有本地特有的蝙蝠，而沒有其他哺乳動物。

還有另一種有趣的關係，就是各個海島之間，或是海島與最鄰近的大陸之間所隔海水的深淺程度，與牠們哺乳動物親緣關係的疏密程度之間存在著一定的關係。埃爾先生（Mr. Windsor Earl）對此問題做了深入的觀察，後來又被華萊士先生在龐大的馬來群島所做的卓越研究加以擴充：馬來群島和相鄰的西里伯斯（Celebes）群島以一片深海相隔，兩邊群島上的哺乳動物截然不同，但每一邊的海島周圍都是相當淺的海底沙灘，島上有相同的或非常近似的哺乳動物生存。我還沒有時間在世界各地去研究這類問題，但是據我所知，這種關係是正確的。例如，不列顛與歐洲中間僅隔著淺海峽，所以兩邊的哺乳動物是相同的；澳洲海岸附近的所有島嶼上的情況也是如此。與之相反，西印度群島位於深達一千噚的沙洲上，我們雖然在那裡找到了美洲類型的生物，但屬和種卻很不相同。因爲一切動物發生的變異量部分地取決於所經歷的時間長短，又因爲彼此間由淺海所分隔的島嶼或與大陸分隔的島嶼，比那些被深海隔開的島嶼更有可能在近代連成一片。所以我們可以知道，兩個地區哺乳動物的親緣程度，和隔開牠們的海水深度有一定的關係。然而，如果根據特創論的學說，則是無法解釋的。

以上是關於海島生物的敘述——即物種的總數目很少，而本地特有類型占的比例較大——同一綱裡有的類群產生變異，而其他類群卻不起變化——有些目，例如兩棲類和哺乳類全部缺失，儘管能飛翔的蝙蝠存在——有些目的植物出現特殊的比例——草本類型的植物發展成爲喬木等等。按照我的意見，認爲長期內以偶然方式傳播是有效的觀點，要比認爲所有海島在以前同最近的大陸連接在一起的觀點，更符合實際情況。因爲按後一種觀點，可能不同綱的生物會一起遷入海島，且因爲是物種集體遷入的，物種間相互關係沒有多大變動，結果它們要嘛保持不變，要嘛所有的物種都以相同的方式發生變異。

我不否認，在弄清楚遙遠海島上的許多生物（不管它們仍然是保持原來的物種，還是以後發生了變異），究竟怎樣來到它們現在棲息地方的問題上，還存在著許多重大的難點。但是，絕不能忽視這樣的可能性，即以前可能有其他島嶼做過生物遷徙時的歇腳點，而如今卻沒有留下任何痕跡。我要詳細敘述一個難以解釋的情況：幾乎所有的海島，即使完全孤立，面積又最小的島上，也有陸棲貝類生存。這些貝一般是本地特有的物種，有時也是和其他地方共有的物種。古爾德博士曾列舉出太平洋島嶼上存在這類情況的生動例子。眾所周知，海水很容易殺死陸棲貝類。牠們的卵，起碼是我試驗過的那些卵，一遇到海水就下沉而死亡。但是，必定還會有未知的、偶然有效的某些方法將它們傳播開去。剛剛孵化出來的幼體會不會偶然黏附在地面上棲息著的鳥兒的腳上而傳播呢？我想起陸地貝類在冬眠時殼口上蓋著膜罩，可以黏附於木頭的縫隙中漂浮著渡過相當寬的海灣。我發現幾種貝類，於休眠狀態下浸泡在海水中七天而沒有受到傷害。一種羅馬蝸牛（Helix pomatia）經過這樣的處置後，當再次休眠時又將牠放到海水中浸泡二十天，也能完全恢復。在這麼長的時間裡，按照海流平均速度計算，這種蝸牛可以漂過六百六十英里遠的距離。這類蝸牛殼口長著厚厚的石灰質的口蓋（operculum）。我把一個蝸牛原來的口蓋除掉，待新的口蓋形成後，又將牠浸泡到海水裡十四天，牠還是復活了，慢慢地爬走了。後來，奧甲必登男爵（Baron Aucapitaine）也做了類似的試驗：他用分別屬於十個種類的一百個陸棲貝類，放到扎了許多小孔的盒子裡，浸泡到海水中兩個星期，取出後在一百個貝中有二十七個復活了。看起來口蓋的有無至關重要。圓口螺（*Cyclostoma elegans*）因爲有口蓋，在十二個螺中，就有十一個復活了。值得注意的是，我在試驗中用的那種羅馬蝸牛可以很好地抗禦海水侵蝕，而奧甲必登用另外四種羅馬蝸牛的五十四個個體做試驗，結果竟無一個可以復活。然而，陸棲貝類的傳播，絕不可能經常採用這種方式，利用鳥類的腳來傳播可能是一個更普遍的方式。

海島生物與鄰近大陸生物的關係和生物從最近的起源地向海島遷居及其後的演變

對我們而言，最生動最重要的事實，莫過於海島上生存的物種與最鄰近大陸上的物種相近但又不完全相同的親緣關係。此類情況的例子，我們可以舉不勝舉。位於赤道處的加拉巴哥群島，距離南美洲海岸五百至六百英里，那裡幾乎每一種水生和陸棲生物都打上明顯的美洲大陸的烙印。群島上共有二十六種陸棲鳥類。其中有二十一種或二十三種和大陸的鳥種不相同，過去一般認爲牠們是在群島上創造出來的。但是，群島上的大多數鳥類，在諸如習性、姿態、鳴叫的音調等許多基本特性上，又都表現出與美洲物種有密切的親緣關係。其他動物的情況也是如此。根據胡克博士有關該群島的優秀著作《植物志》，大多數植物也有這種相似而又不完全相同的現象。站在離大陸幾百英里遠的這些太平洋火山島上，博物學家觀察周圍的生物，似乎感覺置身於美洲大陸上。爲什麼會產生這種感覺呢？爲什麼設想是在加拉巴哥群島創造出來的，而不是在其他地方創造出來的物種，竟然如此清楚地顯示出和美洲動物種的親緣關係呢？在生活條件、島上的地質特徵、島的高度或氣候或者共同生活的各綱生物的比例方面，沒有一條和南美洲沿岸的情況類似，實際上所有各條都與南美洲大不相同。另一方面，加拉巴哥群島和維德角群島，在土壤的火山性質、氣候、高度和島的大小等方面，在相當程度上是近似的，然而兩個群島上的生物卻完全不同。維德角群島的生物和非洲生物的關係，恰如加拉巴哥群島的生物和美洲生物的關係。根據特創論的觀點，對這種事實，是根本解釋不通的。與此相反，按照本書所提出的觀點，顯而易見，加拉巴哥群島可能接受從美洲遷移來的生物，不管是由於偶然傳播的方式還是由於以前連在一起的陸地的原因（儘管我不相信此學說），而維德角群島則接納了從非洲遷移來的生物。這些移入的生物雖然容易產生變異，但遺傳因素仍舊洩露了它們原產地的天機。

還可舉出許多類似的實例，海島上特有的生物和最鄰近大陸上或者最鄰近大島上的生物相關聯，幾乎是一個普遍的規律。只有少數情況例外，而且大部分例外的原因也可得到合理的解釋。例如，我們從胡克博士的報告中得知，凱爾蓋朗（Kerguelen）島離非洲的距離近，離美洲遠，但島上的植物不但和美洲的有親緣關係，而且關係還非常密切。如若我們認爲島上的植物，主要是隨著定期海流漂來的冰山帶來的種子及泥土石塊的話，這種例外就可以解釋了。紐西蘭的土著植物，和最鄰近的澳洲大陸植物的關係，要比其他地區的關係密切得多，這也許是我們預料之中的事；然而紐西蘭的土著植物明顯地和南美洲的植物也有關係，雖說南美洲是第二個鄰近的大陸，可兩者相距是那麼遙遠，因而這事也就成了例外。但是，按照下面的觀點解釋時，部分難點就可以解決了，這就是：紐西蘭、南美洲和其他南方地區的部分生物，是在比較溫暖的第三紀和最後一次大冰期開始之前，從位於它們中間的、遙遠的、當時長滿植物的南極諸島遷移而來的。澳洲西南角的植物群和好望角的植物群之間親緣關係疏遠，這是更值得注意的事實，不過只在植物方面有這種親緣關係，這種情況將來必定有一天會得到合理的解釋。

決定海島生物和最鄰近大陸生物之間親緣關係的規律，有時也適用於範圍較小的同一群島之內，只是這種情況更爲有趣：在加拉巴哥群島中每一個孤立的島嶼上，都有許多互不相同的物種，這個小事很奇怪。各島上的物種間的關係比它們與美洲大陸或其他任何地方物種的關係都密切得多，這是人們預料中的事，因爲各個島嶼之間的距離很近，必然會接受同一原產地物種的遷入，也必然會有各島物種之間的相互遷入。在這些彼此可以相望的海島上，具有相同的地質特徵，相同的海拔高度和氣候，卻爲什麼遷入的許多物種會產生略有差別的變異呢？長期以來，我對這個問題感到棘手，主要原因是束縛於一個根深柢固的錯誤觀點——即認爲一個地區的自然條件是至關重要的觀點。但是，不可辯駁的是，每個物種必須同其他物種進行競爭，因此競爭對手（即其他物種）的性質，對於這一物種能否成功地生存下來，起碼和自然條件是同等重要的，或許更爲重要。現在，我們觀察一下加拉巴哥群島與世界其他地方共同擁有的物種，就會發現，在幾個島上的同一物種有相當大的差異。如果海島上的生物是由偶然方式傳播而來的。例如，一種植物的種子傳到了這個島上，而另一種植物的種子傳到了另一個島上，儘管一切種子都是從同一個原產地傳播而來，但不同島嶼上物種在分布上的差別就是預料之中的事。所以，在從前一個物種先傳播到某一個海島上，爾後又從此島傳播到另一個海島上，這個物種在不同的島上必然要遇到不同的條件，因爲它勢必要和一批不同的生物進行競爭。例如，一種植物，在各島上找到最適宜於它生存的地方，而該地方已被各島稍有不同的物種占據著，因而會遭到不同競爭對手的排擠。這時，如果這個物種發生了變異，自然選擇就可能使不同海島上產生出不同的變種。不管怎樣，有些物種仍能向外島傳播而保持著同樣的性狀，就像我們在大陸上所見到的分布很廣而保持著同樣性狀的物種一樣。

在加拉巴哥群島的這些例子及其他類似例子中，最使人感到驚奇的是，每一新物種在島上形成之後，並不迅速地傳播到其他各島。因爲這些海島，雖然可以彼此相望，中間卻被深海灣所隔開，而且多數海灣比不列顛海峽還要寬，所以我們也沒有理由認爲它們以前曾是連著的。各海島之間的海流湍急洶湧，且又很少刮大風，所以各島相互之間隔離的程度，要比地圖上所顯示的實際距離大。雖然如此，也有一些物種，包括群島特有的和與世界其他地區所共有的物種，爲若干個島嶼所共有。按現在它們分布的狀態，我們可以推測，最初它們是從一個島上傳播到其他島上去的。然而我想，我們經常有一種錯誤的觀念，認爲非常相近的物種，在相互自由往來時，會有相互侵占對方地盤的可能。毫無疑問，如果一個物種對另一物種有某種優勢時，它將在短時間內把對方全部或部分地排擠掉。但若兩個物種都能很好地適應於各自生存的地方（島嶼），那麼在相當長的時期內，它們將在彼此分離的島嶼上，各自保持著自己的地盤。我們都知道，許多物種經過人類作用馴化後，能以驚人的速度在廣大地區內傳播開的事實。這使我們很容易地推想到，絕大多數的物種也是這樣傳播的。但是我們應該記住，那些在新地區馴化了的物種，通常和本地區土著物種並不大相似，而是差別顯著。正如德．康多爾所說的，大部分情況下是不同屬的物種。甚至於許多鳥類，在加拉巴哥群島，可以非常方便地從一個海島飛往另一個海島，但實際上各個島的鳥還是不相同的。例如，有三種親緣關係很近的嘲鶇，牠們各自分布在不同的島嶼上。現在，讓我們假設這種情況：查塔姆（Chatham）島上的效舌鶇被風吹到查理斯（Charles）島上，而查理斯島已有自己特有的效舌鶇，牠們怎麼能容忍外島來的效舌鶇成功地在自己的島上定居呢？我們可以穩妥地推斷：查理斯島上已經被本島類型的效舌鶇所飽和，每年所產的卵和孵出的幼鳥，必然超出了該島的養育能力。我們還可以推測，查理斯島上特有的效舌鶇，對自己本島的良好適應能力並不亞於查塔姆島上的特有種。有關這一類的問題，萊爾爵士和沃拉斯頓先生曾寫信告訴我一件很明顯的事情，就是馬德拉群島和它相鄰的小島聖港（Porto Santo），各有許多不同的陸棲貝類的代表種，其中有些種是在石縫裡生活的，儘管每一年都從聖港把大量的石塊運送到馬德拉群島，但是並沒有聖港的貝類遷移到馬德拉群島來。然而，歐洲陸棲貝類的移入者，在聖港和馬德拉群島上都繁衍著，毫無疑問，這些歐洲貝類比本地物種占有某種優勢。根據這些研究，我想，對於加拉巴哥群島某些島嶼上的特有土著物種，不從一個島上傳播到另一島，是不必大驚小怪的。還有，在同一大陸上，「先入爲主」的慣例，在阻止相似地理條件下，不同地區物種的混入，可能發揮了很重要的作用。因此，澳洲東南地區和西南地區，自然地理條件差不多相同，中間又有連續的陸地相接，可是兩地區許多哺乳類、鳥類和植物卻不相同。據貝茨先生說，在遼闊連續的亞馬遜河谷，生存的蝶類和其他動物，也存在這種現象。

上述控制海島生物基本面貌的法則，即移居的生物和它們最容易遷出的原產地的關係以及生物遷到新地區後發生變異的法則，在自然界是廣爲適用的。在每一個山頂上，每一個湖泊及沼澤裡，我們都可以看到這個法則的作用。就高山物種而言，除了那些在大冰期內已經廣泛分布的物種之外，其餘的都和周圍低地的物種有關係；例如，南美洲高山蜂鳥（Hummingbird）、高山齧齒類和高山植物等，所有的物種都屬於嚴格的美洲類型。顯而易見，當一座山脈慢慢隆起時，就會從周圍低地遷來許多生物。除了那些由於傳播十分方便、而能廣泛分布在世界大多數地區的類型以外，湖泊和沼澤裡的生物也是這樣。我們還可以看到這一法則同樣適用於歐洲和美洲洞穴裡大多數瞎眼動物的分布特徵。我還可舉出其他類似的實例。我相信，下述情況是眞實的：任何兩個地區，不管它們相距多麼遙遠，只要是有許多近緣物種或代表種存在，就必定會有相同的物種存在。並且，無論在什麼地方，只要是有許多近緣物種存在，就必定有許多類型在分類上有爭議：它們被一些博物學家認爲是不同的物種，又被另一些博物學家只認爲是變種。這些有疑問的類型，代表了物種在變異進程中的各個階段。

一些親緣關係極密切的物種，可以分布在世界上彼此相距很遠的地區，這正好反映了現存或過去的某些物種具有較強的遷移能力和較大的遷徙範圍。下面一些例子也能說明這種因果對應關係。比如，古爾德先生以前曾告訴過我，如果有些鳥屬是世界性的，那麼其中許多物種必然是廣爲分布的。儘管這條規律難以確證，但我不懷疑它的正確性。在哺乳類中，蝙蝠的分布明顯地符合這條規律；貓科和犬科的情況稍差一點，但大體上也符合這一規律；蝴蝶和甲蟲的分布也符合這同一規律。大多數的淡水生物的分布也是如此，因爲各綱裡都有許多屬，分布遍於全世界，其中就有很多物種有廣大的分布範圍。然而，這並不意味著，所有的物種都是分布廣的，而是指其中一部分物種分布範圍廣；這也並不意味著，這些屬裡的所有物種的廣布性均等，這多半要看變異進行的程度而定。例如，同一物種有兩個變種，分別在美洲和歐洲生存，因此這個物種就有廣泛的分布範圍；但是，如果變異繼續進行下去，這兩個變種就可成爲不同的物種，它們的分布範圍因此而大大地縮小了。這也不意味著，凡是有越過障礙物的能力而能夠向遠處分布的物種，像某些有強壯翅膀的鳥類，就必然分布得很廣，因爲我們永遠不能忘記：分布廣泛的涵義，不僅是指具備越過障礙物的能力，而且指具有在遙遠地方與當地土著生物在生存競爭中取得勝利的能力。一切同屬的物種，即使在世界最遙遠的地方分布著，但都是從一個祖先傳下來的。按照這個觀點，我們可以在這屬裡，應該找到，而且也確實找到了某些分布很廣泛的物種。

我們應該記住，在一切綱裡，有許多起源非常古老的屬，所以在這種情況下，它們的物種就有充足的時間向外擴散並相繼發生變異。就地質方面的證據而言，我們也有理由相信，在各個綱裡，較低等生物變異的速度，比高等生物的變異速度緩慢些。其結果是，前者有較好的機會向遠處擴散並保持同一物種的特性。這個事實和大多數低等生物的種子及卵都很細小、更適宜於遠端傳播的事實合在一起，就能說明一個早已觀察到的定律，即「越低級的生物，分布得越廣泛」。最近德・康多爾先生就植物方面的分布，也討論了這條定律。

剛才討論過的各種關係，就是——較低等的生物比高等生物分布更廣遠——在分布廣遠的屬內，某些物種的分布也同樣廣遠——高山，湖泊、沼澤的生物往往同周圍低地和乾地上棲息的生物有關係——海島上生物與最鄰近大陸上的生物之間有明顯的關係——同一群島內諸島上的不同生物之間有更加密切的親緣關係——依據各個物種獨立創造出來的特創論觀點，對所有這些事實都無法解釋。但是如果我們承認移居的生物來自最近、傳播最便利的原產地，以及移居者後來對新棲息地的適應，那麼，這一切事實都很容易理解了。

上一章及本章摘要

在這兩章裡，我想努力說明：如果我們能如實地承認，我們對於近期確實發生的氣候變化、陸地水平面變遷和其他方面的變動所引起生物在分布上的所有後果知之甚少，——如果我們記得，我們對生物各種奇妙的、偶然的傳播方式仍然一知半解；如果我們還記得（這是很重要的一條），一個物種原先在廣大地區裡連續分布，爾後在中間地帶滅絕了的事實，是何等頻繁地發生，——那麼，我們就不難相信，同一物種的所有個體，不論是在何處發現的，都是由一個共同祖先傳下來的。根據各方面綜合性的研究，尤其是根據各種傳播障礙物的重要性和根據亞屬、屬和科的相似分布情況，我們和許多博物學家都得出了一致的結論，並稱之為「物種單一起源中心論」。根據我們的學說，同屬內的不同物種，都是從同一個原產地傳播出去的。假如我們像上面那樣承認我們知識的貧乏，並且記住某些生物類型變異很慢，因而有足夠長的時間供它們遷徙時，那麼，這一觀點在解釋上的困難，就不是不能克服的了，儘管在這種情況下，困難還是很大的，就像解釋「同一物種的個體分布」所遇到的情況一樣。

為了說明氣候變化對生物分布的影響，我曾指出最後一次大冰期起了非常重要的作用，甚至在赤道地區也受到它的影響。而在南北冰期交替的時候，使南北兩個半球的生物彼此混合，並把一部分生物遺留在世界各地的山頂上。為了說明生物各式各樣偶然的傳播方式，我還較為詳細地討論了淡水生物的傳播。

如果我們能承認在很長的時期內，同種的一切個體和同屬的若干物種，都是來自於某一個原產地，那麼，所有生物地理分布方面的主要事實，都可以按照遷徙的理論，以及遷徙後的變異和新類型的增加而得到合理的解釋。這樣，我們就能知道障礙物的極大重要性——不管障礙物是海洋還是陸地，不僅使動植物分隔開來，而且形成了若干動物區系和植物區系。這樣，我們便可以知道，為何近緣物種集中分布在同一地區，為何在不同的緯度下，例如南美洲的平原、高山、森林、沼澤及沙漠的生物，都以神奇的方式聯繫在一起，而且和原來在同一大陸上棲息的已滅絕生物有同樣的聯繫。如果我們承認生物與生物之間的親緣關係，是所有關係中最重要的，我們就可知道為什麼在自然地理條件幾乎完全相同的兩個地區，棲息著截然不同的生物；因為根據生物遷入新地區後的時間長短；根據生物遷移的難易程度，使不同地區遷入生物的種類和數量都有差別；根據生物遷入以後，新老居民之間生存競爭激烈的程度；還根據遷入生物產生變異的快慢；凡此種種，便會在兩個地區或多個地區裡，不論其自然地理條件如何，這些生物的生活條件卻千差萬別，——就是這些不同的生活條件，使生物與生物之間，在有機界與無機界之間，造成了極其錯綜複雜的關係。其結果是，一些生物類群發生了顯著變異，另一些卻變異輕微；一些類群大大地發展了，另一些類群的生物卻寥寥無幾。這種種現象，我們在世界幾個大地理區內，確實可以看到。

根據這些相同的原理，我們可以明白，如前面我曾努力說明的情況，為什麼海島上只有很少數量的生物類型，且其中大部分又是本地所特有的種類；為什麼由於遷移的方式不同，有的類群裡所有的物種都是海島上特有類型，而另外的類群，甚至是同綱的另一類型，其所有的物種和鄰近地區完全相同。我們還能夠理解，爲什麼整個大類的生物，例如兩棲類和哺乳類在海島上完全缺失，而另一方面，飛行的哺乳類即蝙蝠，即使在最孤立的小海島上，也有其特有的種類。我們也可以知道，爲什麼海島上是否存在哺乳動物（或多或少發生了變異的），與該島和大陸之間海洋的深度有某種關係。我們能清楚地看到，爲什麼一個群島上的一切生物，雖然在各小島上的種類不同，但彼此間卻有著密切的親緣關係，並和最鄰近的大陸生物或其他遷徙來源地的生物也存在著某種親緣關係，儘管這種關係稍微疏遠了一點。我們更能領會，如果兩個地區內有極近緣的物種存在，則不論這兩地相距多遠，總會找到若干相同的物種。

正如已故的福布斯先生所主張的那樣，支配生命的規律在時間和空間上呈現出顯著的相似性。控制過去時代生物演替的規律，與控制現代不同地區生物類型差異的規律幾乎是相同的，我們可以從許多事實中看到這個情況。在時間上，每一物種和每一物種群的分布都是連續的；由於這一規律只有極少數例外——某種生物在一套地層的上下層位裡都存在，而在中間層位裡缺失，所以我們便合理地認爲例外的原因是目前我們尚未在中間層位找到該物種。在空間分布上也是如此，即一物種或一物種群的棲息地區是連續的，這無疑是一個普遍規律，儘管例外情況不少。但如我以前指出的，這些都可以根據以前遷徙時遇到的不同情況，或是偶然傳播方法的不同，或是該物種在中間地帶的滅絕而得到合理解釋。在時間和空間上，物種和物種群都有自己發展的頂點。在同一時代或同一地區內棲息的物種群，往往有共同的細微特徵，如紋飾和顏色之類。我們觀察過去漫長連續的時代，如同觀察全世界遙遠的地區一樣，會發現某些綱的物種相互間僅稍有差異，而另一些綱或目裡不同組的物種之間卻大不相同。在時間和空間上，每個綱裡構造低等的成員通常要比構造高等的成員變異少。當然在這兩種情況中，這一規律都有顯著的例外。根據我們的學說，生物的時、空分布規律都是很清楚的，因爲我們觀察的那些近緣生物，不論它們是在連續時代中產生的變異，還是遷移到遠地以後所產生的變異，都遵循同一譜系演變法則；在這兩種情況中，變異規律都是一樣的，而且所產生的變異，都是經過自然選擇作用積累起來的。

第十四章　生物間的親緣關係：形態學、胚胎學和殘跡器官的證據

分類

從地球歷史的最古時期以來，已發現生物彼此間的相似程度是有差別的，因此可以劃分成大小不同的類別。這種分類不像將星座中的星分成星群那樣隨意。如果一個類別僅僅適於陸地生活，另外的類別只能生活在水中；一種以肉食爲生，另外的則爲食植物而生，那麼這樣的劃分就過於簡單了。實際情況並非如此，甚至同一亞群內的分子常常具有不同的習性，這也是人所共知的事實。在第二章和第四章內，關於變異和自然選擇，我試圖指出，在每一個地區，凡是廣泛傳播、分散和常見的物種，也就是每一綱較大的屬內最有優勢的物種，是最能變異的。先產生變種或者最初的變種，最後變成新的、特徵鮮明的種；根據遺傳法則，這些物種將會產生其他新的、占主導地位的新種。因此，目前是巨大的、通常包括許多優勢種的類群（groups）將繼續增大。我又進一步指出，由於每一物種變異中的後代，都要在自然經濟中占有儘可能多的各式各樣的地位。因而，它們頑強地趨向於性狀的分歧。這一點，得到如下事實的支持：在任何一個小區域內物種的繁多，彼此競爭的劇烈以及物種馴化等。我也曾試圖指出，凡是數目不斷增加、性狀不斷分歧的類別具有排擠、取代原先的較少分歧和較少改良種類的趨向。請讀者翻閱前面說明這幾項原理的圖表（見第四章）。不難看出，必然的結果是，從一個祖先傳下來的已經改變了的後代，可以分化成爲很多的群，而且群下有群。圖表頂線上的每一個字母代表一個屬，包括若干個種，沿上線的全部屬共同組成一個綱，因為這些屬是從一個遠祖傳下來的，因此遺傳了很多共同的特性。同樣的道理，左邊的三個屬有許多共性，形成一個亞科，不同於包含右邊二個屬的另一亞科，它們是從共同的祖先在圖表上的第五個階段開始分歧的。這五個屬也有許多共同點，雖然沒有隸屬於亞科內各屬之間那樣關係密切；它們組成一個科，與更右邊的三個屬組成的科有所區分，後者在更早的時期便已分歧。所以從(A)傳下來的這些屬組成一個目，區別於由(I)傳下來的那些屬。所以我們這裡有許多由單一祖先傳下來的物種，組成了許多屬；這些屬組成亞科，由亞科再組成科，由科組成目，並都歸入於一個大綱之下。生物可以自然地劃分為大小不等的類別這一重要事實並不令人奇怪。在我看來，對此可以做如下解釋：無疑，生物體就像其他物體一樣，可以根據許多方法進行分類，或者根據單一性狀人為地分類，或者依據多種性狀自然地分類。我們知道，礦物或元素就可以這樣分類。當然，在這種情況下，既沒有系統演替的關係，目前又沒有分類原理可說。但是，生物的情況則不同。上述看法是與群下有群的自然排列相一致的，截至目前還沒有人做過別的解釋。

正如我們所看到的，博物學者們都試圖用所謂自然體系來排列每一綱內的種、屬和科。但是，這個體系的意義是什麼呢？有的學者認為，這不過是一個清單，把最相似的生物排列在一起，把最不相似的分開；或者認為，這是一種人為的、最簡單的陳述普通命題的方法——就是用一句話表示一群生物共同的特徵，例如用一句話表明一切哺乳動物的特徵，用另一句話表示一切食肉獸的特徵，再用一句話表明狗屬的特徵，然後再加一句話完成對每一種狗的描述。這個體系的獨創性和實用意義是無可置疑的。但是，許多博物學者認為這種自然體系的意義遠非如此。他們相信，這個體系揭示了「造物主」計畫；關於這個「造物主」計畫，我認爲除非能說明它在時間與空間方面的順序，或者兩方面的順序，或者別的方面的意義，否則將很難對我們的知識有所補益。例如林奈先生那句名言，我們常常在文獻中見到，它或多或少以隱蔽的形式出現，他說：「不是特徵造成屬，而是屬顯示特徵。」這句話似乎在暗示我們的分類不僅在於類似，而且還含有更深層次的聯繫。我相信這是事實，這種聯繫就是共同的祖傳體系，是生物密切類似的因素，雖然有不同程度的變更，但是，仍在我們的分類中已部分地顯露出來了。

現在讓我們考慮一下分類學所依據的法則，以及上面幾種意見所引起的種種困難，即主張分類是一種表示某項不可知的上帝創造計畫，或者主張分類不過是一種敘述普通命題的清單，把彼此最相似的類型集中到一起等。也許會有人認爲（古時的想法）能夠確定生活習性的構造部分和每一種生物在自然體系中的總體位置，將是分類的重要依據，可是沒有比這種看法更錯誤的了。沒有人認爲老鼠與鼴鼠（shrew）、儒艮與鯨、鯨與魚外形的相似性有什麼重要意義。這些相似性雖然與生物的整體生命密切聯繫，但是只具有「適應的與同功的性質」；這將留作以後討論。然而，我們甚至可以認爲這是一條普遍的法則：凡是與生物的特殊習性關係越小的構造，在分類學上的重要性就越大。舉一個例子：歐文在談到儒艮時曾說：「生殖器官對於動物的習性和食性關係最小，所以我總以爲這是最能表示親緣關係的構造。對於這種器官的改變，我們最容易避免誤認適應的性狀爲主要的性狀。」就植物來說，最引人注意的、生活所必需的營養器官在分類學上幾乎沒有什麼價值；而生殖器官及其所產的種子與胚珠都是非常重要的！又如以前所討論的一些形態特徵，在功能上並不重要，而在分類上卻具有極大的用處。這是因為這種器官的性狀在許多同源的類群之間常很固定，這種固定主要是因為自然選擇只對有用的性狀起作用，而對於這種器官任何輕微的變異，不加保存和積累的緣故。

只憑器官的生理重要性並不能確定它的分類價值，這差不多已經得到事實證明了。據我們從各方面設想，在近緣類群中，同樣的器官，幾乎具有同樣生理價值的，其在分類上的價值卻各不相同。經過長時期研究之後，博物學者對各生物類群中的這種情況，沒有不感到驚奇的；這幾乎是每一位作者在著作中所完全認同的。這裡只要引證最高權威布朗（Robert Brown）的話就足夠了。他在講述龍眼科（Proteaceae）內某些器官對於屬的重要性時曾說：「據我所知，這和所有其他部分一樣，不僅在這個科內，即使在其他的各自然科內，它們的價值也是不一樣的，而在某些情況下似乎完全沒有意義了。」在另外的著作中，他說：「牛栓藤科（Connaraceae）內的屬，區別就在有一個或多個子房、有胚乳或沒有胚乳，花瓣為疊瓦狀或鑷合狀等方面。上述特徵中的任何一個，其重要性常超過屬的性狀，在這裡雖將一切性狀合併，也不足以區別蘭斯梯斯屬（*Cnestis*）與牛栓藤屬（*Connarus*）。」舉一個昆蟲的實例：韋斯特伍德（Westwood）曾指出：在膜翅目的某一大支群內，觸角的特徵是最固定的，而在另一支群內部卻有差異。這種差異在分類上是次要的；但是，不會有人說同一目內這兩大支群的觸角具有不等的生理重要性。此外，在同一類生物中，同樣重要的器官在分類學上價值不一的例子實在是舉不勝舉。

另一方面，殘留的和退化的器官具有高度生理的或生命的重大意義；毫無疑問，這類器官在分類上常具有很大價值。沒有人會否認，年輕反芻動物上頜骨上的殘留牙齒和腿部的殘留骨骼，在顯示反芻動物和厚皮動物密切的親緣關係方面是大有用處的。布朗強調指出，禾本草類殘留小花的位置，在分類上具有最重要的價值。

可以舉出很多實例：有些構造在生理上很不重要，但是人們公認，它們的性狀對於確定整個類群生物的定義極有用處，例如，據歐文說，從鼻腔至口內是否有一個敞開的通道，僅這一特徵就完全可以區別魚和爬行動物；其他如昆蟲翅膀褶皺的方式，某些藻類的顏色，禾本科草類花上的細毛，脊椎動物真皮覆蓋物的性質（例如毛或羽）等。假若鴨嘴獸體外生羽毛而不長毛，那麼博物學者將認為這個外部細微的特徵，將是鑑定這種奇怪的動物與鳥類親緣關係遠近的重要標準。

細小的性狀在分類學上的重要性，主要決定於它們和許多其他性狀的關係（後者多少也有幾分重要性）。性狀的集合在自然演化史中的價值是很明顯的。因此，就像常聽人說起的那樣，一物種可以同它的近緣物種，在若干性狀方面，即既在具高度生理重要性，又在具普遍的優勢方面有差異，但這並不能使我們懷疑它的分類地位。因此，我們也常常看到，根據任何單項特徵建立起來的分類系統，不論這種特徵多麼重要，必然是不可靠的；因為機體上沒有一個部分是固定不變的。即使許多性狀沒有一個是重要的，但是一經集合，便有重大價值；這種性狀集合的重要性，可以解釋林奈的格言，即特徵不能造成屬，而是屬顯示特徵；這似乎是建立在許多類似點的細微鑑別上，太細微了以致不能被鑑別，因而有此格言。金虎尾科內若干植物的花有的是完全的，有的則是退化了的；關於後者，朱西厄（Jussieu）曾說，「原屬於該種、該屬、該科、該綱特有的大批性狀消失了，這簡直是對我們的分類開玩笑。」當亞司派卡巴屬（*Aspicarpa*）進入法國時，數年內僅留下這些退化的花。它在許多構造上最重要的方面，都和本目典型的種相差甚遠。但是據朱西厄所說，理查（Richard）以他敏銳的眼光，仍然把該種列入金虎尾科內，這一點可以顯示我們分類學者的精神。

實際上，博物學者在工作時，對於鑑定一個類群或任何一物種所依據的性狀，並不顧及它們的生理價值如何。如果他們找到一種性狀，相當地一致，而且是大多數類型所共有的，這性狀的價值就算很高；如果僅有少數類型所共有，那就算是次要的。這個原則已被一些博物學者認爲是正確的；而著名植物學者奧．聖堤雷爾（Aug. St. Hilaire）更是明確地給予承認。如果有好幾個細小的性狀常常被一起發現，雖然它們之間並無明顯的同源聯繫，也應認爲有特殊的價值。重要的器官，例如心臟、呼吸器，或者生殖器，在大多數動物群中都相當地一致，它們在分類上也就非常有用；但是，在某些類群中，這些最重要的生活器官所表現的性狀，是相當次要的。因此，正如弗里茨．穆勒（Fritz Müller）最近所說的，同在甲殼綱內，海螢屬（*Cypridina*）具有心臟，而和它密切相近的兩個屬，貝水蛋屬（*Cypris*）與金星蟲屬（*Cytherea*）卻沒有心臟，海螢屬類有一個種具有很發達的鰓片，另一種卻沒有。

我們可以看到，爲什麼胚胎的性狀與成體的性狀具有同等的重要性，因爲自然分類法本來是包括一切年齡的。但是，依據通常的觀點，尚未搞清，爲什麼胚胎的構造在分類上比成體的構造更加重要，而在自然組成中只有成體的構造才能發揮充分的作用。但是偉大的博物學者愛德華茲和阿加西斯極力主張，胚胎的性狀在所有性狀中是最重要的；而且普遍認爲這一理論是正確的。然而，由於沒有幼蟲適應的性狀，它們的重要性有時被誇大了。爲了說明這一點，穆勒僅僅依據幼蟲的性狀排列了甲殼類這一大綱，結果說明這不是一個自然的排列。但是，毫無疑問，除了幼體性狀以外，胚胎性狀對於分類具有最高的價值。不僅動物是這樣，植物也是如此。因此，顯花植物的主要劃分是依據胚胎形狀的差異，即依據子葉的數目與位置、依據胚芽與胚根的發育方式。現在我們可以看出，爲什麼這些性狀在分類上有如此高的價值，就是說，自然系統是依據譜系進行排列的。

我們的分類常常清楚地受到親緣關係的直接影響。沒有什麼比確定所有鳥類共有的許多性狀更容易的了；但是在甲殼類裡，這樣的確定迄今被認爲是不可能的。在甲殼類系列兩個極端的類型，幾乎沒有一個共同的性狀；但是兩極端的物種，因爲清楚地與其他物種近似，而這些物種又與另一些物種近似，如此關聯下去，就可以清楚地認爲它屬於甲殼類這一綱，而不是屬於另一綱。

地理分布常常被用在分類上（也許不完全合理），特別是用在非常近似類型的很大類群的分類方面。特米克（Temminck）認爲這個方法在鳥類的某些群中是有效的。甚至是必要的；有些昆蟲學者和植物學者也採用過這個方法。

最後，關於不同種群的比較價值，例如目、亞目、科、亞科和屬，至少在現在，幾乎是隨意估定的。一些最優秀的植物學者，例如本瑟姆先生與其他人士都曾強烈主張它們的任意性價值。在植物和昆蟲裡面，一個類群起初被很有經驗的博物學者僅僅定爲一個屬，後來提升爲一個亞科或一個科；不是因爲進一步的研究發現了重要構造上的差異，而是由於具有輕微差別的許多近似物種陸續地被發現的緣故。

如果我的看法沒大錯的話，那麼上述關於分類的規則、依據和難點，都可以根據「自然體系基於世系演變」的見解加以解釋。博物學者所認爲能顯示兩種或兩種以上物種之間眞正親緣關係的性狀，是經過共同祖先的遺傳而得來的。一切眞正的分類都是依據譜系的；共同的譜系就是博物學者無意中找到的隱藏的聯繫，而不是一些不可知的造物主的設計，不是一種普通命題的敘述，更不是把多少相似的對象簡單地合在一起或分開。

但是，我必須更充分地解釋我的意思。我相信，要使我們對每一綱內各類群譜系的排列、彼此的地位與關係都做得很適當，必須嚴格依據它們的世系，才能更合乎自然；不過，在幾個分支或類群內，雖然在血緣的遠近方面距它們共同的祖先是相等的，而所顯示的差異量可以大爲不同，這是由於它們經歷的演變程度不同的原因；這個差異量就由該類型放置在不同的屬、科、分支或目中表示出來。假若讀者能參閱第四章的插圖，就可很好地理解它的意義。我們假設從字母A到L，代表生存於志留紀時期的近源屬類，它們都是從更早的時代傳下來的。其中三個屬（A、F和I），都有一個種留下了變異的後代延續至今，由頂上橫線的十五個屬（a^{14}至z^{14}）來代表。現在，所有從這三種傳下來的變異了的後代，彼此都具有相同的血緣與血統關係；可以把它們比喻爲第一百萬代的堂兄弟；可是，它們彼此之間有著廣泛的和不同程度的差異。從A傳下來的類型，現在分解爲二個或三個科，構成一個目。由I傳下來的類型，也分解成兩個科，組成了不同的目。由A傳下來的現存物種已不能與親種A歸入同一個屬；同樣，從I傳下來的現存物種也不能與親種I歸於同一個屬。假設現存的F[14]屬依然存在，但稍有改變，於是它將與祖屬F歸於同一屬；正像某些極少的現存生物屬於志留紀的屬一樣。因此，這些在血統上都以同等程度相關聯的生物，它們之間差異的比較價值就大大地不同了。雖然如此，它們譜系的排列，仍然是絕對正確的，不僅現在如此，而且在以後的時期也是如此。從A傳下來的所有變異了的後代，都從它們的共同祖先繼承了一些共同的性質，就像從I傳下來的後代從自己的祖先那裡繼承下來的特性一樣；在每一後續的時期，每一繼承後代的每一旁支也是如此。然而，如果我們假設A或I的任何後代，已經發生了很多變異，以致失去它祖先的所有痕跡，在這種情況下，它在自然系統中的位置也將消失，一些極少的現存生物就發生過這種現象。沿著它的整個系統線，F屬的一切後代，假定只有很少的變化，它們就形成一個單一的屬。這個屬雖然很孤立，但是一直占有特殊的中間位置。各種群的表示，如這裡用平面圖指出的，未免過分簡單。各分支應向各個方向發射出去。如果各類群的名稱只是依直線書寫，它的表示就更加不自然了。在自然界中同一群生物間所發現的親緣關係，企圖用平面上的一條線來表示，顯然是不可能的。因此，自然系統是依據世系排列的，好像一個家譜。但是不同類群所經歷的演變量，必須由列入所謂不同的屬、亞科、科、支目和綱來表示。

舉一個語言的例子來說明這個分類的觀點可能是有益的。如果我們擁有一部完善的人類譜系，那麼人種的系統排列，將對全世界現在所用的不同語言提供最好的分類；假若所有廢棄了的語言和所有中間性質及緩慢變化的方言也包括在內，那麼這樣的排列將是唯一可能的分類。但是，一些古老的語言改變很小，產生的新語言也很少，而其他的古老語言由於同宗民族在散布、隔離與文化狀態方面的關係曾經有很大改變，因此產生了許多新的方言和語言。同一語系不同語言之間的不同程度的差異，必須用群下有群的方法來表示；但是合適的、甚至唯一可能的排列將是系統排列；而且將完全是自然的，因爲它將把一切語言，古代的和近代的，根據密切的親緣關係連接到一起，並且表示出每一種語言的分支與起源。

爲了證實這一觀點，讓我們看一下已知的或者確信是從單一物種傳下來的變種的分類。這些變種群集在物種之下，亞變種又群集在變種之下。在有些情況下，例如家鴿，還有其他等級的差異。變種分類與物種分類遵循著大致相同的規則。作者們堅決主張變種排列的必要性。都強調需要一種自然系統，以代替人爲系統。例如，我們受到警告，不要僅僅因爲鳳梨的兩個種的果實（雖然是最重要的）幾乎相同，就把它們輕率地放在一起；沒有人把瑞典蕪菁與普通蕪菁歸到一起，雖然它們的塊莖十分相似。凡是最固定的構造部分，可以用在變種分類方面。因此，偉大的農學家馬歇爾說，在牛的分類上角最有用。因爲與身體形狀和顏色比較起來角的變化最小；但是羊類角的性質較不固定，很少用於分類。在變種分類中，我想，假若我們有一個眞正的宗譜，系統分類法就會優先地廣泛採用。實際上，在一些場合它已經被採用。因爲我們可以確信，不管有多少變異，繼承的原則將會使類似點最多的類型聚合在一起；關於翻飛鴿，雖然某些亞變種在喙長這樣重要的性狀方面有所不同，因爲都有翻飛的共同習性，牠們都會被歸併在一起。但是，短面的種類已經幾乎或完全喪失了這種習性；儘管如此，我們並沒有考慮這一點，仍然把牠們與翻飛的種類歸入一起，因爲牠們在血統上相近，而且在其他方面也有類似之處。

關於自然狀態下的物種，事實上每一位博物學者都在依據血統關係進行分類；因爲他把兩性都包括在最低單位——物種中。這些兩性有時在最重要的性狀方面表現了十分巨大的差異，這是每一個博物學者都了解的。例如，某些蔓足類的成年雄體與雌雄同體的個體之間幾乎沒有任何共同之處，但是沒有人企圖分開它們。三個蘭花植物類型，即和尚蘭（Monachanthus）、蠅蘭（Myanthus）和龍鬚蘭（Catasetum），曾經被列爲三個不同的屬，但是一經發現有時它們產在同一植株上時，就立刻被降爲變種。現在我可以表明，它們分別是屬於同一物種雄性的、雌性的和雌雄同株的個體。博物學者把同一個體的不同幼體階段包括在一個物種裡，不管它們彼此之間的差別與成蟲的差別有多大。斯廷斯特拉普（Steenstrup）所謂交替的世代也是如此，它們只能在學術意義上被看作同一個體。博物學者把畸形和變種包括在一個物種內，不是因爲它們部分地相似於親本類型，而是由於它們是從同一親本類型遺傳下來的。

雖然雄體、雌體和幼體有時是極不相同的，但是，同種個體的分類，普遍地應用血統原理將它們歸到一起；有一定改變的和有時有較大改變的變種也根據血統來分類。因此，種歸於屬、屬歸於較高的類群，一切歸在所謂的自然體系之下，難道不是不知不覺地運用同一血統因素在分類嗎？我相信它已經被不知不覺地應用了。這樣，我們可以了解最優秀的分類學者們所依據的一些準則與綱領。因爲我們沒有既成的宗譜，只得靠某些種類的相似之點去追索血統的共同性。因此，我選擇了那樣一些性狀來分類，即每一物種在最近的生活條件下最不容易發生變化的性狀。從這一觀點出發，殘留構造與身體上未退化部分在分類上是同樣重要的，有時甚至更爲適用。不管一種性狀多麼微小，例如顎的角度大小、昆蟲翅膀的折疊方式，皮膚被覆著毛髮還是羽毛等，只要它在許多不同的物種中，特別是在那些生活習性很不相同的物種中是普遍存在的，它就具有了高度的分類學價值；因爲我們只能用一個來自共同祖先的遺傳，來解釋爲什麼它能存在於如此眾多的不同習性的類型裡。如果只能根據某一構造來分類，我們就會犯錯誤。但是，即使很不重要的性狀，只要它們同時存在於不同習性的一大群生物裡，根據血統理論可以很有把握地認爲，這些性狀是從共同的祖先遺傳下來的；我們知道，這種集合的性狀在分類上具有特殊的價值。

我們可以理解，爲什麼一個物種或一個物種的集群，在它們的一些最重要的特徵方面偏離自己的夥伴，而又被穩妥地與它們分類到一起。只要有足夠數量的性狀，不管是多麼的不重要，顯露出血統共同性的潛在聯繫，就可以穩妥地進行這樣的分類，而且還可以經常這樣做。即使兩個類型沒有一個性狀是共同的，但如果這些極端的類型被中間類群的環節連接到一起，我們就能立刻推測出它們血統的共同性，就可以把它們置入同一綱內。因爲我們發現在生理上高度重要的器官（在最不同的生存條件下用以保存生命的器官）通常是最固定的，所以我們賦予它們以特別的價值。但是如果這些相同的器官在另外一個群或某個群的一部分中發現存在很大的差異，我們將立刻在分類中降低對它們的評價。我們將會看到，爲什麼胚胎的性狀具有如此高度的分類重要性。地理分布有時在大屬的分類中能得到有效的作用，因爲生活在不同地區和孤立地區同一屬的全部物種，大概都是從同一祖先傳下來的。

同功的類似性

根據上述觀點，我們能夠理解眞正的親緣關係與同功的或適應的類似性之間存在著很重要的區別。拉馬克首先注意到了這個問題，在他之後還有馬克里（Macleay）及其他人。在身體形狀和鰭狀前肢上，儒艮和鯨之間的類似，以及哺乳類與魚類這兩個目之間的類似，都是同功的。屬於不同目的鼠與鼩鼱之間的類似也是同功的；米瓦特（Mivart）先生堅持主張的鼠與澳大利亞小型有袋動物（Antechinus）之間更加密切的類似也是同功的。依我的看法最後這兩者的類似可以根據下述理由得到解釋，即適於在灌木叢和草叢中做相似的積極活動以躲避敵害。

在昆蟲中間也有無數類似的實例；林奈就曾被表面現象所迷惑，竟把一個同翅類的昆蟲歸入蛾類。在家養變種中，甚至可以看到類似的情況，例如中國豬和普通豬的改良品種在形體上有顯著的相似性，而牠們卻是從不同的物種遺傳下來的；又如普通蕪菁和極不相同的瑞典蕪菁在加厚莖部方面也是相似的。格雷伊獵犬和賽馬之間的類似，並不比有些作者所描述的大不相同的動物更爲奇特。

性狀，只有在揭示了血統關係時才對分類具有眞正的重要性。我們能夠清楚地理解，爲什麼同功的或適應的性狀，雖然對生物的繁榮具有極爲重要的意義，但是對於分類學者來說，幾乎毫無價值。因爲兩個血統極不相同的動物，可以變得適應類似的條件，並因此獲得外部形態的相似。但是這樣的類似不但不能揭示它們的血統關係，反而往往掩蓋了它們的血統關係。因此，我們也能夠理解這樣的明顯矛盾。當一個群與另一個群比較時，完全一樣的性狀是同功的。而當同一群的成員一起比較時，則顯示了眞正的親緣關係。例如：當鯨和魚比較時，身體形狀和鰭狀前肢僅僅是同功的，都是兩個綱對於游泳功能的適應；但是在鯨族（科）的一些成員之間比較時，身體形狀和鰭狀前肢則提供了顯示眞正親緣關係的性狀；因爲這些部分在整個科裡都是非常相似的，以致我們不能不相信它們是從同一祖先遺傳下來的。魚類也是如此。

可以舉出許多實例說明，在十分不同的生物中，由於適應於相同的功能，生物的某個部分和器官之間會出現驚人的相似。狗和塔斯馬尼亞狼或袋狼是在自然系統中相距很遠的兩種動物，而牠們的顎卻是非常相似的。這就是一個很好的例子。但是這種相似只侷限於一般外表，如犬齒的凸出和臼齒的切割形狀。實際上牙齒之間還有很大的差異，例如狗的上顎的每一邊有四顆前臼齒，僅有二個臼齒；而袋狼有三個前臼齒和四個臼齒。而這兩種動物的臼齒在相對大小和構造方面也有很大的差異；而且在成齒長出之前，還有極爲不同的乳齒。當然，任何人都不可否認，這兩種動物的牙齒透過連續變異的自然選擇，已經適應了撕裂肉食的需要。但是，如果承認這個曾在一個例子中發生，而在另外的例子中被否定，依我看這是不可理解的。我高興地發現，像弗勞爾教授那樣高級的權威也得出了同樣的結論。

之前一章裡所舉的特殊情況，例如具有閃電器官的很不相同的魚類，具有發光器官的很不相同的昆蟲，具有黏盤花粉塊的蘭科植物和蘿藦科植物都可歸入同功相似這個範疇內。但是，這些情況都是如此之奇特，以致被看作我們學說的困難與異議。在所有這些情形下，可以發現它們的器官的生長與發育有著根本的差異，一般在成年構造中也是如此。它們要達到的目的是相同的，所用的方法雖然表面上看來也是相同的，但是其本質卻是不一樣的。以前在同功變異的名義下提到的原則大概也常常在這些情況下發揮作用。同綱的成員雖然親緣關係疏遠，但是它們的體質繼承了許多共同的特徵，以致它們往往在相似的刺激因素下以相似的方式發生變異。顯然是自然選擇使它們獲得彼此相似的構造與器官，而與由共同祖先的遺傳無關。

屬於不同綱的物種，由於連續輕微的變異，常常生活在幾乎類似的環境條件下，例如生活在陸地、空中和水裡這三種環境中。因此，我們或許可以理解，爲什麼有時會有數字上的平行現象出現在不同綱的亞群裡邊。一位被這種性質的平行現象打動的博物學者，由於任意地提高或降低某些綱內類群的分類價值（我們的所有經驗表明，對它們的評價至今還是任意的），就能容易地把這種平行現象擴展到廣闊的範圍內。這樣，就出現了七項的、五項的、四項的和三項標準的分類法。

另一類奇異的情況是，外表上十分類似並非由於適應相似的生活習性，而是因爲保護作用才得到的。我指的是貝茨（Bates）先生首次描述過的一些蝴蝶，牠們模擬了另外的、很不同的物種的奇異方式。這位優秀的觀察者指出，在南美的一些地區，有一種透翅蝶（Ithomia），其數量很多，大群聚集，在這群蝴蝶中常常能發現另外一種蝴蝶，即異脈粉蝶（Leptalis），混雜在同一群內。後者與透翅蝶在顏色濃淡和條紋，甚至翅膀的形狀方面極爲相似，使有十一年採集標本歷史且目光十分銳利的貝茨先生也難免受騙，儘管他總是處處警覺。當捕獲到模擬者與被模擬者並加以比較時，人們發現它們的基本構造是很不相同的。它們不僅屬於不同的屬，而且常屬於不同的科。如果這個模擬只見於一兩個事例，可以被認爲是一種奇怪的巧合。但是，如果我們撇開異脈粉蝶模擬透翅蝶不談，還可以找到屬於類似兩個屬的模擬者和被模擬者，而且同樣極爲相似。此種情況，包括模擬其他蝴蝶的物種在內總共不下十個屬，模擬者和被模擬者總是生活在同一地區；我們從未發現一個模擬者生活在遠離被模擬者的地方。模擬者幾乎都是稀有昆蟲；被模擬者幾乎在所有情形下都是富集成大群的。在異脈粉蝶密切模擬透翅蝶的地方，有時還有別的鱗翅類昆蟲模擬同一種透翅蝶。結果，在同一個地方能夠找到三個屬的蝴蝶，人們甚至還發現有一種蛾也非常相似於第四個屬的蝴蝶。特別值得注意的是，異脈粉蝶的許多模擬者僅僅是同一物種的不同變種，被模擬者也是如此；而其他類型則無疑是不同的物種。但是人們會問：爲什麼我們要把某些類型看作是被模擬者，而把其他類型看作模擬者呢？貝茨先生令人滿意地回答了這個問題。他說，被模擬的類型保持著它那一個群通常的裝飾，而僞裝者則改變了自己的裝飾，並且與它們最近緣的類型不再相似了。

其次，我們來深究一下，是什麼原因使某些蝴蝶和蛾類這樣常常獲得另一個相當不同類型的裝飾。博物學者大惑不解，爲什麼「自然」會玩弄欺騙手段？毫無疑問貝茨先生已經想到了正確的解釋。被模擬的類型總是富集成群的，它們必定能大批地逃避毀滅。不然，它們就無法保存得那麼多。現在已經蒐集到了大量的證據，證明它們是鳥類和許多食蟲動物不喜歡吃的。另一方面，棲息在同一地區的模擬類型是比較稀少的，屬於稀有的類群。因此，它們想必是習慣地忍受了一些危險，不然的話，根據所有蝶類的產卵數量，它們將會在三至四個世代內繁衍到整個地區。現在，如果一個這樣被迫害的稀有的類群，其中一個成員獲得一種外形，這種外形是如此類似於一種受良好保護的物種，以致它不斷騙過富有經驗的昆蟲學家的眼睛，它也就常能騙過掠奪成性的鳥類和昆蟲。因此，它常能逃過毀滅的厄運。幾乎可以說，貝茨先生實際上目睹了模擬者變得如此相似被模擬者的過程；他發現異脈粉蝶的某些類型，模擬了許多其他的蝴蝶，因此以極端的程度發生變異。在一個地區產生的幾個變種，其中僅有一個變種在某種程度上與該地區常見的透翅蝶相類似。在另外的地區有二至三個變種，其中一個遠比其他變種常見，牠極力地模擬著透翅蝶的另一種類型。根據這一事實，貝茨先生做出結論：異脈粉蝶首先發生變異；當一個變種和棲息在同一地區的任何普通蝴蝶在一定程度上相類似，那麼這個變種由於和一個繁盛的、很少受迫害的類型相類似，就會有更好的機會避免被掠奪成性的鳥類和昆蟲所毀滅，結果常常被保存下來。「肖似程度比較不完全的，就一代接一代地被排除了，只有肖似程度完全的，才能保存下來，繁衍它們的種類。」所以在這裡，我們有了一個極好的自然選擇的實例。

華萊士和特里門（Trimen）先生同樣也描述了馬來半島和非洲鱗翅類昆蟲和其他昆蟲，描述過一些同樣明顯的模擬實例。但在大型四足類中尚未發現這樣的模擬。在昆蟲中，模擬的頻率較之其他動物大得多，這大概是由於牠們身體小的緣故。昆蟲不能保護牠們自己，除了確實帶刺的種類之外。我從未聽說過那些帶刺種類模擬其他昆蟲的例子，儘管牠們常被他人模擬。昆蟲由於不能透過飛翔來逃避吞食牠們的更大動物；因此，牠們就和大多數弱小動物一樣，被迫採用欺騙和掩飾的手段，賴以生存。

應該說，模擬的過程大概不會發生在顏色大不相同的類型之間。而是從彼此有點兒類似的物種開始的。最密切的肖似，如果是有益的，就能以上述手段容易地辨得到。如果被模擬的類型後來逐漸透過某種原因發生了變異，模擬的類型也會沿著同樣的軌跡變化，幾乎能改變到任何程度。這樣，它就會獲得與它所屬的那一科的其他成員完全不同的外表或顏色。但是，在這一方面也會有一些困難，因爲在某些情況下，我們必須假定，幾個屬於不同群的古老成員，在它們還沒有分異到現在的程度以前，偶然地與另一個有保護群的一個成員肖似到足夠的程度，從而得到了某些輕微的保護；這樣就逐步產生了保護得最完全肖似的基礎。

關於連接生物親緣關係的性質

大屬的優勢物種中變異了的後代，有繼承優越性的傾向。這種優越性使它們所屬的群變得巨大，並使它們的雙親占有優勢。因此，它們幾乎肯定可以廣爲傳播，在自然中占有越來越多的地方。每一綱裡較大和較優勢的群因此往往不斷增大，以致排擠了許多較小和較弱的群。因此，我們能夠解釋這樣的事實：所有現存的和已經滅絕了的生物，被包括在少數的大目和更少數的綱裡邊。這個事實是驚人的：較高級分類階元的類群在數量上是非常之少，而它們在全世界的分布卻又是何等的廣泛。以致在澳洲被發現後，也未能增加一個可建立新綱的昆蟲。我從胡克博士那裡了解到，在植物界，也只增加了二個或三個小科。

在有關地層序列的那一章裡，我曾說明，在漫長而連續的變異過程中，每個群的性狀通常會分歧很多。爲什麼比較古老的生物類型的性狀在一定程度上能代表現存種群之間的中間類型呢？因爲某些古老的中間類型能把變異很少的後代遺傳到今天，它們組成了我們所謂的中介物種（osculant species）或畸變物種（aberrant species）。一個類型越是畸形，則已經消失或完全消失的連接類型的數量就越大。我們有一些證據表明，畸形的類群由於滅絕而蒙受了嚴重損失，因爲它們幾乎僅有極少的代表物種。按照它們現存的情況來看，這些物種通常彼此很不相同，這更加意味著滅絕。例如鴨嘴獸和肺魚屬，如果不是像現在這樣僅有單一的種，或兩三個種，而是包含十幾個種，大概牠們也不會減少到如此異常的程度。我想我們只能根據以下情況進行解釋：把畸變的類型看作被較爲成功的競爭者所戰敗的類型，它們只有少數成員在非常有利的條件下殘存了下來。

沃特豪斯（Waterhouse）先生曾經指出，當動物中一個群的成員對另一個很不同的群顯示出親緣關係時，在多數情況下這個親緣關係是抽象的，而不是具體的。因此，根據沃特豪斯先生的意見，在所有的齧齒類中，絨鼠與有袋類的關係是最爲密切的。但是，在牠與有袋類接近的諸點中，牠們的關係是一般性的。也就是說，牠並不是與有袋類某一個具體的種更接近些。因爲相信親緣關係諸點是眞實的，不只是適應性的，所以按照我們的觀點，牠們就必須歸因於由共同的祖先遺傳這一點。因此我們只能設想，或者包括絨鼠在內所有的齧齒類，是從某種古老的有袋類分支出來的，而這種古老的有袋類與所有現存的有袋類，在性狀上或多或少地具有中間性質；或者齧齒類和有袋類二者都是從其共同的祖先中分支出來的，並且此後兩者在不同的方向上又都經受了許多變異。不論依據哪種觀點，我們都必須設定，絨鼠透過遺傳從古老的祖先那裡獲得了比其他齧齒類更多的性狀；因此，牠不會與任何一種現存的有袋類有特別近的關係。但是，由於部分地保存了牠們共同祖先的性狀，或者該群某些早期成員的性狀，因而間接地與一切或幾乎一切有袋類有關係。另一方面，就像沃特豪斯先生所指出的那樣，在一切有袋類中，袋熊（Phascolomys）與齧齒類最爲相似，不是與某一個具體種，而是與整個嚙齒目最爲相似。但是，在這種情況下，完全值得懷疑，這種類似可能僅是同功的，因爲袋熊已經適應了像齧齒類那樣的習性。老德．康多爾在不同科植物親緣關係的一般性質方面也做過類似的觀察。

根據由共同祖先遺傳下來的物種性狀會不斷增多與漸次分支的原理，並且根據它們透過遺傳保存了一些共同形狀的事實，我們能夠理解，透過極端複雜和輻射性的親緣關係，將同一科或者更高階元的群中的所有成員彼此連接到了一起。因爲透過滅絕分裂成了群和亞群的整個科的共同祖先，將會把它的某些性狀，經過不同方式和不同程度的改變，遺傳給所有的物種。它們將透過各種長度的親緣關係迂迴線相互關聯著（正如在前面經常提到的那個圖解中看到的），並透過許多代祖先而進化。即使透過系統樹的說明，人們也很難表示古代貴族家庭無數親屬之間的血統關係。但是，如果沒有系統樹說明，要搞清其血統關係，就幾乎是不可能的。所以我們能夠理解下述情況：博物學者在同一個大的自然綱裡，已能看出許多現存的成員和滅絕成員之間的各種親緣關係，但在沒有圖解說明的情況下，要想描述這種關係是很困難的。

正如我們在第四章裡已經看到的那樣，滅絕作用在確定和加寬每一綱中幾個群之間的間距方面發揮了重要作用。這樣，我們可以解釋各個綱彼此界限分明的原因，例如鳥類與其他脊椎動物的界限。如此說來，許多古老的生物類型已經完全消失了。這些滅絕類型將鳥類的早期祖先與當時較不分化的其他脊椎動物連接在一起。然而曾把魚類和兩棲類連接在一起的中間生物類型的滅絕就少得多。在一些綱內，例如甲殼綱，滅絕得更少。因爲在這裡，最奇異的類型仍然被一個很長的、僅有部分缺失的親緣關係的鎖鏈連接在一起。滅絕只能限定群的界限：滅絕不能製造群。因爲如果曾經在這個地球上生活過的每一個類型突然重新出現，儘管我們不能給每一個群建立明顯的界限，但至少能按其自然的排列關係建立一個自然分類體系。參閱圖解我們能看出這一點；從字母A到L可代表志留紀的十一個屬，其中有些已經產生出變異了後代的大群。每一個分支和亞支的每一個演化鏈條仍然存在，這些鏈條並不比現存變種之間的鏈條更大。在這種情況之下，將難以下一個定義，把一些群的一些成員與它們更直接的祖先和後代區別開來。儘管如此，圖解上的排列仍然是有效的和自然的。因爲按照遺傳的原理，譬如所有從A遺傳下來的類型將有一些共同點。在一棵樹上我們能區分出這一枝和那一枝，雖然在分叉處二者是聯合的並且融合在一起的。我說過，我們不能分清幾個群的界限；但是我們能夠選擇模式或類型來表示每一群的大部性狀，不管這個群是大還是小。這樣就表示出了它們之間差異值的輪廓。要是我們能成功地蒐集到某一個綱曾生活在一切時間和一切空間的所有類型就好了，這正是我們應依據的方法。但是，我們永遠不會完成這樣圓滿的工作。雖然如此，在某些綱裡，我們正在朝著這個目標前進。愛德華茲近來在一篇優秀論文裡，堅持主張採用模式的高度重要性，不管我們能否把這些模式所屬的群劃分開來並確定它們的界限。

最後，我們看到了自然選擇，它伴隨競爭而來，幾乎必然地導致了任何親種的後代的滅絕與性狀趨異。它解釋了所有生物親緣關係中最重要、最普遍的特徵，即群下分群的從屬關係。我們用血統這個要素，把兩性個體與一切年齡的個體歸在同一個物種之下，雖然它們僅有少數性狀是共同的。我們依據血統對已知變種進行分類，不管它們可能與自己的雙親有多大的不同。我相信，血統這個要素就是博物學者在自然系統術語之下所追求的潛在的連接紐帶。關於自然系統這個概念，在它完整的範圍內，它的排列是系統的，其差異的程度用屬、科和目等術語來表示。根據這一概念，我們就能夠理解在我們的分類中必須遵循的規則，以及爲什麼我們認爲某些相似性的價值遠在其他相似性之上；爲什麼我們要採用殘留的、無用的器官，或生理上用處很小的器官來進行分類；爲什麼在探討不同類群的親緣關係時，我們徑直排除了同功的或適應的性狀，而在同一群的範圍內卻利用這些性狀。我們能夠清楚地看到，所有的現存類型和滅絕類型爲什麼能夠彙集在少數幾個大綱裡；每一綱的若干成員爲什麼能被最複雜的親緣關係輻射線連接起來。大概我們將永遠解不開某一個綱的成員之間親緣關係的複雜「蜘蛛網」；但是，當我們在觀念上有一個明確目標時，而且不去祈求某種未知的創造計畫，我們就有希望得到確實的但是緩慢的進步。

海克爾（Häckel）教授最近在他的《普通形態學》和其他著作中，運用他淵博的知識與才能討論了他的系統發生（phylogeny），或稱一切生物的血統圖。在描繪的幾個系統中，他主要依靠胚胎學的性狀，也借助於同源器官和殘跡器官，以及各種生物類型首批出現在地層裡的連續時期。這樣他勇敢地走出了偉大的第一步，並向我們表明將來應如何處理自然分類問題。

形態學

我們看到，同一綱的成員不論生活習性如何，它們軀體的整體設計是彼此相似的。這種相似性常常以術語「構架一致」來表示，或者說一個綱不同種的某些構造和器官是同源的。整個命題包括在「形態學」這個總術語之中。這是自然歷史最有趣的一門學科，而且幾乎就是它的靈魂。適於抓握的人手，便於挖掘的鼴鼠的前肢、馬的腿、海豚的鰭和蝙蝠的翅膀，都是以同一構架組成的，而且同一對應的位置上應當包括相似的骨骼。還有什麼能比這些更加奇妙的呢？舉一個次要的但卻是驚人的例子：非常適於在開闊的平原上奔跑的袋鼠的後肢，善於攀登、呑食樹葉的澳洲熊，即無尾熊（koala）同樣良好地適於抓握樹枝的後肢，居住地下、捕食昆蟲或樹根的袋狸（bandicoots）的後肢，以及其他一些澳洲有袋類的後肢，都是在同一特別的構架下形成的，即其第二、第三趾骨極其瘦長、被包在同一張皮內，結果看上去好像是具有兩個爪的單獨的趾。儘管有這種構架的類似，很明顯，這幾種動物的後肢在能想像到的範圍內應用於各不相同的目的。這種情況由於美洲負鼠而表現得更加驚人。牠們的生活習性幾乎同牠們的澳洲親戚相同，但牠們的腳卻有著普通的式樣。這些陳述是弗勞爾教授提出的，他在結論中說：「我們可以把這叫做構架的一致性。」但對這種現象並未提供多少解釋。然後又加一句：「難道這不是暗示著眞正的親緣關係，並從共同的祖先繼承下來的事實嗎？」

聖伊萊爾極力主張同源部分的相對位置或連接關係；它們在形式和大小上幾乎可以很不相同，但以相同的不變的順序連接在一起。例如，我們從來沒有發現肱骨與前臂骨，或大腿骨和小腿骨顛倒過位置。因此，相同的名稱可以用在很不同的動物的同源骨骼上。我們在昆蟲口器構造中看到了這一相同的重要規律：天蛾（sphinx-moth）的極長而呈螺旋性的喙，蜜蜂或臭蟲（bug）的奇異折合的喙，以及甲蟲的極大的顎，有什麼比它們彼此更加不同的呢？所有這些服務於不同目的的器官，都是由一個上唇、大顎和兩對小顎經歷無數變異而形成的。這一法則也支配著甲殼類的口器與附肢的構造。植物的花也一樣。

企圖採用功利主義或終極目的論來解釋同一綱各成員構架的這種類似性，是最沒有希望的。歐文在他的《關於四肢的性質》這部有趣的著作中認爲這種企圖是毫無希望的。根據每一種生物被獨立創造的觀點，它只能說它就是這樣，即「造物主」根據一致的設計，把每一大綱裡的動物和植物建造出來。但是，這根本不是科學的解釋。

根據連續輕微變異的選擇學說，其解釋在很大程度上就簡單得多了。每個變異對被改變的生物都有某種益處，但又常常因爲相互作用影響生物體的其他部分。在這種性質的變化中，將很少或根本沒有改變原始構架或變換各部分位置的傾向。一種附肢的骨骼可以縮短和變扁到任何程度同時被包以很厚的膜，以便當作鰭用；或一種有蹼的手可以使它的所有的骨骼，或某些骨骼變長到任何程度，同時，連接它們的膜可以擴大，以作爲它們的翅膀。可是所有這些變異，並沒有改變骨骼構造和各部分的聯結關係。如果我們設想，所有哺乳類、鳥類和爬行類的一種早期祖先（這可以叫作原形）具有按照現行的一般構架建造起來的肢，不管它們用作何種目的，我們將立刻清楚地看出全綱動物肢的同源構造。昆蟲的口器也是一樣，我們只有設想，牠們的共同祖先具有一個上唇、下顎（mandibles）和兩對小顎，而這些部分可能在形狀上都很簡單；於是自然選擇可以解釋昆蟲的構造與功能上的無限多樣性。儘管這樣，可以想像，由於某些部分的減小和最後完全萎縮，或由於與其他部分的融合，或由於其他部分的重複或增加（這個變異都是在可能的範圍內進行的），一種器官的一般構架可能變得極其隱晦不明，以致最後消失。在已經滅絕的巨型海蜥蜴（sea-lizard）的鰭狀物和某些吸附性甲殼類的口器中，牠們的一般架構似乎已經模糊不清了。

由這個問題派生出的另一個同等重要的問題是系列同源（serial homologies），或者說，同一個體不同部分或不同器官相比較，而不是同一綱不同成員之間相同部分與相同器官的比較。大多數生理學家相信，頭骨與一定數目的椎骨的基本部分是同源的，就是說，在數量上和相互關聯上總是一致的。前肢和後肢在所有較高級的脊椎動物綱裡顯然都是同源的。甲殼類非常複雜的顎和腿也是這樣。幾乎人人都熟知，在一朵花上，花萼、花瓣、雄蕊和雌蕊的相互位置以及它們的內部構造，呈螺旋形排列並由變態葉組成的觀點，都是可以合理解釋的。在畸形植物中，我們常可看到由一種器官轉變成另一種器官的直接證據；在花發育的早期或胚胎階段，以及在甲殼類和其他動物的同一階段，實際上能夠看到在成熟期變得極不相同的器官，起初卻是非常相似的。

按照創造論的觀點，系列同源的情況是多麼的不可理解啊！爲什麼腦子（brain）包含在數目這麼多的、形狀如此奇特的、顯然代表脊椎的骨片所組成的「盒子」裡呢？正如歐文所說，分離的骨片便於哺乳類的分娩活動，但是由此產生的利益絕不能解釋鳥類與爬行類頭顱的同一構造。爲什麼創造出類似的骨骼形成了蝙蝠的翅膀和腿，而又被用於這樣完全不同的目的，即飛和走呢？爲什麼具有由許多部分形成非常複雜口器的一種甲殼類，總只有很少的腿呢。或者反過來，具有許多腿的甲殼類卻有著簡單的口器呢？爲什麼每朵花裡萼片、花瓣、雄蕊與雌蕊，雖已適應於這樣不同的目的，但卻是在同一模式下構成的呢？

按照自然選擇的學說，我們能在一定程度上回答這些問題。這裡我們不必考慮一些動物的身體最初怎樣分爲一系列的構造，或者它們怎樣又分出具有相應器官的左側與右側，因爲這類問題幾乎是在我們的研究範圍以外的。但是，一些系列構造大概是細胞分裂、增殖的結果，細胞分裂引起細胞的繁育以致各部構造的增殖。爲了我們的目的，只需要記住以下事實就足夠了：即同一部分與同一器官的無限制的重複，正如歐文指出的，是所有低級的或者很少特化（specialized）類型的共同特徵；所有脊椎動物的未知祖先大概具有許多椎骨；關節動物的未知祖先大概具有許多環節；顯花植物的未知祖先具有排列成一個或多個螺旋形的葉。我們以前還看到，多次重複的部分不僅在數量上而且在形狀上容易發生變異。因此，這樣的部分由於已經具有相當的數量和高度的變異性，將自然而然地提供了服務於不同目的的材料；但是，它們將透過遺傳的力量，一般會保存它們原始的或基本類似性的明顯痕跡。這種變異透過自然選擇爲它們以後的變異提供了基礎，並且從最初就具有類似的傾向，所以它們會更加保留這種類似性。這些部分在生長的早期是相似的，而幾乎處於同樣的條件之下。這樣的部分，不管變異了多少，除非它們共同的起源完全隱晦不明，否則它們就是系列同源的。

在軟體動物的大綱裡，雖然能夠顯示不同物種的某些構造是同源的（僅少數爲系列同源），例如，石鱉的殼瓣；也就是說，我們很少能夠說出，同一個體的一部分與另一部分是同源的。我們能夠理解這個事實；因爲在軟體動物中，甚至在本綱最低級的成員中，我們也幾乎找不到某一構造那樣無限制的重複，像我們在動物界和植物界其他大綱裡所看到的那樣。

但是，正如最近蘭克斯特（Lankester）先生在一篇優秀的論文裡充分說明的那樣，形態學是一門比它最初出現時複雜得多的學科。他描述的某些綱之間的重要區別被博物學者一概列爲同源。他指出，不同動物的類似構造，由於它們的血統來自共同的祖先，隨後又發生了變異。他認爲這種構造是同源的（homogenous）；凡是不能這樣解釋的類似構造，應該叫作同形的（homoplastic）。例如，他相信鳥類和哺乳類的心臟整體說來是同源的，就是說是從一個共同的祖先傳下來的；但是，在二個綱裡心臟的四個腔是同形的，即是獨立發展起來的。蘭克斯特先生也舉出同一個體動物身體右側或左側的各部分的密切類似性。在這裡，我們通常也叫作同源。然而它們與來自一個共同祖先的不同物種的血統毫無關係。同形構造與我分類的同功變化或同功類似是一樣的，不過我的方法還很不完備。它們的形成可以歸因於不同生物的各部分或同一生物的不同部分曾以相似的方式進行過變異；並且歸因於部分相似的變異，爲了同一目的或功能而被保存下來，對此，我們已經舉過許多實例了。

博物學者常常談到，認爲頭顱是由變形的脊椎形成的；螃蟹的顎是由變形的腿形成的；花的雄蕊與雌蕊是由變形的葉子形成的。正如赫胥黎所說，在大多數情況下，更正確地說，頭顱和脊椎、顎和腿等等並不是說從現存的一種構造演變出另一種構造，而是說它們都從某種共同的、更爲簡單的原始構造變成的。但是，大部分博物學者僅僅在比喻的意義上運用這種語言。他們的原意並不是生物在悠久的遺傳過程中，某一種類的原始器官（在一種例子中是椎骨，另一例子中是腿），曾經實際上轉化成了顎或頭顱。但是，這種情況的發生是如此明確而有說服力，以致博物學者幾乎不可避免地使用含有這種清晰意義的語言。根據本書的觀點，這種語言完全可以使用；而且以下奇異的事實都可部分地得到解釋，例如螃蟹的顎，如果確實從眞正的雖然極簡單的腿變形而成，那麼它們所保留的大批性狀，大概是透過遺傳而獲得的。

發育與胚胎學

這是整個博物學中最重要的學科之一。每個人都熟知，昆蟲的變態一般是由少數幾個階段突然達到的。但是，實際上具有無數個逐漸的、雖然是隱蔽的轉化過程。正如盧伯克（Lubbock）爵士闡明的，某些蜉蝣的昆蟲（Chlöeon）在發育期間要蛻皮二十次以上，而每次蛻皮都要發生一定量的變異。在這個例子裡我們看見變態的活動是以原始的、漸變的方式完成的。許多昆蟲，特別是某些甲殼類向我們顯示，在發育過程中所完成的構造變化是多麼奇異！而且，這樣的變化在某些低等動物的所謂世代交替中達到了頂峰。例如，有一個驚人的事實，即一種分枝精巧的珊瑚性動物的水螅體（polyps），星羅棋布地點綴在海底的岩石上。牠首先由芽生、然後是橫向分裂，產生出巨大的浮游水母群。這些水母產卵，從卵孵化出游泳的極微小的動物，牠們附著在岩石上，發育成分枝的珊瑚狀動物；這樣，無止境地迴圈下去。世代交替和普通變態基本上是相同的觀點，已進一步得到華格納對幼蟲發現的支持。他發現一種蚊即癭蚊（Cecidomyia）的幼蟲或蛆由無性生殖產生了其他幼蟲，這些幼蟲最後發育成爲成熟的雄蟲和雌蟲，再以普通的方式用卵增殖牠們的種類。

值得注意的是，當華格納最初宣布他的傑出發現時，有人問我，對於這種蚊的幼蟲獲得無性生殖的能力這一點，應如何解釋？只要這種情形是唯一的，就無法做出解答。但是，格里木（Grimm）已經示明，另一種蚊，即搖蚊（Chironomus）幾乎也用同一種方式生殖。他相信，這種方式常見於這一目。搖蚊具有這個能力的是蛹，而不是幼蟲；格里木進一步闡明，這個例子在一定程度上把「癭蚊與介殼蟲科（Coccidae）的單性生殖聯繫起來」；單性生殖這個術語意味著介殼蟲科成熟的雌體不與雄體交配就可以產生出能育的卵。現在知道有幾個綱的某些動物在很早的齡期就具備了通常的生殖能力；我們只要採取漸進的步驟促進單性生殖到更早的齡期（搖蚊所表示的正是中間階段，即蛹的階段），大概就可以解釋癭蚊的這種奇異的情形了。

已經講過，同一個體的不同部分在胚胎早期階段是完全相似的，但在成蟲階段才變得大不一樣，並且用於完全相同的目的。同樣，我也曾闡明，屬於同一綱的最不相同的胚胎通常是十分相似的，但當完全發育後就變得大不相同。要證明最後一個事實，沒有比馮·貝爾的陳述更好的了。他說：「哺乳類、鳥類、蜥蜴類、蛇類，大概還包括龜鱉類在內的胚胎，在最早期階段，不論是牠們的整體還是各部分的發育方式，彼此都非常相似；事實上，牠們這麼相似，以致我們常常只能從大小上區別這些胚胎。我有兩種浸在酒精裡的小胚胎，因忘記把名稱標籤貼上，現在我已經說不清牠們到底屬於哪一綱了。牠們可能是蜥蜴或是小鳥，或者很年輕的哺乳動物。這些動物的頭和軀幹的形成方式是極其相似的。然而，在這些早期胚胎中，尚缺少四肢。但是，即使在發育的最初階段有四肢存在，我們也無法搞清牠們的準確屬性，因爲蜥蜴和哺乳類的腳、鳥類的翅膀和腳，與人的手和腳一樣，都是從同一基本類型中產生出來的。」在發育的相應階段中，大部分甲殼類的幼蟲彼此密切相似，而成蟲則會變得很不一樣了；許多其他動物也是這樣。胚胎相似性的法則偶然地持續到很晚的年齡還保留有痕跡：這樣，同一屬和近似屬的鳥，牠們幼體的羽毛常常彼此相似；我們在鶇類的斑點羽毛上所看到的就是這樣。在貓族中，大部分的物種在長成時都具有條紋與斑點。我們在植物中偶爾也可以看見類似現象，雖然很稀少。因此，金雀花（furze）的首葉與假葉，金合歡屬的首葉都像豆科植物的葉子，是羽狀或分裂狀的。

同一綱中很不相同的動物胚胎在構造上彼此相似的特點，與它們的生存條件常常並無直接關係。例如，在脊椎動物的胚胎中，鰓裂附近的動脈有一特殊的弧狀構造，我們不能設想，這種構造在與母體子宮內得到營養的幼小哺乳動物、在巢內孵化出的鳥卵、在水中的蛙卵所處的生活條件相似有什麼關係。我們沒有更多的理由相信這樣的關係，就像我們沒有理由相信人的手、蝙蝠的翅膀、海豚的鰭內相似的骨骼是與相似的生活條件有關一樣。沒有人會設想，幼小獅子的條紋或幼小黑鶇鳥的斑點對於這些動物有什麼用途。

可是，當一種動物在牠的胚胎時期的某一階段，如果牠是活動的，而且必須爲自己尋找食物，情形就不同了。活動的時期可發生在生命的較早期或較晚期；但是，不管發生在什麼時期，幼體對於生活條件的適應，也會像成蟲那樣的完善與美妙。最近盧伯克爵士已經對牠們的發生過程進行了很好地說明：分屬於很不相同的「目」的一些昆蟲幼體密切相似，而在同一目中各昆蟲的幼蟲又卻不相似，以上是依據牠們的生活習性比較的。由於這類的適應，近緣動物幼體的相似性有時就很不清楚了；特別是在發育的不同階段出現分工現象時尤其如此。就像同一幼蟲在某一階段必須尋找食物，另一階段不得不尋找固著的地方一樣。甚至有這樣的情形，近緣物種或物種群的幼蟲之間的差異要大於成體。但是，在大多數情況下，雖然是活動的幼體，也還或多或少地密切遵循著胚胎相似的法則，蔓足類提供了這方面的一個很好的實例，甚至連名聲顯赫的居維葉也未能看出藤壺是一種甲殼類；但是，只要看一下幼蟲就會知道牠屬於甲殼類。蔓足類的兩個主要類別：有柄蔓足類和無柄蔓足類，雖然在外表上很不相同，可是牠們的幼蟲在所有階段中卻區別很小。

胚胎在發育過程中，機體結構一般也在提高。雖然我知道幾乎不可能清楚地確定機體結構的高級或低級，但是，我還是使用了這個說法。大概沒有人會反對蝴蝶比毛蟲更高級。但是，在某些情況下，成體動物在等級上常是被認爲低於幼蟲，例如某些寄生的甲殼類。再說蔓足動物：在第一階段中的幼蟲有三對運動器官，一個簡單的單眼和一個吻狀的嘴；就靠這個嘴牠們吃許多食物，因此，牠們的體積增大了許多。在第二階段中，相當於蝴蝶的蛹期，牠們有六對構造精緻的游泳腿，一對巨大的複眼和極爲複雜的觸角；但是牠們有一個緊閉的、不完善的嘴，不能吃食物；牠們在這一階段的功能是，用牠們很發達的感覺器官去尋找，用牠們積極的游泳能力去到達一個適宜的地點，以便附著在上面去完成牠們最後的變態。完成變態之後，牠們便固定下來生活了：牠們的腿轉化成為把握器官；牠們又重得到了一個結構很好的嘴；但是牠們失去了觸角，兩隻眼也轉化成細小的、單獨的、簡單的眼點。在最後的完成階段中，蔓足動物的成體與其幼蟲狀態相比較，既是最高級又是最低級，均無不可。但是在某些屬中，幼蟲可以發育成具有普通構造的雌雄同體，還可以發育成我所謂的補雄體（complemental male）；後者的發育確實是退步了，因為雄體僅僅是一個能短暫生活的囊，除了生殖器官以外，它缺少嘴、胃和其他重要器官。

我們已慣於看到胚胎與成體構造上的差異，因此，我們容易把這種差異看成是生長過程中必然發生的事情。但是，我們還無法搞清像蝙蝠的翅膀和海豚的鰭以及這些動物，為何在牠們的某些構造開始現形時，其所有構造並不按適當的比例顯現出來。在動物中某些整群和其他群的部分成員中，情況就是這樣，不管在哪一個時期，胚胎與成體沒有多大差異；歐文曾就烏賊的情況指出，「未經變態，頭足類的性狀在胚胎前的相當長時間就顯示出來了」。陸棲貝類和淡水甲殼類生出來時就具有固有的形狀，然而這兩個大綱的海生成員，在牠們的發育中常常要經過巨大的變化。而蜘蛛卻幾乎沒有經受任何變態。大部分昆蟲的幼蟲都要經過一個蠕蟲狀的階段，不管牠們是積極活動以適應不同生活習性，還是處於適宜的養料之中，或受到親體的哺育而不活動。但是在少數情況下，如果我們看到了赫胥黎教授關於昆蟲發育的美妙的繪圖，我們幾乎就看不見蠕蟲狀階段的任何痕跡。

有時，只是比較早期的發育階段沒有出現。據穆勒的驚人發現，某些蝦形的甲殼類（與對蝦屬相近似），首先出現的是簡單的無節幼體（nauplius-form），接著經過兩次或多次水蚤期（zoea-stage），再經過糠蝦期（mysis-stage），最終獲得了牠們的成體構造。在這些甲殼類所屬的整個龐大的軟甲目（malacostracan）內，現在還未見其他成員要先經過無節幼體而發育起來，雖然許多是以水蚤出現的。儘管如此，穆勒還提出一些理由來支持自己的信念：如果沒有發育上的抑制，所有這些甲殼類都會首先以無節幼蟲出現的。

那麼，我們應該怎樣解釋胚胎學上的這幾個事實呢？即胚胎與成體之間在構造上雖然不是普遍一致的而是很一般化的差異；同一個體胚胎的各部分在生長的早期是相似的，最後又變得很不一樣，並且服務於不同的目的；同一綱裡不同種的胚胎和幼蟲之間一般是相似的，但不是不變的。胚胎在卵或子宮裡的時候，常保留一些無用的構造，這對那個時期或在以後的生命時期都是如此；另一方面，必須為自己提供食物的幼蟲對於周圍的條件是完全適應的；最後，某些幼體在機體構造的等級上高於它們將來發育成的成體。我相信對於所有這些事實可以做如下的解釋。

因為畸形會影響胚胎的早期發育，所以，通常認為，輕微變異或個體差異必然出現在同樣早的時期。對此我們很少有什麼證據。相反，我們的證據卻支持了完全不同的結論。因為人所共知，牛、馬和其他觀賞動物（fancy animal）的飼養者，在動物出生後的一些時間裡，無法明確指出牠們幼小動物的優點和缺點。對於自己的孩子我們也清楚地看到了這一點；我們無法說出某個孩子將來是高還是矮，或者將一定有什麼樣的容貌。問題不在於每一變異發生在什麼時期，而在於什麼時期能表現出效果來。變異的原因可能產生在生殖作用之前，我們相信常常作用於親體的一方或雙方。值得注意的是，很幼小的動物，只要還保存在牠的母體的子宮或卵內，只要還受到親體的營養和保護，牠的大部分性狀不管是在生命的較早時期獲得的，還是在較晚時期獲得的，都並不重要。例如對於憑藉鉤狀喙取食的鳥來說，在牠幼小的時候，只要有親體哺育，是否具有這種形狀的喙，則是無關緊要的。

我曾在第一章中說過，一種變異不論在什麼年齡首次出現在它們的親代身上，這種變異就有可能在相應的年齡重新出現在它們後代的身上。一定的變異只能出現在相應的年齡段中；例如，蠶蛾在幼蟲、繭或成體時的各種特性；或牛在完全成熟後其角的特點等。但是，就我們所知，最初出現的變異，不論在生命的早期還是晚期，同樣有在後代或親代的相應年齡中重新出現的可能。我絕不是說事情絕對如此，我也可以舉出幾個例外的變異事例（就這個術語的最廣義而說），這些變異發生在子代的年齡比發生在親代的年齡要早些。

這兩條原理，即輕微變異總是出現在生命的不很早的時期，並且被遺傳給後代也是在同一個不太早的時期，我相信這就能解釋上述胚胎學上的主要事實。首先讓我們看一看家養變種中一些類似的情況。一些論述過狗的作者，他們認為格雷伊獵犬與鬥牛犬，雖然很不相像，但實際上是密切相似的變種，是從同一個野生種遺傳下來的；因此，我非常好奇地想知道牠們的幼犬彼此差異有多大。飼養者告訴我，幼犬之間的差異與親代之間的差異完全一樣。僅憑眼睛判斷，這似乎是對的；但是，在實際測量老狗和出生僅有六日的狗崽時，我發現狗崽並沒有獲得牠們同比例差異的全量。

還有，人們又告訴我，拉車馬和賽跑馬，這些幾乎完全在家養條件下由人工選擇形成的品種，其小馬之間的差異與充分成長的大馬似乎一樣；但是在仔細測量賽跑馬和重型拉車馬的母馬和牠們的出生僅三日的小馬後，我發現情況並非如此。

因爲我們有確實的證據可以證明，鴿的品種是從單一的野生種遺傳下來的。我對孵化後十二小時以內的雛鴿進行了比較；對野生的親體種、凸胸鴿、扇尾鴿、侏儒鴿（即西班牙鴿）、巴巴鴿、龍鴿、信鴿和翻飛鴿，我都仔細地測量了（但這裡不列舉詳細資料）喙的比例、嘴的寬度、鼻孔與眼瞼的長度、腳的大小和腿的長度。在這些鴿子中，有一些在成熟時，在長度、喙的形狀和其他性狀方面變得極不相同。如果在自然狀態下，牠們應當被列爲不同的屬。但是，當把這幾個剛孵出來的雛鳥排成一列時，雖然其中的大多數可以勉強區別開來，可是在上述各特殊點上的比例差異，比起充分成長的鳥來卻是很小很小的了。其差異的某些特點，例如嘴的寬度，在幼鳥中幾乎無法察覺出來。但是，對於這一法則，卻有一個明顯的例外，因爲短臉翻飛鴿的雛鴿就和在成鳥階段具有幾乎完全相同的比例，這一點區別於野生岩鴿和其他品種的雛鳥。

上述兩項原理解釋了這些事實，飼養者是在狗、馬和鴿等快成熟的時期才選擇牠們進行繁育的。他們並不關心所需的特徵是在生命的較早時期或是較晚時期獲得的，只要爲成體動物能具有就行了。剛才所談的情況，特別是鴿子的實例說明，由人工選擇所積累起來的、並賦予其獨有價值的特徵，通常並不出現在生命的很早時期，也不是從相應的早期生命階段遺傳下來的。但是，短面翻飛鴿的情況，即剛生出來十二小時就具有了牠固有的性狀，證明這並不是普遍的規律；因爲在這裡表現出來的特徵，要嘛出現在比通常更早些，要嘛該特徵不是從相對應的階段，而是從更早的階段遺傳下來的。

現在，讓我們運用這兩個原理來解釋一下自然狀況下的物種。由某些古老的類型遺傳下來的鳥類的一個群，爲了適應不同的習性，透過自然選擇發生了變化。於是，由於若干物種的許多輕微的變異，並不是在很早的年齡期發生的，而是在一個相應的年齡期遺傳下來的，所以幼體很少發生變異，並且牠們之間的相似程度也比成鳥之間更爲密切，正如我們在各種鴿中所看到的那樣。可以把這個觀點引申到十分不同的構造和整個綱。例如前肢，遙遠的祖先曾經把它當腿用，透過漫長的演化過程可能發生變化，在某一類的後代中適於當手用，在另一類中當槳狀物，在其他類別中則當翅膀用。但是，根據上述兩個原理，前肢在這幾個類型的胚胎早期不會有大的變化。雖然在每一類型中，前肢在成體階段將大爲不同。不管長期連續地使用還是不使用某一器官，在改變某一物種的肢體或其他構造方面產生什麼影響，主要是在或者只在它接近成熟、而迫使它用全部力量謀生時，才會對它產生影響。這樣產生的影響將在相應接近成熟的年齡期傳遞給後代。這樣，幼體各構造透過增強使用和不使用的效果，將不起變化或只有很輕微的變化。

就某些動物來說，連續變異可以在生命的很早期發生，或者諸級變異可以在比它們第一次產生時更早的年齡期遺傳下來，像我們在短面翻飛鴿所看到的那樣。在上述任一情況下，幼體或胚胎都密切地類似於成熟的親體類型。在某些整群或者只在某些亞群中，例如在烏賊、陸生貝類、淡水甲殼類、蜘蛛和昆蟲大綱的一些成員中，這是一條發育規律。至於這些類群的幼體不經過任何變態的根本原因，我們認爲很可能是由於幼體不得不在幼年解決它們自己的需要，並且遵循與自己的親代同樣的生活習性。因爲在這種情況下，它們要以其親代同樣的方式發生變異。爲了生存，這是不可缺少的。還有，許多陸生的和淡水動物不曾經受任何變態，而同一群內的海生成員卻要發生各種變態。關於這一奇特的事實，穆勒曾指出，一種動物生活在陸地上或淡水中，而不是在海裡，這種緩慢的變化與適應過程，將由於不經過任何幼蟲階段而大大地簡單化了。因爲在這樣新的環境和生活習性發生巨大改變的情況下，要想找到既適於幼蟲階段又適於成蟲階段，又沒有被其他生物占領或不完全占領的地方，實在是不可能的。在這種情況下，在成體構造越來越提前的年齡期，漸進的獲得將被自然選擇所偏愛；於是，以前變態的一切痕跡也就消失了。

另一方面，一種動物的幼體所遵循的生活習性略微不同於牠們親體類型的生活習性，因而其構造也稍微不同。如果這樣做有利的話，或者如果一種幼蟲繼續變化，已經不同於牠的親體，也是有利的話，按照在相應年齡期的遺傳原理，幼體或幼蟲將因自然選擇變得越來越不同於牠們的親體，直至任何可以想像的程度。幼蟲階段的差異也可能變得與連續發育時期相當；因此，在第一階段中的幼蟲可能變得大大不同於第二階段，許多動物就有這種情況。成體也可能變得適合於那樣的地點與習性，即運動器官和感覺器官在那裡都沒有用處了；這樣變態就退化了。

根據上述由於幼體構造的變化與變化了的生活習性一致原理，以及相應年齡遺傳的原理，我們可以理解，爲什麼動物所經過的發育階段與牠們的成體發育的原始狀態完全不同的原因。大多數優秀的權威現在都承認，昆蟲的各種幼蟲期和蛹期就是這樣透過不斷適應獲得的，而不是透過遺傳從古老類型那裡獲得的。芫菁屬是一種經過某種異常發育階段的甲蟲，牠的奇異情形可以解釋其發生的過程。根據法布爾描述，第一批幼蟲類型是一種活潑、微小的幼蟲，具有六條腿、兩根長觸角和四隻眼。這些幼蟲孵化在蜂巢裡；在春天當雄蜂在雌蜂之前羽化出室時，幼蟲便跳到牠們的身上，以後在雌雄交配時又爬到雌蜂身上。一旦雌蜂把卵產到蜂的蜜室上面時，芫菁屬的幼蟲就立刻跳到卵上，並且吃掉它們。此後，牠們發生了根本的變化：眼睛消失了，腿和觸角也殘缺不全了，而且以蜜為生；此時，牠們更像昆蟲的普通幼蟲了；後來牠們經歷了進一步的轉化，最終成為完美的甲蟲。現在，如果有一種昆蟲，牠的轉化像芫菁屬的變態過程，一旦變成新昆蟲綱的祖先，那麼這個新綱的發育過程就很不同於現在昆蟲的發育過程；而第一批幼蟲階段肯定不會代表任何成體類型和古老類型以前的狀態了。

另一方面，許多動物的胚胎階段或成蟲階段，很可能大體完整地顯示了整個類群祖先的成蟲狀態。在甲殼類這個大綱內，包括有彼此極為不同的類型，如吸著性的寄生蟲類、蔓足類、切甲類，甚至軟甲類，但最初牠們都是以無節幼體出現的。因為這些幼蟲在開闊的海洋裡居住與覓食，而不適應任何特殊的生活習性。根據穆勒所提出的理由，很可能在一個很遙遠的時期，就曾有一種類似無節幼蟲的獨立成體動物存在過。後來，沿著幾條分叉的血統線，產生了上述龐大的甲殼類群。還有，根據我們所知道的哺乳類、鳥類、魚類和爬行類胚胎的知識，這些動物大概是某些古老祖先變異了的後代。上述古老的祖先在成體狀態中，具有極適於水生生活的鰓、一個鰾、四個鰭狀肢和一個長尾。

因爲所有曾經生活過的生物，包括滅絕了的和現存的，能夠排列在少數幾個大綱裡。根據我們的理論，在每一綱裡有的所有成員由細微的分級連接到一起。如果我們的採集是近於完全的，那麼最好的、唯一可能的分類將是依據譜系的分類；血統是博物學者們所尋找的在「自然系統」的術語之下相互聯繫的潛在紐帶。根據這個觀點，我們可以理解，在大多數博物學者眼裡，對於分類來說胚胎的構造甚至比成體的構造更爲重要。但是，在兩個或更多的動物群裡，不管牠們的構造與習性在成體狀態中有多大差異，如果牠們經過極相似的胚胎階段，那麼我們就可以確定，牠們是從同一個親體類型遺傳下來的，而且是密切相關的。這種胚胎構造的共同性顯露了其血統的共同性。但是胚胎發育的不相同，不能證明血統的不一致，因爲在兩個類群的一個群中，發育階段有可能被遏制，或者透過適應成新的生活習性而大大地改變了，因此而無法辨認。甚至在成體發生了極端變異的類群中，起源的共同性往往還會從幼蟲的構造上顯露出來。例如，我們明白，蔓足類雖然在外表上非常像貝類，可是根據牠們的幼蟲就立即知道，牠們是屬於甲殼類這個大綱的，因爲胚胎清楚地展示給我們一個很少變異的古老甲殼類祖先的構造。所以，我們可以了解，爲什麼古老的、滅絕類型的成體狀態，常常那樣相似於同一綱現存種的胚胎。阿加西斯相信，這是自然界的一條普遍規律；我們以後還會看到，這條規律是眞實的。但是只有在以下的情況下才能證明這條規律是眞實的，即這個群的古代祖先，並沒有由於生長在很早時期發生連續的變異，也沒有由於這樣的變異在早於它們第一次出現的較早齡期被遺傳而全部淹沒。還必須記住，儘管這條規律是正確的，但是由於地質紀錄在時間上延伸得還不夠久遠，因而可能很難得到證實。如果一個古老的類型在牠的幼蟲時期，變得適應於某種特殊的生活方式，而且把同一幼蟲狀態遺傳給了整個群的後代，那麼在這種情況下，這條規律也不能嚴格有效，因爲這樣的幼蟲將不會與任何更古老類型的成體狀態相類似。

因此依我看來，胚胎學上這個無與倫比的重要事實，可以根據變異原理得到解釋。在一個古老祖先的許多後代中，其變異出現在生命週期不很早的時期，並且曾經在相應的時期遺傳給了其後代。我們可以把胚胎看作一幅圖畫，雖然多少有些模糊，但仍可反映同一綱裡所有成員的祖先形態；或是它的成體狀態，或是它的幼體狀態。這樣，胚胎學便更加變得饒有趣味了。

退化的、萎縮的和停止發育的器官

在這些奇異狀態中的器官和構造中，帶著明顯不同的標記。它們在整個自然界中是極其常見的，甚至是普遍的。要想舉出一種不具退化或殘跡構造的高級動物，那是不可能的。例如，在哺乳動物中，牠的雄體具有退化的乳頭；蛇類的肺有一葉是殘缺的；鳥類的「小翼羽」（bastard-wing）可以有把握地看作發育不全的趾，而且在有些種內，整個翅膀是殘缺不全的，以致無法用作飛翔；更奇異的是，鯨的胎兒具有牙齒，而長大以後卻又沒有牙齒；未出生的小牛上頜生有牙齒，可是從來不穿出牙齦。

殘跡器官以各種方式顯示出了它們的起源意義。屬於非常近緣的物種，甚或同一種內的甲蟲，或者具有很大而完全的翅，或者只具有殘跡的膜，位於堅固地黏合在一起的翅鞘之下。遇到這種情況，就不能不懷疑這種殘跡是代表翅的。殘跡器官有時還保留著它們的潛在能力：偶然見於雄性哺乳類的乳頭，人們看到它們發育得很好，而且分泌乳汁。牛屬的乳房也是這樣，正常情況下牠有四個發育的乳頭，還有二個殘跡的乳頭；後者有時在家養乳牛裡發育顯著，而且產乳。關於植物，在同一物種的個體中，花瓣有時是殘缺的，有時卻是發育良好的。在雌雄異花的某些植物中，凱洛依德發現，使雄花具有殘跡雌蕊的物種，與具有發育良好的雌蕊的雌雄同花的物種相雜交，在雜種後代中殘跡雌蕊就顯著增大了。這一點清楚地表明，殘跡雌蕊與完全雌蕊在自然界基本上是相似的。一種動物在完全狀態中的構造，在某種意義上可能是殘跡的，因爲它是無用的：像路易斯先生所說的，普通蠑螈（Salamander）即水蠑螈的蝌蚪，「有鰓，生活在水中；但是，山蠑螈（*Salamandra atra*）則生活在高山上，產出發育完全的幼體。這種動物從來不生活在水中。可是，如果剖開一個懷胎的雌體就會發現，其中的蝌蚪就具有精緻的羽狀鰓；如果把牠們放入水中，牠們就會像水蠑螈的蝌蚪一樣在水中游泳。顯然，這個水生的體制與這種動物未來的生活沒有關係，也不是對胚胎條件的適應；牠僅僅與祖先過去的適應有關係，牠不過是重演了牠的祖先發育過程中的一個階段而已」。

兼有兩種用途的器官，對其中一種用途，甚至較重要的用途，可能變爲殘跡或完全地不發育，而對於另一種用途卻完全有效。例如，在植物中，雌蕊的功用在於使花粉管能達到子房裡的胚珠。雌蕊是由受花柱支持的柱頭所組成。但是其在某些菊科的植物中，不能授精的雄性小花只具有殘跡的雌蕊，因爲它沒有柱頭。但是其花柱仍然很發達，並且以通常的方式生有細毛，用來把周圍的和鱗區的花粉刷下。還有一種器官可使原來的用途變成殘跡的，而用於另一目的：在一些魚類中，鰾的漂浮的固有功能似乎變成殘跡了，它已轉變成了原始的呼吸器官或肺。類似的實例還可以舉出很多。

有用的器官，不管它多麼不發育，也不應認爲是殘跡的，除非我們有理由設想它們曾經高度地發達過。它們可能處於一種初生的狀態中，正向更加發育的將來前進。另一方面，殘跡器官，或者根本無用，例如從來沒有穿透過牙齦的牙齒；或者是近乎沒有用處，例如鴕鳥的翅膀，僅能作爲風篷使用。因爲這種情況下的器官，在從前發育更差時，甚至比今天用處更小，所以它們不可能是透過變異和自然選擇而產生出來的。自然選擇的作用只在於保存有用的變異。由於遺傳的力量，它們部分地被保存下來，並且與生物的以前狀態有關係。但是，要區別殘跡器官與初生器官常常是很困難的。因爲我們只能用類推的方法來判斷一種器官是否能進一步發達。只有在它們能進一步發達的情況下，才能被叫做初生的。這種狀態的器官通常是很少的；因爲具有這種器官的生物，常常會被具有更完善的同樣器官的後繼者排擠掉，而早已滅絕了。企鵝的翅膀有很大用途，它可以當鰭用；雖然它可能代表翅膀的初生狀態，但我並不同意這個看法，因它更可能是一種縮小了的器官，只因爲適應新的功能而發生了變異。另一方面，奇異鳥（或稱無翼鳥）的翅膀完全是無用的，的確是一種殘跡。歐文認爲，肺魚簡單的絲狀肢是「高級脊椎動物獲得充分功能性發展的器官的開端」。但是根據岡瑟（Günther）博士後來提出的觀點，它們大概是由堅固鰭軸構成的殘跡，這個鰭軸具有不發達的鰭條和側枝。鴨嘴獸的乳腺若與黃牛的乳房相比較，可以看作是初生狀態的。某些蔓足類的卵帶已不能作爲卵的附著物，很不發達，它是初生狀態的鰓。

同一物種的個體中，殘跡器官的發育程度極易發生變異。在極其近緣的物種中，同一器官縮小的程度偶爾也差異很大。後面的事實被同一科雌蛾的翅膀狀態提供了很好的例證。殘跡器官可以完全停止發育；這就暗示在某些動物或植物中，有些器官完全缺失了，依據類推原理可望找到它們，而且在畸形個體中偶爾也眞能夠見到它們。在玄參科（Scrophulariaceae）的大多數植物中，第五條雄蕊完全萎縮；可是，我們可以斷定，該第五條雄蕊曾經存在過，因爲在該科的許多物種中可以找到它的殘跡物，並且這種殘跡物有時還能得到充分的發育，就像我們有時在普通的金魚草中看到的那樣。在同一綱不同成員的各種構造上追蹤同源性時，沒有什麼比發現殘跡物更爲常見的了。爲了充分理解各器官的關係，沒有什麼比發現殘跡物更爲有用的了。歐文所畫的馬、牛和犀牛腿骨的插圖便很好顯示了這一點。

殘跡器官，例如鯨和反芻類上顎的牙齒在胚胎中往往可以見到，但是以後就消失了，這是一個重要事實。我相信這也是一條普遍的規律，即殘跡器官與相鄰器官比較，它在胚胎比在成體中要大一些；所以這種生命早期階段的器官是很少殘跡的，甚至幾乎沒有殘跡。因此，成體的殘跡器官往往被說成是還保留了它們的胚胎狀態。

上面我列舉了關於殘跡器官的主要事實。回想這些事實，無論是誰都會感到驚異；因爲同樣的推論告訴我們，大多數部件和器官是如何巧妙地適應了某些目的，並且還明白地告訴我們，這些殘跡器官和萎縮器官是不完全的和無用的。在博物學著作中，殘跡器官通常被說成是「爲了對稱的緣故」，或是「爲了完成自然的設計」而創造出來的。但是，這並不能算作一種解釋，而只是事實的複述。其本身就是一個矛盾。例如王蛇（boa constrictor）有後肢與骨盆的殘餘物，如果說這些骨骼的保存是爲了完成「自然的設計」，那麼正如魏斯曼教授所質疑的，爲什麼其他的蛇不保存這些骨骼，牠們甚至連這些骨骼的殘跡都沒有呢？如果認爲衛星爲了「對稱的緣故」沿著橢圓形軌道圍繞著它們的行星運行，而行星同樣圍繞著太陽運行，那麼對於堅持這種主張的天文學者來說，他們又作何感想呢？有一位傑出的生理學者設想，殘跡器官的存在，是用來排泄剩餘物質，或排泄對系統有害物質的。但是，我們能夠設想那微小的乳頭（papilla），它常常相當雄花中的雌蕊，並且僅由細胞組織構成，它能發揮這樣的作用嗎？我們能夠設想，以後將要消失的殘跡的牙齒喪失掉磷酸鈣這樣貴重的物質，對於迅速生長的牛胚胎有益嗎？當人的手指被切割時，我們知道，在斷指上會出現不完全的指甲，我立刻會明白，指甲痕跡的發育是因爲要排除角質物質的緣故。那麼，海牛鰭上的殘跡指甲也應該是因爲同樣的原因而發育的。

按照血統與變異的觀點，解釋殘跡器官的起源是比較簡單明瞭的；我們能夠在很大程度上理解支配它們發育不完全的原因。在我們的家養生物中，有很多殘跡器官的實例，例如，無尾種類中尾的殘跡，無耳綿羊品種中耳的殘跡，無角牛的品種，據尤亞特說，更特別的是小牛的下垂小角的重新出現，以及花椰菜（cauliflower）完全花的狀態。我們常常見到畸形動物中各個構造的殘跡物；但是，我猜想這個例子除了能說明殘跡器官的產生外，未必能說明在自然狀態中殘跡器官的成因；比較證據清楚地表明，自然狀態下的物種並未經受巨大的和突然的變化。我們從家畜的研究中得知，部分器官的不使用導致了它們的逐漸萎縮；而且，這種結果是遺傳的。

不使用大概是器官衰退的主要因素。首先以緩慢的程度使器官慢慢縮小，最後變成殘跡器官，就像棲息在暗洞裡的動物的眼睛，棲息在海島上的鳥的翅膀，就是這樣。後者因爲島上無猛獸迫使牠們飛行，最後竟失去了飛翔能力。又如有些器官在某些情況下是有用的，而在另外一些情況卻變成了有害的。例如，生活在開闊小島上甲殼蟲的翅膀，就是這樣；在這種情況下自然選擇將會說明這種器官縮小，直到成爲無害而殘跡的器官。

在構造上和功能上能夠由細小階段完成的任何變化，都是在自然選擇的勢力範圍之內的。因此一種器官透過生活習性的改變，由於某種目的而變得無用或者有害時，大概可以改變並用做別的目的。一種器官，也可能因爲它以前的某種功能而被保留下來。原來透過選擇的幫助而形成的器官，當變得無用時，可以發生許多變異，因爲它們的變異已不再受自然選擇的抑制了。所有這些都與我們在自然界所看到的情況完全一致。還有，不管生活在哪一個時期，或者廢棄，或者選擇縮小一種器官，這一般是發生在生物到達成熟時期，因爲這有利於發揮它的全部活力；相應年齡期遺傳的原理有一種傾向，使縮小狀態的器官在同一成熟年齡中重新出現。但是，這一原理將很難影響處於胚胎狀態的器官。因此，我們能夠理解，殘跡器官在胚胎期內比相鄰器官要大些，而在成體階段，前者則相對較小些。例如，如果一種成體動物的指頭在許多世代中，由於習性的某些變化，使用得越來越少。一種器官或腺體如果在功能上使用得越來越少，那麼我們可以推論，它們在這個動物的成體後代上就會縮小，但是，在胚胎中幾乎仍保持原始的發育程度。

但是，仍然存在難點。在一種器官停止使用，因而大爲縮小以後，它又怎樣進一步縮小，直到只剩下一點殘跡呢，它又怎樣最後完全消失呢？器官一旦在機能上變得無用以後，它幾乎不可能產生任何進一步的影響。某些附加的解釋在這裡是需要的，但我現在還不能提出。然而，如果能夠證明生物體各部分有這樣的傾向：即它向著縮小方面比向著增大方面有更大程度的變異，於是，我們能理解，已經變成無用的器官爲什麼還受「不使用」的影響，而變成殘跡的，直至最後完全消失；因爲向著縮小方面的變異，將不再受自然選擇的抑制。在之前一章裡解釋過生長的經濟原理。根據這一原理，形成任何部分的物質，如果對於所有者沒有用處，將儘可能地被節省。也許這對於解釋無用部分變成殘跡還是有益的；但是，這一原理，幾乎只能侷限於縮小過程的較早階段；因爲我們不能設想，例如在雄花中代表雌花雌蕊並且只能形成細胞組織級的一種微小乳突，由於節省原料，能夠進一步地縮小或消失。

最後值得指出的是，殘跡器官，不管經過什麼步驟使它們退化到了現在這樣的無用狀態，它們都是生物先前狀態的紀錄。並且，它們完全是由遺傳的力量保存下來的。根據系統分類的觀點，我們能夠理解，爲什麼分類學者把生物放在自然系統中的適當地位時，常會發現殘跡器官與生理上極爲重要的部分有同樣的用處，甚至有更大的價值。殘跡器官可以與英文單字中的某些字母相類比，儘管這個字母在單字的拼法上還保存著，但發音已無用處，不過還可用作指示該字來源的線索。根據變異的血統觀點，我們可以斷定，殘跡的、不完全的、無用的或者完全消失的器官的存在，對於舊的生物特創論來說，必然是一個重大難題。但對本書闡明的學術觀點來說，則在預料之中，並不是什麼難點。

摘要

在本章裡，我要說明的是，在所有時期內的一切生物，可以排列成大大小小的譜系；一切現存的和滅絕了的生物，被複雜的、輻射狀的和曲折的親緣線連接到少數大綱內；博物學者在他們的分類中應遵循的原則和所遇到的困難；性狀的價值在於它的穩定性和普遍性，而不在於生理上重要性的大小，不管它們是極重要的或較不重要的，還是像殘跡器官那樣毫不重要的；同功的即適應的性狀與具有眞正親緣關係的性狀之間在分類價值上的廣泛對立；以及其他這類法則。如果我們承認同源類型有共同的祖先，它們透過變異和自然選擇而發生變化，因而引起滅絕和性狀趨異，那麼，上述一切就是理所當然的了。在考慮這種觀點時，必須注意，血統因素曾經得到普遍使用，將不同性別、年齡、兩性的類型，以及同種中已知的變種都劃分到了一起，而不管它們的構造是如何的不同。如果我們把血統因素——這是生物相似的一個內在因素——推而廣之，我們就能理解什麼是「自然系統」：自然系統就是按譜系進行排列，即用變種、種、屬、科、目和綱等術語來表示它們獲得差異的程度。

按照血統與變異的觀點，「形態學」上的許多重大事實都變得可以理解了。無論我們觀察同一綱的不同物種在它們的同源器官中所表現的同一模式，或者去觀察同一個體動物和個體植物中的系列同源，都可以得到理解。

按照連續的、微小的變異不一定在或一般不在生命週期的很早期發生、並且遺傳至相應時期的原理，我們可以理解「胚胎學」中的主要事實；即在成熟期其構造和功能變得大不相同的同源器官在胚胎中是非常相似的。在相近而明顯不同的物種中，同源構造或器官在胚胎中是相似的，雖然在成體階段它們適應於很不同的習性。幼蟲是活動的胚胎，它們由於生活習性的關係或多或少地發生了特殊的變化，並且把它們的變化遺傳到相應的年齡期。根據同樣的原理，我們應當記住，當器官由於萎縮或透過自然選擇而縮小時，一般是發生在生物必須解決自己生活需求的時期。還應該記住遺傳的力量是十分強大的，於是殘跡器官的產生就是預料之中的事了。根據自然分類必須按照譜系的觀點，胚胎性狀和殘跡器官在分類上的重要性便完全可以理解了。

最後，依我看來，在本章中所提到的若干事實清楚地表明，生活在這個世界上的無數物種、屬和科，在其各自的綱或群的範圍之內，都是從共同祖先傳下來的，並且都在生物發展的進程中發生了變化。即使暫時沒有其他事實或證據的支持，我也會毫不含糊地採納這個觀點。

第十五章　綜述和結論

由於本書通篇是一個綿長的論爭，因而為方便讀者起見，有必要將書中主要的事實和推論在此做一概要的綜述。

我並不否認，透過變異和自然選擇產生改良的後代這一理論可能會遭到許多嚴厲的批駁，並且我也曾力圖使這些反對意見能充分地發揮作用。初看起來，似乎沒有比下述論點更難以置信的了，即認為那些較為複雜的器官和生物本能的完善，並不是透過類似於人類理性的方式，或超越於那種理性方式，而是透過對生物個體有益的無數微小變異的不斷積累而完成的。儘管如此，這一難題似乎在我們的想像中仍是不可克服的，可是當我們承認以下命題時，它就不能算是一個眞正的難點了。這些命題是：生物體的各個部分和生物本能至少存在著個體的差異，而生存競爭使得生物體構造或生物本能中的有利變異得以保存，最後在每一器官的完善化過程中，都存在著級進的階元，並且每一階元都越來越完善。這些命題的正確性，我看是無可非議的。

即使猜測一下許多生物構造是透過什麼樣的中間級進階元完善的，看來是極端困難的，尤其是對於那些已經大規模滅絕的、不連續的和衰退的生物類群來說，更是如此。但是我們看到自然界有那麼多奇異的過渡階元存在，因此當我們說某一種器官或生物本能，或任何一個完整的生物構造，並不能透過許多級進的步驟達到現在的狀態時，我們必須十分謹慎。必須承認，自然選擇學說遇到了一些特別困難的情況，其中最奇怪的一點是同一居群中共存著二種或三種工蟻或不育雌蟻。但是我已經設法提出了解決這些問題的辦法。

物種在初次雜交過程中存在普遍的不育性，以及變種在雜交過程中會出現十分普遍的可育性。

這兩者之間形成了十分鮮明的對比。關於這點敬請讀者參閱本書第九章結尾時對有關事實的綜述。這些事實我認爲與兩種不同的樹木不能嫁接在一起一樣，沒有任何特殊性可言，而僅是由於雜交物種間生殖系統上的偶然差異所致。這一結論的正確性可以在相同兩個物種在互交時（即一個物種先用作父本，後又用作母本）所產生的巨大差異中得到證實。對那些具有二個和三個世代的植物進行對比研究，可以更爲清晰地得出上述結論。因爲當不同世代的兩個類型的異性相配時，它們很少產生或甚至不產生種子，而且其後代也或多或少是不能生育的。這些不同世代的類型毫無疑問地應屬於同一物種，它們相互之間除生殖器官和生殖功能不同外，並無任何其他區別。

雖然有那麼多的作者認爲變種雜交以及它們雜交後的混種後代是普遍可育的，但自從權威學者格特納（Gärtner）和凱洛依德（Kölreuter）列舉了一些事例後，上述觀點就不再被認爲是十分正確的了。用作實驗的變種，大多數是馴養條件下的產物；而且馴養（不單指圈養）總是具有消除不育性的傾向。同樣的，當雜交時，這種不育性可以影響到親種；所以我們也不能指望馴養會導致其變異的後代產生雜交不育。這種不育性的消除顯然與人們能在不同的環境條件下使馴養的動物自由繁殖的原因相同，還與牠們已經逐步適應其生活環境的不斷變化有關。

兩組同樣的事實似乎較好地說明了物種初次雜交的不育性及其雜交後代不育性的原因。一方面我們有充分的理由相信，生活條件的些微變化會給所有生物帶來活力，並增強其繁殖力；另一方面，我們又知道，同一變種的不同個體交配及不同變種間的交配會使其後代的數量增加，並且一定會使其個體增大，活力增強。這主要是由於交配者處於多少有些不同的生活環境中。因爲我曾頗爲辛苦地做過一系列實驗，結果表明同一物種的所有個體如果在相同的生活條件下生活數代後，其在雜交過程中獲得的優勢將大大減小，甚至完全喪失，這是問題的一個方面。問題的另一方面，我們知道曾經長期生活在近乎相同條件下的物種在圈養時，由於外界環境條件大大改變，要嘛面臨死亡，要嘛即使能夠完全健康地存活下來，也會失去生育能力。然而馴養的生物由於長期處於變動的環境中，上述情形並不發生，或僅偶爾發生。我們發現兩個不同物種的雜交後代，在受孕後不久或在幼年期就夭折了；即使生存了下來，也或多或少喪失了生殖能力，從而導致數量減少。這種情況很有可能是由於兩個雜化物的環境條件發生了巨大改變。如果你能確切地解釋，比方說，大象或狐狸，即使在其本土上圈養，也不會生育；而家畜，如豬狗之類，即使生活條件發生了巨大改變，牠們也可以自由地繁殖，那麼你就可以明確地解答下列問題了，即為什麼兩個不同的物種，包括它們的雜交後代在交配時，常常或多或少喪失了生殖能力，而兩個馴養的變種，包括它們的混種後代在交配後卻都是完全能育的。

就地理分布而言，遺傳變異理論遇到了嚴峻的挑戰。同一物種的所有個體，以及同一屬的所有物種，甚至其更高一級分類階元都是來源於共同的祖先。因而在世界的任何偏遠角落裡，都能找到它們的蹤跡，它們必然是在生生不息的代代相傳中，從最初的某個地方散布到全球各處的。這一遷徙過程是怎樣完成的，人們很難猜測。然而，既然我們有證據表明有些物種在很長的一段時間裡（長得難以用年來計算），仍能保持其獨特的形態，因而其偶爾的廣泛展布並不是一件很困難的事。因為在這段漫長的時間裡，總是可以找到合適的機會，運用各種方式向遠處遷移。至於生物分布的不連續或中斷現象則可以用物種在中間地帶的滅絕來解釋。不可否認，目前人們對於晚近時期影響地球各種氣候變化和地理變化的廣度和深度，仍然是茫然無知的，而這種變化則往往有利於遷移的進行。作爲例證，我曾試圖證明冰期對於同一物種或一群近似物種在全球的分布產生了多麼巨大的影響。然而，直至今日，人們對於物種偶然遷移的種種方式仍所知甚少。至於同一屬內的不同物種爲何能夠生活在相隔如此遙遠的地區，那是因爲變異的過程一定是進展緩慢的，而在這一漫長的時間內任何一種遷移的方式都可能發生，從而對於這種同屬物種的廣泛分布現象也不應該大驚小怪了。

依照自然選擇學說，先前一定有無數個中間類型存在，它們以類似於現存變種這樣的微細階元將每一類群中的所有物種連接起來。可能有人會問：爲什麼在我們的周圍見不到這些連接類型呢？爲什麼所有生物沒有混合在一起而形成不可分辨的混亂狀態呢？關於現在的類型，除極少數情況外，我們不可能找到它們之間的直接過渡類型，這點必須牢記；而要找到這些過渡類型則必須在現已滅絕的或已被排擠掉的類型中去尋找。即使在一個長期連續且面積廣大的地域上，其氣候和其他生活條件從被某一物種所占據的地區向被另一近緣物種所占據的地區逐漸過渡的話，我們也別指望在其中間地帶找到相應的中間變種。關於這點，我們可以這樣解釋一個屬中僅有極少量的物種發生了變異，而其他的物種則已完全滅絕，並且沒有留下變異的後代。即使在那些的確變異了的物種中，也只有極少數在同時同地發生了變化，而且這一變異過程還是十分緩慢的。此外，我還曾明確指出，中間物種大概最初存在於中間地帶，但它們極易被兩側的近似物種排擠掉。後者由於數量較大，其變異和進化的速度通常超過了數目較少的中間變種，因而中間變種將會被排擠掉，並最終導致滅絕。

傳統觀點認為世界上現存生物和滅絕生物之間以及各個連續地質時期內滅絕物種和更老的物種之間，都有無數個已經滅絕了的過渡類型。然而，按照這一觀點，為什麼在各段地層沉積中沒有充斥這些過渡類型呢？為什麼每次採集的化石標本沒有提供生物類型級進變化的明顯證據呢？雖然地質研究發現了許多過渡類型，從而使得許多生物的親緣關係拉得更近了。但是我們仍未找到現存物種與過去物種間本應該存在的無窮多個級進微細的階元，而這恰是本學說所必須的。有人反對本學說，主要也是基於這點。再者，整群的近似物種何以會在地質歷史中相繼突然地出現？儘管這一突然性常是一種假象。另外我們知道生物的出現十分久遠，遠在寒武紀最低沉積層沉積之前就已存在了。但是奇怪的是，為什麼在寒武紀之前的大套地層中並沒有發現寒武紀化石的祖先？因為按照這一理論，這樣的地層一定在地球歷史的某一遙遠而尚未搞清的時期內就已經在某個地方沉積了。

對於這些問題和疑問，我只能歸結於地質紀錄的不完備性遠較大多數地質學家所認為的大。我們博物館內收藏的所有化石標本，若與世世代代生活在地球上的無數物種相比，其數量簡直是微不足道。任何兩個或更多個物種的祖先類型，不可能在所有性狀上都直接介於變異的後代之間。正如岩鴿的嗉囊和尾巴的性狀，未必介於其後代球胸鴿和扇尾鴿之間。即使我們已經做了細緻周密的研究，在未找到大多數中間過渡類型之前，就不能因此確認一個物種是否是另一物種或另一變異物種的祖先。而且由於地質紀錄的不完備性，我們也不可能找到這麼多的過渡類型。然而即使有兩三個或更多個過渡類型被發現，它們也會很簡單地被許多博物學家劃歸為新物種。尤其是當它們產於不同的地質亞期中，即使差異十分微小，也會定為新物種。現存的大量可疑類型或許都是變種，但是誰又敢斷定在未來的日子裡，人們不會發現數量眾多的化石過渡類型，以致可以使博物學家們確認哪些可疑的類型為變種呢？世界上目前也僅有一部分地區做過地質勘察，只有某些綱的生物可以較多地保存為化石。許多物種自從形成後就再未發生過變化，隨之滅絕了，未留下變異的後代。物種發生變異的時間雖然長得難以用年來計算，但與其保持某一形態不變的時期相比，則要短得多。優勢種和廣域種，最容易發生變異，而且變異也最明顯，變異也僅在局部地區發生。由於上述兩種原因，要在某一地層中發現中間過渡類型便顯得十分困難。地方性變種只有當變異和改良達到一定程度後才會向遠處擴散。而在其擴散後，並在某一地層中被發現時，它們常常像是突然創造出來似的，因而就被簡單地定為一個新種。大多數地層在沉積過程中常有間斷，它們延續的時間常較物種類型的平均延續的時間要短。在大多數情形下，連續的地層沉積常被較長時間的沉積間斷所分割，因而通常只有在沉降海底上有較多沉積物的沉積時，含化石的地質層的厚度才足以抵消其後的侵蝕而積聚下來。在水平面上升和靜止的交替時期，地質記錄通常是空白的；在後一情況下，生物類型可能有較多的變異性，而在沉降期，則有較多的物種滅絕。

關於寒武紀地層之下缺乏富含化石的沉積層，我只能回到第十章所提出的假說上了，即雖然在很長的一段時間內大陸和海洋的相對位置幾乎未變，但我們無法設想它永遠保持這種情況。因此比現在所知更為古老的地層可能已經淹沒在大洋中了。威廉·湯普森爵士（Sir William Thompson）

曾提出過一個目前爲止最爲嚴厲的疑問：他認爲地球自固結以來所經歷的時間還不足以達到我們所設想的生物演化量。對此，我只能說，第一，我們並不清楚應該怎樣來計算生物物種的年變化速率；第二，許多哲學家至今仍不願承認我們對於宇宙的構成及地球內部的認識還很膚淺，還不能準確地推斷地球所經歷的歷史演變。

地質紀錄的不完備性是公認了的，但是要說這一不完備程度達到了我們學說所需要的程度，則很少有人同意了。如果我們從一個較長的時間尺度來看，地質學也明確地指明，所有的物種都發生過變化，而其變化的方式恰好符合了我們的學說，因爲它們是以一種緩慢而漸進的方式進行的。我們可以清楚地看到，從連續接近的地層內找到的化石遺骸間的相互關係總是比那些在時間上相隔很遠的地層中所見到的化石要密切得多。

上面是本學說所遇到的幾個主要難題和異議，對此我已將我所能做出的解釋和答覆綜述如上。許多年來，這些難題始終在困擾著我。但有一點值得特別注意，這就是那些比較重要的意見都與我們公認所知甚少的那些問題有關，而且我們甚至不清楚其中還有多少東西我們尚不了解。我們還不知道在最簡單的和最完善的器官之間所有可能存在的過渡級進類型；也不能自認爲已經搞清了在漫長的地質歷程中生物「傳播」的各種方式，更不能自認爲對地質紀錄的不完備程度有了充分了解。然而，儘管反對者的論點是如此尖銳，但它還不足以推翻遺傳變異的理論。

現在讓我們轉到爭論的另一面。在圈養的情況下，我們看到許多變異是因生活條件的改變所引起的，或至少是由其激發的。但是往往由於情況不甚明瞭，於是我們很自然地認爲這種變異是自發的。變異受許多複雜的規律所支配，如相關生長律、補償律，某些器官使用頻率增加或廢棄使用，以及周圍環境條件的作用等等。要確定馴養生物的變異量是比較困難的，可是要說這一變異量很大，則不會有什麼問題。而且，這種變異還可以長久地遺傳下去。某種已經遺傳了許多世代的變異，若其周圍生活條件不發生改變，則仍將繼續不斷地遺傳下去。另外有證據表明，在馴養條件下，變異一經發生，則在很長一段時間內將不會停止，而且我們也從未見過停止的現象。即使在最爲古老的馴養生物中，也會偶爾產生出新的變種。

事實上，變異並不是人爲的，人們只是無意識地把生物放到新的生活條件之下。於是自然就對生物組織發生作用，引起變異。但是人們能夠選擇，並且確實選擇了自然給予它的變異，並按某種需要的方式將變異積累起來。這樣他便可以使動植物適合他的愛好或需求。他可能有計畫地這樣做，或者只是無意識地將那些對他最有用的或合乎他愛好的個體保留下來，但並不想改變它的品種。顯然，經過這樣幾個世代的連續選擇，保留那些除訓練有素的人外，普通人很難區分的微細差異的個體，這就能大大影響一個品種的性狀。這種無意識的選擇過程，在形成最爲特殊且最有用的馴養品種中曾發揮過重要作用。人們所培育的品種在很大程度上具有自然物種的性狀，這可以表現在人們很難認清許多品種究竟是變種，還是其本身代表了不同的物種。

在馴養條件下這樣有效發揮作用的原理，沒有理由不在自然條件下也起作用。在不斷進行的「生存競爭」中，優秀的個體或種族得以生存。在這裡我們見到了一種強有力的、不斷發生作用的選擇形式。所有生物都在按幾何級數快速增加，從而不可避免地引起生存競爭。這種快速的增長率可以用簡單的計算來證明，許多動物和植物在一段較長且特別適宜的季節裡，或在一新的地區歸化時，數量都會迅猛增加。生物出生的數量常比可能存活的數量要多，自然天平的毫釐之差都可以決定哪個個體可以存活下去，而哪個個體又將會死亡；哪個變種或物種的數量會增加，哪個又將減少或最終死亡。同種中的不同個體，從各方面講，關係最爲密切，因而它們之間的競爭也就最爲激烈和殘酷。同一物種的不同變種間其鬥爭幾乎也是同樣激烈的，其次就是同屬中的不同物種間的鬥爭。另一方面，在自然階元中相距較遠的生物之間的競爭也常是頗爲殘酷的。某些個體，無論其在哪個年齡段或哪個季節，只要比與其相競爭的個體占有哪怕十分微弱的優勢，或者對周圍自然條件有稍好的適應，都將使勝利的天平向它們傾斜。

在雌雄異體的動物中，大多數情況下都會發生雄性爲爭奪雌性而引發的競爭。最強壯的雄性或最能成功適應環境的雄性，通常會留下更多的後代。但成功與否往往取決於雄性動物是否具有特殊的武器、較好的防禦手段或更具魅力。具有微弱的優勢，就會走向成功。

地質學清楚地揭示，各個大陸過去都曾經歷過巨大的環境條件變遷。所以我們可望在自然條件下看到生物的變異，如同它們在馴養情況下所發生的那樣。只要在自然狀況下有變異發生，那麼認爲自然選擇不會發揮作用就很難解釋了。常常有人主張，在自然條件下，變異量僅侷限在一個很小的範圍內，但這是無法證實的。雖然只是作用於外部性狀，並且其結果很難確定，但人們卻可以將馴養生物個體的微小差異逐漸積累起來，並在一段不長的時期內產生巨大的效果。物種中存在著個體差異，這是大家所公認的。但是除了這些個體差異外，所有的博物學家還承認有自然變種的存在。它們相互之間的差別十分明顯，值得在分類學著作中記上一筆。沒有人能明確區分開個體差異和微小變異，也難以區分特徵明顯的變種和亞種，以及亞種和物種。在分離的大陸上，或在同一大陸被某種障礙所隔離的不同區域內，以及孤立的島嶼上，存在著如此多樣的生物類型，它們被一些有經驗的博物學家歸爲變種，或被另一些博物學家列爲地理種或亞種，而另一些卻將其列爲親緣很近、特徵明顯的物種。

如果動植物確有變異，不管這一變異是多麼微小和緩慢，只要其變異或個體差異在某一方面有益於自身發展，它們爲什麼不會透過自然選擇將其保存和積聚起來，即所謂最適者生存呢？如果人們能夠耐心地選擇有利於自己的變異，那麼在複雜而多變的生活條件下，那些有利於自然界生物的變異爲什麼不會經常產生，並得到保存或選擇呢？那些在漫長的時間長河裡起作用的，並嚴格審視每一個生物的全部體制、構造和生活習性的選擇力量——即擇優棄劣的力量，會受到什麼限制呢？據我看，沒有任何東西可以限制這種緩慢的、巧妙地使每一種生物類型都能適應最爲錯綜複雜的生活條件的力量。僅此一點，自然選擇學說已是極爲可信的了。我已經儘可能忠實地將反對這一學說的種種疑難問題和意見加以概要地綜述，現在我將轉而談談支持這一學說的各種具體事實和論點。

物種只是特徵顯著而穩定的變種，而且每一物種開始時都只是變種。根據這種見解，我們就很難在通常認爲是由特殊創造行爲而產生的物種與由第二法則所產生的變種間劃出一條明確的界限來。而且我們還可以了解爲什麼在某一地區內已經產生了歸入同一屬內的許多物種，並且這些物種現在仍很繁盛，仍會有那麼多的變種存在。因爲在物種形成很活躍的地方，按照一般的規律，可以確信這種作用仍在繼續。當變種是初期物種時，其情形確是如此。另外，大屬內的物種，爲了在某種程度上保留變種的性狀，就需要產生大量的變種或初期物種，因爲它們之間的相互差別要比小屬內的物種爲小。大屬內親緣關係密切的物種顯然在分布上有明顯的限制，它們按親緣關係圍繞著其他物種聚集成許多小的群體，這兩點都與變種的特徵相似。假如承認每一物種都是獨立創造出來的，那麼上述關係就顯得頗爲奇怪而無法理解了。但若認爲它們起先是以變種形式存在的話，上述關係就頗易理解了。

由於每個物種都有按照幾何級數過度繁殖的趨向，而且各個物種中變異了的後代，可以透過其習性及構造的多樣化去占據自然條件下多種多樣的生活場所，以滿足數量不斷增加的需要。所以自然選擇的結果就更傾向於保存物種中那些最爲歧異的後代。這樣，在長期連續的變異過程中，同一物種的不同變種間細微的特徵差異趨於增大，並成爲同一屬內不同物種間較大的特徵差異。新的改良變種必將替代舊的、少有改良的中間變種，並使其滅絕；這樣，物種在很大程度上就成爲確定的、界限分明的自然群體了。每一綱中凡是屬於較大種群中的優勢物種，它更能產生新的優勢類型，其結果必然是每一個大的種群在規模上更趨於增大，同時性狀分異也就更大。由於地球上的生存空間有限，不可能允許所有的種群都擴大規模，其結果就是優勢類型在競爭中打敗了較不占優勢的類型。這使大類群在規模上不斷擴大，性狀分異更趨明顯，並不可避免地導致大量物種的滅絕；這就可以解釋爲什麼僅有極少數大綱在競爭中自始至終占據著優勢，而其中所有的生物類型都可以排列成許多大小不一的次一級生物群。用特創論的觀點是完全不能解釋爲什麼在自然系統下所有的生物都可以劃歸大小不等的類群這一重大事實。

由於自然選擇僅透過對微小的連續且有益變異的逐步積累而產生作用，因而它不會導致巨大的突變，而只能按照緩慢而短小的步驟進行。所以，已爲新知識所不斷證實的「自然界沒有飛躍」這一格言也是符合自然選擇學說的。我們可以看到，自然界中可以用幾乎無窮多樣的方式來達到一個共同的目的，其原因就在於每一種特性一經獲得，便可永久遺傳下去。透過不同方式變異了的構造必須適應一個同樣的目的。總之，自然界是吝於重大革新但奢於微小變異的。但是假如說每一物種都是獨立創造出來的話，那就無法理解這種現象如何構成了自然界的一條法則。

許多其他的事實，據我看也可用這一理論予以解釋。下述現象似乎十分奇怪：一種像啄木鳥形態的鳥卻在地面上捕食昆蟲；高地上的鵝很少或根本不游泳，但卻具有蹼狀腳；一種像鶇的鳥卻能潛水並取食水生昆蟲；一種海燕卻具有適合海雀的生活習性和構造，這樣的例子不勝枚舉。每一個物種總是力求擴大其個體數目，而且自然選擇總是要求緩慢變異的後代去努力適應那些自然界中未被占據或尚未占盡的地盤。根據這種觀點，那麼上述的那些事實，不僅是不足爲怪的，甚至是意料之中的。

在一定程度上，我們可以理解爲什麼自然界處處充滿著美，這很大一部分應歸功於自然選擇。美對於人們的感官來說並不是無處不在的，人們只要見到過某些毒蛇，某些魚類，或一些醜得像扭歪的人臉那樣的蝙蝠，他就會承認這一點。性選擇給了雄性以最鮮豔的色澤、優美的體態和其他華麗的裝飾。有時在許多鳥類、蝴蝶和別的動物中，雌雄兩性都是如此。拿鳥類來說，性選擇使雄鳥的鳴叫聲不僅取悅了雌鳥，同時也給人類以一種莫大的享受。花和果實由於有綠葉相襯，其色彩更爲豔麗、醒目，更易被昆蟲發現、光顧並傳粉，而種子也會被鳥類散布開去。至於某些顏色、聲音和形態何以能給人及動物以愉悅呢？即最簡單的美感，最初是如何獲得的呢？這是很難搞清楚的，就如同某種氣味和味道，最初是怎樣使人感覺舒適一樣。

既然自然選擇表現爲競爭，它使各個地區的生物都得到適應與改良，而這僅對同時同地生物的關係而言是如此。所以某一地區的物種，雖然一般說來是爲這個地區獨創的，並且特別適合於那個地區的，但卻會被從其他地區遷移來的、馴化的物種所打敗和排擠掉。對此，我們不必驚奇。自然界的一切設計，就我們所知，並不是絕對完美無缺的，即使是我們的眼睛也不例外。或許其中的一些構造甚至不合情理，對此你也不必驚奇。爲了抵禦外敵，蜜蜂捨身刺敵；大量雄蜂的產生，卻僅爲單純的交配，交配結束便被牠們能育的姊妹們殺死；樅樹花粉驚人的浪費；蜂后對於其能育的女兒們存有本能的仇視；姬蜂在毛蟲體內求食，以及諸如此類的其他例子，都不足爲奇。依照自然選擇學說，眞正奇怪的倒是沒能發現更多完美無缺的例子。

就我們的判斷，控制變種產生的複雜而又不甚明瞭的規律，和那控制物種產生的規律是相同的。在這兩種情況下，自然條件似乎產生了直接和確定的效果，但這種效果究竟有多大，還很難說。於是，當變種進入一個新的地區，有時它們就可以獲得該地物種所固有的某些性狀。對於物種和變種，某些器官的使用與廢棄對它們產生了相當的效果，當我們看到下列情形時，就不可能反對這一結論了。例如：大頭鴨有著不能飛翔的翅膀，和家鴨的情形幾乎相同；一種穴居的櫛鼠，有時眼睛是瞎的，而某些鼴鼠，更多爲瞎子，其眼睛被皮膚遮蓋著；棲息在美洲和歐洲黑暗洞穴中的許多動物也常是瞎的。相關變異在變種和物種中似乎都發揮著重要作用，因而當身體的某一部分產生變異，其他部分也要隨之發生改變。返祖現象有時也會在變種和物種間出現。馬屬內若干物種及其雜交變種中，有時在肩部和腿部會出現斑紋，這是用特創論無法解釋的。但是如果我們相信這些物種都是由具斑紋的祖先繼承下來的，如同許多家鴿品種是由具條紋的藍色岩鴿所遺傳的那樣，那麼上述事例的解釋也就十分簡單了。

按照每一物種都是特創的這一世俗觀點，很難解釋爲什麼種的特徵，即同一屬中不同物種間彼此得以區別的特徵比它們所共有的屬的特徵有更多的變異呢？比如，花朵的顏色，一個屬中任何一種花的顏色，爲什麼當同屬內的不同物種間花色不同時，要比只有一種花色時，更加容易發生變異呢？如果說物種只是特徵明顯的變種，並且其特徵已變得十分穩定，那麼就很好理解了，因爲它們從一個共同祖先分支出來以後，它們的某些特徵就已經發生過變異，這就是它們得以彼此區別的基礎，因而這些相同的特徵若與那些長久未發生變異的遺傳屬的特徵相比，當然就更易發生變異了。如果某一屬中有一個物種的部分器官異常發育，很自然地我們會認爲這一部分器官對該物種應具重要作用，但是它卻很明顯地更易發生變異。這種情況用特創論難以解釋，但依據我們的觀點，自這些物種從一個共同祖先分支出來後，這些器官已經發生了異常改變和變異，因此可以預料這種變異的過程還將繼續下去。但是一個異常發育的器官，如蝙蝠的翅膀，若爲許多從屬類型所共有的，當爲長期遺傳的結果，那麼它就不會比別的構造更易於發生變異了。因爲在這種情況下，長期連續的自然選擇作用已使它變得十分穩定了。

再看一看本能吧。某些本能雖然神奇，可是根據連續、微小、有利變異的自然選擇學說，它並不比身體構造更難解釋。這樣我們就可以解釋爲什麼自然在賦予同一綱中不同動物的許多本能時是採取循序漸進的方式進行的。我曾試圖用級進原理來解釋蜜蜂那令人歎爲觀止的建築能力。習性無疑常對本能的改變發揮著重要的作用，但它並不是不可或缺的，就像在中性昆蟲中所看到的那樣，牠們並無後代來遺傳其長期連續的習性效果。根據同屬內的所有物種都是從一個共同祖先而來，並且繼承了很多共同的性狀這一觀點，我們就可以理解爲什麼邊緣物種雖處於極不相同的生活條件下，但仍具有幾乎相同的本能。例如：爲什麼南美洲熱帶和溫帶的鶇類，與我們英國的那些物種一樣，要在其所築的巢內糊上一層泥土。根據本能是透過自然選擇而緩慢獲得的這種觀點，當我們發現某些動物的本能並不完美和易於發生錯誤，甚而許多本能還會使其他動物受害時，就無需大驚小怪了。

如果物種只是特徵明顯而穩定的變種，我們馬上就會發現其雜交的後代，在某些性質和程度上，如在連續雜交之後，彼此可以融合等方面，酷似其父母，並且都如公認的變種的雜交後代一樣，遵循著同樣複雜的法則。如果物種是獨立創造的，而變種是由次級法則所產生的，上述相似性就變得頗爲離奇了。

如果我們承認地質紀錄的極端不完備性，那麼地質紀錄所提供的事實就強有力地支援了遺傳變異理論。新的物種緩慢地出現在連續的時間間隔內，而在相同的時段內不同類群的變化量是很不相同的。物種和整個類群的滅絕，在生物演化史上發揮著非常顯著的作用，是遵循自然選擇原理的必然結果，因爲舊的生物類型要爲新的改良類型所取代。世代鏈條一旦中斷，單個的物種也好，成群的物種也罷，將不再重現。優勢類型的逐漸散布，伴隨著其後代的緩慢變異，從而使得經過一段較長的時間間隔後，生物類型好像很突然地在全世界範圍內都發生了變化。各地質層中的化石，其性狀在某種程度上，介於其上下地層的化石之間，這一事實可以簡單地以它們處於世系鏈的中間來解釋。一切滅絕了的生物可以與所有現生生物一樣進行分類。這一重大事實是現生生物與滅絕生物來源於同一共同祖先的必然結果。由於生物在漫長的演化和變異歷程中，通常其性狀都隨之發生了分異。所以我們便能理解爲什麼那些比較古老的類型或每一生物群的早期祖先類型，在分類譜系上常或多或少地處於各現生類群之間的位置。總的來說，現生類型的組織結構要較古代類型更爲高級，因爲在生存競爭中，新的改良類型征服了較老的、較少改良的類型；同時，前者的器官也更爲特化以適應不同的功能。這一事實與大量生物由於生活條件簡單，因而仍保留著簡單且改造少的構造相吻合。同樣的，某些類型在生物演化的各個階段中爲了更好地適應新的、退化的生活習性，而在體制上發生了退化。最後，同一大陸上的近緣類型，如澳洲的有袋類、美洲的貧齒類等諸如此類的例子，爲何能長期共存在一起，也就可以理解了，因爲在同一地區，現存的和滅絕的類型透過世系關係緊密地聯繫在一起。

談到地理分布，如果我們承認在漫長的地質歷史時期，由於氣候及地理的變化，以及由於諸多偶然而未知的散布方式，生物曾發生過從某一地區向另一地區的大規模遷移；那麼根據遺傳變異學說，我們就能很好地理解有關生物分布上的許多重要事實。爲什麼生物在整個地質地理、時空分布上呈現著明顯的平行現象呢，其原因在於生物都是以共同的世代譜系相連接，並且其變異的方式也相同。在同一塊大陸上，在極爲不同的條件下，在炎熱和寒冷的環境中，在高山和低地，在沙漠與沼澤，每一大綱中的大多數生物是有明顯聯繫的。這使每一個旅遊者都會感到驚奇，但對我們來說，所有這些都是很容易理解的，因爲它們是同一祖先和早期遷入者的後代。根據前述遷徙理論，加之在多數情況下的生物變異，我們借助於冰期事件便可以很容易地理解爲什麼在最遙遠的山區，在南北溫帶中會有少數植物是相同的，而其他許多植物也是很相似的；同時也容易理解，爲什麼雖然有整個熱帶海洋的間隔，南北溫帶海洋生物中仍有些也極爲相似。雖然兩個地區具有適於同一物種生活的相同的自然條件，但如果兩個地區長期隔離的話，它們之間的生物存在極大的差異，人們也就不必爲怪了，因爲生物與生物之間的關係是一切關係中最重要的。而且，在這兩個地區，在不同的階段內，從其他地區或者這兩個地區之間彼此接受的遷移來的生物的比例也是不同的。所以，這兩個地區中生物變異的過程也就必然是不同的。

根據這種遷徙的觀點，以及隨之而來的生物變異，我們可以理解爲什麼海島上僅有極少量的物種棲息著，而其中的許多還是特殊的地方性類型。我們清楚地看到爲什麼那些不能橫渡廣闊大洋的動物類群，如蛙類和陸棲哺乳類，沒有在海島上居住；另一方面，爲什麼那些能夠飛越海洋的動物，如蝙蝠中的一些新的特殊類群卻在遠離任何陸地的海島上被發現。海島上有特殊類型的蝙蝠存在，但卻沒有發現任何陸棲哺乳動物的事實也是特創論根本無法解釋的。

按照遺傳變異學說，在任何兩個地區若存在著親緣關係很近的、有代表性的物種的話，就暗示著相同的祖先類型曾經居住在這兩個地區。並且無論在什麼地方，若有親緣關係密切的物種棲息在兩個地區，我們必然還會在那裡發現這兩個地區所共有的物種；無論在什麼地方，若有許多親緣關係密切的特徵性物種出現的話，那麼屬於同一類群的一些可疑類型和變種也同樣會在那裡出現。各個地區的生物，必然與其最鄰近的遷徙源區的生物有關，這是一個極為一般性的法則。我們可以看到在加拉巴哥群島、胡安·費爾南德斯（Juan Fernandez）群島以及其他美洲島嶼上的動植物均與其相鄰近的美洲大陸的動植物有著驚人的聯繫。同樣的，維德角群島及其他非洲島嶼上的生物與非洲大陸上的生物間也存在著這種聯繫。必須承認，靠特創論無法對這些事實進行解釋。

我們已經注意到，所有過去的和現在的生物均可以按不同的等級歸入幾個大綱內，並且已滅絕的生物群其等級常介於現生生物群之間，這是自然選擇及其所引起的滅絕和性狀趨異學說可以解釋的。根據同樣的原理，我們也可以理解為什麼同一綱中的生物相互之間的親緣關係是如此複雜和曲折，為什麼在生物分類上某些特徵遠較另一些特徵更為實用；為什麼生物的適應特徵雖然對於生物本身的生活和生存極其重要，但在生物分類學上的價值卻極小；與此相反，某些退化器官的性狀，雖說對生物本身毫無用處，但在分類上卻具有重要的價值；同時我們也可以理解，為什麼胚胎的性狀在生物分類學上最有價值。所有生物的真正親緣關係，並不在於適應的相似性，而在於遺傳或世系的共同性。自然分類法是一種譜系的排列，依照各自的等級差異，用變種、種、屬、科等來表示。我們必須依據最穩定的生物性狀，而不管其在生活上重要與否，去尋找生物的譜系線。

人的手，蝙蝠的翅膀，海豚的鰭和馬的蹄子都由相同的骨骼結構所組成。長頸鹿的脖子和大象的頸都由相同數目的脊椎所組成；以及大量諸如此類的事實，都可用生物遺傳變異理論來解釋。蝙蝠的翅膀和腿，螃蟹的顎和腳，以及花的花瓣、雄蕊和雌蕊等雖然其用途各不相同，但它們的結構卻是相似的。這些器官或身體的某一構造在各個綱的早期祖先中原本是相類似的，但隨後逐漸發生了變異。根據這一觀點，上述的種種相似性在很大程度上便可予以解釋。根據連續的變異並不總在生命的早期階段進行，而且其遺傳作用相應的也不應在生命的早期階段進行，這樣我們就可以明白爲什麼哺乳類、鳥類、爬行類和魚類的胚胎是如此的相似，但其成體間卻大爲不同。我們也不必驚異那些呼吸空氣的哺乳類和鳥類在其胚胎階段具有鰓裂和弧狀動脈（魚類都有很發達鰓和鰓裂，它們的作用在於呼吸水中溶解的空氣）。

器官不使用，有時加上自然選擇作用，往往會使那些由於生活習性和生活環境改變而變得無用的器官逐漸萎縮，從而我們也就理解了殘跡器官的意義。但是不使用和自然選擇只是在每一個生物達到成熟期並在生存競爭必須充分發揮其作用時，才能產生影響；而對幼年期的生物器官卻影響甚微，因而那個不再使用的器官在其生命的早期不會萎縮，也不會發育不全。例如小牛，具有從早期有發達牙齒的祖先那裡遺傳下來的牙齒，然而這些牙齒卻從來不能突破上頜的牙齦而長出來。對此我們可以理解爲成熟的牛由於自然選擇作用，其舌和齶或唇已變得頗爲適合於咀嚼草料，而不再需要牙齒的說明了；所以在其成熟前就因爲不使用而萎縮了。而在小牛中，牙齒並未受任何影響。根據遺傳發生在對應年齡段的原則，牠們的牙齒是從遠古時期一直遺傳至今的。根據特創論的觀點，每一生物的各個部分都是被上帝特意創造出來的，那麼那些顯然無用的器官，如胚胎期牛的牙齒，許多甲蟲類位於癒合的翅鞘之下萎縮的翅膀等，將做何解釋呢？可以說，自然界曾經煞費苦心地利用殘跡器官、胚胎構造以及同源構造等來洩露其變異的過程，但我們實在是太馬虎了，未能理解它的眞實意圖。

這裡我已經將有關事實和論據做了一番綜述，因而我堅信，物種在悠久的生物演化過程中曾經發生了變化。它主要透過對無數微小連續且有益變異的自然選擇作用而實現的。並且借助於生物體部分器官的使用和廢棄這一重要手段，同時還有一種不大重要的手段，即外界環境條件對過去或現在的適應性構造的直接影響，以及目前似乎尚不明了的自發性變異作用的影響。以前我可能低估了自然選擇作用之外的也能導致生物構造永久變形的自發變異的頻度和價值。對於我的結論，目前多有誤解，有人說我將物種的演變完全歸因於自然選擇，對此請讓我做一項聲明。在本書的第一版，以及隨後各版中，曾經在最顯著、最醒目的位置，即「緒論」的結尾處，印著如下的一段話：「我堅信自然選擇是物種演變的最主要，但並非唯一的途徑。」可是這句話並未引起注意。誤解的力量眞大，但值得慶幸的是科學史上這種力量絕不會延續很長。

很難設想，一種錯誤的學說會像自然選擇學說那樣能給上述如此多的重大事實以圓滿的答案。然而近來有人反對說，這並不是一種可靠的辯論方法。但是我要說這是用來判斷日常事理的方法，也是最偉大的物理學家們時常採用的。光的波動說就是這樣得來的，而地球繞其中軸旋轉的信條至今尚無直接的證據。要說科學目前尚不能對生命的本質或生命起源這一高深的問題提出合理的解釋，也算不上是有力的反駁。誰能解釋地心引力的本質呢？然而現在已經沒有誰會去反對人們遵循地心引力這一未知因素所得出的結果，儘管萊布尼茲（Leibnitz）曾譴責牛頓，說他將「玄妙的不可思議的東西帶入了哲學」。

我找不到很好的理由來解釋爲什麼本書所提出的觀點會震撼某些人的宗教感情。但如果我們記住，即使像地心引力這樣人類最偉大的發現，也曾受到萊布尼茲的攻擊，以爲它「破壞了自然信條，從而也就導致了宗教信仰的破滅」。那麼就可以看出這種影響是十分短暫的，我們也可以滿足了。曾有一位著名的作家和神學家寫信給我說：「他已漸漸覺得，相信上帝創造出了少數幾種原始類型，這些類型又能自我發展而形成其他必要的類型，與相信上帝需要一種新的創造作用去彌補因祂的法則作用所引起的空白，二者對於上帝來說是同等崇高的。」

也許有人會問，爲什麼直到目前爲止，幾乎所有在世的著名博物學家和地質學家都不相信物種的可變性呢？人們絕不能斷言生物在自然條件下不發生變異；也不可能證明生物在其漫長的演化過程中其變異量十分之有限；在變種與種之間並沒有也不可能有明確的區分標誌。我們也不能肯定物種的雜交必然導致不育，而變種的雜交卻必然是可育的；或者認爲不育性是創造的一種特殊標誌和稟賦。如果把地球的歷史看作是十分短暫的，就不可避免地會認爲物種是不變的產物；目前我們對地質歷史的時間已有了一些新的認識，在毫無證據的情況下，我們便不會輕率地推斷如果物種已發生變異，則地質紀錄的完備性就一定會提供有關變異的明顯證據。

但是很自然地，人們不願承認一個物種會產生特徵明顯的其他不同物種，其主要原因在於人們在尚未搞清變異所經歷的有關步驟前，不會貿然承認這種物種巨變的存在。這種情形在地質學中也曾遇到過。當萊爾最初提出陸地上岩壁的形成和大峽谷的凹下都是由於目前仍在作用著的動力所引起時，地質學家也同樣覺得難以置信。對於一百萬年這樣的時間概念，人們已很難理解其全部涵義了，而對於經過無數世代所積累起來的微小變異，其全部效果如何，人們則更難理解其眞諦了。

雖然我完全相信本書提要中所給出的各項觀點的正確性，但是我並不想說服那些富有經驗的博物學家們。他們在長期的實踐中，積累了大量的相關事實，卻得出了與我完全相反的結論。在「創造計畫」「設計一致」這樣的幌子下，人們很容易掩蓋自己的無知，有時僅僅是將有關的事實複述一遍，就認爲自己已經給出了某種解釋，不管誰只要過多地強調未能解釋的難題，而不對某些事實進行解釋，他就必然會反對我們這個學說。少數頭腦尚未僵化的博物學家們，如果他們已經開始懷疑物種不變這個信條的話，本書或許會對他們有所啟示。我對未來充滿了信心，希望那些年輕的、後起的博物學家們，能夠公正地從正反兩個方面看待這個學說。凡是已經相信物種可變的人們，如果能夠坦誠地表示他的信念，他就是做了一件好事。因爲只有如此，才能消除這一問題所遭受的重重偏見。

幾位著名的博物學家最近發表了他們的看法，認爲每一屬中都有許多公認的物種不是眞正的種，只有其中一部分才是，即那些分別創造出來的種。依我看，這個結論頗爲奇怪。他們承認直到最近還被他們認爲是分別創造出來的物種，並且目前仍被大多數博物學家認爲是特創的類型，卻具有眞正物種所應有的那些外部特徵，它們是由變異所產生的，但是他們不願將這一觀點引申到其他稍微不同的類型中去。然而，他們也並未假裝能夠確定，甚至猜測哪些是被創造出來的生物類型，哪些是由次級法則產生出來的。在有些情況下，他們也承認變異是形成物種的眞實原因，但在另一種情況下卻又斷然否認，卻未指出這兩種情況有何區別。總有一天，這將成爲說明先入爲主盲目性的一個奇怪的例子。這些學者認爲這種奇跡般的創造作用並不比普通的生殖更爲驚奇。但是他們是否眞正相信，在地球歷史上，曾有那麼多次，一些元素的原子突然被某種神奇的力量所控制而聚集成活的組織呢？他們能相信在每次假定的創造活動中，都有一個或多個個體產生出來嗎？所有這些不可勝數的動植物在被創造出來時究竟是卵子或種子，還是完全長成的成體呢？對於哺乳動物，牠們在被創造出來時是否就帶有可以從母體中吸收養料這一虛假的印證呢？顯然，對於那些認爲只有少數生物類型或僅有某種生物是被創造出來的人來說，這類問題是無法回答的。幾位作者曾指出，承認有一種生物是創造出來的，與承認成千上萬種生物都是創造出來的，其間並沒有什麼差異；但是，莫佩爾蒂（Maupertuis）之「最小作用」的哲學格言，使人們更願接受最初創造出來的是少數物種。當然我們不應就此相信，每一大綱內數不清的生物，在被創造出來時就帶有從一個單一祖先遺傳下來的、某些明顯具欺騙性的印記。

在以上諸段中以及本書的其他章節裡，我曾用幾句話來陳述某些博物學家樂於堅持每一物種都是分別創造出來的觀點，而這不過是記錄了一些既往事實。但正因爲這一點，我卻受到了莫大責難。其實，在本書初版時，公眾的認識確實是這樣的。我曾與許許多多博物學家談論過進化論的問題，但是卻從未得到些許同情的認可。當時他們中確有些人已相信了進化論，但是他們要嘛保持緘默，要嘛模棱兩可，含糊其詞，使人不知所云。現在，情形完全改變了。幾乎每一個博物學家都相信進化論這一偉大理論。然而，現在有的人仍認爲物種是以一種不可解釋的方式，突然大量產生出來的新的類型。但是許多有力的證據可以反駁這種巨大突變的觀念。從科學的角度講，爲未來進一步研究著想，承認新的生物類型是以一種不可解釋的方式從舊的、全然不同的類型中突然發展起來的，與承認舊的信條，即認爲物種是由地球上的塵土中創造出來的觀點，其實並沒有什麼實質性的進步。

有人或許會問，我究竟想把物種變異的學說推廣到多遠。這個問題確實很難回答。因爲我們所討論的生物類型差異越大，支援它們來源於共同祖先的論據就越少，也更缺乏說服力。但是某些頗具說服力的證據卻可以使這一學說推廣得很遠，如所有各綱內的生物都以親緣爲紐帶聯繫在一起，都可以用相同的原則劃分爲不同的等級。化石有時可以彌補現存各目之間存在的巨大空白等等。退化狀態下的器官清楚地顯示，在其早期祖先中該器官是高度發達的。在某種程度上，這也暗示著它們的後代存在著巨大變異。在所有各綱內，各種生物構造都是由同一構架所形成的，因其胚胎的最早期階段都是十分相似的。因而我並不懷疑生物的遺傳變異理論可以包括同一大綱或同一界內的所有成員。我認爲動物至多是由四或五個原始祖先繁衍而來的，而植物也是從差不多同樣數量或更少數量的祖先繁衍而來的。

據此類推，我們可以進一步推想，所有的動植物都是從某一個原始類型繁衍下來的。但是類比有可能將我們導入迷途。雖然如此，所有生物在其化學成分、細胞結構、生長規律以及它們對有害影響的敏感性上都有許多共同點。我們甚至在一些細小的事實面前也能看到這一點。例如同一毒素常常對各種動植物能產生相似的影響；癭蜂所分泌的毒汁可以引起野薔薇或橡樹產生畸形的瘤；所有的生物，除某些最低等的外，其有性生殖方式在本質上說是基本相似的；所有生物，就目前所知，其胚珠是相同的，因爲所有的生物都是同源的。如果我們僅對生物中兩個主要的界，即動物界和植物界加以觀察，其中就有一些低等生物的特性介於二者之間，使得博物學家們對其歸屬常常爭論不休。正如阿薩．格雷教授（Asa Gray）所指出的：「許多低等藻類的孢子和其他生殖體起初可以說是動物性的，其後卻又成爲眞正的植物。」因而根據遺傳變異的理論，動物和植物均是從這些低等的中間類型中發展起來的。這種觀點並不是不可信的，而且如果我們承認這一點，我們也就必須承認地球上所有的生物都是從某一個原始類型繁衍下來的。但是，這一推斷主要是基於類比而得來的，它是否被接受無關緊要。然而，正如路易斯（G. H. Lewes）所主張的，在地球上生命開始之初，就有許多不同的生物類型演化出來。無疑，這也是可能的。但若果眞是如此，我們就可斷定僅有極少數類型留下了變異的後代。因爲如我最近所指出的，每一大界的成員們，如脊椎動物，有關節類或節肢類等，在胚胎同源性上及退化器官的構造上都有明顯的證據，可以證明同一界中所有成員都來源於某個單一祖先。

我在本書中所提出的這些觀點，以及華萊士先生的那些觀點，或者有關物種起源的類似觀點，一旦得到普遍接受，我們可以隱約預見到博物學中一場大的變革即將來臨。分類學家們仍將一如既往地從事他們的工作，但他們再不會時常被某個生物是否爲眞正的物種這些捉摸不定的問題所困擾。我想，僅此一點，對他們來說就是一種莫大的解脫了。對英國大約五十種左右的黑莓是否是眞實物種這樣一些無休止的爭論也就可以告一段落了。分類學家們所要做的只是確定某一類型是否足夠穩定（這也並非易事），是否與其他類型有所區別，可否予以定義。假如可以確定，就要再看一下這些區別是否重要到足以定一個種名。這後一項考慮將比現在所認識的更爲重要。因爲兩個生物類型的差別不管有多小，只要其間沒有級進的性狀將其混淆，大多數博物學家就會認爲足可以將二者都提升爲種。

從此以後，我們將不得不承認物種與特徵顯著的變種之間的區別僅在於：人們普遍承認各變種間目前仍存在許多中間級進性狀將其聯繫在一起，而物種則只在先前曾有過這樣一種聯繫。所以，我們在堅持考察某兩個類型之間目前是否存在中間級進性狀時，便會仔細權衡、認眞評價這兩個類型之間的實際差異量。很有可能，目前普遍認爲是變種的類型，將來會被認爲值得給一個種名。這樣一來，學名和俗名就變得一致了。總之，對於物種，我們必須同博物學家對於屬的態度一樣，而屬被他們看作僅是爲了方便而人爲組合在一起的。儘管這一前景似乎不容樂觀，但是至少我們不會再枉費心機地去尋找物種這一術語所隱含的那些尚未發現和不可能發現的要義了。

博物學中其他更爲普通的學科將會引起人們更大的興趣。博物學家們所使用的術語，如親緣關係、構架的同一性、父系、形態學、適應性狀及退化器官等，將不再是一些隱喻詞，而應該賦有明確的涵義。當人們看待生物時，不會再像未開化的人們看待船隻那樣，以爲是什麼無法理解的東西；當我們將自然界的某一件東西都看作具有一段悠久歷史的時候，當我們把某一種複雜的生物構造和生物本能都看作是有利於生物體本身的許多精巧設計的綜合積累，並且類似於某一種偉大的機械發明是由無數工人的勞動、經驗、智慧，甚至於失誤的綜合積累時，當我們用這種方式來觀察每一個生物體時，就我以往的經驗，恐怕再沒有什麼比博物學研究更爲有趣的了。

在變異的起因和規律、相關性、某些器官使用或廢棄所導致的結果以及外界條件的直接作用等方面，一片廣闊而尚未有人涉足的研究領域即將爲人們所開闢。人工馴養生物的研究價值將大大提高，人類培育出來的一個變種的學術價值遠遠大於在成千上萬個已知物種中增加上一個新種。我們將儘可能按照譜系關係來對生物進行分類，那時它們將能眞正體現出所謂創造性計畫了。當我們有了確定目標的時候，分類的原則將變得十分簡單。我們並沒有現成的族譜或族徽，我們必須根據長久遺傳下來的任何一種性狀去發現和追尋自然譜系中許多分支的演化關係。殘跡器官可以準確無誤地揭示早已失去的構造特徵。那些畸變的種或類群，或被稱作活化石的類型，將有助於我們重繪一張古代生物類型的圖卷。胚胎學常能揭示各大綱內原始祖先的構造，不過多少有點模糊而已。

當我們能夠確定出同種內所有個體以及大多數屬內親緣關係密切的所有物種，在距今並不遙遠的過去是從一個共同的祖先傳下來的並且是從同一發源地遷徙而來時；當我們能夠更清楚地了解生物遷徙的各種不同途徑，並且依賴於地質學目前業已揭示、並將繼續揭示的有關地質時期氣候變化及地平面變化的資料時，我們就可以用一種令人驚歎的方式追尋出地球上地史時期生物遷徙的情形。即使現在，我們透過對比某一大陸相對於兩側海生生物的差異，以及那塊大陸上各種生物的特徵，同時結合其主要的遷移方式，我們就能對古代的地理狀況有個大概的了解。

地質學這門高尚的學科，卻由於地質紀錄的極端不完備而損失了光輝。埋藏著生物遺骸的地殼並不像一個內容充實的博物館，倒更像人們在零碎的時空裡偶爾撿拾了一些收藏品。每一個較厚的化石層沉積，都需要一個十分有利的環境條件，而其上下不含化石的層段一定代表了很長的一段時間間隔。但是，透過對前後生物類型的比較，我們多少可以估算出這些間隔的時間量。如果兩段地層中所產的化石在屬種上很不相同，則根據生物類型的一般演替規律，在斷定它們是否嚴格的同時，我們必須十分謹慎。由於物種的產生與滅絕是由緩慢進行的、現今仍在起作用的因素所造成的，而不是由於什麼神奇的創造作用的結果，更因爲引起生物改變的最重要的因素是生物與生物之間的相互關係，即一種生物的改進會導致其他生物的改進或滅絕，但卻幾乎與變化了的或突然變化的自然條件沒有多大關係，所以連續沉積層內古生物的變化量雖不能用來測定實際經過的時間，但卻可以估算相對的時間變化量。許多生物集中成一個團體時可以長期保持不變。同時，其中的一些物種卻遷徙到了新的地區，同那裡共生的生物展開競爭，導致變異的發生。所以用生物變化量來作爲衡量時間的尺度，其作用不容過高估計。

展望未來，我發現了一個更重要也更爲廣闊的研究領域。心理學將在赫伯特．斯賓塞先生所奠定的基礎，即每一智力和智慧都是透過級進方式而獲得的這一理論上穩固地建立起來的。人類的起源和歷史也因此將得到莫大的啟示。

最卓越的作者們似乎十分滿足於物種特創說。依我看，地球上過去的和現生的生物之產生與滅絕，與決定個體出生與死亡的原因一樣，是由次級法則所決定的，這恰恰符合了我們所知的「造物主」給物質以印證的法則。當我們視所有的生物並不是特創的，而是寒武紀最老地層沉積之前就已存在的某些極少數生物的直系後代時，它們便顯得尊貴了。根據過去的事實判斷，我們可以明確地說，沒有哪個現生物種可以維持其原有特徵而傳至遙遠的未來，而且只有極少數現生的物種可能在遙遠的未來留下它們的後代。其原因在於依據生物的分類方式看，每一屬中的大多數物種或眾多屬中的全部物種都沒有留下任何後代便完全滅絕了。放眼未來，我們可以預見，能產生新的優勢物種的那些最終的勝利者應該屬於各個綱中較大優勢群內那些最爲常見的，廣泛分布的物種。既然所有現生生物都是那些遠在寒武紀以前就已生存過的生物的直系後代，我們可以斷定，通常情況下的世代演替從來都沒有中斷過，而且也沒有使全球生物滅絕的災變發生。因此，我們會有一個安全、久遠的未來。由於自然選擇只對各個生物發生作用，並且是爲了每一個生物的利益而工作，所以一切肉體上的，以及心智上的稟賦必將更加趨於完美。

看一眼繽紛的河岸吧！那裡草木叢生，鳥兒鳴於叢林，昆蟲飛舞其間，蠕蟲在溼木中穿行，這些生物的設計是多麼的精巧啊。彼此雖然如此不同，但卻用同樣複雜的方式互相依存；而它們又都是由發生在我們周圍的那些法則產生出來的，這豈不妙哉妙哉！這些法則，廣義上講就是伴隨著「生殖」的「生長」；隱含在生殖之中的「遺傳」；由於生活條件的直接或間接作用，以及器官的使用與廢棄而導致的變異；由過度繁殖引起生存競爭，從而導致自然選擇、性狀趨異及較少改良類型的滅絕。這樣，從自然界的戰爭中，從饑餓和死亡裡，產生了自然界最可讚美的東西——高等動物。認爲生命及其種種力量是由「造物主」（這裡指「大自然」，而非宗教上的造物主——譯者注）注入少數幾個或僅僅一個類型中去的，而且認爲地球這個行星按照地球的引力法則，旋轉不息，並從最簡單的無形物體演化出如此美麗和令人驚歎的生命體，而且這一演化過程仍在繼續，這才是一種眞正偉大的思想理念！

附錄　進化論的十大猜想

在科學思想界，達爾文革命是繼哥白尼革命之後的一次思想文化體系上最深刻、影響最久遠的革命；它將從根本上改變整個人類的世界觀。誘發這一革命並驅動它不斷前行的主要引擎是若干個偉大的科學猜想以及人們對這些猜想的執著求證。達爾文之前的拉馬克猜想初步奠定了進化論的基礎；儘管達爾文及其後繼者的幾個猜想正使進化論日臻完善，但革命遠未成功。

關鍵字　達爾文革命　三幕式寒武大爆發猜想　動物樹成型　昆明魚目　古蟲動物門　廣義人類由來假說

在科學思想界，達爾文革命是繼哥白尼革命之後的一次思想文化體系上最深刻、影響最久遠的革命；它將從根本上改變整個人類的世界觀。誘發這一革命並驅動它不斷前行的主要引擎是若干個偉大的科學猜想以及人們對這些猜想的執著求證。達爾文之前的拉馬克猜想初步奠定了進化論的基礎；而達爾文的幾個「理論性」（或「哲學思辨性」）猜想及其後繼者的幾個「實證性」猜想（包括分子中性進化論猜想、真核生物的內共生起源猜想、三幕式寒武創新大爆發或動物樹三幕式成型猜想）正使進化論日臻完善。我們過去已經知道，人類的近代祖先出自約六百萬年前的古猿；我們現在開始明白，人類五億多年前的遠祖源自三分體型的首創者「天下第一魚」昆明魚目——在那裡，我們的頭顱、大腦、脊椎骨和心臟都找到了自己的源頭。

1. 引言

在科學史上，引領各分支科學不斷進步的思想革命，不計其數。然而，能改變人類世界觀並在整體上長期驅動所有分支科學加速進步的思想革命，卻只有兩次，一次是十六世紀啟動、十八世紀便大功告成的無機科學界的哥白尼革命，另一次則是始自十九世紀生命科學界的更爲艱難曲折的達爾文革命[1]。這次革命的直接結果就是進化論的誕生和邁向成熟。儘管它一直伴隨科技的進步而不斷進步，但旅程遠未結束。

在科學界，二〇〇九年是伽利略年，也是拉馬克年，更是達爾文年。整四百年前，伽利略將自製的望遠鏡指向無垠的太空，爲哥白尼的日心說猜想尋找實證。他不僅新發現了一些星體的衛星，還觀察到金星的盈虧和太陽黑子等天文現象，終於爲揭示太陽系結構的廬山眞面目建立了蓋世奇功；這些發現不僅支撐了哥白尼學說，也爲後來的牛頓力學三大定律提供了依據，更爲兩個多世紀之後的達爾文革命開闢了道路。整二百年前，拉馬克的《動物學哲學》問世。儘管身陷神創論的一統天下的重壓，但這位思想革命的先驅能冒天下之大不韙，勇敢地爲進化論科學大廈鋪墊基礎。湊巧的是，同年二月十二日，更偉大而求實睿智的科學思想家達爾文呱呱墜地；五十年後的十一月二十四日（注：不是誤傳的十月二十四日），他的《物種起源》第一版正式發行[2]。至此進化論已自成體系。今天，在回顧進化論創立和發展來龍去脈的時刻，我們會發現，誘發這一革命並不斷將它引向深縱發展的驅動力，乃是一些偉大的科學猜想以及人們對這些猜想執著的求證。在科學的征程上，人們既需有衝破藩籬繼續前行的勇氣和決心，同時，在崎嶇山路上更須臾離不開思想燈塔的指引。那麼，在進化論的形成和發展的進程中，到底有哪些最值得關注的燈塔？誰又是這些燈塔的建造者？對此，本文擬做些初步討論，冒昧地歸納出十大猜想概念。在眾說紛紜的學術界，筆者希望所論之概念能接近生命進化的歷史眞實而不致形成誤導。錯漏之處，懇請同仁們、朋友們惠予指正。

進化論與其他自然科學不同之處，就在於它直接涉及我們人類自身的性質和價值取向；它不僅影響到科學界的方方面面，而且還深刻地觸動著世俗社會的中樞神經。同時，也由於民族不同，時代不同，文化信仰不同以及所從事的學科不同，人們對進化論各種學術主張的認同和毀譽自然也各不相同。十八世紀至二十世紀，進化論在英、法、德、美各國的際遇多有差別；二十世紀上半葉，進化論在蘇聯和我們貧弱的祖國仍顯幼稚和膚淺，盛行的言論主張也多偏離進化論的核心價值。一百五十年前，英國《自然》雜誌的創建，至少部分地是爲了捍衛和發展科學進化論。二十一世紀的今天，面對這份厚重無比的人類共用的科學和文化雙重遺產的繼承和光大，我國的《自然雜誌》和其他各種媒體也許會有較大的作爲。目前，我國的科學技術和經濟皆尙欠發達。當這個兩千多年傳統儒學文化與近代的「五四文化」、現代的「延安文化」和「文革文化」等多重文化基因交融的社會體大舉改革開放之際，面對主要來自西方形形色色的進化論猜想和質疑，中國現代學者和文化人會做怎樣的選擇呢？

2. 進化論的進化簡史

由於進化論獨特的科學與人文雙重屬性，使得它的產生及發展歷史，在不同的民族和文化背景中變得錯綜複雜。

(1)十八世紀：進化思想啟蒙

當今，在科學技術、經濟和軍事諸方面，美國無疑是老大。然而，在一七七六年七月四日美國剛作為一個弱小國家獨立面世時，歐洲的科技已經獨占鰲頭；其科學思想十分活躍，進化思想也順勢破土而出，法國首當其衝。

在博物學界，一七〇七年誕生了兩位偉大人物，一個是瑞典的林奈，另一個是法國的布豐。前者對進化思想貢獻甚微，而後者卻是史上傑出的進化思想啟蒙大師。

十七世紀以後，博物學家已蒐集到大量的動植物和化石標本。到了十八世紀，單單已知的植物種就有近二萬個。此時，對物種進行科學的分類就變得極為迫切。林奈的出生恰逢其時，他的學術興趣和能力更成就了他的偉業。

林奈的父親是一位鄉村牧師。幼時的小林奈，受到父親的影響，十分喜愛植物，八歲時得「小植物學家」的別名。從一七二七年起，他先後進入隆德大學和烏普薩拉大學學習博物學以及採製生物標本的知識和方法。一七三五年，周遊歐洲各國，並在荷蘭取得了醫學博士學位。一七五三年發表了《植物種志》。林奈最傑出的貢獻是正確地選擇了「自然」分類方法，建立了沿用至今的人為分類體系，並完善了物種的雙名制命名法，將前人的全部動植物知識系統化。儘管他是一個物種不變論者，但他的生物分類系統卻在客觀上啟發了後人探索自然生命的演化內涵。

十八世紀的地質學諸多發現為博物學注入了大量的新知識，從而促進了生物進化思想的萌生和發展。那時的人們普遍相信，創世的神話能夠自圓其說地解釋地球的形成及地球上生物的起源。然而，在那個時代假如有人能證明地球的歷史十分悠久，遠不止六千年，而且其間還曾發生過巨大變化的話，那一定會引導人們去懷疑《聖經．創世記》中生命起源故事的眞實性，上帝存在的眞實性也隨之可能被質疑。實際上，布豐就是如此借助科學挑戰上帝的第一人。

布豐出生於一個律師家庭，二十一歲大學法律專業畢業，但不久卻對科學產生了濃厚興趣。一七五三年當選爲法國科學院院士，以後又被選爲英國皇家學會院士、德國和俄國的科學院院士，的確十分了得。布豐一生最大的貢獻是編著了三十五卷《博物志：總論和各論》（死後又由他的學生續編出版了九卷）。四十四卷《博物志》內容廣泛，共分爲地球史、礦物史、動物史、鳥類史、人類史五大部分。布豐強調環境變化對物種變異的影響，著作中包含了物種進化的思想萌芽。儘管他的思想曾發生過動搖，但其論述的自然界及生物界廣泛進化的事實，使進化思想開始萌生於法國。作爲進化論的先驅，布豐的貢獻除了直接闡述進化思想之外，他還先後爲進化論培養了兩位早期奠基人：拉馬克和聖伊萊爾。

⑵ 進化論奠基

早期爲進化論奠基貢獻最大的人當數拉馬克（達爾文的祖父也做出了値得稱道的貢獻）。拉馬克幼時就讀於教會學校，一七六一至一七六八年在軍隊服役，其間鍛鍊了他的鬥爭精神。有意思的是，他服役時便開始對植物學發生了興趣，至一七七八年出版了三卷集的《法國植物志》，頗有聲望。一七八三年被任命爲科學院院士。他發明了「生物學」一詞；還第一個將動物分爲脊椎動物和無脊椎動物兩大類（一七九四），首先提出「無脊椎動物」一詞，由此建立了無脊椎動物學。他的代表作是《無脊椎動物系統》（一八〇一）和《動物學哲學》（一八〇九）。在這兩本巨著中，他提出了有機界的發生說和較爲系統的進化學說。遺憾的是，他信奉的「有機生命自然發生說」雖然在當時有某種積極意義，但它後來一直沒能被證實。

聖伊萊爾（一七七二—一八四四）早年受過僧侶教育，但不久即轉攻博物學，成爲法國著名的動物解剖學家、胚胎學家；他也主張物種可變。

歷史上，進化論和神創論的鬥爭一直綿延不斷，但著名的公開大辯論、大論戰卻只有三次。第二次大辯論是一八六〇年發生在英國的關於「猴子祖先」的故事。辯論雙方（英國聖公會主教韋伯佛斯與進化論的熱情捍衛者赫胥黎）打了個平手，這爲進化論後來的發展留下了空間。第三次大辯論發生在二十世紀的美國，反進化論者動用了法律，將在課堂上講授達爾文進化論的中學教師判罪，導致在法庭上的公開辯論。此時科學進步了，時代進步了：這場審判使反進化論者陷於窘境，以後極少再能明目張膽地反對進化論了。然而，第一次大辯論發生得太早了。在社會輿論尚未做好準備時，即使是革命的、進步的思想，也難逃失敗厄運。那是在一八三〇年，辯論的一方是聖伊萊爾，另一方是進化論的反對者居維葉。儘管居維葉在分類學、比較解剖學、古生物學上做出了很大貢獻，但他卻用上帝操控的災變來解釋不同地層中的不同化石的間斷性，優秀科學家竟成了神創論的幫兇。這次鬥爭失利給進化論以深刻教訓：科學絕不能自然而然的戰勝神創論，要成功需先取得足夠的有說服力的客觀證據方有可能，尤其要求古生物學不斷努力發掘證據並深入研究生命演化史，以儘可能詳盡地填補地層中那些不連續的物種之間的空白。

(3) 達爾文時代

這個時代始於一八三一年達爾文啟動環球航行。正是這次澈底改變他人生軌跡的壯舉，才使他直接感受到大自然活生生的海量進化事實。他花了二十八年博採眾長，經深思熟慮才完成了進化論大廈的構建。接下來的幾十年，他的進化論在綿延不絕的爭論中逐步爲越來越多的學者和世俗凡人所接受。關於對他不尋常的人生和研究生涯的評價，不計其數，在這裡可以節省些筆墨。有興趣者也可參閱筆者在《物種起源》導讀中的「達爾文生平及其科研活動簡介」章節。達爾文的工作在很大程度上改變了整個人類的世界觀：不僅限於自然觀，甚至還深深觸及社會觀，人生觀；它引導人類思想的解放，從而極大地解放了生產力。他的功績將與人類文明史共存。

(4) 達爾文主義的「日食」時期

所謂「日食」，是指達爾文主義的光輝暫時被遮蓋。這種不幸發生在一九〇〇年前後的十餘年間。其表現是，儘管多數人認同生物是進化的，但相當多的學者開始不相信自然選擇學說，轉而尋求其他機制來解釋生命演化。這段歷史相當複雜，其中既有特創論作祟，也有達爾文學術主張先天不足的緣由。蒼蠅不叮無縫的雞蛋。比如，達爾文進化論中的最大缺陷是缺失遺傳學基礎。於是，他提出用「泛生論」（Pangenesis）來附和似是而非的「融合遺傳」假說。孟德爾顆粒遺傳理論被學界接受後，融合遺傳假說便理所當然地遭到了摒棄。不幸的是，歷史首次作弄了自然選擇學說，讓它也跟著倒楣，屢遭詬病。實際上，融合遺傳假說從本質上與自然選擇理論格格不入。道理很簡單，假如融合遺傳是眞實可信的話，那麼它必然導致生物的變異會越來越少；而作爲自然選擇的「原料」，變異少了，自然選擇作用也就越來越成爲無米之炊了。此外，達爾文在討論新物種形成機理時，沒有強調地理隔離的作用，這也招致了學術界的強烈批評。

(5) 進化論再度走向新的輝煌

孟德爾主義與達爾文主義的兩極分化和「對立」局面，到一九二〇年以後開始好轉。此時，人們頓悟並逐步取得共識，顆粒遺傳假說原本就應該是自然選擇學說得以完善之「必需品」，而非對立物。此後，上述兩派的融合，以及後來逐步與群體遺傳學、生物地理學、古生物學等多學科的綜合，形成了現代進化論，更逐步走向成熟、走向成功，並成爲主流學派。分子中性假說「挑戰」自然選擇說，後來被證明是對進化論的補充。間斷平衡假說從達爾文時代的隱晦語變成旗幟鮮明的理論，從而對傳統漸變論進行了修正和發展。對此，筆者在《物種起源》導讀中專闢了一節「達爾文學說問世以來生物進化論的發展概況及其展望」[9]，供同仁們參考和斧正。

現在，已經沒有人懷疑，進化論大廈的核心構建者是達爾文：他的思想構成了進化論的主體和靈魂。但是，我們也注意到，在有些人中間存在一些傾向，他們將進化論完全等同於達爾文主義。顯然，那也是片面的。從這一節的簡略歷史回顧可以看出，進化論是人類社會特有的科學與人文雙重演化發展的聯合產物。達爾文的聰明和幸運就在於他「爬上了巨人的肩膀」。當代進化論者古爾德曾正確地指出：達爾文進化論觀點是多元論和廣容性的。而且他也認爲，這是面對複雜世界的唯一合理的態度（S.Gould, 1977，《自達爾文以來》）。我想，今天，我們後來者應持的正確態度，就是堅持歷史唯物主義，客觀地面對所有歷史文化遺產；其實，這更是令後來人會有所作爲的基礎。在達爾文之前，確有不少進化思想萌芽，而眞正爲進化論早期奠基的主要是拉馬克，儘管其基礎還不夠全面和堅實。在拉馬克－達爾文時代，遺傳學尚未誕生；他們構建的進化論大廈畢竟顯得有些單薄。多虧了孟德爾的「顆粒遺傳」猜想（它後來發展爲基因論）才使得這個科學大廈的內涵變得更充實、豐富和牢靠。

3. **生物進化論的十個主要學術猜想**

本文所簡要討論的十個猜想，並非靈機一動的臆測，而是歷史上那些由積澱而生、並長期左右進化理論不斷發展的主要學術思想；它們潛在性地接近眞理或包含較多眞理。不過，它們的最終確立仍需要學者們耗費精力和智慧繼續努力求證才能實現，恰如數學中的哥德巴赫猜想和費馬大定理〔或費馬最後猜想（Fermat's Last Theorem）〕。進化論猜想，林林總總，難以勝數，本文擬概括性討論其中十個影響最廣泛、最久遠的思想。早期經典的「理論性」（或「哲學思辨性」）猜想大多形成於十九世紀，其中與拉馬克貢獻相關的猜想有二條，由達爾文主導提出的有四條，由孟德爾實驗引發的有一條；二十世紀出現並發育成型的「實證性」猜想越來越多，主要產生於對微觀進化領域奧祕和生命樹重大演化節點的探索研究，其中最爲重要的有分子中性進化論猜想、眞核生物的內共生起源猜想、寒武幕式創新大爆發或動物樹幕式成型猜想。

⑴ 拉馬克第一猜想：物種漸變猜想

它包括兩層意思，一是物種可變，二是變化的途徑主要靠漸變，一小步一小步地碎步連續向前。前者是對兩千多年來的物種不變論的否定，後者則向主張「地史中的物種互不相關、互不連續」的神創論發起了挑戰。近半個世紀以來生物學的重要發現和進步既對物種漸變猜想提出了挑戰和修正，另一方面也給予它進一步的支持。前者主要來自古生物學的研究成果，它復活了達爾文當年悟到卻沒有詳盡論證的「間斷平衡猜想」。而後者則來自分子遺傳學的發現：即是說，無論是同源蛋白質還是DNA分子，其進化速率都是大體恆定的；由此甚至還導出了與放射性元素等速衰變相類似的分子鐘概念。

二〇〇九年五月二十七日我國《科學時報》以整版的篇幅刊載了一位研究型記者的長篇文章《二百年，永遠的達爾文》。客觀地說，該採訪文章的評述有相當的廣度和深度，但也存在欠嚴謹的地方。比如，作者在評價達爾文的核心貢獻時說：「在《物種起源》中，達爾文提出了兩個基本理論，第一，他認爲所有的動植物都是由較早期、較原始的形式演變而來；其次，他認爲生物進化是透過自然選擇而來。」其實，這種評價在學界很有代表性。高等教育出版社二〇〇六年出版的《基礎生命科學》也持相同看法：「Darwin進化論主要包括了兩方面的基本涵義：①現代所有的生物都是從過去的生物進化來的；②自然選擇是生物適應環境而進化的原因。」[3]二十多年前，筆者在應邀給《物種起源》撰寫導讀時，對類似概述性的評論也沒覺得有什麼不妥，但近些年的一些再思考，使我深感這樣的評述既不夠全面，也有失精準和公允。其中，至少有三點值得商榷。①「物種是可變的，因而所有生物都是由更早期、更原始的生命形式逐漸演變而來」的科學猜想其實並不是由達爾文首先「提出」的。除了早期一些哲學家類似的推測之外，第一個眞正從科學上提出這一思想概念的應該是拉馬克[2]。②在現代進化論看來，比上述兩條更具核心價值的思想應該是「萬物共祖」的「生命樹」猜想。③自然選擇猜想並不是達爾文最先「提出」的。達爾文在《物種起源》的第三版的「引言」中坦誠地寫道：「在物種起源問題上進行過較深入探討並引起廣泛關注的，應首推拉馬克。這位著名的博物學者在一八〇一年首次發表了他的基本觀點，隨後在一八〇九年的《動物學哲學》和一八一五年的《無脊椎動物學》中做了進一步發揮。在這些著作中，他明確指出，包括人類在內的一切物種都是從其他物種演變而來的。拉馬克的卓越貢獻就在於，他第一個喚起人們注意到有機界跟無機界一樣，萬物皆變，這是自然法則，而不是神靈干預的結果。拉馬克物種漸變的結論，主要是根據物種與變種間的極端相似性、有些物種之間存在著完善的過渡系列以及家養動植物的比較形態學得出的。」而達爾文本人的豐功偉績在於，他首次綜合了當時比較形態學、比較胚胎發育學、生物地理學和古生物學四個方面的論據，成功地論證了拉馬克物種漸變猜想的正確性。而近幾十年來，分子生物學的快速發展，更從DNA（或基因）和蛋白質變化的微觀層次上確證了物種在不斷演變，而且其主要基調是漸變[4]。客觀而公允地看，拉馬克應該是漸變猜想的提出者，而達爾文則是這一猜想的主要證明者。這正如數學中的費馬最後猜想（或費馬大定理）和哥德巴赫猜想一樣，絕不會因後來有偉大的數學天才對它們進行了成功的證明而更名。將物種可變思想的首創權歸於拉馬克比歸於達爾文應該更符合科學歷史的真實。

(2)拉馬克第二猜想：用進廢退及獲得性遺傳猜想

這是進化論中爭議最大，最難求證的一個猜想。在《動物學哲學》中，拉馬克提出了生物演化的兩條法則。一是「用進廢退法則」，二是「獲得性遺傳法則[5]」。其實，這兩條法則密切相關，可以將它們合二爲一。其涵義是生物體經常使用的器官構造常會趨於發達，反之會弱化；而這種後天獲得的更發達或弱化的性狀，如果爲雌雄兩性的個體同時具有，那麼便會透過有性繁殖遺傳給後代，從而使生物定向演化。新、老拉馬克主義者最常舉的說明例證是長頸鹿脖子的形成。然而，自二十世紀初遺傳學開始形成以來，拉馬克這一猜想在理論上和實踐上皆未得到遺傳學明確支持。

遺傳學認爲，遺傳物質亦即基因，是以DNA爲載體的。遺傳的基本過程是DNA先轉錄爲RNA，然後翻譯爲蛋白質，最後透過蛋白質複雜的互相作用，決定了生物體的表觀形態。在這個過程中，DNA的序列是決定性的因素；即是說，生物的形態最終由DNA的序列決定。在遺傳過程中，父母的生殖細胞中的DNA透過細胞減數分裂和受精作用傳給子女。由於上一代在後天獲得的性狀不會影響到生殖細胞中的DNA序列，所以這些性狀也就無法遺傳到下一代。也就是說，獲得性遺傳過程不可能實現，因而用進廢退也就成爲空中樓閣。在過去一個世紀，人們做了許多實驗以檢驗這一過程，但獲得性遺傳幾乎從未得到過肯定性證據的支持。同時，大家也注意到，這些實驗多侷限於細菌等低等生命。

有趣的是，最近興起的表觀遺傳學（Epigenetics）揭示出了獲得性遺傳的可能性。隨著求證工作的深入，將來它也許能成爲達爾文自然選擇思想的一個重要補充，正如達爾文當年認爲的那樣。目前，該領域研究成果極富吸引力，以致英國《自然》雜誌用一期專題的形式對它做了全面分析和介紹[6-7]。表觀遺傳學的研究對象是一類無需改變DNA序列便可改變生物性狀的機制。概括地說，

DNA雖然對蛋白質的表達握有決定權，但是，從DNA到蛋白質的過程中卻存在很多可以調控的步驟，如DNA的甲基化、組蛋白的甲基化和乙醯化等；甚至蛋白質的不同折疊也能影響蛋白的表達和功能。epigenetics這個名詞在半個多世紀之前便出現了，這些調控機制過去早已為人知曉。表觀遺傳學近年之所以引起人們極大關注，主要得益於一些實驗的新發現。這些發現揭示出上述調控機制具有兩個特徵：一是它們能夠長久不斷地受到自然的後天影響（可獲得性），二是它們還可以遺傳下去（可遺傳性）。如果將這兩種因素結合在一起，那麼獲得性遺傳就不是不可能了。

(3) 威爾斯·達爾文·華萊士猜想：自然選擇猜想

幾乎所有了解一點科學知識的人都知道，達爾文進化論的精髓之一是自然選擇理論。該理論正確地指出，在生物宏觀表型性狀的演化過程中，自然選擇作用是最重要的驅動力。然而，必須指出，自然選擇思想並非達爾文首創。他在《物種起源》開篇的「引言」中坦誠承認，至少有另外二人捷足先登提出了自然選擇思想。尤其是威爾斯博士最先提出了該思想，最有資格享受創立該思想的優先權。達爾文指出：「一八一三年威爾斯博士在英國皇家學會宣讀了一篇題為《一個白人婦女皮膚與黑人局部相似》的論文。……在該文中，他已經清楚認識到自然選擇原理，這是對這一學說的首次認識；儘管他的自然選擇只限於人類，甚至人類的某些性狀特徵。」另一方面，我們也必須看到，正是達爾文首次較全面地成功地論證了自然選擇作用。現代達爾文主義在群體遺傳學的基礎上，對傳統個體選擇假說做了較大的補充和發展，指出自然界中應該存在著多種選擇模式，如消除有害等位基因的「正常化選擇」，促進有利突變等位基因頻率增加的「定向選擇」，在位點上保留不同等位基因的「平衡性選擇」，還有與「遺傳同化」相似的「穩定性選擇」。值得一提的是，二十世紀六七十年代出現的所謂《非達爾文主義進化》的「中性學說」。現在，越來越多的實驗證據顯示，自然選擇在分子層面仍然可以發揮作用；中性學說很可能在微觀層次或分子進化層次探索上抓住了許多真理，但它是對達爾文學說的補充而非否定。當然，儘管威爾斯、達爾文、華萊士三人都對自然選擇猜想的建立做出了實質性貢獻，但達爾文的貢獻應該最大、最系統、最有說服力。

(4) 達爾文核心猜想：生命樹猜想

進化論的核心價值是什麼？不同的學者常有不同的解讀。我國著名進化論者張昀的看法獨到而精闢；他一語中的：「現代進化概念的核心是『萬物同源』及分化、發展的思想[8]」。說得直白一點就是，現代進化理論的核心價值是生命樹及其演替的思想。這也恰恰是達爾文對現代進化論的核心貢獻。

在《物種起源》中，達爾文在系統論證「物種可變」思想和自然選擇思想上都做出了前無古人的傑出貢獻，然而他並不擁有這些創新思想的優先權。但對於「生命樹」猜想，情況就不一樣了。在達爾文時代之前，主張「突變」和「災變」的學者構成了當時的主流學派，他們大多是神創論者。宣導「漸變論」且有重要建樹的進化論代表人物，當屬拉馬克。但非常不幸的是，他誤信了其老師布豐留下的「生命自發形成論」，結果提出了所謂「平行演化」假說[1, 9]；這一嚴重失誤使這位進化論的先驅鬥士與生命樹理論失之交臂。

達爾文很幸運，到他那個時代，「生命自發形成論」已經被許多科學實驗證偽而遭拋棄。於是，當他剛完成五年環球航行不久，並於一八三七年確立了「物種可變」思想時，便在其第一本關於物種起源的筆記本中「偷偷地」勾畫了一幅物種分支演化草圖（"Branching tree" sketch），這是「生命樹」的第一幅萌芽思想簡圖。正是這幅不起眼的草圖，以其深刻的思想開始不動聲色地挑戰「萬能上帝六日定乾坤」的經典說教。大家都知道，二十二年後發表的《物種起源》裡只有一幅插圖。人們不難理解，深謀遠慮的作者顯然是要用它來表達自己學術大廈的核心思想；而這幅圖正是他一八三七年那幅草圖的翻版和規範[10]！

人們還注意到，在該書最後一章的最後一節，作者用浪漫散文詩式的語句表述了他對地球生命真諦的理解；而其最後一句更是全書的畫龍點睛之筆。它多少有點含蓄、但又十分精到地表達了作者「生命樹」的偉大猜想；那就是：地球上的所有生命皆源出於一個或少數幾個共同祖先，隨後沿著三十八億年時間長軸的延展而不斷開枝散葉，最終形成了今天這棵枝繁葉茂的生命大樹。天下生命原本一家親！

《物種起源》問世不久，不少富有靈性的學者已經敏銳地感悟到，達爾文深刻思想的內核並不在生物是否進化、漸變論或自然選擇，而是生命樹猜想。於是，德國著名的進化論追隨者海克爾便根據當時的形態學和胚胎學知識畫出了各種「生命樹」，其中有些圖譜至今仍被廣泛引用。

實際上，近幾十年來，生命樹理論不僅被越來越多的生物學和古生物學證據所佐證，而且還不斷地得到分子生物學新資料的強有力支撐。現存地球上的所有生命都享用同一套ＤＮＡ遺傳密碼，這從生命本質上證明了，她們皆理應同居一樹，同根同源。

二十一世紀伊始，北美和歐洲科學界決定繼承達爾文的遺願，分別投入巨額資金，啟動了規模龐大的「生命樹研究計畫」，對生命樹進行間接或直接的證明和完善。人們期待著，它將使這個「理論樹」逐步轉變成一個日趨完善的看得見摸得著的「實踐之樹」。近年來，古生物學家正在積極地與現代生物學家聯手，力圖逐步勾畫出能夠綜合歷史生命資訊與現代生命資訊的各級各類動物樹、植物樹、眞菌樹、原核生命樹，乃至統一的地球生命大樹。著名的美國地質古生物學家A. Knoll等人近年勾畫的生命樹框架，就是一個較爲成功的初步嘗試[11]。需要指出的是，在許多低等生命（諸如細菌、古細菌，甚至病毒）之間，近年來發現它們不僅遵循遺傳學上正常的「縱向基因傳遞」，同時還存在不少出人意料的「基因橫向轉移」。即不同物種之間、甚至不同門、綱之間也會發生基因轉移。這樣一來，生命樹的下部和根部很可能構成了極其複雜的縱橫交錯「網」，而不是過去設想的「單一樹幹」。儘管如此，位居這種「榕樹型」生命樹末端的幾個大枝，尤其是「動物枝」或「動物樹」，其結構則要簡單得多；因爲在那裡還很少見到那種令人困惑的「基因橫向轉移」。於是，我們仍可滿懷期待地在寒武紀大爆發前後找到地球上的動物樹逐步發育成長的隱祕證據；從而勾畫出最初成型的動物樹輪廓圖（舒德干，二〇〇五）。

⑸達爾文－艾／古猜想：間斷平衡猜想（或穩態速變猜想）

間斷平衡猜想是艾垂奇（N. Eldredge）和古爾德（S. Gould）在一九七二年根據地層中多數化石隨時間變化所呈現出來的形態變化現象而極力宣導的一個物種進化的模式。它是對現代綜合進化論的漸變說的修正和補充。經過科學界內部以及科學與宗教界之間的激烈爭論，現在多數人、尤其是古生物工作者已經廣爲認同這一假說[12]。間斷平衡假說是建立在質變與量變、突變與漸變辯證統一基礎上的猜想。它認爲生物演化是這兩種變化不斷交替的過程。大多數物種的形成是在地質上極短的時間內完成的，即所謂快速成種作用（speciation）過程。而新物種一旦形成，常常會保持一種長時期的穩態（stasis）。成種作用是產生種及種以上分類單元迅速變異的巨集進化（macroevolution），種系漸變則是產生種內變異的微演化（microevolution）。有人還將這一假說放大延伸，用以解釋寒武紀大爆發現象，似乎也言之成理。但是，這次生命大爆發絕非西方一些媒體所宣揚的那樣「突然」快速；「幾乎所有動物門類的祖先都站在同一起跑線上」的說法其實也不符合歷史眞實。實際上，即使是狹義的寒武紀大爆發從五．四億年前開始到大爆發結束，也歷經了約二千萬年。如果將前寒武紀末期的各種低等動物（基礎動物亞界）出現包括在「廣義寒武紀大爆發」事件之內的話，那時限至少在四千萬年以上；而且，基礎動物亞界、原口動物亞界、後口動物亞界的「起跑線」彼此相距約在二千萬年左右[9]。

「間斷平衡」是"punctuated equilibrium"的一種最常見的中文譯法。其實，對一般讀者來說，譯成「穩態速變」也許更明白更貼切些（物種可長期保持穩態不變，卻能在相對較短的時期內快速演變爲新種）；況且，物種演化應該是一個連續的過程，其間並無間斷，區別只在於演化速率不同而已；而且，「間斷」還是神創論非常鍾愛的一個術語。

過去，不少人誤以爲達爾文是個絕對的漸變論者，其實不然。只要認眞仔細審讀《物種起源》，便會發現，他曾多次這樣描述地史時期物種變化的規律：「物種的變化，如以年代爲單位計算，是長久的；然而它與物種維持不變的年代相比，卻顯得十分短暫。」顯然，這與現代「間斷平衡論」的內涵完全一致[10]。於是，這裡產生一個疑問，既然達爾文當時已經認識到地史時期的物種的演化是以快速突變與慢速漸變交替方式進行的，那他爲何總愛強調漸變呢？我想，這也許與達爾文的論戰策略有關。達爾文深深懂得，物種不變論的根基是神創論。而神創論堅持物種由上帝特創和物種不變的護身法寶便是突變論和災變論。在神創論或特創論看來，物種是被上帝一個一個單獨創造出來的；一旦物種被快速創造出來，便不再改變。而當地球上的大災難（如大洪水）毀滅了大群舊物種時，上帝便立即再快速創造出一批新物種。顯然要想攻破具有強大傳統勢力的特創論，在當時，達爾文也許只能堅持「自然界不存在飛躍」的漸變論，而完全摒棄任何形式的快速突變的說辭，以不致留給特創論任何可乘之機。這應該是達爾文論戰的高明之處。

達爾文這一猜想也是其學術思想與拉馬克絕對漸變論的區別之一。從歷史唯物主義的觀點看，達爾文應該有資格享受間斷平衡猜想的首發權。乍看起來，「間斷平衡」學說好像很簡單。但實際上，如許多專家所言，其中仍有很多講不清楚的機制。比如說，爲什麼一個物種會長時間處於穩態？無論從基因、生態、生物地理、環境變化各方面的研究看，都還難以解釋得明明白白。

⑹布豐—達爾文猜想：人類的自然起源猜想

布豐完成了四十四卷《博物志》巨著，使他成爲進化思想的先驅。他推斷，地球形成之後，表面發生了一系列變化，相繼出現了海洋、陸地、礦石、植物、魚類、陸地動物、鳥類，最後才出現了人。他的這些天才的推測與後來科學證實的情況幾乎完全一致。布豐非常強調環境變化對物種變異的影響。他認爲，隨著地質的演變，地面氣候、環境、食物也在不斷地變化，人就是這種變化的產物。所以，達爾文在《物種起源》的「引言」中說，布豐是「以科學眼光看待物種變化的第一人」。或者說，布豐是提出「人類源出於自然」猜想的第一人。

在布豐之後，他的學生拉馬克也堅持人類源出自然的思想。但是，眞正較全面而深入求證這一猜想的卻是達爾文。達爾文著作等身，但其直接指向神創論要害的只是其中的兩部「起源」的姊妹篇。在《物種起源》寫作將要封筆之前，達爾文透露了他最想說的心裡話：「展望未來，我發現了一個更重要也更爲廣闊的研究領域。……由此，人類的起源和歷史將得到莫大的啟示。」十二年後，他感到時機成熟了；於是，《人類的由來及性選擇》（*The Descent of Man and Selection in Relation to Sex*）高調面世[13]。

達爾文深信，地球所有生命構成了一棵譜系大樹，而我們人類不過是某個枝條上的一片小葉。儘管如此，他心裡也十分明白，像這樣石破天驚的猜想，如不經受嚴格的證明，人們長期形成的文化心理障礙將令他們無法接受這一猜想。科學求證過程至少包括兩大步：第一步是探索「人類的近期由來」（人科的演化），而第二大步則要追溯「人類的遠古由來」，這至少需搞清靈長類出現之前的一系列重大器官構造創新事件的歷史證據。

《人類的由來及性選擇》所探索的主要是人類的近期由來。而且，由於十九世紀還極少發現古人類化石證據，達爾文的方法基本上侷限於現代生物學的間接推測，諸如討論人與動物之間「相同的形態解剖構造」「相同的胚胎期發育」「相同的殘留結構」「共同的本能」和「相似的社會性行爲」等等。客觀地說，達爾文終究取得了初步成功。

十九世紀晚期，荷蘭青年杜布瓦到遙遠的東方去尋找化石「缺環」，並首先發現了「直立猿人」（俗稱爪哇人）。二十世紀二三十年代，中外學者合作在周口店的發掘取得了巨大成功，「北京猿人」很快成爲學術界的寵兒。更可喜的是，後來在非洲尋覓人類近祖的探索取得了更大的歷史性突破。這裡的化石比亞洲更豐富、更完好，演化序列更趨完整；「缺環」系列的塡補越來越密集。可以說，「人類的近期由來」，或者「狹義人類由來」的歷史論證取得了決定性的成功。

談到人類更遠古的由來，人們不禁要追問，我們能成爲「智慧生靈」，應該歸功於腦的發育。那麼，人類腦的起源始點在哪裡？我們之所以能「告別動物」，發端於直立行走，無疑主要靠脊椎骨的支撐。那麼，最初的脊椎骨起自何處？而脊椎骨的前身脊索又最先誕生於哪些古老祖先？如果繼續往前追溯，由於人類是後口動物亞界超級大家庭的一員；早期的後口類祖先創生了鰓裂構造，引發了新陳代謝革命而與原口類分道揚鑣。那麼，哪些化石祖先創造了第一鰓裂呢？疑團一個接一個。令人欣慰的是，作爲寒武紀大爆發的最佳科學視窗，澄江化石庫歷經三十餘年的研究，舒德干等人首次揭示出早期後口動物亞界完整的譜系演化圖[14-35]。由此，我們可以眞實地看到從低等動物通達人類漫長旅途中那些最初創生鰓裂、脊索和腦/頭的原始祖先。而且，近年韓健等人發現的微型皺囊蟲很可能是最接近「第一口」原始的眞動物，將始祖的探索更推進了一大步。如此追溯人類祖先各類基礎器官源頭的假說，我們可以稱作「廣義人類由來」猜想。

(7)孟德爾猜想：顆粒遺傳猜想（基因遺傳猜想）

在達爾文時代，人們對遺傳的本質幾乎一無所知。學界所觀察到的子代，常表現出父母雙親的中間性狀。於是「融合遺傳」假說應運而生。這種遺傳現象恰如將兩種不同色彩混合在一起便產生了中間顏色一樣簡單。這種似是而非的理論統治學術界將近半個世紀。其實，它極不可靠。假如融合遺傳果眞存在的話，那麼，物種內任何一個能相互交配的群體內和群體之間的個體差別都會變得越來越小，最終會變爲同質。於是變異便消失了，自然選擇也就成了無米之炊，無法發揮任何作用。而且，由於同質化，即使能偶爾產生變異，它們也會隨之消失。就在達爾文進化論進退維谷的關鍵時刻，孟德爾顆粒遺傳假說問世，這是對融合遺傳的根本否定，它爲現代進化論的發展奠定了堅實基礎[36]。孟德爾是奧地利的神父兼學者，與達爾文爲同時代人。他透過實驗得出的兩個遺傳定律（分離定律和自由組合定律）已經廣泛地寫進各種生物學教材。二十世紀二十年代摩爾根提出了「連鎖遺傳定律」，這是對孟德爾第二定律的重要補充和發展。他基此創立了《基因論》，並因這一著名理論而榮膺諾貝爾獎。

此後，杜布贊斯基等一批著名學者將基因論、群體遺傳學的基本原理與自然選擇學說整合在一起，創立了新達爾文主義。接著，更爲廣泛的學科綜合導致了現代達爾文主義或現代綜合進化論的問世。這一當代主流學科的問世，孟德爾猜想功不可沒。

(8)木村資生猜想：分子中性演化及分子鐘猜想

上述七個猜想都成型於十九世紀。進入二十世紀之後，思想界更爲活躍。隨著科學技術的快速發展，進化論不僅在生物學界催生了一些新猜想，而且還最終征服了長期固守還原論和穩態宇宙理念的物理學界，迎來了「宇宙大爆炸猜想」的誕生和成熟。宇宙並非穩態，它在不斷演化。二十世紀生物學最重大的發現是一九五三年沃森和克里克解密的DNA雙螺旋結構。由此，基因獲得了分子層面上的全新概念：基因實際上是DNA大分子中的一些片段，是控制生物性狀的遺傳物質的功能單位和結構單位。於是，隨著分子生物學的快速發展，真正分子層面上的進化研究也開始啟程；期間，數學工具發揮了更大的作用，進化論也更多地由「推理性」向「實證性」轉軌。其中影響最大、最具代表性的成果是木村資生主要建立在數理統計學基礎之上的分子中性演化學說（一九六八）及其與之密切相關的分子鐘猜想。所謂「中性」演化是針對自然選擇作用的對象或「原料」而言的：之所以說自然選擇的「原料」基因突變大多呈「中性」，是由於它們並不影響遺傳物質核酸和蛋白質的功能，因而對生物個體的生存既無害也無益，呈現所謂的「中性」；這些突變透過隨機的遺傳漂變（random drift）在種群中固定下來，並一代一代傳遞下去，於是，自然選擇在分子層次上就無法發揮作用。換句話說，中性突變不能影響表型的變化，對生命體的生殖能力和生活能力都沒有影響，因而自然選擇對中性突變不起作用。這使得某些極端主義者甚至稱該假說為「非達爾文主義」，歷史再次給達爾文開了個玩笑？其實，即使在分子生物學出現之前，達爾文本人就認識到了中性突變的存在。他指出，無害也無利的變異不受自然選擇的作用。綜合進化論的主將杜布贊斯基也認為中性突變是存在的。但是，這兩位大師都覺得中性突變為非主流變異，並不影響自然選擇的總體效應。該假說還認為，生物的進化速率是由中性突變的速率所決定的，或者說是由遺傳物質核苷酸和蛋白質構件氨基酸的置換速率所決定的；而這些速率對所有生物而言近乎恆定不變，恰如放射性同位素的恆速衰變一樣。於是，基此便提出了與同位素測年原理相類似的分子鐘猜想：「生物的微觀演化速率像時鐘一樣勻速而精準。」經過四十多年的反覆檢驗和激烈討論，目前學術界已經認同了「中性進化」理論；而且，分子鐘在許多古脊椎動物起源演化的測年應用上也得到了較好的驗證（然而，也有實驗結果顯示，分子演替的速率並非一直絕對恆定）。另一方面，不少人也透過實驗觀察到，自然選擇不僅是表型進化的主要驅動力，而且在分子層面上也能直接和間接地發揮作用。目前，探索仍在且將繼續在分子發育進化生物學中進行下去。現在人們普遍認同的是，中性進化論不是對自然選擇理論的否定，而是對後者的補充和發展。

(9) 眞核生命樹內共生成型猜想

在「實證性」進化生物學領域，科學猜想主要涉及「生命樹」中大大小小的生命類群的起源和演化。無疑，其中最最重要的應該是關於眞核生物的起源猜想和動物樹起源成型的猜想。

相較於結構簡單的細菌和古細菌那樣的「原核生物」，包括植物、動物和眞菌在內的眞核生命則要複雜得多，它們不僅具有不一樣的細胞核，而且還形成了眞正的核膜，核外更兼有各種重要功能的細胞器（如粒線體和葉綠體）。由於已知最早的眞核生物化石比最早的原核生物化石約晚十億年，加上喜氧的眞核生命無法存活於地球早期的極端還原性環境之中，所以學界的共識是，眞核生命樹應該源出於早期的原核生命。基此，一九七〇年馬古麗斯等人提出的「眞核生命內共生起源」猜想得到了廣泛的認同。該猜想又稱爲「內共生學說」（endosymbiotic theory），其要點是：某些原始厭氧原核細胞靠吞食別的較小原核生物爲生，其間有時會發生某種奇特現象：被吞食者未被消化，而是與「寄主」友好共生，最終還成爲寄主的某種細胞器，共同構成了一個新的高級生命體——眞核細胞。儘管該假說或猜想尚不能完滿地解釋細胞核的形成，但總體上說，它已經得到分子生物學和發育生物學諸多證據的有力支援，因而被學術界廣泛認同。

⑽動物樹三幕式爆發成型猜想（或三幕式寒武大爆發假說）

分子生物學和形態學都證實，在龐大的生命樹中，動物界構成一個獨立的演化譜系。而且，無論在分子層次，還是在細胞層次、器官構造層次和個體或各級群體層次，整個動物界（或動物樹）的形成過程都明顯表現出由簡單到複雜、由低等到高等的演化階段性（Nielsen, 2001；舒德干，二〇〇五）。目前的共識是，動物界主要包括三個亞界，由低等到高等依次是以雙胚層動物爲主體的「基礎動物」亞界，三胚層動物的原口動物亞界和包括脊椎動物的後口動物亞界。顯然，合乎進化邏輯的推理是，這三個亞界在地史時期應該呈階段性的三幕式成型。非常有意思的是，半個多世紀以來，古生物學對全球的約五．六億年前的埃迪卡拉生物群、五．四億年前的小殼生物群和五．二億年前的澄江動物群的深入探索顯示，從前寒武紀末至寒武紀早期約四千萬年間先後集中發生了三次動物門類創新性爆發事件，分別完成了上述三個亞界的成型（舒德干，二〇〇八；舒德干等，二〇〇九）[37, 38]。

值得強調的是，該學術猜想之所以得以形成，歷時三十多年的澄江動物群研究做出了突出貢獻：①正當寒武紀大爆發與動物樹形成關係的探索陷入找不到大爆發終點的尷尬境地之時，正是澄江動物群中完整的後口動物亞界「5+1」類群的發現和論證，明確界定了寒武紀大爆發的終點，使學術界清楚看到了寒武紀三幕式爆發對應完成了三個動物亞界成型的全過程。②澄江動物群與我們人類遠祖的早期器官起源緊密相關，因爲她產出的最古老的脊椎動物「昆明魚目」（包括昆明魚、海口魚、鐘健魚）十分接近、甚至有可能恰好是人類的遠古祖先。我們人類今天之所以無所不能，主要得益於三大武器：智慧非凡的頭顱和大腦，挺直腰杆的中央支撐軸——脊椎，提供不竭運動能源的驅動器——心臟。今天，我們欣喜地看到，這三大器官創造都能在老祖宗昆明魚目那裡找到自己對應的源頭（舒德干等，一九九九，二〇〇三，二〇〇九a，二〇〇九b；舒德干，二〇〇三，二〇〇八）。此外，在澄江動物群中古生物學家還發現了比最古老「三分體型」（頭—軀幹—肛後尾）「天下第一魚」昆明魚目更爲原始的無頭無脊索的「二分體型」代表古蟲動物門，不僅其後體具有腸道和肛門，而且其前體誕生了「第一鰓裂」，引發了影響深遠的新陳代謝革命（舒德干等，*Nature*, 2001, 2004）。二〇一七年初，在比澄江動物群古老約一千多萬年的陝西寬川鋪動物群，西北大學韓健等人成功發現了單一微球囊型「第一口」動物皺囊蟲（直徑約一毫米，具大口，尚無肛門），其形態解剖學特徵顯示，這個遠古「夏娃」應該離學界期盼已久的始祖不遠了（韓健等，*Nature*, 2017）。上述比始祖鳥重要得多的明星化石在國際上都引起了強烈反響和認同，它們將成爲人們書寫《人類的由來》升級版的關鍵實證。

總之，動物樹三幕式爆發成型猜想（或三幕式寒武大爆發假說）的要點是：①早期動物譜系樹成型與地質、古生物學的化石紀錄構成了彼此耦合的三幕式爆發（如果劃分得更精細些，也可構成四幕式或五幕式），兩者吻合一致；大爆發共持續了約四千萬年，並非短短的一兩百萬年。②多幕式爆發是由量變到質變的常態，是漸變與突變交替的必然，也是遠離平衡態的生命體系進行非線性自組織作用的自然演化的結果，無需假上帝之手。③寒武大爆發產生了兩大效應：一是構建了地球上以「吞噬」作用爲基本取食方式的「消費者」的形態學和生態學的多樣性框架；二是標定了地球智慧生命（具頭、腦、高效視覺）的始點，這將使得地球變得極不尋常；獨特的社會文化（文明）演化使人類成爲這一效應的幸運天使。

此外，二十世紀中葉以來，與上述十大猜想相關或由它們引發出來的較爲重要的猜想還有：①關於生命起源的「RNA世界」猜想。由於它同時考慮了遺傳信息分子核酸和生命功能分子蛋白質的起源，即所謂「雞與蛋的共生起源」，因而比早期只關注蛋白質起源的「團聚體假說」（據奧巴林）和「微球粒假說」（據福克斯）在邏輯上更接近眞理。②沃茲等人構建的「生命全樹」三分框架（細菌—古細菌—眞核生物）猜想。③在生命全樹裡，還會分化出無數關於各級分類單元的起源猜想（如多細胞動物起源，雙胚層動物起源，原口動物亞界起源，後口動物亞界起源，植物界起源，節肢動物門起源，脊椎動物起源，四足類起源，鳥類起源，靈長目起源等等，不一而足）。這些猜想現在有的已經開始被驗證而成型，但更多的仍處於朦朧狀態或探索之中，其理論成型和求證之旅仍有待時日。顯然，即使這些生物類群的起源探索將來被越來越多的證據支撐而形成眞正的甚至完美的科學猜想，但它們與眞核生命樹內共生成型猜想和動物樹三幕式爆發成型猜想這樣的「一級」猜想相較，充其量也只能算是「二級」猜想或「三級」猜想。④以杜布贊斯基爲代表提出的「綜合進化論」猜想，其本身並不包含實質性重大發現；它主要立足於對達爾文自然選擇論和孟德爾主義的綜合，因而又稱爲「現代達爾文主義」。目前，它仍是當代進化論的主流學派。該理論主張生物進化的單位是群體而不是個體，強調隔離在物種形成中的不可或缺性；它將自然選擇細分爲平衡性選擇、正常化選擇、定向選擇和穩定性選擇，這是對傳統自然選擇猜想的重要發展。⑤「新災變論」（據德國的辛德沃爾夫等）猜想。它與居維葉的災變論的根本區別，在於它斷然與神創論分道揚鑣。該猜想已經得到越來越多的地史紀錄和多學科資料的證實，也成爲當代地球科學的一個研究熱點。正是這些地內和天外的重大災難給舊有生態系統帶來滅頂之災，同時也給新生命界的誕生和發展開創了新天地。

4. 結語

進化論從初創至今已歷經了整整兩個世紀。應該說，從純科學層面上看，其思想體系或框架的構建業已完成，今天留給我們的主要任務則是對猜想的求證、完善、修正和發展。具體地說，在上述十個猜想的求證道路上，進展仍不盡相同。有些猜想（如拉馬克第一猜想、威爾斯—達爾文—華萊士猜想和孟德爾猜想）的證明已基本完成，甚至有人覺得這些猜想已經可以認同爲「事實」。至於達爾文核心猜想，由於地史時期百分之九十九以上的物種沒有留下任何化石印記，所以歷史生命樹的細節實際上將永遠是個無法實證的謎。當然，科、目級以上的生命樹的演替輪廓，會隨著探索研究的深入日漸清晰地呈現在人們眼前。特別值得期待的是，隨著分子生物學的迅速發展和生命樹宏偉研究計畫的持續推進，一個龐大的現代生命樹終會邁向完善。然而，另一些猜想，如拉馬克第二猜想、達爾文—艾/古猜想和布豐—達爾文猜想的求證之旅仍將十分漫長，有些也許永遠無法達到終點，儘管我們可望逐步接近理想中的終極目標。

我們更不能忘記，進化論既是一門科學，也是世俗文化系統的一個主體構件。在這裡，它面臨的神創論絕不會完全消亡，因爲其主要載體——多種宗教將由於顯而易見的原因長存於世俗社會。科學與宗教，兩者很可能會長期相反相成。由於科學技術的快速進步，人類本身正不斷弱化自然選擇給自身的壓力，並由純粹生物學演化逐步轉軌走向文化演化的特殊道路。此時，我們不僅需要威力無比的科技武器以滿足自己無邊的私欲，同時也必將離不開包括宗教在內的多種文化基因的陪伴。純粹的冷酷的「自私基因」無法自立；基因既「自私」又「協作」，「利他」才是它的本質內涵；而人類和諧的文化社會永遠是協作的大本營。我們千萬要清醒，二百年來，進化論革命取得了重大進展，但遠未取得決定性成功。革命的眞正成功，不僅需要各門學科的科學家不懈的共同努力，還需要一大批開明的政治家和睿智的社會活動家長時期的通力協作；對此，我們虔誠地期待著，奮鬥著。

參考文獻

1. Bowler P. *Evolution: The History of an Idea.* the University of California Press. 1989.（鮑勒・J・皮特。進化思想史。田洺譯。南昌：江西教育出版社，1999：1-450）
2. 達爾文。物種起源。舒德干等譯。北京：北京大學出版社，2005：1-294。
3. 吳慶餘。基礎生命科學。北京：高等教育出版社，2006：213-214。

4. 李難。進化生物學基礎。北京：高等教育出版社，2005：156-283。

5. 朱洗。生物的進化。北京：科學出版社，1980：23-26。

6. Bird A. Perceptions of epigenetics. *Nature*, 2007, 447(7143): 396-398.

7. Reik W. Stability and flexibility of epigenetic gene regulation in mammalian development. *Nature*, 2007, 447(7143): 425-432.

8. 張昀。生物進化。北京：北京大學出版社，1998：1-220。

9. Shu D. G. Cambrian Explosion: Birth of Tree of Animals. *Gondwana Research*, 2008, 14: 219-240.（又見：舒德干，2009：再論寒武紀大爆發與動物樹成型。古生物學報，48卷，130-143頁）

10. 舒德干。《物種起源》導讀。（見達爾文《物種起源》）北京：北京大學出版社，2005：1-30。

11. Knolla H., Carroll S. B. Early animal evolution: Emerging views from comparative biology and geology. *Science*, 1999, 284: 2129-2137.

12. 穆西南，古生物研究的新理論新假說。北京：科學出版社，1993。

13. 達爾文。人類的由來及性選擇。葉篤莊，楊習之譯。北京：科學出版社，1982：1-180。

14. Shu D., Zhang X. L., Chen L. Reinterpretation of Yunnanozoon as the earliest known hemichordate. *Nature*, 1996a, 380: 428-430.

15. Shu D., Conway Morris S., Zhang X. L. A Pikaia-like chordate from the Lower Cambrian of China. *Nature*, 1996b, 384: 157-158.

16. Shu D., Conway Morris S., Zhang X., Chen L., et al. A pipiscid-like fossil from the Lower Cambrian of South China. *Nature*, 1999a, 400: 746-749.

17. Shu D., Luo H., Conway Morris S., Zhang X. L., Hu S., Chen L., Han J., Zhu M., Li Y. Early Cambrian vertebrates from South China. *Nature*, 1999b, 402: 42-46.

18. Shu D., Chen L., Han J., Zhang X. L. An early Cambrian tunicate from China. *Nature*, 2001a, 411: 472-473.

19. Shu D., Conway Morris S., Han J., Chen L., Zhang X. L, et al. Primitive deuterostomes from the Chengjiang Lagerstatte (Lower Cambrian, China). *Nature*, 2001b, 414: 419-424.

20. Shu D., Conway Morris S., Han J., Zhang Z. F., Yasui K., Janvier P., Chen L., et al. Head and backbone of the Early Cambrian vertebrate Haikouichthys. *Nature*, 2003, 421: 526-529.

21. Shu D., Conway Morris S., Zhang Z. F, et al. A New Species of Yunnanozoan with Implications for Deuterostome Evolution. *Science*, 2003, 299: 1380-1384.

22. 舒德干，脊椎動物實證起源，科學通報，48(6)：541-550：SHU, D-G., A paleontological perspective of *vertebrate origin. Chinese Science Bulletin*, 2003, 48(8): 725-735.

23. Shu D., Conway Morris S, Response to Comment on "A New Species of Yunnanozoan with Implications for Deuterostome Evolution", *Science*, 2003, 300: 1372 and 1372d.（網上評述論文）

24. Shu D., Conway Morris S., Han J., Zhang Z. F, et al. Ancestral echinoderms from the Chengjiang deposits of China. *Nature*, 2004, 430: 422-428.

25. Shu D., Conway Morris S., Han J., et al. Lower Cambrian Vendobionts from China and Early Diploblast Evolution. *Science*, 2006, 312: 731-734.

26. 舒德干，論古蟲動物門，科學通報，2005，50(19)：2114-2126：SHU D. On the Phylum Vetulicolia, 50 (20): 2342-2354.

27. Shu D. G., Conway Morris S., Zhang Z. F., Han J. The earliest history of the deuterostomes: the importance of the Chengjiang Fossil-Lagerstätte, Proceedings of Royal Society B, 2009, (in press and published online).

28. 舒德干，澄江化石庫中主要後口動物類群起源的初探。見戎嘉餘：生物的起源、輻射與多樣性演變——華夏化石記錄的啟示。合肥：中國科學技術大學出版社，2004：109-123，841-844。

29. Benton M. *Vertebrate Palaeontology* (Third Edition). Blackwell Publishing, Oxford. 2005.

30. Dawkins R. *The Ancestor's Tale-A Pilgrimage to the Dawn of Life*. Weidenfeld & Nicolson, 2004: 528pp.

31. Conway Morris S. *The Crucible of Creation: The Burgess Shale and the Rise of Animals*. Oxford University Press, 1998: 242pp.

32. Gee H. On the vetulicolians. *Nature*, 2001, 414: 407-409.

33. Halanych K. M. The new view of animal phylogeny. Annual Reviews of Ecology and Evolutionary Systematics, 2004, 35: 229-256.

34. Janvier P. Catching the first fish. *Nature*, 1999, 402: 21-22.

35. Valentine J. W. *On the Origin of Phyla*. University of Chicago Press, Chicago. 2004: 14pp.

36. Lois N. Magner. *A History of The Life Sciences*. New York, 1979.（李難，崔極謙，王水平。生命科學史。天津：百花文藝出版社，2001：587-604）

37. Shu D. G. Cambrian Explosion: Birth of tree of animals, *Gondwana Research*, 2008, 14: 219-240.

38. 舒德干，張興亮，韓健，張志飛，劉建妮，再論寒武紀大爆發與動物樹成型，古生物學報，2009，48(3)：414-427。

（原文二〇〇九年發表於《自然》雜誌，本文有少量改動。）

舒德干（西北大學教授　中國科學院院士）

查爾斯·達爾文年表

一八〇九年	〇歲	二月十二日出生於英國舒茲伯利鎮（Shrewsbury）祖父伊拉斯謨斯（Erasmus Darwin）是當代有名望的科學家、發明家和醫生，父親羅伯特（Robert Waring Darwin）也是名醫。
一八一七年	八歲	母親蘇珊娜（Susannah Wedgwood）去世。
一八二五年	十六歲	進入愛丁堡大學醫學院，就讀期間對自然史產生濃厚興趣。
一八二七年	十八歲	從愛丁堡大學退學。
一八二八年	十九歲	進入劍橋大學基督學院，認識精通植物學、昆蟲學、地質學等知識的亨斯洛教授（John Stevens Henslow）。
一八三一年	二十二歲	透過劍橋大學學士考試。在父親資助下，同年九月決定搭乘海軍羅伯特·斐茲洛伊（Robert FitzRoy）船長的小獵犬號展開考察，十二月二十七日正式出航，帶著查爾斯·萊爾（Charles Lyell）的《地質學原理》（Principles of Geology）。
一八三五年	二十六歲	到達加拉巴哥群島，群島上的生物獨特性，啟發了達爾文對物種起源的思考。
一八三六年	二十七歲	歷時五年的環球考察後，達爾文累積了大量資料，回到英國，成為英國皇家學會會員。

一八三八年	二十九歲	十月閱讀馬爾薩斯（Thomas Robert Malthus）的《人口論》。
一八三九年	三十歲	與艾瑪·威治伍德（Emma Wedgwood）結婚。《小獵犬號航海記》出版。
一八四二年	三十三歲	移居倫敦東南方小村莊的黨豪思（The Down House）別墅。寫出《物種起源》的綱要。
一八四八年	三十九歲	父親去世。
一八五一年	四十二歲	長女安妮去世。
一八五八年	四十九歲	六月阿爾弗雷德·羅素·華萊士（Alfred Russel Wallace）寄來尚未發表的論文，七月與華萊士一起在林奈學會提出天擇的概念。
一八五九年	五十歲	《物種起源》出版。
一八六〇年	五十一歲	《物種起源》引起廣泛的討論，六月在牛津大學科學促進會上，好友赫胥黎（Thomas Henry Huxley）公開與牛津主教韋伯佛斯（Samuel Wilberforce）辯論演化論。
一八六一年	五十二歲	德國境內發現始祖鳥化石，佐證了達爾文的演化論。
一八六八年	五十九歲	《動物和植物在家養下的變異》出版。
一八七一年	六十二歲	《人類的由來及性選擇》出版。

一八七二年	六十三歲	《物種起源》第六版出版，為留存的最後版本。
一八七六年	六十七歲	提筆寫自傳。
一八八二年	七十三歲	去世，入葬西敏寺。

索引

七畫

八畫

九畫

十畫

十一畫

十三畫

十四畫

十五畫

十九畫

經典名著文庫 157

物種起源

作　　者 —— 查爾斯・達爾文
編　　譯 —— 舒德干、陳鍔、尹鳳娟、蒙世傑、陳苓、邱樹玉、華洪
發 行 人 —— 楊榮川
總 經 理 —— 楊士清
總 編 輯 —— 楊秀麗
文庫策劃 —— 楊榮川
副總編輯 —— 王正華
責任編輯 —— 金明芬
封面設計 —— 姚孝慈
著者繪像 —— 莊河源
出 版 者 —— **五南圖書出版股份有限公司**

地　　址 —— 臺北市大安區 106 和平東路二段 339 號 4 樓
電　　話 —— 02-27055066（代表號）
傳　　眞 —— 02-27066100
劃撥帳號 —— 01068953
戶　　名 —— 五南圖書出版股份有限公司
網　　址 —— https://www.wunan.com.tw
電子郵件 —— wunan@wunan.com.tw

法律顧問 —— 林勝安律師事務所　林勝安律師
出版日期 —— 2022 年 2 月初版一刷
定　　價 —— 680 元

國家圖書館出版品預行編目資料

物種起源 / 查爾斯・達爾文著；舒德干，陳鍔，尹鳳娟，蒙世傑，陳苓，邱樹玉，華洪譯．— 初版．— 臺北市：五南圖書出版股份有限公司，2022.02
面；公分

譯自：On the origin of species

ISBN 978-626-317-413-9（平裝）

1. 達爾文主義 2. 演化論

362.1　　110019587